教育部精品教材，普通高等教育"十一五"国家级规划教材
中国大学出版社图书奖第二届优秀教材二等奖
百校土木工程专业多媒体立体化教材

# 土木工程测量

## （第6版）

覃　辉　郭宝宇　朱茂栋　主编

·上海·

## 内容提要

这是一本历经 20 年持续改进、校企合作、自主研发、内容紧贴测绘前沿新技术的移动互联网信息化测量多媒体立体教材，MSMT V1.0 版手机软件自 2019 年上线以来，经过 5 年使用，广泛吸收了一线测量员的意见，现已升级到 V4.0 版。V4.0 版的功能更加全面，运行更趋稳定，较为全面地解决了土建施工中"测、算、绘"程序计算问题。同济书房配有制作精美的 PPT 教案、练习题答案(只对教师及工程技术人员开放)、测量实验与测量实习指导书、测量方法及 MSMT 操作视频等教学文件。

本书按《高等学校土木工程本科指导性专业规范》的要求修订，可用作土木工程专业各方向和建筑学、城市规划、给排水、工程管理、房地产经营与管理等专业的"土木工程测量"课程教材，也可用作土建工程技术人员的继续教育教材。

**图书在版编目(CIP)数据**

土木工程测量／覃辉，郭宝宇，朱茂栋主编.
6 版. --上海：同济大学出版社，2025.8. -- ISBN 978-7-5765-1549-7

Ⅰ. TU198

中国国家版本馆 CIP 数据核字第 2025ML0204 号

审图号：GS(2025)3284 号

## 土木工程测量(第 6 版)
### Civil Engineering Surveying (6th Edition)

覃　辉　郭宝宇　朱茂栋　主编

| 责任编辑 | 李　杰 | 责任校对 | 徐逢乔 | 封面设计 | 于思源 |

出版发行　同济大学出版社　www.tongjipress.com.cn
　　　　　(地址：上海市四平路 1239 号　邮编：200092　电话：021-65985622)
经　销　全国各地新华书店
印　刷　启东市人民印刷有限公司
开　本　787mm×1092mm　1/16
印　张　23.75
字　数　578 000
版　次　2025 年 8 月第 6 版
印　次　2025 年 8 月第 1 次印刷
书　号　ISBN 978-7-5765-1549-7

定　价　58.00 元

本书若有印装质量问题，请向本社发行部调换　　版权所有　侵权必究

# 第 6 版前言

"土木工程测量"是土建类专业学习施工测量的重要课程,《土木工程测量》教材第 1 版于 2004 年 1 月出版。为解决野外便携式土建施工测量程序计算问题,笔者与卡西欧和南方测绘公司密切合作,持续进行了 20 年研发,2019 年出版的第 5 版教材,使用了 MSMT[Measuring System Mobile Terminal(测量系统移动终端)] V1.0 版手机软件解决土建施工测量程序计算问题,首次提出并初步实现了移动互联网信息化测量。MSMT V1.0 版手机软件自 2019 年初上线后,在我国土建施工企业得到了广泛应用。2021 年出版的行业培训工匠型教材《控制网平差与工程测量》使用 MSMT V3.0 版编写。根据一线测量员反馈的问题,笔者又持续进行了 5 年的改进与升级,最新版本为 MSMT V4.0 版。

与第 5 版比较,第 6 版的内容做了以下调整:

(1) 将"10.2 草图法数字测图"和"10.3 绘制等高线与添加图框"并入"第 8 章 大比例尺地形图测绘",根据 MSMT 地形图测绘 程序源码识别数字测图重新编写草图法数字测图内容,用 SouthMap 执行 MSMT 配套的"绘图处理/源码识别"命令,可实现地物自动分层与连线,极大地减轻了内业制图员根据草图编辑数字地形图的工作量,基本实现了内业数字绘图自动化。

(2) 删除"8.6 大比例尺地形图模拟测绘方法"。第 6 版《土木工程测量》是国内第一部不再介绍模拟测图内容的测量学教材,就如同 2019 年出版的第 5 版是国内第一部不再介绍光学经纬仪的教材一样。

(3) 将"10.4 数字地形图应用"并入"第 9 章 地形图应用"。

(4) 将原来以电子读物提供的"建筑变形测量与竣工总图编绘"编写为第 11 章,这一章的内容根据现行的《建筑变形测量规范》(JGJ 8—2016)重新编写。《建筑变形测量规范》规定,沉降观测基准水准网和位移观测基准边角网必须采用严密平差法,MSMT V4.0 版新增的 水准网平差 、平面网平差 、秩亏网平差 程序已圆满地解决了水准网和平面网严密平差计算问题。

(5) 为满足一线施工员的需要,7.4 节以简短篇幅介绍了一个小型静态卫星定位网从野外观测数据采集到应用"南方地理数据处理平台软件"进行网平差的操作方法。

陈旧、过时、无工程应用价值的教学内容,在新版教材中必须逐步淘汰,这样才能为新技术教学腾出空间,这也是人类文明进步和社会历史发展的必然选择。

土木工程测量最复杂的计算内容是路线施工测量。受课程教学时数限制,本教材第 12 章只简要介绍了部分路线施工测量的重要内容,如需更全面地掌握路线施工测量技术,请参考同济大学出版社 2021 年出版的《控制网平差与工程测量》。

第 6 版使用 MSMT V4.0 版解决土建施工测、算、绘程序计算问题,MSMT V4.0 版对全面提升土建施工测量员测、算、绘三大技能必将产生重要影响。

MSMT V4.0 版新增下列程序:

(1) 地形图测绘 程序:新增为碎部点赋源码、注记码、连线码功能,蓝牙提取全站仪或南方 GNSS RTK 测量的碎部点坐标,根据草图为该碎部点实时赋源码、注记码或连线码;完成外业碎部点坐标采集后,导出该测图文件的编码坐标文件,通过移动互联网发送给内业制图员;在

SouthMap 中执行"绘图处理/源码识别"命令,选择接收到的编码坐标文件,即可实现地物自动分层、连线及注记。

(2) 将"蓝牙提取南方 GNSS RTK 坐标"功能应用到 MSMT **坐标传输** 程序、**参考线放样** 程序、**Q2X8交点法** 程序坐标反算功能、**Q2X9线元法** 程序坐标反算功能。

需要特别说明的是:MSMT 项目主菜单 **RTK设置** 使用了南方测绘"工程之星 V5.0"部分重要程序模块,而"工程之星 V5.0"需要授权激活才可以使用。为便于学校教学,在"RTK 设置"界面[图 8-12(a)],点击 ⚙ **仪器连接** 按钮,蓝牙连接南方极客 GNSS 接收机,不需要授权激活就可以正常蓝牙提取极客 GNSS RTK 的三维坐标。如果蓝牙连接南方创享·灵境 GNSS 接收机,则需要授权激活才可以正常使用;若用户需要,请与当地南方测绘公司联系获取激活码。

(3) **导线测量** 程序:对五种单一导线进行三维观测并对三维坐标进行近似平差计算。

(4) **水准网平差** 程序:对任意水准网进行严密平差计算。

(5) **平面网平差** 程序:对任意导线网、边角网、三角网进行严密平差计算。

(6) **秩亏网平差** 程序:对任意水准网、导线网、边角网进行秩亏自由网平差计算,解决了沉降观测基准水准网、位移观测基准平面网的严密平差计算问题。

(7) **隧道轮廓线** 程序:新增隧道轮廓线图形显示功能。用户输入完隧道轮廓线右幅主点数据后,先点击 **保存测点** 按钮,再点击 **查看图形** 按钮,程序将应用右幅主点数据绘制隧道轮廓线图形,用以检查已输入轮廓线右幅主点数据的正确性。

(8) **隧道超欠挖** 程序:新增隧道轮廓线和测点点位图形显示功能,先点击 **保存至图形** 按钮,再点击 **查看图形** 按钮,实时查看测点在隧道断面轮廓线图形中的准确位置。

MSMT V4.0 版手机软件持续 5 年改进,由南方测绘陈泽桂工程师编写代码实现,在将南方 GNSS 手簿"工程之星 V5.0 版"软件重要模块融入 MSMT 时,南方导航提供了技术支持与保障。为检测 MSMT **地形图测绘** 程序源码识别数字测图功能,王贵满、林培效、李飞三位老师组织学生进行了大量测试,提出了很多宝贵意见,在此一并表示感谢。

MSMT V4.0 版手机软件详情请登录 http://www.esurveycloud.com 咨询。教师可加入南方 MSMT 教师交流群(QQ 群号:866150437),联系"高校服务专员"开通专业版授权服务。为满足在校学生学习需要,南方测绘公司为在校学生制定了特殊优惠政策,学生可加入南方 MSMT 学生交流群(QQ 群号:644439561),联系"高校服务专员"开通专业版授权服务。

同济大学出版社网站同济书房配有本教材精美 PPT 教案文件,这是作者耗时 20 年,潜心研究、精心创作并持之以恒开发完善的免费电子教学资源,希望对教师教学有所帮助。同济书房还放置了本教材全部章节的练习题答案。练习题答案为 PDF 加密文件,只对教师和工程技术人员开放,不对在校学生开放,请符合条件的读者将证件扫描后存为 JPG 图像文件发送到邮箱 qh-506@163.com 获取密码。

教材改版是一项永远在路上的艰巨工作。社会在发展,时代在进步,逆水行舟,不进则退,慢进也是退。我们会持续努力与南方测绘公司合作研发新技术来不断改进与更新教材内容,使测量课程教学内容不断适应新基建发展的趋势和要求,惠及莘莘学子和一线施工测量员。我们希望能继续收到读者的批评意见,以改进教材编写工作。敬请读者将在教材使用过程中发现的问题和建议及时发送到邮箱 qh-506@163.com。

主　编

2025 年 4 月

# 目　　录

第 6 版前言

第 1 章　绪论 …………………………………………………………………………………… 1
 1.1　测量学简介 ……………………………………………………………………………… 1
 1.2　地球的形状和大小 ……………………………………………………………………… 3
 1.3　测量坐标系与地面点位的确定 ………………………………………………………… 5
  1.3.1　确定点的球面位置的坐标系 …………………………………………………… 6
  1.3.2　确定点的高程系 ………………………………………………………………… 15
  1.3.3　地心坐标系 ……………………………………………………………………… 16
 1.4　测量工作概述 …………………………………………………………………………… 17
 1.5　测量常用计量单位及其相互换算 ……………………………………………………… 18
 本章小结 ………………………………………………………………………………………… 19
 思考题与练习题 ………………………………………………………………………………… 20

第 2 章　水准测量 ……………………………………………………………………………… 22
 2.1　水准测量原理 …………………………………………………………………………… 22
 2.2　水准测量仪器与工具 …………………………………………………………………… 24
 2.3　水准点与水准路线 ……………………………………………………………………… 31
 2.4　三、四等水准测量方法 ………………………………………………………………… 33
  2.4.1　三、四等水准测量的技术要求 ………………………………………………… 33
  2.4.2　三、四等水准的观测方法 ……………………………………………………… 34
  2.4.3　MSMT 水准测量程序 …………………………………………………………… 36
 2.5　单一水准路线近似平差 ………………………………………………………………… 37
 2.6　微倾式水准仪的检验与校正 …………………………………………………………… 40
 2.7　水准测量误差及其削减方法 …………………………………………………………… 43
 2.8　自动安平水准仪 ………………………………………………………………………… 44
 2.9　精密水准仪与因瓦水准尺 ……………………………………………………………… 45
 2.10　南方 DL-2003A 精密数字水准仪 ……………………………………………………… 47
 本章小结 ………………………………………………………………………………………… 59
 思考题与练习题 ………………………………………………………………………………… 59

第 3 章　全站仪角度测量 ……………………………………………………………………… 61
 3.1　经纬仪角度测量原理 …………………………………………………………………… 61

| | | |
|---|---|---|
| 3.2 | 全站仪电子测角原理 | 62 |
| 3.3 | 全站仪望远镜与补偿器 | 64 |
| 3.4 | 全站仪结构与安置方法 | 66 |
| 3.5 | 角度模式 | 73 |
| 3.6 | 水平角测量方法 | 76 |
| 3.7 | 竖直角测量方法 | 82 |
| 3.8 | 全站仪检验和物理校正 | 88 |
| 3.9 | 全站仪电子校正 | 92 |
| 3.10 | 水平角测量误差分析 | 94 |

本章小结 ………………………………………………………………… 97
思考题与练习题 ………………………………………………………… 98

## 第4章 全站仪距离和坐标测量 …………………………………………… 100

| | | |
|---|---|---|
| 4.1 | 相位式光电测距原理 | 100 |
| 4.2 | 距离模式 | 104 |
| 4.3 | 直线定向 | 107 |
| 4.4 | 平面坐标计算原理 | 111 |
| 4.5 | 坐标模式 | 116 |
| 4.6 | 菜单模式总图 | 123 |
| 4.7 | 数据采集 | 125 |
| 4.8 | 存储管理 | 127 |

本章小结 ………………………………………………………………… 129
思考题与练习题 ………………………………………………………… 131

## 第5章 测量误差基本知识 ………………………………………………… 133

| | | |
|---|---|---|
| 5.1 | 测量误差概述 | 133 |
| 5.2 | 偶然误差特性 | 134 |
| 5.3 | 评定真误差精度的指标 | 136 |
| 5.4 | 误差传播定律及其应用 | 138 |
| 5.5 | 等精度独立观测量的最可靠值与精度评定 | 142 |
| 5.6 | 不等精度独立观测量的最可靠值与精度评定 | 145 |

本章小结 ………………………………………………………………… 148
思考题与练习题 ………………………………………………………… 149

## 第6章 控制测量 …………………………………………………………… 150

| | | |
|---|---|---|
| 6.1 | 控制测量概述 | 150 |
| 6.2 | 导线测量 | 152 |
| 6.3 | 交会定点测量 | 163 |
| 6.4 | 三角高程测量 | 170 |

本章小结 …… 172
　　思考题与练习题 …… 173

**第 7 章　GNSS 测量原理与方法** …… 177
　7.1　GPS 概述 …… 178
　7.2　GPS 的组成 …… 179
　7.3　GPS 定位的基本原理 …… 180
　　　7.3.1　卫星信号 …… 180
　　　7.3.2　伪距定位 …… 182
　　　7.3.3　载波相位定位 …… 182
　　　7.3.4　实时动态差分定位 …… 185
　7.4　静态卫星定位网测量方法及网平差案例 …… 186
　7.5　南方创享·灵境双频五星 GNSS RTK 简介 …… 192
　7.6　南方创享·灵境 GNSS RTK 测量方法 …… 195
　7.7　连续运行参考站系统（CORS） …… 203
　　本章小结 …… 206
　　思考题与练习题 …… 207

**第 8 章　大比例尺地形图测绘** …… 208
　8.1　地形图比例尺 …… 208
　8.2　大比例尺地形图图式 …… 211
　8.3　地貌表示方法 …… 216
　8.4　1∶500、1∶1 000、1∶2 000 大比例尺地形图分幅与编号 …… 220
　8.5　源码识别大比例尺数字地形图测绘 …… 220
　8.6　数字地形图绘制等高线与添加图框 …… 230
　　本章小结 …… 235
　　思考题与练习题 …… 236

**第 9 章　地形图应用** …… 238
　9.1　地形图识读 …… 238
　9.2　地形图应用的基本内容 …… 246
　9.3　图形面积量算 …… 248
　9.4　工程建设中地形图的应用 …… 249
　9.5　数字地形图应用 …… 251
　　本章小结 …… 255
　　思考题与练习题 …… 256

**第 10 章　建筑施工测量** …… 257
　10.1　施工控制测量 …… 257

- 10.2 工业与民用建筑施工放样的基本要求 ·············· 258
- 10.3 施工放样的基本工作 ·············· 260
- 10.4 建筑物数字化放样设计点位平面坐标采集 ·············· 265
- 10.5 建筑施工测量 ·············· 271
- 本章小结 ·············· 278
- 思考题与练习题 ·············· 279

## 第 11 章 建筑变形测量与竣工总图编绘 ·············· 280
- 11.1 建筑变形测量基本规定 ·············· 280
- 11.2 沉降观测 ·············· 282
- 11.3 位移观测 ·············· 285
  - 11.3.1 位移基准点布设与测量 ·············· 285
  - 11.3.2 建筑物主体倾斜观测 ·············· 288
- 11.4 竣工总图编绘 ·············· 292
- 本章小结 ·············· 293
- 思考题与练习题 ·············· 293

## 第 12 章 路线施工测量 ·············· 295
- 12.1 路线控制测量概述 ·············· 295
- 12.2 路线三维设计图纸示例 ·············· 297
- 12.3 路线测量基本知识 ·············· 299
- 12.4 交点法单圆平曲线计算原理 ·············· 304
- 12.5 交点法非对称基本型平曲线计算原理 ·············· 310
- 12.6 断链计算 ·············· 326
- 12.7 竖曲线计算原理 ·············· 330
- 12.8 路基超高与边桩设计高程计算 ·············· 335
- 12.9 桥梁墩台桩基坐标验算 ·············· 343
- 12.10 隧道超欠挖测量计算 ·············· 348
- 本章小结 ·············· 358
- 思考题与练习题 ·············· 359

## 附录 ·············· 370
- 附录 A 测量实验指导书 ·············· 370
- 附录 B CASIO fx-5800P 编程计算器简介 ·············· 370

## 参考文献 ·············· 371

# 第1章 绪 论

## 本 章 导 读

☑ **基本要求** 理解重力、铅垂线、水准面、大地水准面、参考椭球面、法线的概念及其相互关系;掌握高斯坐标系的建立原理,熟悉 MSMT 高斯投影 程序抵偿高程面高斯投影计算方法;了解参心坐标系——"1954 北京坐标系"与"1980 西安坐标系"的定义和大地原点的意义;了解地心坐标系"WGS-84 坐标系"与"2000 国家大地坐标系"的定义;了解高程系——"1956 年黄海高程系"与"1985 国家高程基准"的定义和水准原点的意义。

☑ **重点** 测量的两个任务——测定和测设,其原理是测量并计算空间点位的三维坐标。测定和测设都应在已知坐标点上安置仪器进行,已知点的坐标通过控制测量的方法获得。

☑ **难点** 大地水准面与参考椭球面的关系,高斯坐标系与数学笛卡儿坐标系的关系及区别,我国对高斯坐标系 $y$ 坐标的处理规定。

## 1.1 测量学简介

**测量学**(surveying)是研究地球表面局部地区内测绘工作的基本原理、技术、方法和应用的学科。测量学将地面物体分为地物和地貌。

**地物**(feature):地面上天然或人工形成的物体,包括湖泊、河流、海洋、房屋、道路和桥梁等。

**地貌**(geomorphy):地表高低起伏的形态,包括山地、丘陵和平原等。

地物和地貌总称为地形,测量学的主要任务是测定和测设。

**测定**(location):使用测量仪器和工具,通过测量与计算将地物和地貌的位置按一定比例尺和规定的符号缩小绘制成地形图,供科学研究和工程规划、设计、建设使用。

**测设**(setting-out):将地形图上设计的建(构)筑物的位置在实地标定出来,作为施工的依据。

城市规划、给排水、天然气管道、工业厂房和民用建筑建设中的测量工作是:在设计阶段,测绘各种比例尺的地形图,供建(构)筑物平面及竖向设计使用;在施工阶段,将设计的建(构)筑物的平面位置和高程在实地标定出来,作为施工的依据;工程完工后,测绘竣工图,供日后扩建、改建、维修和城市管理应用,对某些重要的建(构)筑物,在施工中和建成以后还应进行变形观测,以保证建(构)筑物的安全。图 1-1 所示为利用公园地形图和规划设计图进行公园设计的案例。

公路、铁路建设中的测量工作是:为了确定一条经济合理的路线,应预先测绘路线附近的地形图,在地形图上进行路线设计,然后将设计路线的位置标定在地面上以指导施工。当

# 广东省江门市北新区体育公园规划方案

测量单位：江门市勘测院，设计单位：江门市规划勘察设计研究院

地形图比例尺：1:1 000

(1) 体育公园用地指标
　　规划建设用地面积：一期 94 000 m²；二期 27 000 m²
(2) 体育公园一期主要项目
　　五人足球场：3 个
　　标准篮球场：15 个
　　儿童篮球场：1 个
　　跑道：500 m
　　步行径：1 800 m（不含登山径）

自行车径：1 600 m（不含山地自行车径）
商业配套设施：2 700 m²
地面小汽车停车位：320 个
地下停车场面积：13 800 m²
星光园二期建设用地面积：4 300 m²
妇联活动中心建设用地面积：10 029 m²
建筑面积：10 200 m²（含半地下活动室 3 375 m²）
公交首末站建设用地面积：2 057 m²

图 1-1　广东省江门市北新区体育公园地形图与规划设计图

路线跨越河流时,应建造桥梁,建桥前,应测绘河流两岸的地形图,测定河流的水位、流速、流量、河床地形图和桥梁轴线长度等,为桥梁设计提供必要的资料;在施工阶段,需要将设计桥台、桥墩的位置标定到实地。当路线穿过山岭需要开挖隧道时,开挖前,应在地形图上确定隧道的位置,根据测量数据计算隧道的长度和方向;隧道施工通常是从隧道两端相向开挖,需要根据测量成果指示开挖方向及断面形状,保证隧道准确贯通。图 1-2 所示为在数字地形图上设计道路、桥梁、隧道的案例。

对于土建类专业的学生,通过本课程的学习,应掌握下列有关测定和测设的基本内容。

(1) 地形图测绘:应用测量仪器、软件和工具,通过实地测量与计算,把小范围内地面上的地物、地貌按一定的比例尺测绘成图。

(2) 地形图应用:在工程设计中,从地形图上获取设计所需要的资料,例如,点的平面坐标和高程,两点间的水平距离,地块面积,土方量,地面坡度,指定方向的纵、横断面,以及进行地形分析等。

(3) 施工放样:将图上设计的建(构)筑物标定在实地上,作为施工的依据。

(4) 变形观测:监测建(构)筑物的水平位移和垂直沉降,以便采取措施,保证建(构)筑物的安全。

(5) 竣工测量:测绘竣工图。

## 1.2 地球的形状和大小

地球是一个南北极稍扁、赤道稍长、平均半径约为 6 371 km 的椭球体。测量工作在地球表面上进行,地球的自然表面有高山、丘陵、平原、盆地、湖泊、河流和海洋等高低起伏的形态,其中海洋面积约占 71%,陆地面积约占 29%。在地面进行测量工作应掌握重力、铅垂线、水准面、大地水准面、参考椭球面及其法线的概念和相互关系。

如图 1-3(a)所示,由于地球绕南北极自转,其表面的质点 $P$ 除受万有引力 $F_万$ 的作用外,还受到离心力 $F_离$ 的影响。$P$ 点所受的万有引力 $F_万$ 与离心力 $F_离$ 的合力称为**重力** $G$ (gravity),重力 $G$ 的方向称为**铅垂线**(plumb line)方向。

假设静止不动的水面延伸穿越陆地,包围整个地球,形成一个封闭曲面,该封闭曲面称为**水准面**(level surface)。水准面是受地球重力影响形成的重力等位面,物体沿该面运动时,重力不做功(例如水在这个面上不会流动),其特点是曲面上任意一点的铅垂线垂直于该点所在的曲面。根据这个特点,水准面也可定义为:处处与铅垂线垂直的连续封闭曲面。由于水准面的高度可变,因此水准面有无数个,其中与平均海水面相吻合的水准面称为**大地水准面**(geoid),地球的大地水准面是唯一的。

地球内部物质的密度分布不均匀,造成地球各处万有引力 $F_万$ 的大小不同,致使重力 $G$ 的方向产生变化,所以,大地水准面是有微小起伏、不规则、很难用数学方程表示的复杂曲面。直接将地球表面的物体投影到这个复杂曲面上,计算起来将非常困难。为了解决投影计算问题,通常选择一个与大地水准面非常接近、能用数学方程表示的椭球面作为投影计算的基准面,这个椭球面是由长半轴为 $a$、短半轴为 $b$ 的椭圆 NESW 绕其短轴 NS 旋转而成的旋转椭球面[图 1-3(b)]。旋转椭球又称为**参考椭球**(reference ellipsoid),其表面称为参考椭球面。

图1-2 大(庆)广(州)高速公路(G45)河北省茅荆坝(蒙冀界)至承德段第19标段前进隧道带状地形图与设计图

图 1-3 地球自然表面、水准面、大地水准面及其铅垂线、参考椭球面及其法线之间的关系

如图 1-3(c)所示，由地表任一点向参考椭球面所作的垂线称为**法线**（normal line），地面点 $P$ 的铅垂线与其法线一般不重合，其夹角 $\delta$ 称为**垂线偏差**（deflection of the vertical）。

决定参考椭球面形状和大小的元素是**椭圆的长半轴** $a$（major radius）和**短半轴** $b$（secondary radius）或**扁率** $f$（flattening），其关系为

$$f = \frac{a-b}{a} \tag{1-1}$$

《城市测量规范》给出了我国采用的三个参考椭球元素值及 GNSS 测量使用的参考椭球元素值，如表 1-1 所列。

表 1-1 参考椭球元素值

| 序号 | 坐标系名称 | 类型 | 椭球名 | 长半轴 $a/\mathrm{m}$ | 扁率 $f$ |
| --- | --- | --- | --- | --- | --- |
| 1 | 1954 北京坐标系 | 参心坐标系 | 克拉索夫斯基椭球 | 6 378 245 | 1∶298.3 |
| 2 | 1980 西安坐标系 | 参心坐标系 | IUGG1975 椭球 | 6 378 140 | 1∶298.257 |
| 3 | 2000 国家大地坐标系 | 地心坐标系 |  | 6 378 137 | 1∶298.257 222 101 |
| 4 | WGS-84 坐标系(GNSS) | 地心坐标系 | IUGG1979 椭球 | 6 378 137 | 1∶298.257 223 563 |

表 1-1 中的 IUGG 为**国际大地测量与地球物理联合会**（International Union of Geodesy and Geophysics）的英文缩写。2000 国家大地坐标系的参考椭球，其长半轴 $a$ 与 IUGG1979 椭球相同，扁率 $f$ 与 IUGG1979 椭球有微小的差异。由于参考椭球的扁率很小，当测区范围不大时，可以将参考椭球近似看作半径为 6 371 km 的圆球。

## 1.3 测量坐标系与地面点位的确定

无论是测定还是测设，都需要通过确定地面点的空间位置来实现。几何空间是三维的，所以表示地面点在某个空间坐标系中的位置需要三个参数，确定地面点位的实质就是确定其在某个空间坐标系中的三维坐标。测量中，将空间坐标系分为参心坐标系和地心坐标系。"参心"意指参考椭球中心，由于参考椭球中心与地球质心不重合，所以它属于非地心坐标系，表 1-1 中的第 1，2 两个坐标系是参心坐标系。"地心"意指地球的质心，表 1-1 中的第 3，

4 两个坐标系属于地心坐标系。

### 1.3.1 确定点的球面位置的坐标系

由于地表高低起伏不平,所以一般是用地面某点投影到参考曲面上的位置和该点到大地水准面的铅垂距离来表示该点在地球上的位置。为此,测量上将空间坐标系分解为确定点的球面位置的坐标系(二维)和高程系(一维),确定点的球面位置的坐标系有地理坐标系和平面直角坐标系两类。

**1. 地理坐标系**

**地理坐标系**(geographic coordinate system)是用经纬度表示点在地球表面的位置。1884年,在美国华盛顿召开的国际经度会议上,正式将经过格林尼治天文台的经线确定为0°经线,纬度以赤道为0°,分别向南、北半球推算。明朝末年,意大利传教士利玛窦(Matteo Ricci,1552—1610)最早将西方经纬度概念引入中国,但当时并未引起中国人的重视,直到清朝初年,通晓天文地理的康熙皇帝(1654—1722)才决定使用经纬度制图方法,重新绘制中国地图,他聘请了十多位各有特长的法国传教士,专门负责清朝的地图测绘工作。

按坐标系所依据的基本线和基本面的不同以及求解坐标方法的不同,地理坐标系又分为天文地理坐标系和大地地理坐标系两种。

(1) 天文地理坐标系

天文地理坐标又称天文坐标,表示地面点在大地水准面上的位置,其基准是铅垂线和大地水准面,它用**天文经度**(astronomical longitude)$\lambda$ 和**天文纬度**(astronomical latitude)$\varphi$ 来表示点在球面的位置。

如图1-4所示,过地表任一点 $P$ 的铅垂线与地球旋转轴 NS 平行的平面称为该点的**天文子午面**(astronomical meridian),天文子午面与大地水准面的交线称为天文子午线,也称经线。

设 $G$ 点为**英国格林尼治**(Greenwich)天文台的位置,过 $G$ 点的天文子午面称为首子午面。$P$ 点天文经度 $\lambda$ 的定义是:$P$ 点天文子午面与首子午面的二面角,从首子午面向东或向西计算,取值范围是 0°~180°,在首子午线以东为东经,以西为西经,同一子午线上各点的经度相同。

过 $P$ 点垂直于地球旋转轴 NS 的平面与大地水准面的交线称为 $P$ 点的**纬线**(woof),过地球质心 $O$ 的纬线称为**赤道**(equator)。$P$ 点天文纬度 $\varphi$ 的定义是:$P$ 点铅垂线与赤道平面的夹角,自赤道起向南或向北计算,取值范围为 0°~90°,在赤道以北为北纬,以南为南纬。

图1-4 天文地理坐标系

可以用天文测量方法测定地面点的天文纬度 $\varphi$ 和天文经度 $\lambda$。例如广州地区的概略天文地理坐标为 N23°07′,E113°18′。

(2) 大地地理坐标系

大地地理坐标又称大地坐标,表示地面点在参考椭球面上的位置,其基准是法线和参考椭球面。它用**大地经度**(geodetic longitude)$L$ 和**大地纬度**(geodetic latitude)$B$ 表示。由于

6

参考椭球面上任意点 $P$ 的法线与参考椭球面的旋转轴共平面，因此，过 $P$ 点与参考椭球面旋转轴的平面称为该点的**大地子午面**(geodetic meridian)。

$P$ 点的大地经度 $L$ 是过 $P$ 点的大地子午面和首子午面的二面角，$P$ 点的大地纬度 $B$ 是 $P$ 点法线与赤道平面的夹角。大地经纬度是根据起始大地点（又称大地原点，该点的大地经纬度与天文经纬度一致）的大地坐标，按大地测量所得数据推算而得。我国以陕西省泾阳县永乐镇石际寺村**大地原点**(geodetic origin)为起算点，由此建立的大地坐标系，称为"**1980 西安坐标系**"(Xi'an Geodetic Coordinate System 1980)；通过与苏联 1942 年普尔科沃坐标系联测，经我国东北传算过来的坐标系称为"**1954 北京坐标系**"(Beijing Geodetic Coordinate System 1954)，其大地原点位于俄罗斯圣彼得堡市普尔科沃天文台圆形大厅中心。

2. 平面直角坐标系

（1）高斯坐标系

地理坐标对局部测量工作来说非常不方便。例如，赤道上 $1''$ 的经差或纬差对应的地面距离约为 30 m。测量计算最好在平面上进行，但地球是一个不可展开的曲面，应通过投影方法将地球表面上的点位化算到平面上。地图投影有多种方法，我国采用的是**高斯-克吕格正形投影**(Gauss-Kruger conformal projection)，简称高斯投影。高斯投影是将椭球面上微小区域的图形投影到平面上并仍与原图形相似，即不改变原图形的形状。例如，椭球面上一个三角形投影到平面上后，其三个内角保持不变。因此，高斯投影也称保角投影。

高斯投影是高斯(1777—1855)在 1820—1830 年为解决德国汉诺威地区大地测量投影问题而提出的一种投影方法。1912 年起，德国学者克吕格将高斯投影公式加以整理和扩充并推导了实用计算公式。之后，保加利亚学者赫里斯托夫等对高斯投影作了进一步的更新和扩充。使用高斯投影的国家主要有德国、中国和俄罗斯等。

如图 1-5(a)所示，高斯投影是横椭圆柱正形投影。设想用一个横椭圆柱套在参考椭球外面，并与某一大地子午线相切，该子午线称为**中央子午线**(central meridian)或轴子午线，横椭圆柱的中心轴 $CC'$ 通过参考椭球中心 $O$ 并与地轴 NS 垂直。将中央子午线东西各一定经差范围内的地区投影到横椭圆柱面上，再将该横椭圆柱面沿过南、北极点的母线切开展平，便构成**高斯平面坐标系**(Gauss plane coordinate system)，简称高斯坐标系，如图 1-5(b)所示。

图 1-5 高斯坐标系投影图

高斯投影是将地球按经线划分为若干带进行分带投影，带宽用投影带两边缘子午线经差表示，常用带宽为6°、3°和1.5°，分别简称为6°带、3°带和1.5°带投影。国际上对6°带和3°带投影的中央子午线经度有统一规定，满足这一规定的投影称为统一6°带投影和统一3°带投影。

① 统一6°带投影

从首子午线起，经度每隔6°划分为一带，如图1-6所示，自西向东将整个地球划分为60个投影带，带号从首子午线开始，用阿拉伯数字表示。

第一个6°带的中央子午线经度为E3°，任意带的中央子午线经度$L_0$与投影带号$N$的关系为

$$L_0 = 6N - 3 \tag{1-2}$$

反之，已知地面任一点的经度$L$，计算该点在统一6°带的投影带号$N$的公式为

$$N = \text{Int}\left(\frac{L+3}{6} + 0.5\right) \tag{1-3}$$

式中，Int为取整函数。在fx-5800P编程计算器中，按 FUNCTION 1 ▼ 2 键输入取整函数"Int("。

投影后的中央子午线和赤道均为直线并保持相互垂直，以中央子午线为坐标纵轴（$x$轴），向北为正；以赤道为坐标横轴（$y$轴），向东为正；中央子午线与赤道的交点为坐标原点$O$。

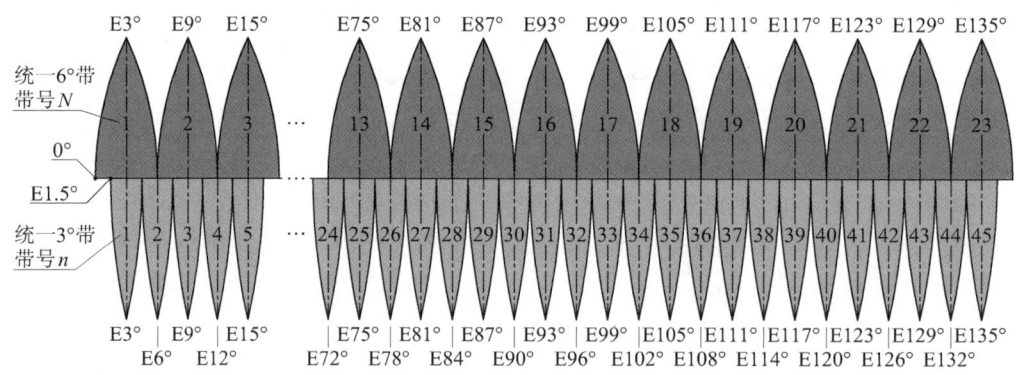

图1-6 统一6°带投影与统一3°带投影

在高斯坐标系中，为了定向方便，定义纵轴为$x$轴，横轴为$y$轴，与数学的笛卡儿坐标系比较，$x$轴与$y$轴互换了位置，第Ⅰ象限相同，其余象限按顺时针方向编号[图1-5(b)]，这样就可以将数学上定义的各类三角函数在高斯坐标系中直接使用，不需要做任何变换。

如图1-7所示，我国位于北半球，$x$坐标恒为正值，$y$坐标则有正有负，测点位于投影带的中央子午线以东时为正，以西时为负。例如，图1-5(b)中的$P$点位于中央子午线以西，其$y$坐标为负值。对于6°带高斯坐标系，$y$坐标的最大负值约为$-334$ km。为了避免$y$坐标出现负值，我国统一规定将每带的坐标原点西移500 km，即给每个点的$y$坐标值加上500 km，使之恒为正，如图1-5(c)所示。

图 1-7 我国领土统一 6°带投影的分布情况

为了能够根据横坐标值确定某点位于哪一个 6°带内,还应在 $y$ 坐标值前冠以带号,将经过加 500 km 和冠以带号处理后的横坐标用 $Y$ 表示。例如,图 1-5(c)中的 $P$ 点位于 19 号带内,其横坐标为 $y_P = -265\,214$ m,则有 $Y_P = 19\,234\,786$ m。

高斯投影属于正形投影的一种,它保证了球面图形的角度与投影后高斯平面图形的角度不变,但球面上任意两点间的距离经投影后会产生变形,其规律是:除中央子午线没有距离变形以外,其余位置的距离均变长,离中央子午线越远,距离变形越大。

② 统一 3°带投影

统一 3°带投影的中央子午线经度 $L_0'$ 与投影带号 $n$ 的关系为

$$L_0' = 3n \tag{1-4}$$

反之,已知地面任一点的经度 $L$,计算该点在统一 3°带的投影带号 $n$ 的公式为

$$n = \text{Int}\left(\frac{L}{3} + 0.5\right) \tag{1-5}$$

我国领土所处的概略经度范围为 E73°27′—E135°09′,应用式(1-3)求得统一 6°带投影的

带号范围为 13～23,应用式(1-5)求得统一 3°带投影的带号范围为 24～45。可见,在我国领土范围内,统一 6°带与统一 3°带的投影带号不重叠,其关系如图 1-6 所示,其中统一 6°带投影的分布情况如图 1-7 所示。

③ 1.5°带投影

1.5°带投影的中央子午线经度与带号的关系,国际上没有统一的规定,通常是使 1.5°带投影的中央子午线与统一 3°带投影的中央子午线或边缘子午线重合。

④ 任意带投影

《城市测量规范》规定:城市测量应采用该城市统一的平面坐标系,并应符合投影长度变形不应大于 25 mm/km 的规定;当采用地方平面坐标系时,应与国家平面坐标系建立联系。城市测量应采用高斯投影。城市平面坐标系的建立,通常采用过城市中心某点的子午线作为中央子午线进行投影,这样可以使整个城市范围内的距离投影变形均满足投影长度变形不大于 25 mm/km 的规定。

(2) 全站仪实测平距投影到高斯平面

如图 1-8 所示,在 $A$ 点安置全站仪,$B$ 点安置棱镜,使全站仪望远镜瞄准 $B$ 点棱镜中心测距,测得斜距为 $S$,全站仪自动计算并显示平距 $D$,$D$ 为测站高程面的平距。

$i_A$—测站仪器高;$v_B$—镜站棱镜高;$R$—地球平均曲率半径,$R=6\,371$ km;
$S$—全站仪实测斜距;$D$—全站仪计算平距;$H_A$—测站点高程;
$H_B$—镜站点高程;$H_C$—抵偿高程面高程;$S'_C$—抵偿高程面平距;$S'_0$—参考椭球面平距

图 1-8 全站仪实测距离投影原理

设已知 $A$ 点的高斯坐标为 $(x_A, y_A)$,若要使用全站仪测量 $B$ 点的高斯坐标,需要先将平距 $D$ 投影为参考椭球面的距离 $S'_0$,再将 $S'_0$ 投影为高斯平面距离 $S_0$,使用距离 $S_0$ 与方位角 $\alpha_{AB}$ 才能计算出 $B$ 点在高斯坐标系中的坐标。

① 地面实测平距 $D$ 投影到参考椭球面距离 $S'_0$

将地面实测平距 $D$ 投影到参考椭球面距离 $S'_0$ 称为高程归化。由图 1-8 可以列出地面实测平距投影到参考椭球面的方程:

$$\frac{D}{R+H_A}=\frac{S'_0}{R} \tag{1-6}$$

由式(1-6)，得

$$S'_0 = R\frac{D}{R+H_A} = \frac{D}{1+\frac{H_A}{R}} = D\left(1+\frac{H_A}{R}\right)^{-1} = D(1+\varepsilon)^{-1} \qquad (1\text{-}7)$$

式中，$R=6\,371$ km，为地球平均曲率半径；$\varepsilon = \frac{H_A}{R}$。

设测站点高程 $H_A = 1\,000$ m，算得 $\varepsilon = 0.000\,156\,961\,230\,6$，$\varepsilon$ 是一个远小于 1 的数。略去幂级数展开式的 1 次以上项，得

$$(1+\varepsilon)^{-1} = 1 - \varepsilon + \varepsilon^2 - \varepsilon^3 + \cdots \approx 1 - \varepsilon \qquad (1\text{-}8)$$

将式(1-8)代入式(1-7)，得

$$S'_0 = D(1-\varepsilon) = D\left(1 - \frac{H_A}{R}\right) = D - \frac{H_A}{R}D \qquad (1\text{-}9)$$

由式(1-9)可知，当 $H_A = 0$ 时，$S'_0 = D$；当 $H_A > 0$ 时，$S'_0 < D$。即地面实测平距高程归化到参考椭球面后，长度变短。

② 参考椭球面距离 $S'_0$ 投影到高斯平面距离 $S_0$

将参考椭球面距离 $S'_0$ 投影到高斯平面距离 $S_0$ 称为投影改化，其公式推导过程比较复杂。设 $AB$ 边长为 $S_0$，$y_A$，$y_B$ 分别为 $A$，$B$ 两点的高斯 $y$ 坐标，测量常用的距离改化公式为

$$S_0 = \left(1 + \frac{y_m^2}{2R^2} + \frac{\Delta y^2}{24R^2}\right)S'_0 = S'_0 + \frac{y_m^2}{2R^2}S'_0 + \frac{\Delta y^2}{24R^2}S'_0 \qquad (1\text{-}10)$$

式中，$y_m = (y_A + y_B)/2$，$\Delta y = y_B - y_A$，计算 $y_m$ 时，应先减去 500 km。

因 $\frac{y_m^2}{2R^2} + \frac{\Delta y^2}{24R^2} > 0$，所以，改化后的高斯平面距离 $S_0$ 变长，且 $y_m$ 的绝对值越大，表示 $AB$ 边离投影带边缘子午线越近，距离变形越大。

③ 抵偿高程面高程 $H_C$ 的确定

全站仪实测的地面平距 $D$，需要经过高程归化为参考椭球面距离 $S'_0$，再投影改化为高斯平面距离 $S_0$ 后才能用于坐标计算，这给全站仪坐标计算带来不便。在高程 $H > 0$ 的测区，高程归化使投影到椭球面的距离变短，而投影改化又使投影到高斯平面的距离变长。若可以选择一个投影高程面，使投影带内实测平距的高程归化改正数与投影改化改正数绝对值相等，就能使实测平距 $D$ 等于其高斯平面距离 $S_0$，免除了两次计算距离改正数的麻烦，这个高程面称为**抵偿高程面**(compensate for elevation)。

由图 1-8 可以列出地面实测平距 $D$ 高程归化为抵偿高程面距离 $S'_C$ 的方程为

$$\frac{S'_C}{R+H_C} = \frac{D}{R+H_A} \qquad (1\text{-}11)$$

由式(1-11),得

$$S'_C = \frac{R+H_C}{R+H_A}D = \frac{D}{\frac{R+H_A}{R+H_C}} = \frac{D}{\frac{R+H_C-H_C+H_A}{R+H_C}} = \frac{D}{1+\frac{H_A-H_C}{R+H_C}} \quad (1-12)$$

将式(1-12)写成：

$$S'_C = D\left(1+\frac{H_A-H_C}{R+H_C}\right)^{-1} = D(1+\varepsilon_C)^{-1} \quad (1-13)$$

式中，

$$\varepsilon_C = \frac{H_A-H_C}{R+H_C} \quad (1-14)$$

由于地球平均曲率半径 $R=6\,371$ km,因此, $\varepsilon_C$ 是一个很小的数。顾及式(1-8)并略去 1 次以上项,则抵偿高程面距离 $S'_C$ 的高程归化公式可化简为

$$S'_C \approx D(1-\varepsilon_C) = D - \frac{H_A-H_C}{R+H_C}D \quad (1-15)$$

考虑到工程测量中的距离改正数一般不大,综合式(1-15)与式(1-10),得到抵偿高程面高程 $H_C$ 应满足的方程为

$$\frac{H_A-H_C}{R+H_C} = \frac{y_m^2}{2R^2} + \frac{\Delta y^2}{24R^2} \quad (1-16)$$

由式(1-16)得到抵偿高程面高程 $H_C$ 的计算公式为

$$H_C = \frac{H_A - \frac{y_m^2}{2R} + \frac{\Delta y^2}{24R}}{1+\frac{y_m^2}{2R^2}+\frac{\Delta y^2}{24R^2}} \quad (1-17)$$

(3) 抵偿高程面高斯投影换带计算案例

表 1-2 和表 1-3 为按两个投影带高斯坐标给出的路线平曲线直曲表。表 1-2 的中央子午线经度 $L_0=$ E113°,投影面高程 $H_0=295$ m,简称高斯坐标系①；表 1-3 的中央子午线经度 $L_0=$ E113°20′,投影面高程 $H_0=290$ m,简称高斯坐标系②。高斯坐标系①和②的关系如图 1-9 所示。

表 1-2　　　　　武汉至广州铁路客运专线武汉至韶关段左线直曲表（1954 北京坐标系）

| 交点号 | 设计桩号 | $x$/m | $y$/m | 转角 $\Delta$ | $R$/m | $L_h$/m | $H_0$/m |
|---|---|---|---|---|---|---|---|
| QD | ZDK1881+000.2 | 2 823 612.659 | 502 938.934 | | | | 295 |
| JD103 | ZDK1886+808.588 | 2 818 097.607 1 | 504 761.450 9 | −37°28′40.4″ | 9 000 | 490 | $L_0$ |
| JD110 | ZDK1895+254.819 | 2 813 861.063 | 510 987.075 5 | 4°20′43.5″ | 11 000 | 370 | E113° |
| ZD | ZDK1904+000 | 2 810 499.901 5 | 515 200.434 7 | | | | |

断链 1：DK1890+364.121=DK1891+500,断链值=−1 135.879 m
断链 2：DK1895+944.17=DK1899+300,断链值=−3 355.83 m

表 1-3　　　武汉至广州铁路客运专线武汉至韶关段左线直曲表（1954 北京坐标系）

| 交点号 | 设计桩号 | $x/m$ | $y/m$ | 转角 $\Delta$ | $R/m$ | $L_h/m$ | $H_0/m$ |
|---|---|---|---|---|---|---|---|
| $QD$ | ZDK1904+000 | 2 810 501.605 | 481 657.899 | | | | 290 |
| $JD93$ | ZDK1906+097.292 | 2 809 189.608 8 | 483 294.144 7 | 4°38′45.7″ | 10 000 | 430 | $L_0$ |
| $ZD$ | ZDK1918+000.269 | 2 801 015.435 9 | 491 947.217 7 | | | | E113°20′ |

图 1-9　表 1-2 高斯坐标系①与表 1-3 高斯坐标系②的关系

表 1-2 中终点 $ZD$ 的设计桩号为 ZDK1904+000，表 1-3 中起点 $QD$ 的设计桩号也为 ZDK1904+000，这表明，在地面上它们是同一个点，两个高斯坐标系的差异是两个投影带的中央子午线经度与投影面高程不同所致。

在 MSMT 项目主菜单界面[图 1-10(a)]，点击 **高斯投影** 图标，进入高斯投影文件列表界面；点击 **新建文件** 按钮，输入文件名"武广高铁武韶段左线"，"计算类型"选择"高斯投影换带计算"[图 1-10(b)]；点击 **确定** 按钮，返回高斯投影文件列表界面[图 1-10(c)]；点击最近新建的文件名，在弹出的快捷菜单点击"输入数据及计算"命令[图 1-10(d)]，进入高斯投影换带计算界面[图 1-10(e)]。

在坐标系列表框选择"1954 北京坐标系"，在源坐标系区输入表 1-2 高斯坐标系①的投影参数，在目标坐标系区输入表 1-3 高斯坐标系②的投影参数，两个坐标系的 $x$ 坐标加常数缺省值为 0 m，$y$ 坐标加常数缺省值为 500 000 m，保持不变。输入表 1-2 中终点 $ZD$ 高斯坐标[图 1-10(c)]，点击 **计算** 按钮计算其换带为高斯坐标系②中的坐标，结果如图 1-10(g)所示。该点在目标坐标系②中的高斯坐标与表 1-3 给出的起点 $QD$ 坐标值比较列于表 1-4。

点击 **图编号** 按钮，程序使用"ZDK1904+000"点在目标坐标系的大地经纬度计算其在

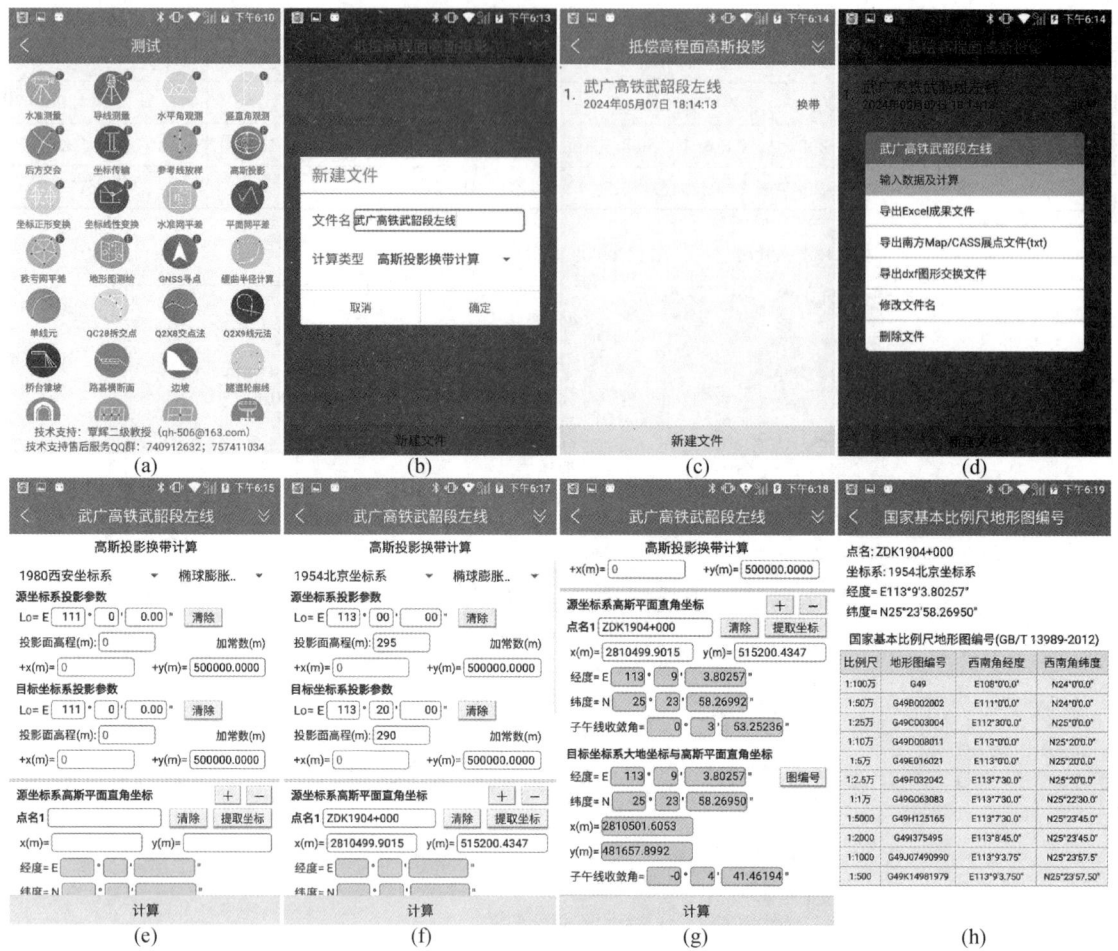

图 1-10 在 MSMT 新建高斯投影换带文件，输入源坐标系和目标坐标系投影参数，
将 ZDK1904+000 桩号源坐标系高斯坐标变换到目标坐标系高斯坐标

11 种国家基本比例尺地形图的编号与图幅西南角经纬度，结果如图 1-10(h)所示，分幅规则参见本书第 9.1 节，表 1-4 还列出了程序算出的该点在两个坐标系中的大地地理坐标值比较结果。

表 1-4　　　　　　　　　桩号 ZDK1904+000 高斯投影换带计算坐标比较

| 说明 | $x$/m | $y$/m | $L_0$ | $H_0$/m | $L$ | $B$ |
|---|---|---|---|---|---|---|
| 计算 | 2 810 501.605 3 | 481 657.899 2 | 113° | 295 | E113°09′03.802 57″ | N25°23′58.269 92″ |
| 图纸 | 2 810 501.605 | 481 657.899 | 113°20′ | 290 | E113°09′03.802 57″ | N25°23′58.269 50″ |
| 差值/m | 0.000 3 | 0.000 2 | | 差值 | 0.000 00″ | 0.000 42″ |

程序先用源坐标系①的投影参数与终点 ZD 的高斯坐标反算，求出其在源坐标系中的大地经纬度，再将其大地纬度按椭球膨胀法原理改正为目标坐标系②中的大地纬度值，最后用该点在源坐标系①中的大地经度与目标坐标系②中的大地纬度以及目标坐标系投影参数进行高斯投影正算，求出该点在目标坐标系中的高斯坐标。

抵偿高程面的高斯投影有**椭球膨胀法**（ellipsoid expanding model）和**椭球变形法**（ellipsoid distortion model）两种，MSMT **高斯投影** 程序只能使用前者进行抵偿高程面的高斯投影计算，其原理是抵偿高程面的参考椭球长半轴变为 $a+H_C$（$H_C$ 为抵偿高程面的高程），扁率 $f$ 不变。

### 1.3.2 确定点的高程系

地面点到大地水准面的铅垂距离称为该点的绝对高程或海拔，简称**高程**（height），通常用 $H$ 加点名作下标表示。如图 1-11 中 $A$，$B$ 两点的高程表示为 $H_A$，$H_B$。

高程系是一维坐标系，它的基准是大地水准面。由于海水面受潮汐、风浪等影响，其高低时刻在变化。通常在海边设立**验潮站**（tide gauge station），进行长期观测，求得海水面的平均高度作为高程零点，以通过该点的大地水准面为**高程基准面**（height datum），即大地水准面的高程恒为零。

最早应用平均海水面作为高程起算基准面的是我国元代水利与测量学家郭守敬，其概念的提出比西方早 400 多年。

我国境内的高程点是以青岛大港一号码头验潮站历年观测的黄海平均海水面为基准面，于 1954 年在青岛市观象山建立水准原点，通过水准测量方法将验潮站确定的高程零点引测到水准原点，求出水准原点的高程。

1956 年，我国采用青岛大港一号码头验潮站 1950—1956 年验潮资料计算确定的大地水准面为基准，引测出水准原点的高程为 72.289 m，以该大地水准面为高程基准建立的高程系称为**"1956 年黄海高程系"**（Huanghai Vertical Datum 1956）。

图 1-11　高程与高差的定义及其相互关系

20 世纪 80 年代中期，我国又用青岛大港一号码头验潮站 1953—1979 年验潮资料计算确定的大地水准面为基准，引测出水准原点的高程为 72.260 m，以该大地水准面为高程基准建立的高程系称为**"1985 国家高程基准"**（National Vertical Datum 1985）。如图 1-12 所示，在水准原点，"1985 国家高程基准"使用的大地水准面比"1956 年黄海高程系"使用的大地水准面高出 0.029 m。

在局部地区，当无法知道绝对高程时，也可假定一个水准面作为高程起算面，地面点到假定水准面的垂直距离，称为**假定高程**（assumed height）或相对高程，通常用 $H'$ 加点名作下标表示。如图 1-11 中 $A$，$B$ 两点的相对高程表示为 $H'_A$，$H'_B$。

图 1-12 水准原点分别至"1956 年黄海高程系"平均海水面和"1985 国家高程基准"平均海水面的高程

地面两点间的绝对高程或相对高程之差称为高差,用 $h$ 加两点点名作下标表示。如 $A$,$B$ 两点的高差表示为

$$h_{AB} = H_B - H_A = H'_B - H'_A \tag{1-18}$$

### 1.3.3 地心坐标系

#### 1. WGS-84 坐标系

**WGS-84 坐标系**(World Geodetic System 1984)是美国国防局为进行 GPS 导航定位于 1984 年建立的地心坐标系,1985 年投入使用。WGS-84 坐标系的几何意义是:坐标系原点位于地球质心,$z$ 轴指向 BIH1984.0 定义的协议地球极(CTP)方向,$x$ 轴指向 BIH1984.0 的零子午面和 CTP 赤道的交点,$y$ 轴与 $z$ 轴、$x$ 轴构成右手正交坐标系,如图 1-13 所示。

图 1-13 WGS-84 坐标系

#### 2. 2000 国家大地坐标系

**2000 国家大地坐标系**(China Geodetic Coordinate System 2000)采用广义相对论意义下的尺度,是全球地心坐标系在我国的具体体现,其原点为包括海洋和大气的整个地球的质量中心,$z$ 轴由原点指向历元 2000.0 的地球参考极方向,该历元的指向由国际时间局给定的历元为 1984.0 的初始指向推算,定向时间演化保证相对于地壳不产生残余的全球旋转,$x$ 轴由原点指向格林尼治参考子午线与地球赤道面(历元 2000.0)的交点,$y$ 轴与 $z$ 轴、$x$ 轴构成右手正交坐标系。2000 国家大地坐标系于 2008 年 7 月 1 日启用,我国北斗(BeiDou)卫星导航定位系统即使用该坐标系。

地心坐标系可以与"1954 北京坐标系"或"1980 西安坐标系"等参心坐标系相互换算,方法之一是:在测区内,利用至少 3 个公共点的两套坐标列出坐标变换方程,采用最小二乘原理解算出 7 个变换参数就可以得到变换方程,简称七参数变换。7 个变换参数是指 3 个平移参数、3 个旋转参数和 1 个尺度参数。

## 1.4 测量工作概述

**1. 测定**(location)

如图 1-14(a)所示,测区内有山丘、房屋、河流、小桥和公路等,测绘地形图的方法是先测量出这些地物、地貌特征点的坐标,然后按一定比例尺、以《国家基本比例尺地图图式 第 1 部分:1∶500 1∶1 000 1∶2 000 地形图图式》规定的符号缩小展绘在图纸上。例如,要在图纸上绘出一幢房屋,就需要在这幢房屋附近、与房屋通视且坐标已知的点(如图中的 $A$ 点)安置全站仪,选择另一个坐标已知的点(如图中的 $B$ 点)作为定向方向(也称为后视方向),才能测量出这幢房屋角点的坐标。地物、地貌的特征点又称**碎部点**(detail points),测量碎部点坐标的方法与过程称为**碎部测量**(detail survey)。

图 1-14 某测区地物地貌透视图与地形图

由图 1-14(a)可知,在 $A$ 点安置全站仪还可以测绘出西面的河流与小桥,北面的山丘,但山丘北面的工厂区无法通视,因此还需要在山丘北面布置一些点,如图中的 $C$, $D$, $E$ 点,这些点的坐标应已知。由此可知,要测绘地形图,首先应在测区内均匀布置一些点,通过测量计算出它们的三维坐标 $(x, y, H)$。测量上将这些点称为控制点,测量并计算控制点坐标的方法与过程称为控制测量。

2. 测设(setting-out)

设图 1-14(b) 是图 1-14(a) 的地形图。根据需要,设计人员已在图纸上设计出了 P,Q,R 三幢建筑物,用全站仪坐标放样功能将它们的位置标定到实地的方法是：在控制点 $A$ 安置全站仪,以 $F$ 点作为后视点定向,在 SouthMap 中采集 P,Q,R 三幢建筑物轴线交点 1, 2, … 的设计坐标,将设计坐标文件传输到全站仪内存文件,即可在实地放样出点 1, 2, …,这些点就是设计建筑物在实地的平面位置。

由上述介绍可知,测定与测设都是在控制点上进行的,因此,测量工作的原则之一是"先控制后碎部"。《城市测量规范》规定,测量控制网应由高级向低级分级布设。如全站仪测距导线是按三等、四等、一级、二级、三级和图根的级别布设,三等导线的精度最高,图根导线的精度最低。控制网的等级越高,网点之间的距离就越大,点的密度也越稀,控制的范围就越大；控制网的等级越低,网点之间的距离就越小,点的密度也越密,控制的范围就越小。如三等导线的平均边长为 3 000 m,而三级导线的平均边长只有 120 m。由此可知,控制测量是先布设能控制大范围的高级网,再逐级布设次级网加密,这种测量控制网的布设原则称为"从整体到局部"。测量工作的原则可以归纳为"从整体到局部,先控制后碎部"。

## 1.5 测量常用计量单位及其相互换算

测量常用的角度、长度、面积等几种法定计量单位的换算关系分别列于表 1-5、表 1-6 和表 1-7。

表 1-5　　角度单位制及其换算关系

| 60 进制 | 弧度制 |
| --- | --- |
| 1 圆周=360° <br> 1°=60′ <br> 1′=60″ | 1 圆周=2π 弧度 <br> 1 弧度=180°/π=57.295 779 51°=$\rho°$ <br> 　　　　=3 438′=$\rho'$ <br> 　　　　=206 265″=$\rho''$ |

表 1-6　　长度单位制及其换算关系

| 公制 | 英制 |
| --- | --- |
| 1 km=1 000 m <br> 1 m=10 dm <br> 　　=100 cm <br> 　　=1 000 mm | 1 英里(mile,简写 mi) <br> 1 英尺(foot,简写 ft) <br> 1 英寸(inch,简写 in) <br> 1 km =0.621 4 mi <br> 　　　=3 280.8 ft <br> 1 m =3.280 8ft <br> 　　=39.37 in |

表 1-7　　　　　　　　　　面积单位制及其换算关系

| 公制 | 市制 | 英制 |
| --- | --- | --- |
| 1 km²=1×10⁶ m² <br> 1 m²=100 dm² <br> 　　=1×10⁴ cm² <br> 　　=1×10⁶ mm² | 1 km²=1 500 亩 <br> 1 m²=0.001 5 亩 <br> 1 亩=666.666 666 7 m² <br> 　　=0.066 666 67 hm² <br> 　　=0.164 7 英亩 | 1 km²=247.11 英亩 <br> 　　　=100 hm² <br> 10 000 m²=1 hm² <br> 1 m²=10.764 ft² <br> 1 cm²=0.155 0 in² |

## 本 章 小 结

（1）测量任务有两个：测定和测设，其原理是测量并计算空间点的三维坐标，测量前应先了解所用坐标系。测定和测设都应在已知控制点上安置仪器进行，已知点坐标通过控制测量方法获得。

（2）测量的基准是铅垂线与水准面，平面坐标的基准是参考椭球面，高程的基准是大地水准面。

（3）高斯投影是横椭圆柱分带正形投影，将参考椭球面上的物体投影到横椭圆柱面上，其角度保持不变，除中央子午线外，其余距离变长，位于中央子午线西边的 $y$ 坐标为负数。为保证高斯投影的 $y$ 坐标恒为正数，我国规定，将高斯坐标的 $y$ 坐标统一加 500 000 m，再在前面冠以 2 位数字的投影带号，因此，完整的高斯坐标的 $Y$ 坐标应有 8 位整数。在同一个测区测量时，通常省略带号，此时的 $y$ 坐标应有 6 位整数。

（4）统一 6°带高斯投影中央子午线经度 $L_0$ 与带号 $N$ 的关系为：$L_0 = 6N - 3$；已知地面任一点的经度 $L$，计算其在统一 6°带的投影带号 $N$ 的公式为

$$N = \text{Int}\left(\frac{L+3}{6} + 0.5\right)$$

我国领土在统一 6°带投影的带号范围为 13～23。

（5）统一 3°带高斯投影中央子午线经度 $L_0'$ 与带号 $n$ 的关系为：$L_0' = 3n$；已知地面任一点的经度 $L$，计算其在统一 3°带的投影带号 $n$ 的公式为

$$n = \text{Int}\left(\frac{L}{3} + 0.5\right)$$

我国领土在统一 3°带投影的带号范围为 24～45，与我国领土在统一 6°带的投影带号不重叠。

（6）我国常用的两个参心坐标系为"1954 北京坐标系"和"1980 西安坐标系"；两个高程系为"1956 年黄海高程系"和"1985 国家高程基准"；一个地心坐标系为"2000 国家大地坐标系"。

（7）过地面任意点 $P$ 的铅垂线不一定与地球旋转轴共面，$P$ 点法线一定与参考椭球的旋转轴共面。

（8）全站仪测量的地面平距 $D$ 高程归化到参考椭球面的距离为 $S_0'$，相较于 $D$，$S_0'$ 变短；参考椭球面距离 $S_0'$ 投影改化到高斯平面的距离为 $S_0$，相对于 $S_0'$，$S_0$ 变长。为使地面实测平距 $D$ 基本等于其高斯平面距离 $S_0$，以便于全站仪坐标计算，通常在抵偿高程面（高程为 $H_C$）进行高斯投影。

（9）工程测量中，地面实测平距 $D$ 高程归化到高程为 $H_C$ 的参考椭球面距离 $S_C'$ 后变短，归化公式为

$$S_C' = D - \frac{H_A - H_C}{R + H_C} D$$

将高程为 $H_C$ 的参考椭球面距离 $S_C'$ 投影改化为高斯平面距离 $S_C$ 后变长，改化公式为

$$S_C = \left(1 + \frac{y_m^2}{2R^2} + \frac{\Delta y^2}{24R^2}\right) S_C'$$

## 思考题与练习题

[1-1] 测量学研究的对象和任务是什么？

[1-2] 熟悉和理解铅垂线、水准面、大地水准面、参考椭球面、法线的概念。

[1-3] 绝对高程和相对高程的基准面是什么？

[1-4] "1956 黄海高程系"使用的平均海水面与"1985 国家高程基准"使用的平均海水面有何关系？

[1-5] 测量中使用的高斯坐标系与数学上使用的笛卡儿坐标系有何区别？

[1-6] 广东省行政区域所处的概略经度范围是 E109°39′—E117°11′，试分别求其在统一 6°投影带与统一 3°投影带中的带号范围。

[1-7] 我国领土内某点 $A$ 在 1954 北京坐标系的高斯平面坐标为：$x_A = 3\ 558\ 139.688$ m，$y_A = 20\ 692\ 853.447$ m，试用 MSMT 计算 $A$ 点所处的统一 6°投影带和统一 3°投影带的带号、各自的中央子午线经度。

[1-8] 天文经纬度的基准是大地水准面，大地经纬度的基准是参考椭球面。在大地原点处，大地水准面与参考椭球面相切，其天文经纬度分别等于其大地经纬度。"1954 北京坐标系"的大地原点在哪里？"1980 西安坐标系"的大地原点在哪里？

[1-9] 在 Google Earth 上获取我国新疆喀什市塔县红旗拉普口岸某点的大地地理坐标为 $L = \text{E}75°13′59.03″$，$B = \text{N}37°46′00.37″$，试分别根据表 1-1 所列的四个参考椭球参数，使用 MSMT **高斯投影** 程序计算该点在统一 3°带的高斯坐标，计算结果填入表 1-8。

表 1-8　　　　　　　　新疆喀什市塔县红旗拉普口岸某点的高斯坐标

| 序号 | 坐标系名称 | $x$/m | $y$/m | 子午线收敛角 $\gamma$ |
|---|---|---|---|---|
| 1 | 1954 北京坐标系 | | | |
| 2 | 1980 西安坐标系 | | | |
| 3 | WGS-84 坐标系 | | | |
| 4 | 2000 国家大地坐标系 | | | |

[1-10] 已知我国某点在 1980 西安坐标系中的高斯坐标为 $x = 5\ 347\ 442.551\ 4$ m，$y = 23\ 475\ 729.051\ 1$ m，试用 MSMT 计算该点的大地地理坐标。

[1-11] 表 1-9 的高斯投影参数为：中央子午线经度为 $L_0 = \text{E}107°30′$，投影面高程 $H_0 = 925$ m，表 1-10 的高斯投影参数为：中央子午线经度为 $L_0 = \text{E}107°45′$，投影面高程 $H_0 = 975$ m。表 1-9 的终点 ZD 与表 1-10 的起点 QD 桩号相同，均为 DK34+500，这两点在地面上是同一个点。试用 MSMT 将表 1-9 中终点 ZD 高斯坐标换带到表 1-10 的投影带，计算结果填入表 1-11。

表 1-9　　　　贵阳至南宁铁路客运专线贵州先期开工段直曲表（2000 国家大地坐标系，$H_0 = 925$ m）

| 交点号 | $x$/m | $y$/m | 转角 $\Delta$ | $R$/m | $L_s$/m | 设计桩号 | $L_0$ | $H_0$/m |
|---|---|---|---|---|---|---|---|---|
| QD | 2 929 662.742 0 | 447 216.999 0 | | | | DK0+000 | E107°30′ | 925 |

(续表)

| 交点号 | $x$/m | $y$/m | 转角 $\Delta$ | $R$/m | $L_s$/m | 设计桩号 | $L_0$ | $H_0$/m |
|---|---|---|---|---|---|---|---|---|
| JD1 | 2 929 665.394 0 | 449 452.3 000 | 12°06′51.49″ | 9 005 | 530 | DK2+280.503 | 断链 | |
| JD2 | 2 928 728.836 0 | 453 841.008 0 | 14°56′49.32″ | 6 005 | 670 | DK6+760.644 | DK0+654.8= DK0+700 | |
| JD3 | 2 923 952.108 0 | 463 218.552 0 | 37°19′37.35″ | 6 005 | 670 | DK17+274.994 | | |
| JD4 | 2 920 200.411 0 | 465 022.477 0 | −20°46′3.48″ | 6 000 | 670 | DK21+291.312 | | |
| JD5 | 2 918 001.075 0 | 467 335.823 0 | 8°48′37.28″ | 10 000 | 470 | DK24+458.078 | | |
| JD6 | 2 915 102.482 9 | 469 571.013 0 | 3°11′26.35″ | 12 000 | 370 | DK28+115.224 | | |
| JD7 | 2 912 606.463 7 | 471 283.032 5 | −22°37′26.41″ | 7 000 | 670 | DK31+141.762 | | |
| ZD | 2 910 760.503 9 | 474 133.203 5 | | | | DK34+500 | | |

表 1-10　贵阳至南宁铁路客运专线贵州先期开工段直曲表（2000 国家大地坐标系，$H_0$= 975 m）

| 交点号 | $x$/m | $y$/m | 转角 $\Delta$ | $R$/m | $L_s$/m | 设计桩号 | $L_0$ | $H_0$/m |
|---|---|---|---|---|---|---|---|---|
| QD | 2 910 857.603 3 | 449 163.782 2 | | | | DK34+500 | E107°45′ | 975 |
| JD8 | 2 908 738.467 8 | 452 421.912 5 | 22°27′58.72″ | 8 000 | 590 | DK38+386.663 | 断链 | |
| JD9 | 2 905 358.845 0 | 454 744.066 0 | −19°30′54.13″ | 8 000 | 590 | DK42+445.668 | DK44+198.32= DK44+500 | |
| JD10 | 2 903 315.149 0 | 457 557.815 0 | 10°17′15.77″ | 9 000 | 530 | DK46+197.725 | | |
| JD11 | 2 897 990.546 4 | 462 649.752 6 | −50°26′24.32″ | 9 000 | 530 | DK53+560.594 | | |
| ZD | 2 898 373.642 9 | 467 916.192 0 | | | | DK58+285 | | |

表 1-11　　桩号 DK34+500 高斯投影换带计算坐标比较

| 说明 | $x$/m | $y$/m | $L_0$ | $H_0$/m | $L$ | $B$ |
|---|---|---|---|---|---|---|
| 计算 | | | E107°30′ | 925 | | |
| 图纸 | 2 910 857.603 3 | 449 163.782 2 | E107°45′ | 975 | | |
| 差值 | | | | | | |

[1-12]　测量工作的基本原则是什么？

# 第 2 章 水 准 测 量

## 本 章 导 读

**基本要求** 熟练掌握DS3水准仪测量高差的原理、产生视差的原因与消除方法、视距测量原理、四等水准测量方法、单一闭（附）合水准路线近似平差的原理与方法；掌握水准测量误差来源及其削减方法、水准仪轴系之间应满足的条件；了解水准仪检验及校正的内容与方法、自动安平水准仪的原理与方法、精密水准仪的读数原理与方法、数字水准仪的原理与方法。

**重点** 消除视差的方法，水准器格值的几何意义，水准仪的安置与读数方法，MSMT **水准测量** 与 **水准网平差** 程序操作方法，单一闭（附）合水准路线近似平差的原理与方法，削减水准测量误差的原理与方法。

**难点** 消除视差的方法，单一闭（附）合水准路线测量的近似平差。

测定地面点高程的工作，称为**高程测量**（height measurement），它是测量的基本工作之一。高程测量按所使用的仪器和施测方法的不同，分为**水准测量**（leveling）、**三角高程测量**（trigonometric leveling）、**GNSS拟合高程测量**（GNSS leveling）和**气压高程测量**（air pressure leveling）。水准测量是精度最高的一种高程测量方法，广泛应用于国家高程控制测量、工程勘测和施工测量中。

## 2.1 水准测量原理

水准测量是利用**水准仪**（level）提供的**水平视线**（horizontal sight），读取竖立在两个点上水准尺的读数，来测定两点间的高差，再根据已知点的高程计算待定点的高程。

如图2-1所示，地面上有$A,B$两点，设$A$点的高程$H_A$为已知。为求$B$点的高程$H_B$，在$A,B$两点之间安置水准仪，在$A,B$两点各竖立一把水准尺，通过水准仪的望远镜读取水平视线分别在$A,B$两点水准尺上截取的读数为$a$和$b$，求出$A$点至$B$点的高差为

$$h_{AB}=a-b \tag{2-1}$$

设水准测量的前进方向为$A\rightarrow B$，$A$点称为后视点，其水准尺读数$a$为后视读数；$B$点称为前视点，其水准尺读数$b$为前视读数；两点间的高差＝后视读数－前视读数。后视读数大于前视读数时，高差为正，表示$B$点比$A$点高，$h_{AB}>0$；后视读数小于前视读数时，高差为负，表示$B$点比$A$点低，$h_{AB}<0$。

当$A,B$两点相距不远且高差不大时，安置一次水准仪就可以测得$h_{AB}$。此时，$B$点高程的计算公式为

图 2-1 水准测量原理

$$H_B = H_A + h_{AB} \tag{2-2}$$

$B$ 点高程也可用水准仪的**视线高程**(elevation of sight)$H_i$ 计算,即

$$\left.\begin{aligned}H_i &= H_A + a \\ H_B &= H_i - b\end{aligned}\right\} \tag{2-3}$$

当安置一次水准仪要测量出多个前视点 $B_1, B_2, \cdots, B_n$ 点的高程时,采用视线高程 $H_i$ 计算这些点的高程就非常方便。设水准仪对竖立在 $B_1, B_2, \cdots, B_n$ 点的水准尺读取的读数分别为 $b_1, b_2, \cdots, b_n$,则各点的高程计算公式为

$$\left.\begin{aligned}H_{B_1} &= H_i - b_1 \\ H_{B_2} &= H_i - b_2 \\ &\vdots \\ H_{B_n} &= H_i - b_n\end{aligned}\right\} \tag{2-4}$$

当 $A, B$ 两点相距较远或高差较大,安置一次仪器无法测得其高差时,就需要在两点间增设若干个用于传递高程的临时立尺点,称为**转点**(turning point,缩写为 TP),如图 2-2 中的 $TP_1, TP_2, \cdots, TP_{n-1}$ 点,并依次连续设站观测,设测出的各站高差为

$$\left.\begin{aligned}h_{A1} &= h_1 = a_1 - b_1 \\ h_{12} &= h_2 = a_2 - b_2 \\ &\vdots \\ h_{(n-1)B} &= h_n = a_n - b_n\end{aligned}\right\} \tag{2-5}$$

则 $A, B$ 两点间高差的计算公式为

$$h_{AB} = \sum_{i=1}^{n} h_i = \sum_{i=1}^{n} a_i - \sum_{i=1}^{n} b_i \tag{2-6}$$

式(2-6)表明,$A, B$ 两点间的高差等于各测站后视读数之和减去前视读数之和。常用式(2-6)检核高差计算的正确性。

图 2-2 连续设站水准测量原理

## 2.2 水准测量仪器与工具

水准测量所用的仪器为水准仪,工具有**水准尺**(leveling staff)和**尺垫**(staff plate)。

**1. 微倾式水准仪**

水准仪的作用是提供一条水平视线,能瞄准距水准仪一定距离处的水准尺并读取尺上的读数。通过调整水准仪的微倾螺旋,使管水准气泡居中获得水平视线的水准仪称为**微倾式水准仪**(title level);通过补偿器获得水平视线读数的水准仪称为**自动安平水准仪**(automatic level)。本节主要介绍微倾式水准仪的结构。

国产微倾式水准仪的型号有:DS05,DS1,DS3,DS10,其中字母 D,S 分别指"大地测量"和"水准仪"汉语拼音的第一个字母,字母后的数字表示仪器每千米往返测高差中数的中误差,以"mm"为单位。DS05,DS1,DS3,DS10 水准仪每千米往返测高差中数的中误差分别为 ±0.5 mm, ±1 mm, ±3 mm, ±10 mm。

通常将 DS05,DS1 称为**精密水准仪**(precise level),主要用于国家一、二等水准测量和精密工程测量;将 DS3,DS10 称为**普通水准仪**(general level),主要用于国家三、四等水准测量和常规工程建设测量。图 2-3 所示的水准仪为 DS3 普通水准仪,其后的字符"Z"表示为正像

1—准星;2—照门;3—物镜;4—物镜调焦螺旋;5—目镜;6—目镜调焦螺旋;7—管水准器;8—微倾螺旋;
9—管水准气泡观察窗;10—圆水准器;11—圆水准器校正螺丝;12—水平制动螺旋;13—水平微动螺旋;14—脚螺旋

图 2-3 南京光学测绘仪器有限公司生产的钟光 DS3-Z 微倾式水准仪(正像望远镜)

望远镜,它是工程建设中使用最多的水准仪。

水准仪主要由望远镜、水准器和基座组成。

(1) 望远镜

**望远镜**(telescope)用来瞄准远处竖立的水准尺并读取水准尺上的读数,要求望远镜能看清水准尺上的分划和注记并有读数指标。根据在目镜端观察到的物体成像情况,望远镜分正像望远镜和倒像望远镜,图 2-4 所示为正像望远镜的结构图,它由物镜、调焦镜、倒像棱镜、十字丝分划板和目镜组成。

1—物镜组;2—物镜光心;3—齿条;4—调焦齿轮;5—物镜调焦镜;6—倒像棱镜;7—十字丝分划板;8—目镜组

图 2-4 正像望远镜结构

如图 2-5 所示,设远处目标 AB 发出的光线经物镜、物镜调焦镜及倒像棱镜折射后,在十字丝分划板上成一正立实像 ab,通过目镜放大成虚像 $a'b'$,十字丝分划板也同时被放大。

图 2-5 正像望远镜成像原理

观测者通过望远镜观察虚像 $a'b'$ 的视角为 $\beta$,而直接观察目标 AB 的视角为 $\alpha$,显然, $\beta > \alpha$。由于视角放大了,观测者就感到远处的目标移近了,目标看得更清楚了,从而提高了瞄准和读数精度。通常定义 $V = \beta/\alpha$ 为望远镜的放大倍数。图 2-3 所示钟光 DS3-Z 水准仪望远镜的放大倍数为 30,物镜有效孔径为 42 mm,视场角为 $1°30'$。

如图 2-4(b)所示,十字丝分划板是在一直径约为 10 mm 的光学玻璃圆片上刻划出三根中丝和一根垂直于中丝的竖丝。中间的长水平丝称为中丝,用于读取水准尺分划的读数;上、下两根较短的水平丝称为上丝和下丝,上、下丝总称为视距丝,用来测定水准仪至水准尺的距离,视距丝测量的距离称为**视距**(stadia)。

十字丝分划板安装在一金属圆环上,用四颗校正螺丝固定在望远镜镜筒上。望远镜物镜光心与十字丝分划板中心的连线称为**望远镜视准轴**(collimation axis of telescope),通常用 CC 表示。望远镜物镜光心的位置是固定的,调整固定十字丝分划板的四颗校正螺丝,在较小的范围内移动十字丝分划板可以微调望远镜的视准轴。

物镜与十字丝分划板之间的距离是固定不变的,而望远镜所瞄准的目标有远有近。目标发出的光线通过物镜后,在望远镜内所成实像的位置随着目标的远近而改变,应旋转物镜调焦螺旋使目标像与十字丝分划板平面重合才可以读数。此时,观测者的眼睛在目镜端上下微微移动时,目标像与十字丝没有相对移动,如图 2-6(a)所示。

如果目标像与十字丝分划板平面不重合,观测者的眼睛在目镜端上下微微移动时,目标像与十字丝之间就会产生相对移动,这种现象称为**视差**(parallax),如图 2-6(b)所示。

图 2-6 视差

视差会影响读数的正确性,读数前应消除它。消除视差的方法是:将望远镜对准明亮的背景,旋转目镜调焦螺旋,使十字丝十分清晰(简称目镜对光);将望远镜对准标尺,旋转物镜调焦螺旋使标尺像十分清晰(简称物镜对光)。

(2) 水准器

**水准器**(bubble)用于置平仪器,有管水准器和圆水准器两种。

① 管水准器

**管水准器**(bubble tube)由玻璃圆管制成,其内壁被磨成半径为 $R$ 的圆弧,如图 2-7(a)所示。将管内注满酒精或乙醚,加热封闭冷却后,管内形成的空隙部分充满了液体的蒸气,称为管水准气泡。因为蒸气的比重小于液体,所以,管水准气泡总是位于内圆弧的最高点。

图 2-7 管水准器及其安装结构

管水准器内圆弧中点 $O$ 称为管水准器的零点,过零点作内圆弧的切线 $LL$ 称为**管水准器轴**(bubble tube axis)。当管水准气泡居中时,管水准器轴 $LL$ 处于水平位置。

管水准器一般安装在圆柱形、上面有开口的金属管内,用石膏固定。如图 2-7(b)所示,一端为球形支点 $A$,另一端用四个校正螺丝将金属管连接在仪器上。用校正针拨动校正螺丝,可以使管水准器相对于支点 $A$ 做升降或左右移动,从而校正管水准器轴平行于望远镜的视准轴。

在管水准器的外表面、对称于零点 $O$ 的左右两侧,刻划有 2 mm 间隔的分划线。定义 2 mm 弧长所对应的圆心角为管水准器格值 $\tau''$：

$$\tau''=\frac{2}{R}\rho'' \tag{2-7}$$

式中,$\rho''=206\ 265$,为弧秒值,即 1 弧度等于 206 265″；$R$ 为以"mm"为单位的管水准器内圆弧半径。

格值 $\tau''$ 的几何意义为：当水准气泡移动 2 mm 时,管水准器轴倾斜角度 $\tau''$。显然,$R$ 越大,$\tau''$ 越小,管水准器的灵敏度越高,仪器置平的精度也越高,反之置平精度就低。DS3 水准仪管水准器的格值 $\tau''=20''/2$ mm,其内圆弧半径 $R=20\ 626.5$ mm。

为了提高水准气泡居中的精度,在管水准器的上方安装有一组符合棱镜,如图 2-8 所示。通过这组棱镜,将气泡两端的影像反射到望远镜旁的管水准气泡观察窗内,旋转微倾螺旋,当窗内气泡两端的影像符合时,表示气泡居中。

$LL$—管水准器轴；$L'L'$—圆水准器轴；$VV$—竖轴

图 2-8 管水准器与符合棱镜

制造水准仪时,使管水准器轴 $LL$ 平行于望远镜的视准轴 $CC$。旋转微倾螺旋使管水准气泡居中时,管水准器轴 $LL$ 处于水平位置,从而使望远镜的视准轴 $CC$ 也处于水平位置。

② 圆水准器

如图 2-9 所示,**圆水准器**(circular bubble)由玻璃圆柱管制成,其顶面内壁被磨成半径为 $R'$ 的球面,中央刻划有小圆圈,其圆心 $O'$ 为圆水准器的零点,过零点 $O'$ 的球面法线为**圆水准器轴**(circular bubble axis)$L'L'$。当圆水准气泡居中时,圆水准器轴处于竖直位置；当气泡不居中,气泡偏移零点 2 mm 时,轴线所倾斜的角度值称为圆水准器的格值 $\tau'$。$\tau'$ 一般为 8′,其对应的顶面内壁球面半径 $R'=859.4$ mm。圆水准器的格值 $\tau'$ 远大于管水准器的格值 $\tau''$,因此,圆水准器通常用于粗略整平仪器。

图 2-9 圆水准器

制造水准仪时,使圆水准器轴 $L'L'$ 平行于仪器竖轴 $VV$,旋转基座的三个脚螺旋使圆水准气泡居中时,圆水准器轴 $L'L'$ 处于竖直位置,从而使仪器竖轴 $VV$ 也处于竖直位置,如图 2-8 所示。

(3) 基座

**基座**(tribrach)的作用是支承仪器的上部,用中心螺旋将基座连接到三脚架上。基座由轴座、脚螺旋、底板和三角压板构成。

**2. 水准尺和尺垫**

普通水准尺一般用优质木材、玻璃钢或铝合金制成，长度为2~5 m不等。根据构造可以分为直尺、塔尺和折尺，如图2-10所示。其中，直尺又分单面分划和双面分划两种。

图 2-10　正像注记水准尺及其读数示例

塔尺和折尺常用于图根水准测量，尺面上的最小分划为1 cm或0.5 cm，在每米和每分米处均有注记。

双面水准尺多用于三、四等水准测量，以两把尺为一对使用。尺的两面均有分划，一面为黑白相间，称为黑面尺；另一面为红白相间，称为红面尺。两面的最小分划均为1 cm，只在分米处有注记。两把尺的黑面均由零开始分划和注记；而红面，一把尺由4.687 m开始分划和注记，另一把尺由4.787 m开始分划和注记，两把尺红面注记的零点差为0.1 m。

如图2-11所示，尺垫是用生铁铸成的三角形板座，用于转点处放置水准尺。尺垫中央凸起的半球用于放置水准尺，下有三个尖足便于将其踩入土中，以固稳防动。《国家三、四等水准测量规范》规定，尺垫的质量应不小于1 kg。

图 2-11　尺垫及水准尺竖立在尺垫上的正确位置

**3. 微倾式水准仪的使用**

安置水准仪前，首先应按观测者的身高调节好三脚架的高度，为便于整平仪器，还应使三脚架的架头面大致水平,并将三脚架的三个脚尖踩入土中,使脚架稳定;从仪器箱内取出水准仪,放在三脚架的架头面上,立即将中心螺旋旋入仪器基座的螺孔内,以防止仪器从三脚架头摔下来。

用水准仪进行水准测量的操作步骤为粗平→瞄准水准尺→精平→读数。

(1) 粗平

旋转脚螺旋使圆水准气泡居中,使仪器竖轴大致铅垂,望远镜视准轴大致水平。旋转脚螺旋方向与圆水准气泡移动方向的关系是:用左手旋转脚螺旋时,左手大拇指移动方向即为水准气泡移动方向;用右手旋转脚螺旋时,右手食指移动方向即为水准气泡移动方向,如图 2-12 所示。初学者一般先练习用一只手操作,熟练后再练习用双手操作。

图 2-12 旋转脚螺旋方向与圆水准气泡移动方向的关系

(2) 瞄准水准尺

首先进行目镜对光,将望远镜对准明亮的背景,旋转目镜调焦螺旋,使十字丝清晰。再松开水平制动螺旋,转动望远镜,用望远镜上的准星和照门瞄准水准尺,拧紧水平制动螺旋。从望远镜中观察目标,旋转物镜调焦螺旋,使目标清晰,再旋转水平微动螺旋,使竖丝对准水准尺,如图 2-13 所示。

(3) 精平

先从望远镜侧面观察管水准气泡偏离零点的方向,旋转微倾螺旋,使管水准气泡大致居中,再从目镜左边的符合气泡观察窗中查看两个气泡影像是否符合,如不符合,再慢慢旋转微倾螺旋直至完全符合为止。

(4) 读取中丝读数

仪器精平后,应立即用中丝在水准尺上读数。可以从水准尺上读取 4 位数字,其中前两位为米位和分米位,从水准尺注记数字直接读取,后面的厘米位则要数分划数,一个 **E** 表示 0~5 cm,其上的分划位为 6~9 cm,毫米位需要估读。

图 2-13(a)所示为 0.5 cm 分划直尺读数,其中左图为黑面尺读数,右图为红面尺读数;图 2-13(b)所示为 1 cm 分划直尺读数,其中左图为黑面尺读数,右图为红面尺读数。完成黑面尺读数后,将水准尺以竖向为轴旋转 180°,立即读取红面尺读数,这两个读数之差为 6 382-1 695=4 687 mm,正好等于该尺红面注记的零点常数,说明读数正确。

如果该标尺的红黑面读数之差不等于其红面注记的零点常数,《国家三、四等水准测量规范》规定,对于三等水准测量,其限差为±2 mm;对于四等水准测量,其限差为±3 mm。

(a) 0.5 cm 分划正像注记直尺　　　　(b) 1 cm 分划正像注记直尺

图 2-13　正像注记水准尺读数示例

（5）视距测量原理及读取上、下丝读数计算视距的方法

**视距测量**（stadia survey）是一种间接测距方法，它利用测量仪器望远镜内十字丝分划板的上、下丝及水准尺，根据光学原理测定两点间水平距离的一种快速测距方法，其相对误差约为 1/300。

如图 2-14 所示，在 $A$ 点安置水准仪，$B$ 点竖立水准尺，设望远镜视线水平，瞄准 $B$ 点的水准尺，此时视线与水准尺面垂直。

$f$—望远镜物镜焦距；$p$—十字丝分划板上、下丝间距；$p'$—上、下丝视线在物镜出口端间距

图 2-14　水准仪视距测量原理

在图 2-14 中，$p = \overline{nm}$ 为望远镜上、下丝的间距，$l = \overline{NM}$ 为标尺**视距间隔**（stadia interval），$f$ 为望远镜物镜的焦距，$\delta$ 为物镜中心到仪器中心的距离。

由于望远镜上、下丝的间距 $p$ 是固定的，所以从上、下丝引出去的视线在竖直面内的夹角 $\varphi$ 也是固定的，设由上、下丝 $n$，$m$ 引出去的视线在物镜出口端的交点为 $n'$，$m'$，其间距 $p' = \overline{n'm'}$ 也是固定的。在标尺面的交点 $N$，$M$ 则随仪器到标尺的距离 $D$ 而变化，在望远镜视场内可以通过读取交点 $N$，$M$ 的标尺读数 $L_N$，$L_M$，计算出视距间隔 $l = L_M - L_N$。仪器

到标尺的距离 $D$ 越大,视距间隔 $l$ 也越大。例如,图 2-14 所示水准仪为正像望远镜,应从下往上读数,由上、下丝读数计算得到的视距间隔为 $l=1.786-1.604=0.182$ m。

由于 $\triangle n'm'F$ 与 $\triangle NMF$ 相似,所以有 $\dfrac{d}{l}=\dfrac{f}{p'}$,可得

$$d=\dfrac{f}{p'}l \tag{2-8}$$

由图 2-14 可得 $A$,$B$ 两点间的平距 $D$ 为

$$D=d+f+\delta=\dfrac{f}{p'}l+f+\delta \tag{2-9}$$

设 $k=\dfrac{f}{p'}$,$C=f+\delta$,将它们代入式(2-9),得

$$D=kl+C \tag{2-10}$$

式中,$k$ 为**视距乘常数**(stadia multiplication constant);$C$ 为**视距加常数**(stadia addition constant)。设计制造仪器时,通常使 $k=100$,忽略 $C$ 值,则视准轴水平时的视距计算公式为

$$D=kl=100l \tag{2-11}$$

图 2-14 所示的视距为 $D=100\times0.182=18.2$ m,图 2-3 所示钟光 DS3-Z 水准仪可测量的最短视距为 2 m。

## 2.3 水准点与水准路线

**1. 水准点**

为统一全国高程系统和满足各种测量的需要,国家各级测绘部门在全国各地埋设并测定了很多高程点,这些点称为**水准点**(benchmark,缩写为 BM)。

在一、二、三、四等水准测量中,一、二等水准测量为精密水准测量,三、四等水准测量为普通水准测量,采用某等级水准测量方法测出其高程的水准点称为该等级水准点。各等级水准点均应埋设永久性标石或标志,水准点的等级应注记在水准点标石或标志面上,如图 2-15 所示。

《国家三、四等水准测量规范》将水准点标志分为墙角水准标志和混凝土普通水准标石。图 2-15(b)所示为墙角水准标志的埋设规格,图 2-15(c)所示为三、四等水准标石的埋设规格。水准点在地形图上的表示符号如图 2-16 所示,图中的"2.0"表示符号圆的直径为 2 mm。

**2. 水准路线**

在水准点之间进行水准测量所经过的路线,称为水准路线。按照已知高程的水准点的分布情况和实际需要,水准路线一般布设为附合水准路线、闭合水准路线或支水准路线,如图 2-17 所示。

(1)附合水准路线

如图 2-17(a)所示,**附合水准路线**(annexed leveling line)是从一个已知高程的水准点 $BM1$ 出发,沿各高程待定点 1,2,3 进行水准测量,最后附合到另一个已知高程的水准点

图 2-15 水准点标志与水准标石埋设示意图

图 2-16 水准点在地形图上的符号

图 2-17 水准路线的类型

$BM2$ 上,各站所测高差之和的理论值应等于由已知水准点的高程计算出的高差,即有

$$\sum h_{理论} = H_{BM2} - H_{BM1} \qquad (2-12)$$

（2）闭合水准路线

如图 2-17(b)所示,**闭合水准路线**(closed leveling line)是从一个已知高程的水准点 $BM5$ 出发,沿各高程待定点 1,2,3,4,5 进行水准测量,最后返回到原水准点 $BM5$ 上,各站所测高差之和的理论值应等于零,即有

$$\sum h_{理论} = 0 \qquad (2-13)$$

（3）支水准路线

如图 2-17(c)所示,**支水准路线**(spur leveling line)是从一个已知高程的水准点 $BM8$ 出发,沿各高程待定点 1,2 进行水准测量。支水准路线应进行往返观测,理论上,往测高差总

和与返测高差总和应大小相等,符号相反,即有

$$\sum h_{往} + \sum h_{返} = 0 \quad (2-14)$$

式(2-12)、式(2-13)、式(2-14)可以分别作为附合水准路线、闭合水准路线和支水准路线观测正确性的检核。

## 2.4 三、四等水准测量方法

如图 2-2 所示,从已知高程的水准点 $A$ 出发,应用连续水准测量的方法,才能测算出待定水准点 $B$ 的高程。在进行连续水准测量时,如果任何一测站的后视读数 $a$ 或前视读数 $b$ 有错误,都将影响所测高差的正确性。因此,在每站的水准测量中,为了及时发现观测中的错误,通常采用双面尺法观测,以检核每站高差测量中可能发生的错误,这种检核称为测站检核。

### 2.4.1 三、四等水准测量的技术要求

根据《国家三、四等水准测量规范》,三、四等水准测量的主要技术要求应符合表 2-1 中的规定;水准观测的主要技术要求应符合表 2-2 中的规定;往返测高差不符值、环线闭合差和检测高差之差的限差应符合表 2-3 中的规定。

表 2-1　　三、四等水准测量每站视距限差

| 等级 | 视线长度 | | 前后视距差/m | 每站的前后视距差累积/m | 视线高度 | 数字水准仪重复测量次数 | 观测顺序 |
|---|---|---|---|---|---|---|---|
| | 仪器类型 | 视距/m | | | | | |
| 三等 | DS3 | ≤75 | ≤2.0 | ≤5.0 | 三丝能读数 | ≥3 次 | 后前前后(BFFB) |
| 四等 | DS3 | ≤100 | ≤3.0 | ≤10.0 | 三丝能读数 | ≥2 次 | 后后前前(BBFF) |

注:"后"的英文单词为 Back,用 B 表示观测后尺;"前"的英文单词为 Front,用 F 表示观测前尺。

表 2-2　　三、四等水准测量每站高差限差

| 等级 | 观测方法 | 黑红面读数之差/mm | 黑红面所测高差之差/mm |
|---|---|---|---|
| 三等 | 中丝读数法 | 2.0 | 3.0 |
| 四等 | 中丝读数法 | 3.0 | 5.0 |

表 2-3　　三、四等水准测量往返测高差不符值、环线闭合差和检测高差之差的限差

| 等级 | 测段、路线往返测高差不符值 | 测段、路线高差不符值 | 附合路线或环线闭合差 | | 检测已测测段高差之差 |
|---|---|---|---|---|---|
| | | | 平原 | 山区 | |
| 三等 | $\pm 12\sqrt{K}$ | $\pm 8\sqrt{K}$ | $\pm 12\sqrt{L}$ | $\pm 15\sqrt{L}$ | $\pm 20\sqrt{R}$ |
| 四等 | $\pm 20\sqrt{K}$ | $\pm 14\sqrt{K}$ | $\pm 20\sqrt{L}$ | $\pm 25\sqrt{L}$ | $\pm 30\sqrt{R}$ |
| 图根 | — | — | $\pm 40\sqrt{L}$ | $\pm 12\sqrt{n}$ | — |

注:1. $K$—路线或测段长度(km);$L$—附合路线(环线)长度(km);$R$—检测测段长度(km);$n$—水准测段测站数,要求 $n > 16$ 站。
2. 山区指高程超过 1 000 m 或路线中最大高程超过 400 m 的地区。
3. 图根水准测量的限差取自《城市测量规范》。

### 2.4.2 三、四等水准的观测方法

三等水准测量采用中丝读数法进行往返观测,四等水准测量采用中丝读数法单程观测,支水准路线应往返观测。各水准测段的测站数均应为偶数,由往测转向返测时,两把标尺应互换位置,并重新安置仪器。三、四等水准观测应在标尺分划线成像清晰稳定时进行。

**1. 三、四等水准观测顺序**

在测站上安置水准仪,使圆水准气泡居中,使前后视距大致相等。

(1) 后视水准尺黑面,旋转微倾螺旋,使管水准气泡居中,用上、下视距丝读数,记入表 2-4 中(1),(2)的位置;用中丝读数,记入表 2-4 中(3)的位置。

表 2-4　　　　　　　　　　三、四等水准观测记录手簿　　　　　　　　　　2024 年 4 月 30 日

测自 _BM1_ 至 _S13_

时刻:始 8 时 26 分　　天气　阴

末 8 时 57 分　　成像　清晰　　观测者　王贵满　　记录员　林培效

| 测站编号 | 后尺 上丝 / 下丝 / 后视距 / 视距差 $d$ | 前尺 上丝 / 下丝 / 前视距 / $\sum d$ | 方向及尺号 | 标尺读数 黑面 | 标尺读数 红面 | K+黑−红 | 高差中数 | 备注 |
|---|---|---|---|---|---|---|---|---|
| | (1) | (5) | 后尺 | (3) | (8) | (10) | | |
| | (2) | (6) | 前尺 | (4) | (7) | (9) | | |
| | (15) | (16) | 后−前 | (11) | (12) | (13) | (14) | |
| | (17) | (18) | | | | | | |
| 1 | 1 571 | 739 | 后 A | 1 384 | 6 171 | 0 | | BM1 |
| | 1 197 | 363 | 前 B | 551 | 5 239 | −1 | | TP1 |
| | 374 | 376 | 后−前 | +833 | 932 | +1 | +832.5 | |
| | −2 | −2 | | | | | | |
| 2 | 2 121 | 2 196 | 后 B | 1 934 | 6 621 | 0 | | TP1 |
| | 1 747 | 1 821 | 前 A | 2 008 | 6 796 | −1 | | TP2 |
| | 374 | 375 | 后−前 | −74 | −175 | +1 | −74.5 | |
| | −1 | −3 | | | | | | |
| 3 | 1 914 | 2 055 | 后 A | 1 726 | 6 513 | 0 | | TP2 |
| | 1 539 | 1 678 | 前 B | 1 866 | 6 554 | −1 | | TP3 |
| | 375 | 377 | 后−前 | −140 | −41 | +1 | −140.5 | |
| | −2 | −5 | | | | | | |
| 4 | 1 965 | 2 141 | 后 B | 1 832 | 6 519 | 0 | | TP3 |
| | 1 700 | 1 874 | 前 A | 2 007 | 6 793 | +1 | | S13 |
| | 265 | 267 | 后−前 | −175 | −274 | −1 | −174.5 | |
| | −2 | −7 | | | | | | |

注:表中灰底色背景单元数据为原始观测数据,这些数据的毫米位数据不能修改,厘米位数据如果读错或记录错,可以现场修改,但不能连环修改。

(2) 前视水准尺黑面,旋转微倾螺旋,使管水准气泡居中,用中丝读数,记入表2-4中(4)的位置;用上、下视距丝读数,记入表2-4中(5),(6)的位置。

(3) 前视水准尺红面,旋转微倾螺旋,使管水准气泡居中,用中丝读数,记入表2-4中(7)的位置。

(4) 后视水准尺红面,旋转微倾螺旋,使管水准气泡居中,用中丝读数,记入表2-4中(8)的位置。

以上观测顺序简称为"后前前后",英文表示为"BFFB"。四等水准的观测顺序为"后后前前",英文表示为"BBFF"。

### 2. 三、四等水准观测的计算与检核

(1) 水准尺读数检核

同一水准尺黑面与红面读数差的检核:(9)=(4)+K−(7),(10)=(3)+K−(8)。

$K$ 为双面水准尺红面分划与黑面分划的零点差(本例中,A尺的 $K=4\ 787$ mm,B尺的 $K=4\ 687$ mm)。由表2-2可知,对于三等水准,(9),(10)不应大于2 mm;对于四等水准,(9),(10)不应大于3 mm。

(2) 高差计算与检核

按后、前视水准尺红、黑面中丝读数分别计算一站高差:

黑面高差(11)=(3)−(4),红面高差(12)=(8)−(7),红黑面高差之差(13)=(11)−[(12)±100]=(10)−(9)。

由表2-2可知,对于三等水准,(13)不应大于3 mm;对于四等水准,(13)不应大于5 mm。

红黑面高差之差在容许范围以内时,取其平均值作为该站的观测高差:(14)=[(11)+(12)±100]/2。

(3) 视距计算与检核

根据前、后视的上、下丝读数计算前视距(15)=(1)−(2),后视距(16)=(5)−(6)。由表2-1可知,对于三等水准,(15),(16)不应大于75 m;对于四等水准,(15),(16)不应大于100 m。

计算前、后视距差(17)=(15)−(16)。由表2-1可知,对于三等水准,(17)不应大于2 m;对于四等水准,(17)不应大于3 m。

计算前、后视距差累积(18)=上站(18)+本站(17)。由表2-1可知,对于三等水准,(18)不应大于5 m;对于四等水准,(18)不应大于10 m。

### 3. 微倾式水准仪预测视距方法

使用圆水准器粗平仪器后,瞄准水准尺,调整微倾螺旋,使下丝对准标尺的一个整分米数或整厘米数,然后数出下丝至上丝之间视距间隔的整厘米个数,每厘米代表视距1 m,再估读出小于1 cm的视距间隔毫米数,每毫米代表视距0.1 m,二者相加即得视距值,示例如图2-18所示。

当使用自动安平水准仪观测时,因自动安平水准仪没有微倾螺旋,不便直读视距,只能用读上、下丝的方法计算视距。

图 2-18 微倾式水准仪直读视距方法示例

### 2.4.3 MSMT 水准测量程序

在 MSMT 项目主菜单[图 1-10(a)],点击 **水准测量** 图标,进入"水准测量"文件列表界面;点击 **新建文件** 按钮,新建一个光学四等水准测量文件[图 2-19(a)],点击 **确定** 按钮,返回水准测量文件列表界面。点击最近新建的文件名,在弹出的快捷菜单点击"测量"命令[图 2-19(b)],进入水准测量观测界面。

图 2-19 在 MSMT 项目主菜单点击"水准测量"图标新建四等水准测量文件

在后视点栏输入起点名"BM1",输入表2-4中第1站的8个观测数据(灰底色背景单元),结果如图2-20(c)所示,点击 保存搬站 按钮完成第1站观测数据的输入。

图2-20(d),(e),(f)为完成第2,3,4站观测数据输入的界面,此时,后视点栏应输入测段终点名"S13",点击 结束测段 按钮结束测段观测,返回水准测量文件列表界面。

用户可以对该光学四等水准测量文件重复执行"测量"命令,继续完成路线其余测段的水准测量观测数据输入。完成水准路线全部测量任务后,在水准测量文件列表界面,点击该水准测量文件名,在弹出的快捷菜单点击"导出Excel成果文件"命令,软件将该文件的水准测量观测数据导出至手机内置SD卡"com.southgt.msmt\workspace\四等水准(上下丝)240430_1.xls"。用户可以使用手机安装的WPS软件打开"四等水准(上下丝)240430_1.xls"文件查看观测数据,也可以通过微信、QQ、电子邮箱的形式发送该Excel成果文件给好友。

图2-20所示为在PC机启动MS-Excel打开"四等水准(上下丝)240430_1.xls"文件的内容。

| | A | B | C | D | E | F | G | H | I | J | K | L |
|---|---|---|---|---|---|---|---|---|---|---|---|---|
| 1 | 四等水准测量观测手簿(DS3,上下丝) | | | | | | | | | | | |
| 2 | 测自 | BM1 | 至 | S13 | | 日期:2024/04/30 | 开始时间: | 10:18:40 | | 结束时间: 10:26:54 | 天气:晴 成像:清晰 | |
| 3 | 仪器型号:DS3 | | | | | 仪器编号:96076 | | 观测者:王贵满 | | 记录员:林培效 | | |
| 4-7 | 测站编号 | 后尺 上丝 下丝 后视距 视距差d | | 前尺 上丝 下丝 前视距 Σd | | 方向及尺号 | 中丝读数 黑面 | 中丝读数 红面 | K+黑-红 | 高差中数 | 高差中数累积值Σh(m) 路线长累积值Σd(m) 及保存时间 | 水准测段统计数据 |
| 8 | 1 | 1571 | | 739 | | 后尺A | 1384 | 6171 | 0 | | Σh(m)=0.83250 | 测段起点名:BM1 |
| 9 | | 1197 | | 363 | | 前尺B | 551 | 5239 | -1 | | Σd(m)=75.0 | |
| 10 | | 37.4 | | 37.6 | | 后-前 | 833 | 932 | 1 | 832.5 | 保存时间:2024/04/30/ 10:18 | |
| 11 | | -0.2 | | -0.2 | | | | | | | | |
| 12 | 2 | 2121 | | 2196 | | 后尺B | 1934 | 6621 | 0 | | Σh(m)=0.75800 | |
| 13 | | 1747 | | 1821 | | 前尺A | 2008 | 6796 | -1 | | Σd(m)=149.9 | |
| 14 | | 37.4 | | 37.5 | | 后-前 | -74 | -175 | 1 | -74.5 | 保存时间:2024/04/30/ 10:21 | |
| 15 | | -0.1 | | -0.3 | | | | | | | | |
| 16 | 3 | 1914 | | 2055 | | 后尺A | 1726 | 6513 | 0 | | Σh(m)=0.61750 | |
| 17 | | 1539 | | 1678 | | 前尺B | 1866 | 6554 | -1 | | Σd(m)=225.1 | |
| 18 | | 37.5 | | 37.7 | | 后-前 | -140 | -41 | 1 | -140.5 | 保存时间:2024/04/30/ 10:25 | |
| 19 | | -0.2 | | -0.5 | | | | | | | | |
| 20 | 4 | 1965 | | 2141 | | 后尺B | 1832 | 6519 | 0 | | Σh(m)=0.44300 | 测段终点名:S13 测段高差h(m)=0.4430 |
| 21 | | 1700 | | 1874 | | 前尺A | 2007 | 6793 | 1 | | Σd(m)=278.3 | 测段水准路线长L(m)=278.3 |
| 22 | | 26.5 | | 26.7 | | 后-前 | -175 | -274 | -1 | -174.5 | 保存时间:2024/04/30/ 10:26 | 测段站数n=4 |
| 23 | | -0.2 | | -0.7 | | | | | | | | |

图2-20 在PC机启动MS-Excel打开"四等水准(上下丝)240430_1.xls"文件的内容

## 2.5 单一水准路线近似平差

在每站水准测量中,采用双面尺法进行测站检核还不能保证整条水准路线的观测高差没有错误,例如,用作转点的尺垫在仪器搬站期间被碰动所引起的误差就不能通过测站检核检查出来,还需要通过水准路线**闭合差**(closing error)来检验。

水准测量成果整理的内容包括:测量记录与计算的复核,高差闭合差的计算与检核,高差改正数与各点高程的计算。

**1. 高差闭合差的计算**

高差闭合差一般用$f_h$表示,根据式(2-12)、式(2-13)和式(2-14)可以写出三种水准路线的高差闭合差计算公式：

（1）附合水准路线高差闭合差

$$f_h = \sum h - (H_终 - H_起) \quad (2\text{-}15)$$

（2）闭合水准路线高差闭合差

$$f_h = \sum h \quad (2\text{-}16)$$

（3）支水准路线高差闭合差

$$f_h = \sum h_往 + \sum h_返 \quad (2\text{-}17)$$

受仪器精密度和观测者分辨力的限制及外界环境的影响，观测数据中不可避免地含有一定的误差，高差闭合差 $f_h$ 就是水准测量观测误差的综合反映。当 $f_h$ 在限差范围内时，认为精度合格，成果可用，否则应返工重测，直至符合要求为止。《国家三、四等水准测量规范》规定，三、四等水准测量的高差闭合差应符合表 2-3 中的规定。

**2. 高差闭合差的分配和待定点高程的计算**

当 $f_h$ 的绝对值小于限差 $f_{h限}$ 时，说明观测成果合格，可以进行高差闭合差的分配、高差改正及待定点高程计算。

对于附合或闭合水准路线，一般按与路线长 $L_i$ 或测站数 $n_i$ 成正比的原则，将高差闭合差反号进行分配。即在闭合差为 $f_h$、路线总长为 $L$（或测站总数为 $n$）的一条水准路线上，设某测段的高差观测值为 $h_i$，路线长为 $L_i$（或测站数为 $n_i$），则该测段的高差改正数 $V_i$ 的计算公式为

$$V_i = -\frac{L_i}{L} f_h \text{ 或 } V_i = -\frac{n_i}{n} f_h \quad (2\text{-}18)$$

改正后的高差为

$$\hat{h}_i = h_i + V_i \quad (2\text{-}19)$$

对于支水准路线，采用往测高差减去返测高差后取平均值，作为改正后的往测高差，即有

$$\hat{h}_i = \frac{h_往 - h_返}{2} \quad (2\text{-}20)$$

[**例 2-1**] 图 2-21 为按四等水准测量的技术要求在平地施测某附合水准路线略图，$A$，$B$ 为已知高程的水准点，箭头表示水准测量的前进方向，路线上方的数值为测段高差 $h$，路线下方的数值为该测段路线长 $L$，试计算待定点 1，2，3 的高程。

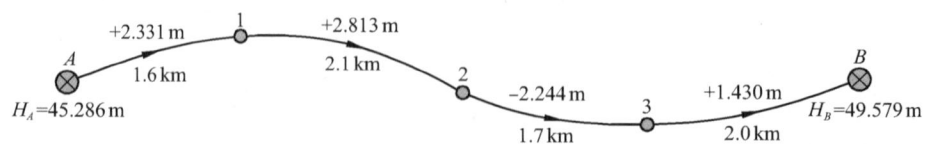

图 2-21 附合水准路线略图

**解** 全部计算在表 2-5 中进行，计算步骤说明如下：

(1) 高差闭合差的计算与检核

$$\sum h = 2.331 + 2.813 - 2.244 + 1.43 = 4.33 \text{ m}$$

$$f_h = \sum h - (H_B - H_A) = 4.33 - (49.579 - 45.286) = 0.037 \text{ m} = 37 \text{ mm}$$

$$f_{h限} = \pm 20\sqrt{L} = \pm 20\sqrt{7.4} = \pm 54.4 \text{ mm}$$

$|f_h| < |f_{h限}|$，符合表 2-3 中的规定，可以分配高差闭合差。

(2) 高差改正数和改正后的高差计算

使用式(2-18)计算高差改正数，使用式(2-19)计算改正后的高差，全部计算在表 2-5 中完成。

表 2-5　　　　　　　　　　　　单一四等水准测量路线近似平差

| 点名 | 路线长 $L_i$/km | 观测高差 $h_i$/m | 改正数 $V_i$/m | 改正后高差 $\hat{h}_i$/m | 高程 $H$/m |
|---|---|---|---|---|---|
| A |  |  |  |  | **45.286** |
|  | 1.6 | +2.331 | −0.008 | 2.323 |  |
| 1 |  |  |  |  | 47.609 |
|  | 2.1 | +2.813 | −0.011 | 2.802 |  |
| 2 |  |  |  |  | 50.411 |
|  | 1.7 | −2.244 | −0.008 | −2.252 |  |
| 3 |  |  |  |  | 48.159 |
|  | 2.0 | +1.430 | −0.010 | +1.420 |  |
| B |  |  |  |  | **49.579** |
| ∑ | 7.4 | +4.330 | −0.037 | +4.293 |  |

(3) 高程平差值的计算

1 点平差后的高程为 $H_1 = H_A + \hat{h}_1 = 45.286 + 2.323 = 47.609$ m，其余点的高程计算过程依此类推，作为检核，最后推算出的 B 点高程应该等于其已知高程 49.579 m。

(4) 使用 MSMT 水准网平差 程序计算

在 MSMT 项目主菜单[图 1-10(a)]，点击 水准网平差 图标，进入"水准网平差"文件列表界面；点击 新建文件 按钮，平差类型的缺省设置为"近似平差"，新建一个水准网平差文件[图 2-22(a)]，点击 确定 按钮，返回水准网平差文件列表界面[图 2-22(b)]；点击最近新建的文件名，在弹出的快捷菜单点击"输入数据及计算"命令[图 2-22(c)]，进入已知数据与观测数据输入界面。

观测等级设置为"四等水准"，输入表 2-5 所列 A，B 两点的已知高程，四个水准测段的路线长及其观测高差，结果如图 2-22(d)，(e)所示；点击 计算 按钮，结果如图 2-22(f)，(g)所示；点击屏幕底部的 导出Excel平差成果文件 按钮，点击 发送 按钮，使用手机的微信、QQ 或电子邮箱发送"例 2-1.xls"文件给好友。

图2-22 在MSMT项目主菜单点击"水准网平差"图标新建水准网平差文件

## 2.6 微倾式水准仪的检验与校正

**1. 微倾式水准仪的轴线及其应满足的条件**

如图2-23(a)所示,微倾式水准仪的轴线有**视准轴**$CC$(collimation axis)、**管水准器轴**$LL$(bubble tube axis)、**圆水准器轴**$L'L'$(circular bubble axis)和**竖轴**$VV$(vertical axis)。为使水准仪能正确工作,水准仪的轴线应满足下列三个条件:

(1) 圆水准器轴应平行于竖轴($L'L'/\!/VV$)。

(2) 十字丝分划板中丝应垂直于竖轴$VV$。

(3) 管水准器轴应平行于视准轴($LL/\!/CC$)。

**2. 水准仪的检验与校正**

(1) 圆水准器轴$L'L'$平行于竖轴$VV$的检验与校正

**检验**: 旋转脚螺旋,使圆水准气泡居中[图2-24(a)];将仪器绕竖轴旋转180°,如果气泡中心偏离圆水准器的零点,则说明$L'L'$不平行于$VV$,需要校正[图2-24(b)]。

(a) 微倾式水准仪轴线　　　　　(b) 圆水准器校正螺丝

图 2-23　微倾式水准仪轴线与圆水准器校正螺丝

图 2-24　圆水准器轴的检验与校正原理

**校正**：旋转脚螺旋使气泡中心向圆水准器的零点移动偏移量的一半[图 2-24(c)]，然后用校正针拨动圆水准器的三个校正螺丝，使气泡中心移动到圆水准器的零点，将仪器再绕竖轴旋转 180°，如果气泡中心与圆水准器的零点重合[图 2-24(d)]，则校正完毕，否则还需要重复前面的校正工作，最后，勿忘拧紧固定螺丝[详见图 2-23(b)所示]。

(2) 十字丝分划板中丝垂直于竖轴 $VV$ 的检验与校正

**检验**：整平仪器后，用十字丝中丝的一端对准远处一明显标志点 $P$[图 2-25(a)]，旋紧水平制动螺旋，旋转水平微动螺旋转动水准仪，如果标志点 $P$ 始终在中丝上移动[图 2-25(b)]，说明中丝垂直于竖轴，否则，需要校正[图 2-25(c),(d)]。

**校正**：旋下十字丝分划板护罩[图 2-25(e)]，用螺丝批松开四个压环螺丝[图 2-25(f)]，按中丝倾斜的反方向转动十字丝组件[图 2-25(d)]，再进行检验。如果 $P$ 点始终在中丝上移动，表明中丝已经水平，最后用螺丝批拧紧四个压环螺丝。

(3) 管水准器轴 $LL$ 平行于视准轴 $CC$ 的检验与校正

当管水准器轴 $LL$ 在竖直面与视准轴 $CC$ 不平行时，说明两轴之间存在一个夹角 $i$。当管水准气泡居中时，管水准器轴 $LL$ 水平，视准轴 $CC$ 相对于水平线倾斜了 $i$ 角。

**检验**：如图 2-26 所示，在平坦场地选定相距约 80 m 的 $A$，$B$ 两点，打木桩或放置尺垫作为标志，并在其上竖立水准尺。将水准仪安置在与 $A$，$B$ 两点等距离的 $C$ 点，采用双面尺法测出 $A$，$B$ 两点的高差，两次测得的高差之差不超过 3 mm 时，取其平均值作为最后结果 $h_{AB}$。由于测站距两把水准尺的平距相等，所以，$i$ 角引起的前、后视尺的读数误差 $x$（也称视

图 2-25 十字丝中丝的检验与校正

图 2-26 管水准器轴平行于视准轴的检验

准轴误差)相等,可以在高差计算中抵消,故 $h_{AB}$ 不受 $i$ 角误差的影响。

将水准仪搬站到距 $B$ 点 2～3 m 处,安置仪器,测量 $A$, $B$ 两点的高差,设前、后视尺的读数分别为 $a_2$, $b_2$,由此计算出的高差为 $h'_{AB} = a_2 - b_2$,两次设站观测的高差之差为 $\Delta h = h'_{AB} - h_{AB}$,由图 2-26 可以写出 $i$ 角的计算公式为

$$i'' = \frac{\Delta h}{D}\rho'' = \frac{\Delta h}{80}\rho'' \tag{2-21}$$

式中,$\rho'' = 206\ 265$。《国家三、四等水准测量规范》规定,用于三、四等水准测量的水准仪,其 $i$ 角不应超过 $20''$,否则,需要校正。

**校正**:由图 2-26 可以求出 $A$ 点水准尺的正确读数为 $a'_2 = a_2 - \Delta h$。旋转微倾螺旋,使十字丝中丝对准 $A$ 点水准尺的正确读数 $a'_2$,此时,视准轴已处于水平位置,而管水准气泡必然

偏离中心。用校正针拨动管水准器一端的上、下两个校正螺丝(图2-27),使气泡的两个影像符合(气泡居中)。注意,这种成对的校正螺丝在校正时应遵循"先松后紧"的规则,例如,要抬高管水准器的一端,必须先松开上校正螺丝,让出一定的空隙,然后再旋出下校正螺丝。

图2-27 DS3-Z水准仪管水准器校正原理

## 2.7 水准测量误差及其削减方法

水准测量误差来自仪器误差、观测误差和外界环境的影响。

**1. 仪器误差**

(1) 仪器校正后的残余误差:《国家三、四等水准测量规范》规定,DS3水准仪的$i$角大于$20''$才需要校正,因此,正常使用情况下,$i$角将保持在$\pm 20''$以内。由图2-26可知,$i$角引起的水准尺读数误差$x$与仪器至标尺的距离成正比,只要观测时使前、后视距相等,便可消除或减弱$i$角误差的影响。在水准测量每站观测中,使前、后视距完全相等是不容易做到的,因此,《国家三、四等水准测量规范》规定,对于三等水准测量,每站前、后视距差应小于或等于2 m,前、后视距差累积应小于或等于5 m;对于四等水准测量,每站前、后视距差应小于或等于3 m,前、后视距差累积应小于或等于10 m。详见表2-1。

(2) 水准尺误差:由水准尺分划不准确、尺长变化、尺弯曲等原因而引起的水准尺分划误差会影响水准测量的精度,因此,须检验水准尺每米间隔的平均真长与名义长之差,《国家三、四等水准测量规范》规定,对于区格式木质标尺,不应大于0.5 mm,否则,应在所测高差中进行每米真长改正。一对水准尺的零点不等差,不应大于1 mm,可在每个水准测段观测中安排偶数个测站予以消除。

**2. 观测误差**

(1) 管水准气泡居中误差:水准测量原理要求视准轴必须水平,视准轴水平是通过管水准气泡居中来实现的。精平仪器时,如果管水准气泡没有精确居中,将造成望远镜视准轴偏离水平面而产生误差。由于这种误差在前视与后视读数中不相等,所以,在高差计算中不能抵消。

DS3水准仪管水准器格值为$\tau''=20''/2$ mm,当视线长为80 m,气泡偏离居中位置0.5格时引起的读数误差为

$$\frac{0.5 \times 20}{206\ 265} \times 80 \times 1\ 000 = 4 \text{ mm}$$

削减管水准气泡居中误差的方法只能是每次读尺前精平操作时，仔细使管水准气泡严格居中。

(2) 读数误差：普通水准测量观测中的毫米位数字是依据十字丝中丝在水准尺厘米分划内的位置估读的，在望远镜内看到的中丝宽度相对于厘米分划格宽度的比例决定了估读的精度。读数误差与望远镜的放大倍数和视线长有关。视线越长，读数误差越大。因此，《国家三、四等水准测量规范》规定，使用DS3水准仪进行三等水准测量时，视线长应不大于75 m；进行四等水准测量时，视线长应不大于100 m。详见表2-1。

(3) 水准尺倾斜：读数时，水准尺必须竖直。如果水准尺前后倾斜，观测者在水准仪望远镜的视场中不会察觉，但由此引起的水准尺读数总是偏大，且视线高度越大，误差就越大。在水准尺上安装圆水准器是保证水准尺竖直的主要措施。

(4) 视差：在望远镜中，水准尺的像没有准确地成在十字丝分划板上，造成眼睛的观察位置不同时，读出的标尺读数也不同，由此产生读数误差。

**3. 外界环境的影响**

(1) 仪器下沉和尺垫下沉：仪器或水准尺安置在软土或植被上时，容易产生下沉。每站使用"后前前后"的观测顺序可以削弱仪器下沉的影响，采用往返观测取观测高差的中数可以削弱尺垫下沉的影响。

(2) 大气折光：晴天在日光的照射下，地面温度较高，靠近地面的空气温度也较高，其密度较上层稀。水准仪的水平视线离地面越近，光线的折射越大，设置测站时，应尽量提高视线的高度。

(3) 温度：当日光直接照射水准仪时，仪器各构件受热不均匀引起仪器的不规则膨胀，从而影响仪器轴线之间的正确关系，使观测产生误差。观测时应注意撑伞遮阳。

## 2.8 自动安平水准仪

**自动安平水准仪**(automatic level)的结构特点是没有管水准器和微倾螺旋，视线安平原理如图2-28所示。

图 2-28 自动安平水准仪视线安平原理

当视准轴水平时，设在水准尺上的正确读数为 $a$，因为没有管水准器和微倾螺旋，依据圆水准器将仪器粗平后,视准轴相对于水平面将有微小的倾斜角α。如果没有补偿器,此时在水准尺上的读数为$a'$。当在物镜和目镜之间设置补偿器后,进入十字丝分划板的光线将全部偏转β角,使来自正确读数$a$的光线经过补偿器后正好通过十字丝分划板的中丝,从而读出视线水平时的正确读数。

图 2-29 所示为南方测绘 DSZ3 自动安平水准仪,字符"Z"意指正像望远镜。

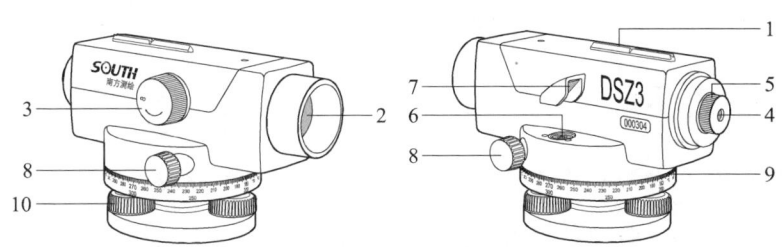

1—粗瞄器;2—物镜;3—物镜调焦螺旋;4—目镜;5—目镜调焦螺旋;6—圆水准器;
7—圆水准器反光镜;8—无限位水平微动螺旋;9—水平度盘;10—脚螺旋

图 2-29 南方测绘 DSZ3 自动安平水准仪

图 2-30 所示为南方测绘 DSZ3 自动安平水准仪补偿器的结构图,仪器采用精密微型轴承悬吊补偿器棱镜组,利用重力原理安平视线。补偿器的工作范围为±15′,视线自动安平精度为±0.4″,每千米往返测高差中数的中误差为±1.5 mm,防水防尘等级为 IP65。

1—物镜组;2—物镜调焦透镜;3—补偿器棱镜组;4—十字丝分划板;5—目镜组

图 2-30 南方测绘 DSZ3 自动安平水准仪补偿器结构

## 2.9 精密水准仪与因瓦水准尺

**精密水准仪**(precise level)主要用于国家一、二等水准测量和精密工程测量中,例如,建(构)筑物的沉降观测、大型桥梁工程的施工测量和大型精密设备安装的水平基准测量等。

**1. 精密水准仪**

图 2-31 所示为苏州一光 DS05 自动安平精密水准仪,望远镜物镜孔径为 45 mm,放大倍数为 38,圆水准器格值 τ=8′/2 mm,补偿器的工作范围为±15′,视准线安平精度为±0.3″,配合因瓦水准尺测量时,每千米往返测高差中数的中误差为±0.5 mm。

与 DS3 普通水准仪比较,精密水准仪的特点是:①望远镜放大倍数大,分辨率高;②望远镜物镜的有效孔径大,亮度高;③望远镜外表材料采用受温度变化影响小的因瓦合金钢,以减小环境温度变化对仪器轴线的影响;④采用平板玻璃测微器读数,读数误差小;⑤配备因瓦水准尺。

1—手柄；2—物镜；3—物镜调焦螺旋；4—平板玻璃；5—平板玻璃测微螺旋；6—平板玻璃测微器照明窗；7—平板玻璃测微器读数目镜；8—目镜；9—补偿器检查按钮；10—圆水准器；11—圆水准器校正螺丝；12—圆水准器反射棱镜；13—无限位水平微动螺旋；14—脚螺旋

图 2-31　苏州一光 DS05 自动安平精密水准仪

### 2. 因瓦水准尺

**因瓦水准尺**(invar leveling staff)是在木质尺身的凹槽内引张一根因瓦合金钢带，其中零点端固定在尺身上，另一端用弹簧以一定的拉力将其引张在尺身上，以使因瓦合金钢带不受尺身伸缩变形的影响。长度分划在因瓦合金钢带上，数字注记在木质尺身上。图 2-32(a)所示为与苏州一光 DS05 自动安平精密水准仪配套的 2 m 因瓦水准尺(也可配套 3 m 因瓦水准尺)。在因瓦合金钢带上刻有两排分划，右边一排分划为基本分划，数字注记从 0 到 200 cm，左边一排分划为辅助分划，数字注记从 301 cm 到 500 cm，基本分划与辅助分划的零点相差一个常数 301.55 cm，称为基辅差或尺常数，一对因瓦水准尺的尺常数相同，水准测量作业时，用以检查读数是否存在粗差。

图 2-32　苏州一光 DS05 自动安平精密水准仪的 2 m 因瓦水准尺及平板玻璃测微器

### 3. 平板玻璃测微器

如图 2-32(b)所示，**平板玻璃测微器**(parallel plate micrometer)由平板玻璃、传动杆、测微尺和测微螺旋等构件组成。平板玻璃安装在物镜前，它与测微尺之间用设置有齿条的传动杆连接，旋转测微螺旋时，传动杆带动平板玻璃绕其旋转轴作仰俯倾斜。视线经过倾斜的平板玻璃时，水准尺分划影像产生上下平行移动，可以使原来未对准因瓦水准尺上某一分划的视线能够精确对准某一分划,从而读到一个整分划读数。如图 2-32(b)中的 147 cm 分划,水准尺分划影像的平行移动量则由测微尺记录下来,测微尺的读数通过光路成像在望远镜的测微尺读数目镜视场内。

旋转平板玻璃测微螺旋,可以使水准尺分划影像产生的最大视线平移量为 10 mm,它对应测微尺上 100 个分格,因此,测微尺上 1 个分格等于 0.1 mm,如在测微尺上估读到 0.1 分格,则可以估读到 0.01 mm。将水准尺上的读数加上测微尺上的读数,就等于水准尺的实际读数。例如,图 2-32(b)所示的读数为 147+0.784=147.784 cm=1.477 84 m。

## 2.10 南方 DL-2003A 精密数字水准仪

**数字水准仪**(digital level)是在仪器望远镜光路中增加分光棱镜、CCD 阵列传感器等部件,采用**条码水准尺**(coding level staff)和图像处理系统构成光、机、电及信息存储与处理的一体化水准测量系统。与光学水准仪比较,数字水准仪的特点是:①自动读取中丝读数及测量视距;②快速进行多次测量并自动计算平均值;③自动存储测量数据,使用后处理软件可实现水准测量从外业数据采集到内业成果计算的一体化。

**1. 数字水准仪测量原理**

图 2-33(a)为南方 DL-2003A 精密数字水准仪的光路图,图 2-33(b)所示为与之配套的 2 m 因瓦条码水准尺。

(a) 南方 DL-2003A 精密数字水准仪光路图　　(b) 2 m 因瓦条码水准尺

1—物镜前组件;2—调焦胶合镜;3—物镜后组胶合镜;4—磁阻尼补偿器;5—分光棱镜组件;6—CCD 阵列传感器;
7—十字丝分划板组件;8—目镜组件;9—USB 接口;10—无限位水平微动螺旋;11—脚螺旋

图 2-33　南方 DL-2003A 数字水准仪光路图及配套的 2 m 因瓦条码水准尺

望远镜瞄准水准尺并调焦后,水准尺正面的条码影像入射到分光镜 5,分光镜将其分为可见光和红外光两部分,可见光影像成像在十字丝分划板 7 上,供目视观测;红外光影像成像在 CCD 阵列传感器 6 上,传感器将接收到的光图像先转换为模拟信号,再转换为数字信号传送给仪器的处理器,通过与机内事先存储好的水准尺条码本源数字信息进行相关比较,当两信号处于最佳相关位置时,即可获得水准尺上的水平视线读数和视距读数并输出到屏幕显示。

## 2. DL-2003A 数字水准仪的技术参数

DL-2003A 数字水准仪是南方测绘常州瑞德仪器有限公司于 2016 年 1 月推出的产品，各构件的功能如图 2-34 和图 2-35 所示，仪器面板按键功能如图 2-36 所示，按键功能的详细注释列于表 2-6。

1—提柄；2—准星；3—照门；4—Li-34 锂电池；5—电池盒卡扣按钮；6—电源开关键；7—退出键；8—确定键；
9—测量键；10—3.0 英寸 TFTLCD 彩色触摸显示屏；11—物镜；12—物镜调焦螺旋；13—圆水准器照明窗；
14—圆水准器观察窗；15—目镜；16—水平度盘；17—无限位水平微动螺旋；18—RS232C 串口；
19—FAT32 格式 USB 接口；20—仪器出厂号；21—脚螺旋

图 2-34 DL-2003A 数字水准仪

图 2-35 DL-2003A 数字水准仪面板与按键功能

DL-2003A 数字水准仪的主要技术参数如下：

（1）望远镜物镜孔径为 40 mm，放大倍数为 32，视场角为 $1°20'$，圆水准器格值 $\tau = 8'/2$ mm，磁阻尼补偿器的工作范围为 $\pm 10'$，补偿误差为 $\pm 0.2''$。

（2）每千米往返测高差中数中误差，使用因瓦条码水准尺为 $\pm 0.3$ mm/km，可用于国家一、二等水准测量；使用玻璃钢条码尺为 $\pm 1$ mm/km；使用木质普通水准尺进行光学水准测量为 $\pm 2$ mm/km。距离测量范围为 2～110 m，误差为 5 mm/10 m。

（3）中丝读数最小显示可设置为 0.001 m，0.000 1 m 和 0.000 01 m，单次测量时间为 3 s。

(4) 显示屏为 3.0 英寸 TFTLCD 彩色触摸屏,分辨率为 400×240 像素。

(5) 128 MB 内存,可以存储 15 万个点的测量数据;内置蓝牙、RS-232C 通信接口与 USB 接口,可以通过蓝牙启动 DL-2003A 数字水准仪测量,可以将内存作业文件复制到用户 U 盘(FAT32 格式)。

(6) Li-34 锂离子电池容量为 3 400 mA·h/7.4 V,一块满电电池可供连续测量 20 h,仪器防水防尘等级为 IP56。

图 2-36　DL-2003A 数字水准仪按键功能

表 2-6　　　　　　　　　　　　DL-2003A 数字水准仪按键注释

| 序号 | | 按键 | 第二功能键 | 注　释 |
|---|---|---|---|---|
| 1 | | INT | | 切换到逐点测量 |
| 2 | | MODE | | 设置测量模式:单次/单次重复/平均/有限次平均/中间值 |
| 3 | | DATA | | 主菜单执行"数据"命令 |
| 4 | | CE | | 删除一个已输入的字符 |
| 5 | | SHIFT | | 切换输入"数字/字母",切换至键的第二功能 |
| 5 | 5.1 | | SHIFT INV = SET OUT | 启动放样 |
| | 5.2 | | SHIFT MODE = INV | 倒置标尺测量 |
| | 5.3 | | SHIFT USER = FNC | 功能菜单 |
| | 5.4 | | SHIFT DATA = ☼ | 开/关按键背景光 |
| | 5.5 | | SHIFT PROG = MENU | 主菜单执行"设置"命令 |
| | 5.6 | | SHIFT ▲ | 屏幕显示多页时,上翻一页 |
| | 5.7 | | SHIFT ▼ | 屏幕显示多页时,下翻一页 |
| 6 | | USER | | 根据 FNC 键定义的任意功能键 |
| 7 | | PROG | | 主菜单执行"测量"命令 |

**3. DL-2003A 数字水准仪的开关机方法**

(1) 开机:在关机状态,按住 ⏻ 键 1 s,听到一声蜂鸣声后松开按键即可打开仪器电源,并自动进入电子气泡界面[图 2-37(a)],参照电子气泡或圆水准器,使用三个脚螺旋粗平仪器后,按🔙键或点击 退出 按钮,返回主菜单界面[图 2-37(b)]。

图 2-37 DL-2003A 数字水准仪开/关机界面

此外还可以在主菜单按 SHIFT USER ⑥(电子气泡)键或者按 ⑤(设置)③(电子气泡)键调出电子气泡界面。

主菜单有 6 个命令,其中常用的 **1 测量**、**2 数据** 和 **5 设置** 命令菜单总图如图 2-38 所示,每个命令均有三种执行方法:①按①～⑥键;②按光标键 ◁、▷、▽、△ 移动光标到需要执行命令的按钮再按 ↵ 键;③手指点击屏幕上相应的命令按钮。

图 2-38 DL-2003A 数字水准仪常用的三个主菜单命令——测量、数据、设置

(注:反白项为仪器出厂设置内容)

(2)关机:在开机状态,按住 ⏻ 键 1 s,听到一声蜂鸣声后松开按键,进入图 2-37(c)所示的提示界面,按 ↵ 键或点击 确定 按钮关闭仪器电源。

**4. 手动记录四等水准测量观测数据的方法**

用户可以使用 DL-2003A 数字水准仪的测试命令进行水准测量观测,手动记录观测数据到水准测量手簿。下面以四等水准测量为例介绍仪器操作方法。

(1) 设置中丝读数小数位数

在主菜单[图 2-39(a)]按 ⑤（设置）①（快速设置）键，进入快速设置界面[图 2-39(c)]，点击小数位数栏，将其修改为 0.001 m[图 2-39(d)]，点击 确定 按钮，在提示对话框[图 2-39(e)]中点击 确定 按钮，按 ↰ 键返回主菜单[图 2-39(a)]。

图 2-39　设置中丝读数小数位数为 0.001 m 及执行测试命令

(2) 执行测试命令

在主菜单[图 2-39(f)]按 SHIFT USER 键（FNC 键），进入功能界面[图 2-39(g)]，按 ①（测试）键进入测试观测界面[图 2-39(h)]。

(3) 设置重复观测次数

根据表 2-1 中的规定，使用数字水准仪测量时，四等水准测量的重复观测次数≥2。

在测试观测界面[图 2-39(h)]，按 MODE 键进入测量模式界面[图 2-40(a)]，出厂设置的测量模式为"单次"，按 ▷▷ 键切换到"平均"[图 2-40(b)]，缺省设置为 3 次，点击 确定 按钮，屏幕显示提示框[2-40(c)]，点击 确定 按钮完成测量模式设置并返回测试观测界面[图 2-40(d)]。

图 2-40　在测试观测界面按 MODE 键设置重复观测次数

(4) 观测并手动记录第 1 站观测数据

根据表 2-1 中的规定，四等水准测量每站观测顺序为"后后前前"。

① 观测后尺两次：使望远镜瞄准后视标尺，完成物镜调焦，按 MEAS 键开始第 1 次观测，将观测结果[图 2-41(a)]记入表 2-7 中，按 MEAS 键开始第 2 次观测，将观测结果[图 2-41(b)]记入表 2-7 中。

② 观测前尺两次：使望远镜瞄准前视标尺，完成物镜调焦，按 MEAS 键开始第 1 次观测，将观测结果[图 2-41(c)]记入表 2-7 中，按 MEAS 键开始第 2 次观测，将观测结果[图 2-41(d)]记入表 2-7 中。

图 2-41 按"后后前前"的顺序观测一站四组数据

表 2-7 的全部计算单元的数据由用户手动完成。

表 2-7  三、四等水准观测记录手簿

| 测站编号 | 后尺 下丝 | 前尺 下丝 | 方向及尺号 | 标尺读数 | | K+黑−红 | 高差中数 | 备注 |
| | 上丝 | 上丝 | | 黑面 | 红面 | | | |
| | 后视距 | 前视距 | | | | | | |
| | 视距差 d | ∑d | | | | | | |
| 1 | | | 后 12 | 1.619 | 1.619 | 0 | | K25 |
| | | | 前 13 | 1.388 | 1.388 | 0 | | TP1 |
| | 36.58 | 38.59 | 后−前 | +0.231 | +0.231 | 0 | +0.231 | |
| | −2.01 | −2.01 | | | | | | |

**5. 四等水准测量案例**

在主菜单界面[图 2-42(a)],按①(测量)③(线路测量)键进入线路测量界面[图 2-42(c)]。

图 2-42 执行"测量/线路测量/四等水准测量"命令

（1）新建作业

按④(四等水准测量)键进入新作业界面[图 2-42(d)],用数字键输入作业名"240507-1",按 ↵ 键,光标下移至"测量员"栏;按 SHIFT 键切换为字母键,此时屏幕顶部显示"a",表示当前输入模式为字母模式,输入测量员姓名拼音首字母"QH"的方法是:按⑥⑥键输入大写英文字母 Q,按⑨⑨键输入大写英文字母 H,点击 保存 按钮进入图 2-42(e)所示的界面。

按②(线路)键,进入新线路界面[图 2-42(f)],缺省设置线路名为"LINE001",用数字键输入本次测量起点名"K25",起点高程 2.569 m,点击 确定 按钮;按③(开始)键[图 2-42(g)],进入四等水准观测界面[图 2-42(h)],仪器发出"照准后视标尺"的语音提示。

(2) 观测第 1 站

由表 2-1 可知,四等水准测量每站观测顺序为"后后前前",英文表示为"BBFF"。

① 第 1 次观测后视标尺:瞄准后视标尺,完成物镜调焦,按 ⓂEAS 键,结果如图 2-43(a)所示,按 ⏎ 键进入第 2 次观测后视标尺界面[图 2-43(b)],仪器发出"照准后视标尺"的语音提示。

② 第 2 次观测后视标尺:按 ⓂEAS 键,结果如图 2-43(c)所示,按 ⏎ 键进入第 1 次观测前视标尺界面[图 2-43(d)],仪器发出"照准前视标尺"的语音提示。

③ 第 1 次观测前视标尺读数:瞄准前视标尺,完成物镜调焦,按 ⓂEAS 键,结果如图 2-43(e)所示,按 ⏎ 键进入第 2 次观测前视标尺界面[图 2-43(f)],仪器发出"照准前视标尺"的语音提示。

④ 第 2 次观测前视标尺:按 ⓂEAS 键,屏幕显示本站观测结果[图 2-43(g)],按 ⏎ 键进入提示界面[图 2-43(h)],按 ⏎ 键保存本站观测数据并进入第 2 站观测界面。

图 2-43 按"后后前前"的观测顺序测量第 1 站的四个读数并保存测量结果到当前作业文件

⑤ 查看本站全部观测数据结果:在本站观测结果界面[图 2-43(g)],点击屏幕底部的 查看 按钮,屏幕显示前视点的高程[图 2-44(a)];点击 返回 按钮返回本站测量结果界面[图 2-44(b)],共有 3 页数据,点击屏幕顶部的 1/3 按钮查看第 2 页数据[图 2-44(c)],点击屏幕顶部的 2/3 按钮查看第 3 页数据[图 2-44(d)],点击屏幕顶部的 3/3 按钮返回第 1 页数据界面[图 2-44(b)]。

图 2-44 查看本站全部观测数据

(3) 输出线路观测数据到 U 盘

将 U 盘插入仪器的 USB 接口(图 2-34 中第 19 号部件),在观测界面多次按 ⏎ 键返回主菜单[图 2-45(a)],按 ②(数据)③(数据导出)②(导出线路)键进入导出线路数据界面

[图2-5(d)],选择作业名"240507-1",选择LINE001线路,使用数字键输入导出的文件名"K25",点击屏幕顶部的 输出 按钮输出LINE001线路观测数据到U盘"\DL200\K25.L"文件。完成数据输出后,屏幕显示提示界面[图2-45(f)],点击 确定 按钮完成操作。

图2-45 执行"数据/数据导出/导出线路"命令

图2-46所示为使用Windows记事本打开U盘"\DL200\K25.L"文件的内容,由图可知,LINE001线路观测了一个闭合水准路线 $K25 \rightarrow K10 \rightarrow K11 \rightarrow K25$,测站数为8,闭合差

图2-46 使用Windows记事本打开"K25.L"文件的内容

$f_h$ 为 0.000 03 m,路线长为 629.408 m,三个测段 $K25{\to}K10$, $K10{\to}K11$, $K11{\to}K25$ 的高差还需要用户应用"\DL200\K25.L"文件的原始观测数据手工计算才可以得到。

**6. MSMT 水准测量 程序记录计算案例**

DL-2003A 数字水准仪内置蓝牙模块,设置水准仪为蓝牙测量模式,完成手机与水准仪的蓝牙配对,执行 MSMT 水准测量 程序,选择数字水准仪 DL-2003A,就可以使用手机蓝牙启动水准仪进行水准测量并自动提取测量结果。

(1) 设置蓝牙测量模式

在主菜单界面[图 2-47(a)]按①(测量)④(串口/蓝牙测量)②(蓝牙设置)键,进入协议设置界面[图 2-47(d)],"结束标志"缺省设置为 CRLF,点击 下一步 按钮,蓝牙配对密码缺省设置为"1234",在手机上完成手机与 DL-2003A 数字水准仪的蓝牙配对,点击 下一步 按钮,进入蓝牙测量界面[图 2-47(f)]。

图 2-47 设置 DL-2003A 数字水准仪为蓝牙测量模式

(2) 执行 MSMT 水准测量 程序

在 MSMT 项目主菜单界面[图 1-10(a)],点击 水准测量 图标,点击 新建文件 按钮,弹出"新建水准测量文件"对话框,设置仪器为"数字水准仪",等级为"四等水准测量",输入观测信息[图 2-48(a)],点击 确定 按钮,系统自动创建以当前日期为文件名后缀的水准测量文件。本例中水准测量文件名为"四等水准(数字)240510_1",其后缀数字 240510_1 的意义是 2024 年 5 月 10 日的第一个文件。

下面以测量 $K25{\to}K10{\to}K11{\to}K25$ 四等闭合水准路线为例,介绍使用 MSMT 水准测量 程序蓝牙启动 DL-2003A 数字水准仪测量的操作方法,四等水准测量每站观测顺序为"后后前前"。

点击最近新建的水准测量文件名,在弹出的快捷菜单点击"测量"命令[图 2-48(b)],进入水准测量观测界面[图 2-48(c)]。点击粉红色 蓝牙读数 按钮进入"蓝牙连接数字水准仪"界面[图 2-48(d)],缺省设置为"南方",点击已配对蓝牙设备名 DL-2003A_A000226,启动手机与水准仪的蓝牙连接[图 2-48(e)],完成蓝牙连接后的界面如图 2-48(f)所示,此时,粉红色 蓝牙读数 按钮变成浅蓝色 蓝牙读数 按钮,表示该按钮的功能已起作用。四等水准测量缺省设置的重复观测次数为 2,点击 + 按钮修改为 3 次[图 2-48(f)]。

图 2-48 新建数字水准仪四等水准测量文件，执行测量命令

① 后视尺测量

输入起点名"K25",使望远镜瞄准后视条码尺,完成目镜对光与物镜对光,点击 蓝牙读数 按钮启动水准仪进行第 1 次后视尺测量[图 2-48(g)],结果如图 2-48(h)所示;点击 蓝牙读数 按钮启动水准仪进行第 2 次后视尺测量。

② 前视尺测量

瞄准前视条码尺,完成物镜对光,点击 蓝牙读数 按钮启动水准仪进行第 1 次前视尺测量;点击 蓝牙读数 按钮启动水准仪进行第 2 次前视尺测量,完成 1 站的观测结果如图 2-48(i)所示;点击 保存搬站 按钮,进入第 2 站的观测界面。相同的方法完成后续各站的观测,图 2-48(j)为第 11 站的观测结果,图 2-48(k)为第 12 站的观测结果,输入前视点闭合点名"K25";点击 结束测段 按钮,退出水准测量观测界面,返回水准测量文件列表界面[图 2-48(l)]。

(3) 单一水准路线近似平差计算

单一水准路线近似平差计算的目的是计算该闭合水准路线上 K10 点和 K11 点的高程。

点击最近观测的水准测量文件名,在弹出的快捷菜单点击"近似平差"命令[图 2-49(a)],在弹出的对话框中输入 K25 点的已知高程[图 2-49(b)],点击 确定 按钮,返回水准测量文件列表界面[图 2-49(c)]。

(a)　　　　(b)　　　　(c)　　　　(d)　　　　(e)

图 2-49　继续进行四等水准测量观测,近似平差计算,导出 Excel 成果文件并发送到用户 PC 机

(4) 导出 Excel 成果文件

点击最近平差的水准测量文件名,在弹出的快捷菜单点击"导出 Excel 成果文件"命令[图 2-49(d)],点击 发送 按钮[图 2-49(e)],可用微信发送成果文件给好友。在用户 PC 机启动 MS-Excel 打开该成果文件,它有三个选项卡,图 2-50 为"水准测量观测手簿"选项卡的内容,图 2-51(a)为"近似平差 L"选项卡的内容,是按路线长近似平差的成果,图 2-51(b)为"近似平差 n"选项卡的内容,是按测站数近似平差的成果。

四等水准测量观测手簿

| 测站编号 | 后尺 后视距 视距差d | 前尺 前视距 Σd | 方向及尺号 | 中丝读数 一次 | 中丝读数 二次 | 一次减二次 | 高差中数 | 高差中数累积值Σh(m) 路线长累积值Σd(m) 及保存时间 | 水准测段统计数据 |
|---|---|---|---|---|---|---|---|---|---|
| 1 | | | 后尺A | 0.016323 | 0.016327 | -0.00 | | Σh(m)=0.002196 | 测段起点名: K25 |
| | | | 前尺B | 0.01413 | 0.014127 | 0.00 | | Σd(m)=90.743 | |
| | 45.465 | 45.278 | 后-前 | 0.002193 | 0.002200 | -0.01 | 0.002196 | 保存时间: 2024/05/10/ 17:22 | |
| | 0.187 | 0.187 | | | | | | | |
| 2 | | | 后尺B | 0.0161 | 0.0161 | 0.00 | | Σh(m)=0.002484 | 测段中间点名: K10 |
| | | | 前尺A | 0.015813 | 0.015813 | 0.00 | | Σd(m)=152.125 | 测段高差h(m)=0.002484 |
| | 30.052 | 31.33 | 后-前 | 0.000287 | 0.000287 | 0.00 | 0.000287 | 保存时间: 2024/05/10/ 17:25 | 测段水准路线长L(m)=152.125 |
| | -1.278 | -1.091 | | | | | | | |
| 3 | | | 后尺A | 0.01522 | 0.01522 | 0.00 | | Σh(m)=0.002898 | |
| | | | 前尺B | 0.01481 | 0.0148 | 0.01 | | Σd(m)=198.682 | |
| | 23.276 | 23.281 | 后-前 | 0.000410 | 0.000420 | -0.01 | 0.000415 | 保存时间: 2024/05/10/ 17:27 | |
| | -0.005 | -1.096 | | | | | | | |
| 4 | | | 后尺B | 0.01396 | 0.01396 | 0.00 | | Σh(m)=0.001514 | |
| | | | 前尺A | 0.015347 | 0.015343 | 0.00 | | Σd(m)=245.657 | |
| | 23.227 | 23.748 | 后-前 | -0.001387 | -0.001383 | 0.00 | -0.001385 | 保存时间: 2024/05/10/ 17:30 | |
| | -0.521 | -1.617 | | | | | | | |
| 5 | | | 后尺A | 0.01478 | 0.01478 | 0.00 | | Σh(m)=0.001352 | |
| | | | 前尺B | 0.014943 | 0.01494 | 0.00 | | Σd(m)=292.032 | |
| | 23.5 | 22.875 | 后-前 | -0.000163 | -0.000160 | 0.00 | -0.000162 | 保存时间: 2024/05/10/ 17:32 | |
| | 0.625 | -0.992 | | | | | | | |
| 6 | | | 后尺B | 0.014747 | 0.01475 | -0.00 | | Σh(m)=0.001386 | 测段中间点名: K11 |
| | | | 前尺A | 0.014717 | 0.014713 | 0.00 | | Σd(m)=317.966 | 测段高差h(m)=-0.001098 |
| | 12.076 | 13.858 | 后-前 | 0.000030 | 0.000037 | -0.01 | 0.000034 | 保存时间: 2024/05/10/ 17:34 | 测段水准路线长L(m)=165.841 |
| | -1.782 | -2.774 | | | | | | | |
| 7 | | | 后尺A | 0.01477 | 0.01477 | 0.00 | | Σh(m)=0.002014 | |
| | | | 前尺B | 0.014143 | 0.01414 | 0.00 | | Σd(m)=369.552 | |
| | 25.886 | 25.7 | 后-前 | 0.000627 | 0.000630 | 0.00 | 0.000628 | 保存时间: 2024/05/10/ 17:35 | |
| | 0.186 | -2.588 | | | | | | | |
| 8 | | | 后尺B | 0.014603 | 0.014603 | 0.00 | | Σh(m)=0.003358 | |
| | | | 前尺A | 0.013257 | 0.01326 | -0.00 | | Σd(m)=421.111 | |
| | 25.771 | 25.788 | 后-前 | 0.001346 | 0.001343 | 0.00 | 0.001344 | 保存时间: 2024/05/10/ 17:36 | |
| | -0.017 | -2.605 | | | | | | | |
| 9 | | | 后尺A | 0.01563 | 0.01563 | 0.00 | | Σh(m)=0.004228 | |
| | | | 前尺B | 0.01476 | 0.01476 | 0.00 | | Σd(m)=472.090 | |
| | 25.302 | 25.677 | 后-前 | 0.000870 | 0.000870 | 0.00 | 0.000870 | 保存时间: 2024/05/10/ 17:38 | |
| | -0.375 | -2.980 | | | | | | | |
| 10 | | | 后尺A | 0.01546 | 0.01546 | 0.00 | | Σh(m)=0.007618 | |
| | | | 前尺B | 0.01207 | 0.01207 | 0.00 | | Σd(m)=523.365 | |
| | 25.561 | 25.714 | 后-前 | 0.003390 | 0.003390 | 0.00 | 0.003390 | 保存时间: 2024/05/10/ 17:39 | |
| | -0.153 | -3.133 | | | | | | | |
| 11 | | | 后尺A | 0.01231 | 0.01231 | 0.00 | | Σh(m)=0.002488 | |
| | | | 前尺B | 0.01744 | 0.01744 | 0.00 | | Σd(m)=574.597 | |
| | 25.655 | 25.577 | 后-前 | -0.005130 | -0.005130 | 0.00 | -0.005130 | 保存时间: 2024/05/10/ 17:41 | |
| | 0.078 | -3.055 | | | | | | | |
| 12 | | | 后尺B | 0.01328 | 0.01328 | 0.00 | | Σh(m)=-0.000010 | 测段终点名: K25 |
| | | | 前尺A | 0.015777 | 0.01578 | -0.00 | | Σd(m)=621.630 | 测段高差h(m)=-0.001396 |
| | 24.328 | 22.705 | 后-前 | -0.002497 | -0.002500 | 0.00 | -0.002498 | 保存时间: 2024/05/10/ 17:47 | 测段水准路线长L(m)=303.664 |
| | 1.623 | -1.432 | | | | | | | |

图 2-50 "四等水准(数字)240510_1.xls"文件"水准测量观测手簿"选项卡的内容

单一水准路线近似平差计算(按路线长L平差)

| 点名 | 路线长L(km) | 高差h(m) | 改正数V(mm) | h+V(m) | 高程H(m) |
|---|---|---|---|---|---|
| K25 | 0.1521 | 0.0025 | 0.0024 | 0.00 | 2.569 |
| K10 | 0.1658 | -0.0011 | 0.0027 | | 2.571 |
| K11 | 0.3037 | -0.0014 | 0.0049 | -0.00 | 2.570 |
| K25 | | | | | 2.569 |
| Σ | 0.6216 | -0.0000 | 0.0100 | | 2.569 |
| 闭合差 | -0.0100 | | | | |
| 限差 | 平原15.7687 | | | | |

(a)

单一水准路线近似平差计算(按测站数n平差)

| 点名 | 测站数 | 高差h(m) | 改正数V(mm) | h+V(m) | 高程H(m) |
|---|---|---|---|---|---|
| K25 | 2 | 0.0025 | 0.0017 | 0.00 | 2.569 |
| K10 | 4 | -0.0011 | 0.0033 | -0.00 | 2.571 |
| K11 | 6 | -0.0014 | 0.0050 | | 2.570 |
| K25 | | | | | 2.569 |
| Σ | 12 | -0.0000 | 0.0100 | | 2.569 |
| 闭合 | -0.0100 | | | | |

(b)

图 2-51 "四等水准(数字)240510_1.xls"文件"近似平差L"和"近似平差n"选项卡的内容

## 本 章 小 结

（1）水准测量是通过水准仪视准轴在后视、前视水准尺上截取的读数之差获取高差，使用圆水准器与脚螺旋使仪器粗平后，微倾式水准仪是通过旋转微倾螺旋使管水准气泡居中，从而使望远镜视准轴精平，自动安平水准仪是通过补偿器获取望远镜视准轴水平时的读数。

（2）水准器格值 $\tau$ 的几何意义是：水准器内圆弧 2 mm 弧长所对应的圆心角。$\tau$ 值大，则安平的精度低；$\tau$ 值小，则安平的精度高。DS3 水准仪圆水准器的格值 $\tau=8'$，管水准器的格值 $\tau=20''$。

（3）三等水准测量每站观测顺序为"后前前后"，四等水准测量每站观测顺序为"后后前前"。

（4）水准路线的布设方式有三种：附合水准路线、闭合水准路线和支水准路线，水准测量限差有测站观测限差与路线闭合差限差。当水准路线闭合差 $f_h \leqslant f_{h限}$ 时，近似平差计算测段高差 $h_i$ 的改正数 $V_i$ 及其平差值 $\hat{h}_i$ 的公式为

$$V_i = -\frac{L_i}{L} f_h \text{ 或 } V_i = -\frac{n_i}{n} f_h, \quad \hat{h}_i = h_i + V_i$$

再利用已知点高程与 $\hat{h}_i$ 推算各未知点的高程。

（5）望远镜视准轴 $CC$ 与管水准器轴 $LL$ 在竖直面的夹角称为 $i$ 角，《国家三、四等水准测量规范》规定，$i \leqslant 20''$ 时可以不校正。为削弱 $i$ 角误差的影响，观测中要求每站的前后视距之差、水准路线的前后视距差累积不超过一定的限值。

（6）水准测段的测站数为偶数时，可以消除一对标尺零点差的影响；每站观测采用"后前前后"的观测顺序可以减小仪器下沉的影响；取往返观测高差中数可以减小尺垫下沉的影响。

（7）光学精密水准仪使用平板玻璃测微器可以直读水准尺 0.1 mm 位的读数，配套的水准标尺为引张在木质尺身上的因瓦合金钢带尺，以减小环境温度变化对标尺长度的影响。

（8）数字水准仪是将条码水准尺影像成像在仪器的 CCD 面板上，通过与仪器内置的本源数字信息进行相关比较，获取条码尺的水平视线和视距读数并输出到屏幕显示，实现了读数与记录的自动化。

（9）MSMT **水准测量** 程序，使用文件方式管理水准路线观测数据与近似平差成果。选择光学水准仪测量时需要手动输入每站观测数据；使用数字水准仪测量时，完成手机与数字水准仪蓝牙连接后，点击 **蓝牙读数** 按钮启动数字水准仪测量并自动读取中丝与视距读数。完成单一闭（附）合水准路线观测后，可以对水准测量文件执行"近似平差"命令和"导出 Excel 成果文件"命令，在手机内置 SD 卡创建 xls 格式文件，并通过移动互联网发送给好友，实现移动互联网信息化测量。

### 思考题与练习题

[2-1] 阐述水准仪视准轴 $CC$、管水准器轴 $LL$、圆水准器轴 $L'L'$ 的定义和水准器格值 $\tau$ 的几何意义。水准仪的圆水准器与管水准器各有何作用？

[2-2] 水准仪各轴线间应满足什么条件？

[2-3] 什么是视差？产生视差的原因是什么？如何消除视差？当 DS3 水准仪目镜调焦螺旋刻划有屈光度时，观测员如何快速完成目镜对光？

[2-4] 每站水准测量观测时，为何要求前后视距相等？

[2-5] 水准测量时，哪些立尺点需要放置尺垫？哪些立尺点不能放置尺垫？

[2-6] 什么是高差？什么是视线高程？前视读数、后视读数与高差、视线高程各有何关系？

[2-7] 与普通光学水准仪比较，精密光学水准仪有何特点？

[2-8] 表 2-8 所列为某四等附合水准路线观测结果，试分别用 fx-5800P 和 MSMT **水准网平差** 程序计算 $P10, P14, P15, P18$ 四点高程的近似平差值。

表 2-8　　　　　　　　　　　　　四等水准测量近似平差计算

| 点名 | 路线长 $L_i$/km | 观测高差 $h_i$/m | 改正数 $V_i$/m | 改正后高差 $\hat{h}_i$/m | 高程 $H$/m |
|---|---|---|---|---|---|
| 龙王桥 | | | | | 35.599 |
| | 1.92 | +44.859 | | | |
| $P10$ | | | | | |
| | 1.54 | −25.785 | | | |
| $P14$ | | | | | |
| | 0.57 | −2.671 | | | |
| $P15$ | | | | | |
| | 1.12 | −9.245 | | | |
| $P18$ | | | | | |
| | 3.22 | −3.200 | | | |
| $I5$ | | | | | 39.608 |
| $\sum$ | | | | | |
| 辅助计算 | $H_{I5} - H_{龙王桥} =$<br>$f_h =$<br>$f_{h限} =$<br>每千米高差改正数 $= \dfrac{-f_h}{\text{路线总长}} =$ | | | | |

[2-9] 在相距 100 m 的 $A, B$ 两点的中点安置水准仪，测得高差 $h_{AB} = +0.306$ m，仪器搬站到 $B$ 点附近安置，读得 $A$ 点水准尺的读数 $a_2 = 1.792$ m，$B$ 点水准尺的读数 $b_2 = 1.467$ m。试计算该水准仪的 $i$ 角。

[2-10] DL-2003A 数字水准仪 ⟨MODE⟩ 键的功能是什么？在什么界面下按 ⟨MODE⟩ 键才有效？

# 第 3 章 全站仪角度测量

## 本 章 导 读

**基本要求** 掌握角度测量原理、NTS-362R10G 全站仪角度模式的操作方法、对中整平方法、水平角测回法与方向观测法、竖直角中丝观测法;掌握 MSMT **水平角观测** 和 **竖直角观测** 程序的使用方法;掌握水平角测量的误差来源与削减方法、全站仪轴系之间应满足的条件;了解全站仪检验及校正的内容与方法、双轴补偿器原理。

**重点** 激光对中法及垂球对中法安置全站仪的方法与技巧,测回法观测水平角的方法及记录、计算要求,竖直角中丝法观测的记录、计算要求,双盘位观测水平角与竖直角能消除的误差内容。

**难点** 消除视差的方法,全站仪的两种安置方法,水平角与竖直角观测瞄准觇点的方法。

测量地面点连线的水平夹角及视线方向与水平面的竖直角,称为**角度测量**(angular observation),它是测量的基本工作之一,角度测量所使用的仪器是**经纬仪**(theodolite)和**全站仪**(total station),水平角测量用于求算点的平面位置,竖直角测量用于测定高差或将倾斜距离化算为水平距离。

## 3.1 经纬仪角度测量原理

在全站仪问世之前,测量角度的仪器是**光学经纬仪**(optical theodolite),全站仪测角原理与经纬仪相同。

**1. 经纬仪水平角测量原理**

地面一点到两个目标点连线在水平面上投影的夹角称为**水平角**(horizontal angle),它也是过两条方向线的铅垂面所夹的二面角。如图 3-1 所示,设 $A,B,C$ 点为地面上任意三点,将这三点沿铅垂线方向投影到水平面得到 $A',B',C'$ 三点,直线 $B'A'$ 与直线 $B'C'$ 的夹角 $\beta$ 即为地面上 $BA$ 与 $BC$ 两条方向线间的水平角。

为了测量水平角,应在 $B$ 点上方水平安置一个有刻度的圆盘,称为**水平盘**(horizontal circle),水平盘中心应位于过 $B$ 点的铅垂线上。另外,经纬仪还应有一个能瞄准远处目标的望远镜,望远镜可以在水平面和竖直面内旋转,以便于分别瞄准高低不同的目标 $A$ 和 $C$,设目标 $A$ 和 $C$ 视

图 3-1 经纬仪水平角测量原理

线方向在水平盘上的读数分别为 $a$ 和 $c$，则水平角 $\beta$ 为

$$\beta = c - a \qquad (3\text{-}1)$$

### 2. 经纬仪竖直角测量原理

在同一竖直面内，视线与水平线的夹角称为**竖直角**(vertical angle)。视线位于水平线上方时称为仰角，角值为正；视线位于水平线下方时称为俯角，角值为负，如图 3-2 所示。

**图 3-2 经纬仪竖直角测量原理**

为了测量竖直角，经纬仪应在竖直面内安置一个圆盘，称为**竖盘**(vertical circle)。竖直角也是两个方向在竖盘上的读数之差，与水平角不同的是，其中有一个为水平方向。水平方向的读数可以通过竖盘指标管水准器或补偿器来确定。设计经纬仪时，一般使视线水平时的竖盘读数为 90°（盘左）或 270°（盘右），这样，测量竖直角时，只要瞄准目标，读出竖盘读数并减去仪器视线水平时的竖盘读数就可以计算出视线方向的竖直角。

## 3.2 全站仪电子测角原理

全站仪电子测角是利用光电转换原理和微处理器自动测量度盘读数，并将测量结果输出到仪器屏幕显示，方法有动态测量和静态测量两种。动态测量主要用于高精度角度测量，但较为复杂且成本高，现已很少采用。目前常用的是静态测量方法，包括增量式测量和绝对式测量。

### 1. 增量式测量

增量式又分光栅式、容栅式和磁栅式等。在精度和可靠性上首推光栅增量式，这是 20 世纪 90 年代国外和目前国内常用的电子测角方法。光栅增量测角系统由一对光栅度盘组成，分为主光栅和指示光栅。在主光栅度盘上均匀刻划 16 200 条线划，相邻两条线划的圆心角为 360°×3 600″/16 200＝80″，指示光栅由游标窗口和零位线条组成。主光栅度盘和指示光

栅度盘分别安装在全站仪的竖轴或横轴的定子轴和转子轴上,两盘必须保持同心和平行,度盘间隙为 0.02～0.03 mm。在平行光的照射下,主光栅和游标窗口相对运动时产生两路明暗变化的周期信号,两路信号的相位差为 90°。根据两路信号的相位关系、电平变化,把模拟信号变为数字信号后,进行加减计数,反映出全站仪竖轴或横轴转动角度的粗略变化(每步 80″)。这两路信号经过 CPU 采样后,进行反三角函数计算,细分出以秒为单位的角度变化,再和计数值衔接,得到准确的角度值。

增量式测角方法的缺点是:①主光栅度盘和指示光栅度盘的间隙太小,容易蹭盘,不适合在恶劣环境下使用;②测量过程中,若计数脉冲丢失,80″或 80″的倍数误差将传递下去,零位误差也会传递下去。

2. 绝对式测量

绝对式测量是目前国外知名厂家普遍采用的电子测角方法,是图像识别技术在电子测角方面的应用成果。如图 3-3 所示,在玻璃度盘上均匀刻划 $n$ 条圆心角相等、宽度不等的线条,因一个圆周的圆心角为 $360°×3\,600″=1\,296\,000″$,则度盘任意两条相邻线条所夹的圆心角为 $\delta″=1\,296\,000″/n$。线条宽度 $b$ 是按一定规律变化的,设度盘绝对零点的线条宽度为 $b_0$,第一条线的宽度为 $b_1$,第二条线的宽度为 $b_2$,以此类推,最后一条线的宽度为 $b_n$,线条宽度的变化规律预先存入全站仪主板存储器中。

图 3-3 绝对编码度盘均匀刻划 $n$ 条不同宽度的线条

如图 3-4 所示,测量时用平行光照射玻璃度盘,线条影像投射到度盘另一侧 CCD 像元上,CPU 读入 CCD 像元的一帧信号,经计算处理求得:①线条在 CCD 像元投影影像上的间距 $l$;②读数指标(一般以 CCD 像元中心作为读数指标)到第 $i$ 条线条的距离 $x$;③一组关于线条宽度 $b$ 的序列,将这些宽度序列和预先存入全站仪主板存储器的已知宽度序列比较,求出 CCD 像元读数指标位于第 $i$ 条线条和第 $i+1$ 条线条之间,则全站仪望远镜当前视线方向以秒为单位的度盘读数为

图 3-4 平行光照射绝对编码度盘解算度盘读数的原理

$$L'' = \delta''\left(i + \frac{x}{l}\right) \tag{3-2}$$

与增量式测量比较，绝对式测量的优点是：①只用一块度盘，且编码度盘和 CCD 像元器件的物理距离为毫米量级，结构简单，环境适应性强；②没有零位，开机时无需在竖直面方向转动望远镜进行初始化；③即便某一点出现了误差，也不影响其他点的测量；④测角电路可以断续工作，节省电量。缺点是电路复杂，制造成本略高。

## 3.3 全站仪望远镜与补偿器

NTS-362R10G 全站仪是南方测绘 2024 年 6 月推出的新款全站仪。

**1. 三同轴望远镜**

图 3-5 为 NTS-362R10G 全站仪的望远镜光路图，由图可知，全站仪望远镜的视准轴、激光发射光轴、回光接收光轴三轴同轴，测量时使望远镜瞄准棱镜中心，就能同时测定目标点的水平角、竖直角和斜距。

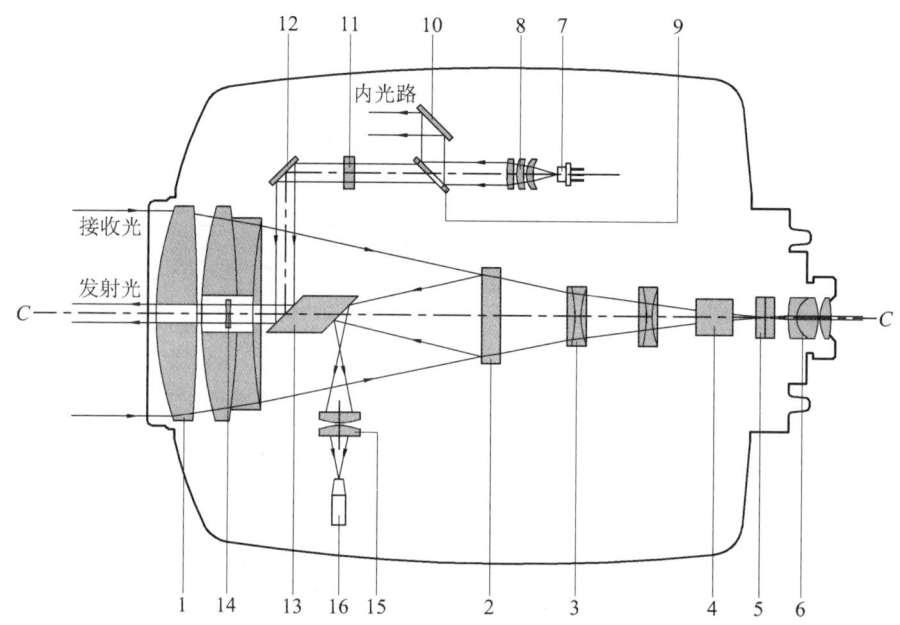

1—物镜组；2—分光平镜；3—物镜调焦镜组；4—水平移轴棱镜；5—十字丝分划板；
6—目镜组；7—激光发射管；8—准直透镜组；9—内光路反射片；10—反射片；
11—激光扩束镜；12—外光路反射片；13—圆柱反光镜；14—大物镜补偿器；
15—接收透镜组；16—光电转换器

图 3-5 NTS-362R10G 全站仪望远镜光路图

**2. 按键**

全站仪测量是通过操作面板按键选择命令进行的，面板按键分硬键和软键两种。每个硬键有一个固定功能，或兼有第二、第三功能；软键 F1 、 F2 、 F3 、 F4 用于执行机载软件的菜单命令，软键的功能通过屏幕最下一行对应位置的命令字符提示，在不同模式下或执行不同命令时,软键的功能也不相同。

NTS-362R10G 全站仪的内存容量为 12 MB 闪存,可以存储 9.6 万个点的测量数据和坐标数据,关机或更换电池不会造成内存数据丢失。仪器设有一个 USB 接口,内置蓝牙模块。使用 MSMT **坐标传输** 程序或 **参考线放样** 程序可以实现手机与全站仪的双向数据传输。

### 3. 电子补偿器

仪器未精确整平致使竖轴倾斜引起的角度误差不能通过盘左、盘右观测取平均抵消,为了消除竖轴倾斜误差对角度观测的影响,全站仪设有电子补偿器。打开电子补偿器时,系统将竖轴倾斜量分解成视准轴 $CC$ 方向($X$ 轴)和横轴 $HH$ 方向($Y$ 轴)的两个分量进行倾斜补偿,简称双轴补偿。

图 3-6 为 NTS-362R10G 全站仪使用的双轴电子补偿器原理图。点光源经过准直透镜后的平行光射入棱镜进入液体,在液体上部和空气接触的界面反射,再经过透镜成像于面阵图像传感器(CCD 或 CMOS)。当仪器竖轴在望远镜视线 $X$ 方向倾斜时,点光源影像沿 $X$ 轴方向移动;当仪器在横轴方向倾斜时,点光源影像沿 $Y$ 轴方向移动。测量出点光源影像在 $X$ 轴和 $Y$ 轴方向的移动距离,即可计算出竖轴在 $X$ 轴和 $Y$ 轴方向的倾斜角。

图 3-6 南方测绘北京三鼎光电仪器有限公司液体反射式双轴电子补偿器原理

如图 3-6 所示,设点光源影像偏移面阵图像传感器中心的距离为 $d$,偏距 $d$ 在 $X$ 轴方向的分量为 $d_X$,在 $Y$ 轴方向的分量为 $d_Y$,则仪器竖轴在 $X$ 轴方向的倾角 $\delta_X$、在 $Y$ 轴方向的倾角 $\delta_Y$ 的计算公式为

$$\left.\begin{aligned}\delta_X &\approx 2n\arctan\frac{d_X}{f} \\ \delta_Y &\approx 2n\arctan\frac{d_Y}{f}\end{aligned}\right\} \quad (3-3)$$

式中,$n$ 为补偿器液体折射率;$f$ 为透镜焦距。

若液体腔的面积足够大,与空气界面形成镜面反射,当倾斜角 $\delta$ 不是很大时,该传感器的

线性度很好,是目前精度较高的双轴倾斜补偿器。NTS-362R10G 全站仪反射式双轴补偿器的补偿范围理论上可以达到±27′,补偿精度为±2″。

## 3.4 全站仪结构与安置方法

图 3-7 为 NTS-362R10G 蓝牙无棱镜测距全站仪部件图。

1—提把;2—电池盒;3—电池盒锁紧钮;4—物镜;5—导向光发射镜;6—物镜调焦螺旋;7—目镜;
8—目镜调焦螺旋;9—望远镜握把;10—光学瞄准器;11—仪器高量取标志;12—望远镜制动螺旋;
13—望远镜微动螺旋;14—照准部管水准器;15—管水准器校正螺丝;16—水平制动螺旋;17—水平微动螺旋;
18—电源开关键;19—屏幕;20—测存键;21—USB 接口盖板;22—圆水准器;23—基座锁定钮;24—脚螺旋;25—底板

图 3-7 NTS-362R10G 蓝牙无棱镜测距全站仪

NTS-362R10G 蓝牙无棱镜测距全站仪主要技术参数如下:

(1) 望远镜:正像,物镜孔径为 45 mm,放大倍率为 30,视场角为 1°30′,最短对光距离为 1.4 m。

(2) 度盘:绝对式测角度盘,度盘直径 79 mm,测距光波为波长 0.65~0.69 μm 的红色可见激光。

(3) 补偿器及测角精度:双轴补偿,一测回方向观测中数中误差为±2″。

(4) 测距:最大测程为 5 km(单块棱镜),测距误差为 2 mm+2 ppm;无棱镜测程和反射片测程均为 1 km,测距误差为 3 mm+2 ppm。

(5) 内存:12 MB 闪存,最多可以存储 9.6 万个点的数据。

(6) 通信接口:一个 USB 接口,内置蓝牙模块。

(7) 电池:LB-01 可充电锂电池(7.4 V/3 100 mA·h),一块满电电池可供连续测距 8 h。

**1. 全站仪结构**

为便于理解全站仪水平角测量原理,与光学经纬仪一样,可将全站仪分解为基座、水平盘和照准部三大构件,如图 3-8 所示。

(1) 基座

**基座**(tribrach)上设置有三个脚螺旋,一个圆水准器(用于粗平仪器)。水平盘旋转轴套在竖轴套外围。

图 3-8 全站仪的结构

(2) 水平盘

**水平盘**(horizontal circle)为圆环形编码玻璃盘片，盘片上均匀刻划了 360 条圆心角相等、宽度不等的线条，如图 3-3 所示。

(3) 照准部

**照准部**(alidade)是指在水平盘之上，能绕竖轴旋转的全部部件的总称，包括竖轴、U 形支架、望远镜、横轴、竖盘、管水准器、补偿器、水平制微动螺旋、望远镜制微动螺旋、屏幕与键盘等。

照准部的旋转轴称为竖轴，竖轴插入基座内的竖轴轴套中旋转；照准部绕竖轴 VV 在水平方向的转动，由水平制动、微动螺旋控制；望远镜绕横轴 HH 的纵向转动，由望远镜制动、微动螺旋控制；照准部管水准器用于精确整平照准部。

水平角测量需要转动照准部和望远镜，依次瞄准不同方向及高度的目标并读取水平盘读数，在一测回观测过程中，水平盘是固定不动的。

全站仪是光、机、电一体的精密测量仪器，水平盘与竖轴被密封在照准部和固定爪脚构件内部，固定爪脚以上部分与三脚基座通过基座的三个爪脚孔连接，用一字批松开基座锁定钮的固定螺丝，逆时针旋转基座锁定钮 180°，即可向上拔出仪器，用以更换棱镜。

**2. 全站仪屏幕与键盘**

屏幕用于显示测量结果和机载软件功能菜单，键盘用于执行全站仪的各种功能。图 3-9 所示为 NTS-362R10G 全站仪的操作面板，各按键功能列于表 3-1，屏幕状态栏图标意义列于表 3-2。

图 3-9　NTS-362R10G 全站仪操作面板、显示屏与按键功能

表 3-1　　　　　　　　　　　　NTS-362R10G 全站仪键盘功能

| 按　键 | 键　名 | 功　能 |
|---|---|---|
| ANG | 角度模式键 | 进入角度模式 |
| DIST | 距离模式键 | 进入距离模式 |
| CORD | 坐标模式键 | 进入坐标模式 |
| MENU | 菜单模式键 | 进入菜单模式 |
| ENT | 回车键 | 在输入值之后按此键 |
| ESC | 退出键 | 返回上级菜单 |
| ★ | 星键模式键 | 进入星键模式 |
| ⏻ | 电源开关键 | 打开或关闭电源 |
| ⓪~⑨ · - | 数字键 | 输入数字或其上面注记的字母、小数点、符号 |
| ◀ ▶ ▲ ▼ | 光标键 | 输入数字/字母时用于移动光标 |
| F1 ~ F4 | 功能键 | 键功能提示显示于屏幕底部 |
| 同时按住 F1 ⏻ 键开机 | — | 升级机载软件（预先将升级文件复制到 U 盘） |

表 3-2　　　　　　NTS-362R10G 全站仪屏幕右侧状态栏图标意义及其设置方法

| 图　标 | 意　义 | 按　键 |
|---|---|---|
| ⥉ | 双轴补偿 | ★ F2 F2 |
| ⥈ | 单轴补偿 | ★ F2 F1 |

(续表)

| 图标 | 意义 | 按键 |
|---|---|---|
| ☼ | 关闭补偿 | ★ F2 F3 |
| ☀ | 无棱镜 | ★ 按 ► 循环切换"反射器"至"无棱镜" |
| ⊞ | 棱镜 | ★ 按 ► 循环切换"反射器"至"棱镜" |
| ✠ | 反射片 | ★ 按 ► 循环切换"反射器"至"反射片" |
| ▮ | 电池电量 | 电量充足 |
| ▯ | 电池电量 | 刚出现该图标时,电池可继续使用4h左右 |
| ▯ | 电池电量 | 电量已不多,应尽快结束操作,更换电池并充电 |
| ▯ | 电池电量 | 从闪烁到缺电自动关机可持续使用几分钟,应更换电池并充电 |
| ⌸ | U盘 | U盘已插入USB接口 |

### 3. 棱镜

NTS-362R10G全站仪专用棱镜和对中杆如图3-10所示,其中微型棱镜常用于工程放样。

(a) 单棱镜与基座    (b) 微型棱镜对中杆    (c) 标准型棱镜对中杆    (d) 加长型棱镜对中杆

图3-10 单棱镜与基座、棱镜对中杆及棱镜常数

### 4. 开关机操作

按住 ⏻ 键1 s开机,出厂设置为角度模式界面[图3-11(a)],按 ESC 键切换屏幕,显示仪器信息数据界面[图3-11(b)],再按 ESC 键返回角度模式界面;按 MENU F4 ③(硬件信息)键显示仪器硬件信息[图3-11(c)]。在开机状态,按住 ⏻ 键4 s关机。

### 5. 全站仪安置

水准仪安置只有整平一项,而全站仪安置有对中和整平两项,目的是使仪器竖轴位于过测站点的铅垂线上,水平盘和横轴处于水平位置,竖盘位于铅垂面内。对中方式有激光对中

图 3-11 角度模式、仪器型号、仪器硬件信息界面

和垂球对中,整平分粗平和精平。NTS-362R10G 全站仪标配激光对中器,取消了光学对中器。

全站仪安置的操作步骤是:调整好三脚架腿,使其长度和三脚架头平面高度适合观测者,张开三脚架腿,将其安置在测站上,使三脚架头平面大致水平。从仪器箱中取出全站仪放置在三脚架头上,使仪器基座中心基本对齐三脚架头中心,旋紧连接螺旋,即可进行对中整平操作。

(1) 垂球对中法安置全站仪

将垂球悬挂于连接螺旋中心的挂钩上,调整垂球线长度,使垂球尖略高于测站点。

① **粗对中与概略整平**:平移三脚架(应注意保持三脚架头平面基本水平),使垂球尖大致对准测站点标志,将三脚架脚尖踩入土中。

② **精对中**:稍微旋松连接螺旋,双手扶住仪器基座,在三脚架头平面移动仪器,使垂球尖准确对准测站点标志,旋紧连接螺旋。垂球对中的误差应小于 3 mm。

③ **粗平**:如图 3-12(a)所示,旋转 1 号、2 号脚螺旋,使圆水准气泡向 1 号、2 号脚螺旋连线方向移动,使气泡中心和圆水准器中心的连线与 3 号脚螺旋中心向 1 号、2 号脚螺旋连线的垂线相平行[图 3-12(b)];旋转 3 号脚螺旋,使圆水准气泡居中[图 3-12(c)]。

图 3-12 脚螺旋旋转方向与圆水准气泡运动方向的关系

④ **精平**:转动照准部,使照准部管水准器轴与任意两个脚螺旋的连线平行,图 3-13(a)所示为与 1 号、2 号脚螺旋的连线平行,旋转 1 号、2 号脚螺旋,使照准部管水准气泡居中;转动照准部 90°,使管水准器轴垂直于 1 号、2 号脚螺旋的连线[图 3-13(c)];旋转 3 号脚螺旋,使管水准气泡居中[图 3-13(d)]。精平仪器时,不会破坏之前已完成的垂球对中关系。

转动照准部,在相互垂直的两个方向检查照准部管水准气泡的居中情况,如果仍然居中,则完成安置,否则应重复上述精平操作。

图 3-13 在相互垂直的两个方向居中管水准器气泡

注:NTS-362R10G 全站仪基座圆水准器格值为 $\tau'=8'/2$ mm,用于粗略整平仪器;照准部管水准器格值为 $\tau''=30''/2$ mm,用于精确整平仪器,两个水准器的格值相差 $8'×60''/30''=16$ 倍。虽然粗平仪器与精平仪器都是使用脚螺旋操作,但精平仪器时,脚螺旋的旋转量很少,此时,圆水准气泡的移动量也很少。如果仪器校正过,照准部管水准气泡在两个相互垂直方向居中后,圆水准气泡也应居中,否则,应重新校正仪器。

(2) 激光对中法安置全站仪

① **粗对中**:双手握紧三脚架,眼睛观察地面上的下激光点,移动三脚架,使下激光点基本对准测站点标志(注意保持三脚架头平面基本水平),将三脚架脚尖踩入土中。

② **精对中**:旋转脚螺旋,使下激光点准确对准测站点标志,误差应小于 1 mm。

③ **粗平**:伸缩脚架腿,使圆水准气泡居中。

④ **精平**:转动照准部,旋转脚螺旋,使管水准气泡在相互垂直的两个方向居中(图3-13),精平操作会略微破坏之前已完成的对中关系。

⑤ **再次精对中**:旋松连接螺旋,眼睛观察下激光点,平移仪器基座(不要有旋转运动),使下激光点准确对准测站点标志,拧紧连接螺旋。转动照准部,在相互垂直的两个方向检查照准部管水准气泡的居中情况。如果仍然居中,则完成安置,否则应从上述精平开始重复操作。

**6. 星键菜单**

按 ★ 键开启星键菜单[图 3-14(a)],按 ▲ 或 ▼ 键可向上或向下移动光标至所需设置项目,按 ▶ 或 ◀ 键可改变光标行的项目设置内容,用功能键 F1 、F2 、F3 、F4 设置其余内容,完成设置后,按 ESC 键关闭星键菜单。

图 3-14 星键菜单

(1) 光标键设置内容

① 反射器:出厂设置为"无棱镜"。当光标位于反射器栏时,按 ▶ 或 ◀ 键,使反射器在棱镜→无棱镜→反射片→棱镜之间循环切换[图 3-14(a)]。

② 导向光:出厂设置为"关闭"。当光标位于导向光栏时,按 ▶ 或 ◀ 键,使导向光在开启→关闭之间循环切换。打开导向光时,导向光发射镜(图 3-7 中编号 5)发射左右闪烁光,全站仪置于盘左位置时,从望远镜物镜端看,右侧为绿色,左侧为红色,其作用是引导司镜员自主将棱镜快速移动到望远镜视线方向。如图 3-15 所示,放样时,司镜员在待测设点位附近观察测站望远镜导向光发射镜,若红光比较亮,应将棱镜向右侧移动,若绿光比较亮,应将棱镜向左侧移动,直至红色和绿色光强基本相等为止。全站仪置于盘右位置时,棱镜移动方向与盘左时相反。导向光定向的理论精度在棱镜距离仪器 100 m 处为±5 cm。

图 3-15 导向光定向原理(盘左)

③ 对中器:下对中激光光强,出厂设置为 2,最大光强为 4,0 表示关闭激光对中器。光标位于对中器栏时,按 ▶ 键可增加激光光强 1,按 ◀ 键可减小激光光强 1。

④ 对比度:屏幕显示对比度,出厂设置为 10,最小对比度为 0,最大对比度为 16。光标位于对比度栏时,按 ▶ 键可增加对比度 1,按 ◀ 键可减小对比度 1。

⑤ 十字照明:出厂设置为 0,关闭为 0,最大为 4。光标位于十字照明栏时,按 ▶ 键可增加照明度 1,按 ◀ 键可减小照明度 1。

(2) 功能键设置内容

① 照明:出厂设置为"开",按 F1 键,使屏幕背光与键盘背景灯在打开与关闭之间切换。

② 补偿:出厂设置为"双轴补偿",按 F2 键进入补偿器 P1 页界面[图 3-14(b)],可以参照屏幕显示的电子气泡整平仪器。打开补偿器时,仪器自动将竖轴倾斜量分解成视准轴方向(X 轴)和横轴方向(Y 轴)两个分量进行倾斜补偿(图 3-16),简称双轴补偿。

按 F1（单轴）键设置单轴补偿，按 F2（双轴）键设置双轴补偿，按 F3（关）键关闭补偿器。

按 F4 键翻页到补偿器 P2 页界面[图 3-14(c)]，屏幕显示仪器当前竖轴倾斜量在视准轴方向（$X$ 轴）和横轴方向（$Y$ 轴）的分量。完成设置后，按 ESC 键返回星键菜单。

③ 指向：出厂设置为关闭红色指向激光，按 F3 键，可以使指向激光在打开与关闭之间循环切换。

在星键菜单[图 3-14(a)]按 F4（参数）键，可设置测距气象改正，具体参见本书 4.2 节。

图 3-16 视准轴与横轴的相互关系

## 3.5 角度模式

按 ⏻ 键开机，仪器出厂设置为角度模式；当前模式为距离模式或坐标模式时，按 ANG 键进入角度模式。角度模式有三页功能菜单（图 3-17），按 F4 键翻页。

**1. 角度模式 P1 页功能菜单**

（1）F1（测存）：将水平盘与竖盘读数存入内存中的工作文件，如要改变工作文件或新建一个文件作为工作文件，应先执行 P3 页功能菜单的"文件"命令。

（2）F2（置零）：配置水平盘读数为 $0°00'00''$，按 F2（置零）F4（是）键，结果如图 3-18(c)所示。

图 3-17 角度模式三页功能菜单

图 3-18 执行"置零"命令，设置水平盘读数为 $0°00'00''$

（3）F3（置盘）：设置水平盘读数为用户输入值，按 · 键分隔度、分、秒值。例如，设置水平盘读数为 $0°00'30''$ 的方法是：按 F3（置盘）0 · 0 · 3 0 ENT 键，结果如图 3-19(d)所示。

图 3-19 执行"置盘"命令，设置水平盘读数为 $0°00'30''$

**2. 角度模式 P2 页功能菜单**

（1）F1（锁定）：该命令是模拟复测经纬仪的测角方式，与方向经纬仪不同，复测经纬仪没有水平盘配置旋钮。锁定水平盘读数为当前值,旋转仪器照准部时,水平盘读数不变。"锁定"命令是配置水平盘读数的另一种方式。

例如,执行"锁定"命令配置某个觇点的水平盘读数为 90°00′35″的方法是:转动照准部,当水平盘读数接近 90°00′35″时,旋紧水平制动螺旋,旋转水平微动螺旋,使水平盘读数为 90°00′35″[图 3-20(a)],按 F1 (锁定)键,进入图 3-20(b)所示的界面。松开水平制动螺旋,瞄准该觇点,此时水平盘读数不会变化,按 F4 (是)键完成操作,结果如图 3-20(c)所示。配置水平盘读数,常用"置盘"命令,"锁定"命令已很少使用。

图 3-20 执行"锁定"命令操作过程

(2) F2 (复测):该命令是模拟复测经纬仪单盘位(一般为盘左)的累积测角方式,它要求将水平盘设置为右旋角 HR(等价于水平盘为顺时针注记)。该命令也已很少使用。

(3) F3 (坡度):重复按 F3 (坡度)键可使竖盘读数 V 在天顶距与坡度之间切换。

如图 3-21(a)所示,NTS-362R10G 全站仪竖盘读数 V 的出厂设置为"天顶零"。设盘左竖盘读数为 $L=75°00′00″$,则望远镜视线方向盘左竖直角为 $\alpha_L=90°-L=90°-75°00′00″=$

图 3-21 重复执行"坡度"命令,使竖盘读数在天顶距与坡度之间切换

15°00′00″,坡度为 $i=100\times\tan15°00′00″=26.7949\%\approx26.79\%$,与屏幕显示的结果相同[图 3-22(b)]。

图 3-22 重复执行"坡度"命令,使竖盘读数在天顶距与坡度之间切换

**3. 角度模式 P3 页功能菜单**

(1) F1(竖角):如图 3-21(b)所示,竖直角定义为水平方向与望远镜视线方向之间的夹角,仰角为正数,俯角为负数角。重复按 F3(竖角)键可使竖盘读数 V 在天顶距与竖直角之间切换(图 3-23)。

图 3-23 重复执行"竖角"命令,使竖盘读数在天顶距与竖直角之间切换

NTS-362R10G 全站仪竖盘读数 V 的出厂设置为"天顶零",设盘左竖盘读数为 $L$,则望远镜视线方向的盘左竖直角为 $\alpha_L=90°-L$,将图 3-23(a)所示的盘左竖盘读数代入,得竖直角 $\alpha_L=90°-75°00′00″=15°00′00″$,与图 3-21(b)中注记的结果相同。

(2) F2(右左):重复按 F2(右左)键可使水平盘读数在右旋角 HR(等价于水平盘顺时针注记)与左旋角 HL(等价于水平盘逆时针注记)之间切换。同一个方向的 HR 读数+HL 读数=360°,即有 HL 读数=360°-HR 读数,示例如图 3-24 所示。

图 3-24 重复执行"右左"命令,使水平盘读数在右旋角 HR 与左旋角 HL 之间切换

(3) F3(文件):改变工作文件、坐标调用文件、新建文件、文件重命名、删除文件、导出文件、导入坐标数据到工作文件。角度模式的"文件"命令与坐标模式的"文件"命令功能相同,详细操作参见本书 4.5 节。

## 3.6 水平角测量方法

水平角测量方法主要有**测回法**(method of observation set)和**方向观测法**(method of direction observation)。

### 1. 测回法

如图 3-25 所示,要测量 ∠APB 的水平角 $\beta_1$ 与 ∠BPC 的水平角 $\beta_2$,在 P 点安置全站仪,一测回观测步骤如下。

(1) 盘左(竖盘在望远镜左侧,也称正镜)瞄准 A 点觇标,在角度模式 P1 页功能菜单,按 F3(置盘) 0 · 0 · 3 0 ENT 键,设置水平盘读数为 0°00′30″,检查瞄准情况后,读取水平盘读数如 0°00′29″,填入表 3-3 第 3 列觇点 A 栏。

觇点 A 的方向称为零方向。设水平盘为顺时针注记(右旋角 HR),选取零方向时,一般应使 B,C 点位于 A 点右侧。

图 3-25 测回法观测水平角

表 3-3　　　　　　　　　　测回法水平角观测手簿

测站点：__P__　　仪器：NTS-362R10G　　观测员：__王阿玲__　　记录员：__覃辉__

| 测回数 | 觇点 | 盘左 (°′″) | 盘右 (°′″) | 2C (″) | 平均值 (°′″) | 归零值 (°′″) | 各测回平均值 (°′″) |
|---|---|---|---|---|---|---|---|
| (1) | (2) | (3) | (4) | (5) | (6) | (7) | (8) |
| 1 | A | 0 00 29 | 180 00 32 | −3 | 0 00 30 | 0 00 00 | 0 00 00 |
| 1 | B | 66 55 45 | 246 55 46 | −1 | 66 55 46 | 66 55 16 | 66 55 13 |
| 1 | C | 144 44 50 | 324 44 51 | −1 | 144 44 50 | 144 44 20 | 144 44 20 |
| 2 | A | 90 00 28 | 270 00 28 | 0 | 90 00 28 | 0 00 00 | |
| 2 | B | 156 55 37 | 336 55 39 | −2 | 156 55 38 | 66 55 10 | |
| 2 | C | 234 44 47 | 54 44 48 | −1 | 234 44 48 | 144 44 20 | |

(2) 顺时针转动照准部,瞄准觇点 B,读取水平盘读数如 66°55′45″,填入表 3-3 第 3 列觇点 B 栏。

(3) 顺时针转动照准部,瞄准觇点 C,读取水平盘读数如 144°44′50″,填入表 3-3 第 3 列觇点 C 栏。

(4) 纵转望远镜为盘右位置(竖盘在望远镜右侧,也称倒镜),逆时针转动照准部,瞄准觇点 C,读取水平盘读数如 324°44′51″,填入表 3-3 第 4 列觇点 C 栏。

(5) 逆时针转动照准部,瞄准觇点 B,读取水平盘读数如 246°55′46″,填入表 3-3 第 4 列觇点 B 栏。

(6) 逆时针转动照准部,瞄准觇点 A,读取水平盘读数如 180°00′32″,填入表 3-3 第 4 列觇点 A 栏。

(7) 计算 2C 值(又称两倍照准差)。

理论上,相同方向的盘左观测值 L 与盘右观测值 R 应相差 180°,如果不是,其差值称为 2C,计算公式为

$$2C = L - (R \pm 180°) \tag{3-4}$$

式中,R≥180°时,"±"取"−";R<180°时,"±"取"+",下同。计算结果填入表 3-3 第 5 列。

① 计算觇点 C 的 2C 值:144°44′50″−324°44′51″+180°=−1″,填入表 3-3 第 5 列觇点 C 栏。

② 计算觇点 B 的 2C 值:66°55′45″−246°55′46″+180°=−1″,填入表 3-3 第 5 列觇点 B 栏。

③ 计算觇点 A 的 2C 值:0°00′29″−180°00′32″+180°=−3″,填入表 3-3 第 5 列觇点 A 栏。

(8) 计算方向观测平均值。

$$方向观测平均值 = \frac{1}{2}(L + R \pm 180°) \tag{3-5}$$

① 计算觇点 C 两个盘位方向观测平均值:
(144°44′50″+324°44′51″−180°)/2=144°44′50.5″≈144°44′50″,填入表 3-3 第 6 列觇点 C 栏。

② 计算觇点 B 两个盘位方向观测平均值:
(66°55′45″+246°55′46″−180°)/2=66°55′45.5″≈66°55′46″,填入表 3-3 第 6 列觇点 B 栏。

③ 计算觇点 A 两个盘位方向观测平均值:
(0°00′29″+180°00′32″−180°)/2=0°00′30.5″≈0°00′30″,填入表 3-3 第 6 列觇点 A 栏。

两个盘位方向观测平均值取位到 1″。设平均值的末尾两位为 $p.5″$($p=0\sim9$,为平均值秒数的个位数字),一般遵循"奇进偶不进"的取整原则,即,$p$ 为奇数时,$p.5″=(p+1)″$;$p$ 为偶数时,$p.5″=p″$。

例如,觇点 C 两个盘位方向观测平均值计算结果的秒位数值为:50.5″,因个位数 0 为偶数,则小数位的 0.5″不进位,结果为 50″。觇点 B 两个盘位方向观测平均值计算结果的秒位数值为:45.5″,因个位数 5 为奇数,则小数位的 0.5″进位,结果为 46″。

(9) 计算归零后方向值(归零值)。

① 计算觇点 A 归零后方向值为 0°00′30″−0°00′30″=0°00′00″,填入表 3-3 第 7 列觇点 A 栏。

② 计算觇点 B 归零后方向值为 66°55′46″−0°00′30″=66°55′16″,填入表 3-3 第 7 列觇点 B 栏。

③ 计算觇点 C 归零后方向值为 144°44′50″−0°00′30″=144°44′20″,填入表 3-3 第 7 列觇点 C 栏。

如图 3-25 所示,应用第一测回归零值,计算两个水平角的结果如下:

$$\angle APB = \beta_1 = 66°55'16'' - 0°00'00'' = 66°55'16''$$
$$\angle BPC = \beta_2 = 144°44'20'' - 66°55'16'' = 77°49'04''$$

多测回观测时,为了减小水平盘分划误差的影响,各测回间应根据测回数 $n$,以 $180°/n$ 为增量配置各测回零方向水平盘读数。

表 3-3 所列为两测回观测结果,第二测回观测时,$A$ 方向水平盘读数应配置为 $180°/2=90°$ 左右,取两测回归零后方向观测平均值(简称归零值)作为最后结果,填入表 3-3 第 8 列。

**2. 方向观测法**

当方向观测数>3 时,一般采用方向观测法。与测回法比较,方向观测法的唯一区别是:每个盘位零方向需要观测两次,零方向两次观测值之差称为半测回归零差。

以观测四个觇点 $A$,$B$,$C$,$D$ 为例,盘左顺时针转动照准部的观测顺序为 $A \to B \to C \to D \to A$,盘右逆时针转动照准部的观测顺序为 $A \to D \to C \to B \to A$。因零方向觇点需要观测两次,为了减小半测回归零差,一般应在观测的觇点中,选择一个标志十分清晰的觇点作为零方向。以 $A$ 点为零方向时,一测回观测的操作步骤如下。

(1) 上半测回

盘左瞄准觇点 $A$,配置水平盘读数为 $0°$ 左右,检查瞄准情况后读取水平盘读数并记录。松开水平制动螺旋,顺时针转动照准部,依次瞄准觇点 $B$,$C$,$D$,$A$ 观测,其观测顺序是 $A \to B \to C \to D \to A$,最后返回到零方向觇点 $A$ 的操作称为上半测回归零,两次观测零方向觇点 $A$ 的读数之差称为上半测回归零差 $\Delta_L$。

(2) 下半测回

纵转望远镜,盘右瞄准觇点 $A$,读数并记录。松开水平制动螺旋,逆时针转动照准部,依次瞄准 $D$,$C$,$B$,$A$ 觇点观测,其观测顺序是 $A \to D \to C \to B \to A$,最后返回到零方向觇点 $A$ 的操作称为下半测回归零,两次观测零方向觇点 $A$ 的读数之差称为下半测回归零差 $\Delta_R$。至此,完成一测回观测操作。如需观测 $n$ 测回,各测回零方向应以 $180°/n$ 为增量配置水平盘读数。

(3) 计算步骤

① 计算 $2C$ 值。应用式(3-4)计算,结果填入表 3-4 第 5 列相应栏内。

表 3-4　　　　　　　　　　　　方向观测法水平角观测手簿

测站点:___$P$___　仪器:NTS-362R10G　观测员:___王阿玲___　记录员:___覃辉___

| 测回数 | 觇点 | 盘左 | 盘右 | 2C | 平均值 | 归零值 | 各测回平均值 |
|---|---|---|---|---|---|---|---|
| | | (° ′ ″) | (° ′ ″) | (″) | (° ′ ″) | (° ′ ″) | (° ′ ″) |
| (1) | (2) | (3) | (4) | (5) | (6) | (7) | (8) |
| | | $\Delta_L$=+3 | $\Delta_R$=+1 | | (0 00 37) | | |
| 1 | A | 0 00 36 | 180 00 37 | −1 | 0 00 36 | 0 00 00 | 0 00 00 |
| | B | 25 37 55 | 205 37 58 | −3 | 25 37 57 | 25 37 20 | 25 37 18 |
| | C | 66 55 49 | 246 55 51 | −2 | 66 55 50 | 66 55 13 | 66 55 12 |
| | D | 144 44 46 | 324 44 58 | −12 | 144 44 52 | 144 44 15 | 144 44 14 |
| | A | 0 00 39 | 180 00 36 | +3 | 0 00 38 | | |

(续表)

| 测回数 | 觇点 | 盘左<br>(° ′ ″) | 盘右<br>(° ′ ″) | 2C<br>(″) | 平均值<br>(° ′ ″) | 归零值<br>(° ′ ″) | 各测回平均值<br>(° ′ ″) |
|---|---|---|---|---|---|---|---|
| (1) | (2) | (3) | (4) | (5) | (6) | (7) | (8) |
| 2 | A | $\Delta_L=+1$<br>90 00 28 | $\Delta_R=-2$<br>270 00 26 | +2 | (90 00 28)<br>90 00 27 | 0 00 00 | |
| | B | 115 37 43 | 295 37 46 | −3 | 115 37 44 | 25 37 16 | |
| | C | 156 55 36 | 336 55 44 | −8 | 156 55 40 | 66 55 12 | |
| | D | 234 44 37 | 54 44 44 | −7 | 234 44 40 | 144 44 12 | |
| | A | 90 00 29 | 270 00 28 | +1 | 90 00 28 | | |

② 计算方向观测平均值。应用式(3-5)计算,结果填入表 3-4 第 6 列相应栏内。

③ 计算归零后方向观测值。先计算零方向两次观测平均值(表 3-4 第 6 列括号内数值),再将各方向观测平均值减去括号内零方向观测平均值,结果填入表 3-4 第 7 列相应栏内。

④ 计算各测回归零后方向观测平均值。取各测回同一方向归零后方向观测平均值,计算结果填入表 3-4 第 8 列相应栏内。

⑤ 计算各觇点间的水平夹角。根据表 3-4 第 8 列各测回平均值,可以计算出任意两个方向间的水平夹角。

(4) 方向观测法限差

《城市测量规范》规定,各等级导线测量,方向观测法各项限差应符合表 3-5 中的规定。

表 3-5　　　　　　　　　　　　方向观测法各项限差

| 仪器型号 | 半测回归零差 | 一测回内 2C 较差 | 同一方向值各测回较差 |
|---|---|---|---|
| 1″全站仪 | 6″ | 9″ | 6″ |
| 2″全站仪 | 8″ | 13″ | 9″ |
| 5″全站仪 | 18″ | — | 24″ |

注:当照准觇点方向的竖直角不在±3°范围内时,该方向 2C 较差可按同一观测时段内的相邻测回进行比较,但应在观测手簿中注明。

**3. 使用 MSMT 水平角观测 程序测量水平角及平距**

(1) 手机与 NTS-362R10G 全站仪蓝牙配对

NTS-362R10G 全站仪内置蓝牙模块为常开状态,用户无法关闭,全站仪蓝牙设备名为仪器出厂编号,如 S177355,它印制在全站仪盘左位置 U 形支架左侧。

在手机上进入设置模式,搜索手机附近蓝牙设备,点击蓝牙设备名 S177355,输入配对密码"1234",点击 确定 按钮完成手机与全站仪蓝牙配对。

(2) 新建测回法水平角观测文件

在 MSMT 项目主菜单[图 1-10(a)],点击 水平角观测 按钮，进入水平角观测文件列表界面;点击 新建文件 按钮,在弹出的"新建水平角观测文件"对话框中按实输入观测信息,文件名由系统自动生成,命名规则为"测站点名＋测量方法＋日期_序号"[图 3-26(a)]。点击 确定 按钮,返回水平角观测文件列表界面[图 3-26(b)]。

(3) 测回法水平角观测

点击最近新建的水平角观测文件,在弹出的快捷菜单点击"测量"命令[图 3-26(c)],进入测回法水平角第 1 测回观测界面[图 3-26(d)];点击 编辑觇点名 按钮,在弹出的"编辑觇点名"对话框中输入 3 个觇点名[图 3-26(e)],点击 确定 按钮返回观测界面。

图 3-26 新建测回法水平角观测文件,执行文件测量命令,观测 3 个觇点第 1 测回

点击 蓝牙读数 按钮，进入蓝牙连接全站仪界面[图 3-26(f)]，全站仪品牌缺省设置为"南方 NTS-360/380"；点击蓝牙设备名 S177355，启动手机与全站仪的蓝牙连接，完成连接后进入蓝牙测试界面，点击 测则 按钮启动全站仪测距[图 3-26(g)]，蓝牙提取全站仪水平盘、竖盘和平距读数结果。点击屏幕标题栏左侧 ❮ 按钮返回观测界面[图 3-26(h)]，此时粉红色 蓝牙读数 按钮变成了蓝色 蓝牙读数 按钮，表示手机已与全站仪蓝牙连接。

① 第 1 测回水平角观测

盘左瞄准觇点 A 棱镜中心，配置全站仪水平盘读数为 0°00′30″。点击 蓝牙读数 按钮，蓝牙提取觇点 A 水平盘读数[图 3-26(h)]；点击 下一步 按钮，光标右移至觇点 A 平距栏，点击 蓝牙读数 按钮启动全站仪测距并提取平距值[图 3-26(i)]。顺时针转动照准部，相同的方法分别瞄准觇点 B，C，观测完 C 点平距后，点击 下一步 按钮，结束盘左观测[图 3-26(j)]。

纵转望远镜至盘右位置，瞄准觇点 C 棱镜中心，点击 蓝牙读数 按钮，蓝牙提取觇点 C 水平盘读数，屏幕实时显示 C 点方向 2C 值 1 s 时间[图 3-26(k)]，盘右提取水平盘读数时，不再测距。逆时针旋转照准部，相同的方法分别提取 B，A 两点水平盘读数后，点击 下一步 按钮结束盘右观测，结果如图 3-26(l)所示。

② 第 2 测回水平角观测

点击 ＋ 按钮，新建第 2 测回观测界面[图 3-27(a)]，盘左瞄准 A 点，零方向水平盘读数配置为 90°00′30″，相同的方法观测 A，B，C 三个觇点，结果如图 3-27(b)所示。点击 完成 按钮，结束第 2 测回观测，屏幕显示 1，2 测回归零平均值[图 3-27(c)]。

图 3-27　观测 3 个觇点第 2 测回，导出 Excel 成果文件

（4）导出测回法水平角观测文件的 Excel 成果文件

在图 3-27(c)所示界面，点击 导出Excel成果文件 按钮，点击 发送 按钮，用微信或 QQ 将导出的成果文件发送给好友。图 3-28 为在用户 PC 机启动 MS-Excel 打开该成果文件的内容。

注：使用 MSMT 水平角观测 程序观测水平角时，因平距并不参与水平角计算，若不需要观测觇点平距，当光标位于觇点平距栏时，点击 下一步 按钮跳过该觇点的平距观测。

| | A | B | C | D | E | F | G | H | I |
|---|---|---|---|---|---|---|---|---|---|
| 1 | 测回法水平角观测手簿 | | | | | | | | |
| 2 | 测站点名：P　观测员：王阿玲　记录员：章辉　观测日期：2024年04月28日 | | | | | | | | |
| 3 | 全站仪型号：南方NTS-362R10G　出厂编号：S177355　天气：晴　成像：清晰 | | | | | | | | |
| 4 | 测回数 | 觇点 | 盘左 | 盘右 | 水平距离 | 2C | 平均值 | 归零值 | 各测回平均值 |
| 5 | | | (° ′ ″) | (° ′ ″) | (m) | (″) | (° ′ ″) | (° ′ ″) | (° ′ ″) |
| 6 | 1测回 | A | 0 00 30.00 | 180 00 33.00 | 124.385 | -3.0 | 0 00 31.50 | 0 00 00.00 | |
| 7 | | B | 5 46 48.00 | 185 46 48.00 | 97.235 | 0 | 5 46 48.00 | 5 46 16.50 | |
| 8 | | C | 25 34 24.00 | 205 34 26.00 | 89.748 | -2.0 | 25 34 25.00 | 25 33 53.50 | |
| 9 | 2测回 | A | 90 00 28.00 | 270 00 29.00 | 124.384 | -1.0 | 90 00 28.50 | 0 00 00.00 | 0 00 00.00 |
| 10 | | B | 95 46 43.00 | 275 46 44.00 | 97.236 | -1.0 | 95 46 43.50 | 5 46 15.00 | 5 46 15.75 |
| 11 | | C | 115 34 23.00 | 295 34 26.00 | 89.746 | -3.0 | 115 34 24.50 | 25 33 56.00 | 25 33 54.75 |

图 3-28　在 PC 机启动 MS-Excel 打开"P 测回法 240428_1.xls"文件的内容

**4. 水平角观测注意事项**

（1）仪器高度应与观测者身高相适应；三脚架应踩实，仪器与三脚架应连接牢固，操作仪器时，不应用手扶三脚架；转动照准部和望远镜之前，应先松开制动螺旋，操作各螺旋时，用力应轻。

（2）精确对中，特别是对短边测角，对中要求应更严格。

（3）水平角观测采用方向观测法时，应选择一个距离适中、通视良好、成像清晰的观测方向作为零方向。

（4）当观测觇点的高低相差较大时，更应注意整平仪器。

（5）觇点标志应竖直，尽可能用十字丝中心瞄准标杆底部。

（6）记录应清楚，应当场计算，发现错误，立即重测。

（7）一测回水平角观测过程中，不得再调整照准部管水准气泡；气泡偏离管水准气泡中心超过 2 格时，应重新整平与对中仪器，重新观测。

## 3.7　竖直角测量方法

**1. 竖直角的应用**

如图 3-29 所示，竖直角 $\alpha$ 主要用于将测量的斜距 $S$ 化算为水平距离 $D$ 或计算三角高差 $h_{AB}$。

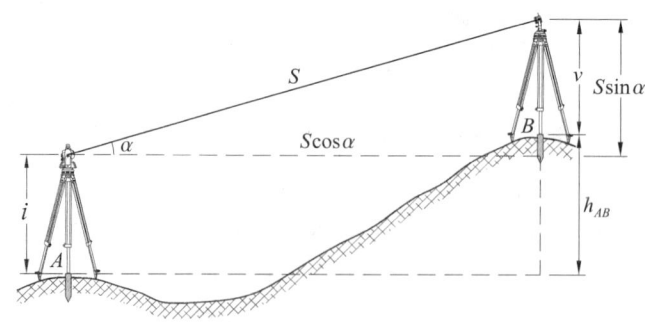

图 3-29　竖直角的应用

（1）倾斜距离化算为水平距离

设测得 $A$，$B$ 两点间的斜距 $S$ 及竖直角 $\alpha$，其水平距离 $D$ 的计算公式为

$$D = S\cos\alpha \tag{3-6}$$

(2) 三角高程计算

当用水准测量方法测定 $A$，$B$ 两点间的高差 $h_{AB}$ 有困难时，可以应用图 3-29 中测得的斜距 $S$、竖直角 $\alpha$、仪器高 $i$、觇标高 $v$，根据式(3-7)计算 $h_{AB}$：

$$h_{AB} = S\sin\alpha + i - v \tag{3-7}$$

当已知 $A$ 点高程 $H_A$ 时，$B$ 点高程 $H_B$ 的计算公式为

$$H_B = H_A + h_{AB} = H_A + S\sin\alpha + i - v \tag{3-8}$$

上述测量高程的方法称为三角高程测量。2020 年 12 月 8 日，中尼两国共同宣布珠穆朗玛峰高程为 8 848.86 m，使用的主要就是三角高程测量方法。

**2. 竖盘与望远镜的连接关系**

全站仪竖直角测量原理与光学经纬仪相同。如图 3-30 所示，经纬仪的竖盘固定在望远镜横轴一端，并与望远镜固连在一起，竖盘可以随望远镜一起绕横轴转动，竖盘面垂直于横轴。**竖盘读数指标**(vertical index)与**竖盘指标管水准器**(vertical index bubble tube)固连在一起，旋转竖盘指标管水准器微动螺旋将带动竖盘指标管水准器和竖盘读数指标一起做微小转动。竖盘指标管水准气泡居中时，竖盘读数指标线位于过竖盘圆心的铅垂线上。

图 3-30 光学经纬仪的竖盘构造

竖盘按顺时针注记为 $0°\sim 360°$。竖盘读数指标的正确位置是：望远镜位于盘左位置、视准轴 $CC$ 水平、竖盘指标管水准气泡居中时，竖盘读数应为 $90°$。

**3. 竖直角计算原理**

望远镜位于盘左位置，视准轴 $CC$ 水平，竖盘指标管水准气泡居中时，竖盘读数为 $90°$[图 3-31(a)]；望远镜抬高 $\alpha$ 角瞄准觇点 $P$，竖盘指标管水准气泡居中，竖盘读数为 $L$[图 3-31(b)]，盘左观测觇点 $P$ 的竖直角为

$$\alpha_L = 90° - L \tag{3-9}$$

纵转望远镜于盘右位置，视准轴水平、竖盘指标管水准气泡居中时，竖盘读数为 $270°$[图 3-31(c)]；望远镜抬高 $\alpha$ 角瞄准觇点 $P$、竖盘指标管水准气泡居中，竖盘读数为 $R$[图 3-31

图 3-31 光学经纬仪竖直角测量及其计算原理

(d)],盘右观测觇点 $P$ 的竖直角为

$$\alpha_R = R - 270° \tag{3-10}$$

**4. 竖盘指标差**

当望远镜视准轴 $CC$ 水平,竖盘指标管水准气泡居中,竖盘读数为 90°(盘左)或 270°(盘右)的情形称为竖盘指标管水准器与竖盘读数指标关系正确,竖直角计算公式(3-9)和式(3-10)就是在这个前提下推导出来的。

当竖盘指标管水准器与竖盘读数指标关系不正确时,望远镜视准轴 $CC$ 水平时的竖盘读数相对于正确值有一个小的角度偏差 $x$,$x$ 称为**竖盘指标差**(vertical collimation error)。如图 3-32(a)中,盘左读数与 90°之间偏差 $x$;图 3-32(c) 中,盘右读数与 270°之间偏差 $x$。

竖盘指标差 $x$ 正负值的定义:盘左位置,视准轴水平,竖盘指标管水准气泡居中,读数指标偏向望远镜物镜端时,指标差 $x$ 为正数[图 3-32(a)],否则为负数。

如图 3-32(b),(d)所示,设觇点 $P$ 的竖直角的正确值为 $\alpha$,则考虑竖盘指标差 $x$ 的竖直角计算公式为

$$\alpha = 90° + x - L = 90° - L + x = \alpha_L + x \tag{3-11}$$

$$\alpha = R - (270° + x) = R - 270° - x = \alpha_R - x \tag{3-12}$$

将式(3-11)减式(3-12),解得

$$x = \frac{1}{2}(\alpha_R - \alpha_L) = \frac{1}{2}(L + R - 360°) \tag{3-13}$$

取盘左、盘右所测竖直角的平均值:

$$\alpha = \frac{1}{2}(\alpha_L + x + \alpha_R - x) = \frac{1}{2}(\alpha_L + \alpha_R) \tag{3-14}$$

可见，取盘左、盘右所测竖直角的平均值可以消除竖盘指标差 $x$ 的影响。

图 3-32　光学经纬仪竖盘指标差计算原理

全站仪没有竖盘指标管水准器，竖盘读数指标被固定在仪器机身且与竖轴平行的位置，只有当竖轴铅垂时，竖盘读数指标的位置才正确。如果竖轴不铅垂，竖盘读数指标的位置就不正确，此时，由全站仪补偿器可以得到竖轴偏离铅垂线的偏角 $\delta$，系统算出竖轴偏角 $\delta$ 在望远镜视线方向的分量 $\delta_X$ 与在横轴方向的分量 $\delta_Y$，再用 $\delta_X$ 改正竖盘读数，用 $\delta_Y$ 改正水平盘读数。因此，竖直角观测时，至少应打开全站仪的单轴补偿器。

**5. 竖直角观测**

竖直角观测有中丝法和三丝法两种，本书只介绍中丝法。中丝法是用十字丝分划板的中丝瞄准觇点特定位置（如棱镜中心或标杆顶部）来读取竖盘读数。具体操作步骤如下：

(1) 在测站点安置全站仪，用小钢尺量取仪器高 $i$。仪器高是测站点标志顶部到全站仪横轴中心的垂直距离。全站仪 U 形支架两侧均设置有量取仪器高的标志，如图 3-7 中部件 11 所示。

(2) 盘左瞄准觇点，使十字丝中丝切于觇点某一位置，读取盘左竖盘读数 $L$。

(3) 盘右瞄准觇点，使十字丝中丝切于觇点同一位置，读取盘右竖盘读数 $R$。

两个测回的竖直角观测记录计算示例列于表 3-6。因竖盘与望远镜固连在一起，因此，用户不能配置竖盘读数。

由图 3-1 可知，水平角观测与仪器高 $i$ 无关。由图 3-29 可知，竖直角与仪器高 $i$、觇标高 $v$ 有关，因此，竖直角观测前，应养成先量取仪器高与觇点觇标高并及时记入手簿的好习惯。

使用 fx-5800P 计算器计算竖直角不一定比心算快，心算竖直角的技巧是：先用式(3-13)算出觇点竖盘指标差 $x$，再应用式(3-11)或式(3-12)计算竖直角。觇点盘右竖盘读数 $R>270°$ 时，应用式(3-12)计算觇点竖直角 $\alpha$；觇点盘左竖盘读数 $L>90°$ 时，应用式(3-11)计算觇点竖直角 $\alpha$。

表 3-6　　　　　　　　　　　　　　　竖直角观测手簿

测站点：__P__　　仪器：NTS-362R10G　　仪器高：__1.555 m__　　观测员：__王阿玲__　　记录员：__覃辉__

| 测回数 | 觇点 | 盘左 (° ′ ″) | 盘右 (° ′ ″) | 指标差 (″) | 竖直角 (° ′ ″) | 各测回平均值 (° ′ ″) | 觇标高 (m) |
|---|---|---|---|---|---|---|---|
| (1) | (2) | (4) | (5) | (6) | (7) | (8) | (9) |
| 1 | A | 92 53 15 | 267 07 10 | +12 | −2 53 03 | | 1.72 |
| | B | 82 57 33 | 277 02 46 | +10 | 7 02 36 | | 1.58 |
| | C | 78 00 44 | 281 59 44 | +14 | 11 59 30 | | 1.65 |
| 2 | A | 92 53 13 | 267 07 08 | +10 | −2 53 03 | −2 53 03 | |
| | B | 82 57 39 | 277 02 47 | +13 | 7 02 34 | 7 02 35 | |
| | C | 78 00 42 | 281 59 38 | +10 | 11 59 28 | 11 59 29 | |

例如，觇点 A 的竖盘指标差 $x=+12″$，盘左读数 $L=92°53′15″>90°$，应用式(3-11)计算觇点 A 的竖直角为：$α=90°-L+x=90°-92°53′15″+12″=-2°53′15″+12″=-2°53′03″$。

觇点 B 的竖盘指标差 $x=+10″$，盘右读数 $R=277°02′46″>270°$，应用式(3-12)计算觇点 B 的竖直角为：$α=R-270°-x=277°02′46″-270°-10″=7°02′46″-10″=7°02′36″$。

**6. 使用 MSMT 竖直角观测 程序测量竖直角及其平距**

在测站点 P 安置 NTS-362R10G 全站仪，观测 A，B，C 三个觇点竖直角的方法如下。

(1) 新建竖直角观测文件

在 MSMT 项目主菜单[图 1-10(a)]，点击 竖直角观测 图标，进入竖直角观测文件列表界面；点击 新建文件 按钮，在弹出的"新建竖直角观测文件"对话框中按实输入仪器高及观测信息，文件名由系统自动生成，命名规则为"测站点名＋测量方法＋日期_序号"[图 3-33(a)]。点击 确定 按钮，返回竖直角观测文件列表界面[图 3-33(b)]。

(2) 执行测量命令

点击最近新建的竖直角观测文件，在弹出的快捷菜单点击"测量"命令[图 3-33(c)]，进入竖直角观测界面；点击 觇点名觇高 按钮，在弹出的"觇点名觇高"对话框中输入三个觇点名及其觇标高[图 3-33(d)]，点击 确定 按钮返回观测界面[图 3-33(e)]。

① 第 1 测回

设盘左竖直角观测顺序为 $A→B→C$。瞄准觇点 A 棱镜中心，点击 蓝牙读数 按钮，蓝牙提取觇点 A 竖盘读数[图 3-33(e)]；点击 下一步 按钮，光标右移至该点平距栏，点击 蓝牙读数 按钮启动全站仪测距并提取平距值[图 3-33(f)]；转动照准部，相同的方法分别瞄准觇点 B，C，完成 C 点平距观测后[图 3-33(g)]，点击 下一步 按钮，结束盘左观测。

纵转望远镜至盘右位置，瞄准觇点 C 棱镜中心，点击 蓝牙读数 按钮，蓝牙提取觇点 C 竖盘读数，屏幕实时显示 C 点方向的竖盘指标差 x 值 1 s 时间[图 3-33(h)]，盘右提取竖盘读数时，不再测距。旋转照准部，相同的方法分别提取 B，A 两点的竖盘读数[图 3-33(i)]，点击 下一步 按钮结束盘右观测，至此完成第 1 测回竖直角观测。

② 第 2 测回

点击 + 按钮新建第 2 测回竖直角观测界面[图 3-33(j)]，图 3-33(k)为完成三个觇点第 2 测回竖直角观测的界面。点击 完成 按钮，屏幕显示第 1，2 两测回竖直角平均值[图 3-33(l)]。

图 3-33 新建竖直角观测文件,对文件执行测量命令,观测三个觇点两测回竖直角

(3) 导出竖直角观测文件的 Excel 成果文件

在图 3-33(l)所示界面,点击 **导出Excel成果文件** 按钮,点击 **发送** 按钮,用微信或QQ将该成果文件发送给好友。图 3-34 为在用户 PC 机启动 MS-Excel 打开该成果文件的内容。

| | A | B | C | D | E | F | G | H | I | J |
|---|---|---|---|---|---|---|---|---|---|---|
| 1 | 竖直角观测手簿 | | | | | | | | | |
| 2 | 测站点名：P 仪器高：1.555m 观测员：王阿玲 记录员：覃辉 观测日期：2024年04月29日 | | | | | | | | | |
| 3 | 全站仪型号：南方NTS-362R10G 出厂编号：S177355 天气：晴 成像：清晰 | | | | | | | | | |
| 4 | 测回数 | 觇点 | 盘左 | 盘右 | 水平距离 | 觇高 | 指标差 | 竖直角 | 各测回平均值 | 高差 |
| 5 | | | (° ′ ″) | (° ′ ″) | (m) | (m) | (″) | (° ′ ″) | (° ′ ″) | (m) |
| 6 | 1测回 | A | 85 53 55.00 | 274 06 10.00 | 124.383 | 1.720 | +2.5 | 4 06 07.50 | | |
| 7 | | B | 95 12 35.00 | 264 47 35.00 | 97.232 | 1.580 | +5.0 | -5 12 30.00 | | |
| 8 | | C | 96 09 57.00 | 263 50 12.00 | 89.741 | 1.650 | +4.5 | -6 09 52.50 | | |
| 9 | 2测回 | A | 85 54 15.00 | 274 05 47.00 | 124.380 | | +1.0 | 4 05 46.00 | 4 05 56.75 | 8.749 |
| 10 | | B | 95 12 34.00 | 264 47 33.00 | 97.228 | | +3.5 | -5 12 30.50 | -5 12 30.25 | -8.888 |
| 11 | | C | 96 09 57.00 | 263 50 07.00 | 89.741 | | +2.0 | -6 09 55.00 | -6 09 53.75 | -9.788 |

图 3-34　在 PC 机启动 MS-Excel 打开 "P 竖直角 240429_1.xls" 文件的内容

注：用 MSMT **竖直角观测** 程序观测竖直角时，如果不希望观测觇点的平距，当光标位于觇点平距栏时，可以点击 **下一步** 按钮跳过该觇点的平距观测，导出的 Excel 成果文件不会计算测站至觇点的高差值。

## 3.8　全站仪检验和物理校正

**1. 全站仪轴线及其应满足的关系**

如图 3-35 所示，全站仪的主要轴线有**视准轴** $CC$（collimation axis）、**横轴** $HH$（horizontal axis）、**管水准器轴** $LL$（bubble tube axis）和**竖轴** $VV$（vertical axis）。

$CC$—望远镜视准轴；$HH$—横轴；$LL$—照准部管水准器轴；$L'L'$—基座圆水准器轴；$VV$—竖轴

图 3-35　全站仪的主要轴线

为使全站仪正确工作，其轴线应满足下列关系：

(1) 管水准器轴应垂直于竖轴（$LL \perp VV$）；

(2) 十字丝竖丝应垂直于横轴（竖丝$\perp HH$）；

(3) 视准轴应垂直于横轴（$CC \perp HH$）；

(4) 横轴应垂直于竖轴（$HH \perp VV$）；

(5) 竖盘指标差 $x$ 应等于零；

(6) 下对中激光与竖轴重合。

#### 2. 全站仪检验与校正

(1) $LL \perp VV$ 的检验与校正

**检验**：旋转脚螺旋，使圆水准气泡居中，粗平仪器；转动照准部使管水准器轴平行于 1 号、2 号脚螺旋，旋转 1 号、2 号脚螺旋使管水准气泡居中[图 3-36(a)]；旋转照准部 180°，如果气泡仍然居中，说明 $LL \perp VV$，否则需要校正[图 3-36(b)]。

(a) 居中照准部管水准气泡　　(b) 旋转照准部 180°

(c) 校正螺丝调整气泡偏移量的一半　　(d) 完成校正后

图 3-36　照准部管水准器的检验与校正原理

**校正**：用校正针拨动管水准器一端的校正螺丝，使气泡向中央移动偏移量的一半[图 3-36(c)]，另一半通过旋转 1 号、2 号脚螺旋完成[图 3-36(d)]。该项校正需要反复进行几次，直至气泡偏移量在一格内为止。

(2) 十字丝竖丝 $\perp HH$ 的检验与校正

**检验**：用望远镜十字丝中心精确瞄准远处一清晰目标 $P$，旋转水平微动螺旋，$P$ 点左右移动的轨迹偏离十字丝中丝时[图 3-37(a)]，需要校正。

**校正**：卸下目镜端的十字丝分划板护罩，松开 3 个压环螺丝[图 3-37(b)]，缓慢转动十字丝组，直到照准部水平微动时，$P$ 点始终在中丝上移动为止，最后旋紧 3 个压环螺丝。

(3) $CC \perp HH$ 的检验与校正

视准轴不垂直于横轴时，其偏离垂直位置的角值 $C$ 称为视准轴误差或照准差。由式 (3-4)可知，同一方向观测的两倍照准差 $2C$ 的计算公式为 $2C = L - (R \pm 180°)$，则有

$$C = \frac{1}{2}[L - (R \pm 180°)] \qquad (3-15)$$

图 3-37 十字丝竖丝⊥HH 的检验与校正

虽然取同一觇点双盘位方向观测平均值可以消除同一方向的观测照准差 $C$，但 $C$ 值过大不便于方向观测的手动计算，所以，当 $C>60''$ 时应校正。

**检验：** 如图 3-38 所示，在一平坦场地上，选择相距约 100 m 的 $A$，$B$ 两点，在 $A$，$B$ 点连线的中点 $P$ 安置全站仪，在 $A$ 点设置一个与仪器高度相等的标志，在 $B$ 点与仪器高相等的位置横置一把毫米分划直尺，使其垂直于视线 $PB$。盘左瞄准 $A$ 点标志，固定照准部，纵转望远镜，在 $B$ 点水准尺上读取读数 $B_1$[图 3-38(a)]；盘右瞄准 $A$ 点，固定照准部，纵转望远镜，在 $B$ 点水准尺上读取读数 $B_2$[图 3-38(b)]。如果 $B_1=B_2$，说明视准轴垂直于横轴，否则需要校正。

(a) 盘左瞄准 $A$ 点，纵转望远镜在横置直尺读数 $B_1$　　(b) 盘右瞄准 $A$ 点，纵转望远镜在横置直尺读数 $B_2$

图 3-38 CC⊥HH 的检验与校正

**校正：** 由 $B_2$ 点向 $B_1$ 点量取 $\overline{B_2B_1}/4$ 的长度定出 $B_3$ 点，此时直线 $PB_3$ 垂直于横轴 $HH$，松开压环螺丝，用校正针拨动十字丝环左右一对校正螺丝 3，4[图 3-37(b)]，先松开其中一个校正螺丝，后旋紧另一个校正螺丝，使十字丝中心与 $B_3$ 点重合。完成校正后，应重复上述检验操作，直至满足 $C\leqslant 60''$ 为止。

（4）HH⊥VV 的检验与校正

横轴不垂直于竖直时，其偏离正确位置的角值 $i$ 称为横轴误差。$i>20''$ 时，必须校正。

**检验：** 如图 3-39 所示，在一建筑物的高墙面设置一个清晰的照准标志 $P$，在距离墙面 20~30 m 处安置全站仪。盘左瞄准 $P$ 点，固定照准部，使望远镜视线水平（盘左竖盘读数为 90°），在墙面上定出一点 $P_1$；纵转望远镜，盘右瞄准 $P$ 点，固定照准部，使望远镜视线水平（盘右竖盘读数为 270°），在墙面上定出一点 $P_2$。由此得出横轴误差 $i$ 的计算公式为

$$i = \frac{\overline{P_1P_2}}{2D}\cot\alpha\rho'' \tag{3-16}$$

式中，$\alpha$ 为 $P$ 点竖直角，通过观测 $P$ 点竖直角一测回获得；$D$ 为测站至 $P$ 点的平距。算出的 $i>20''$ 时，必须校正。

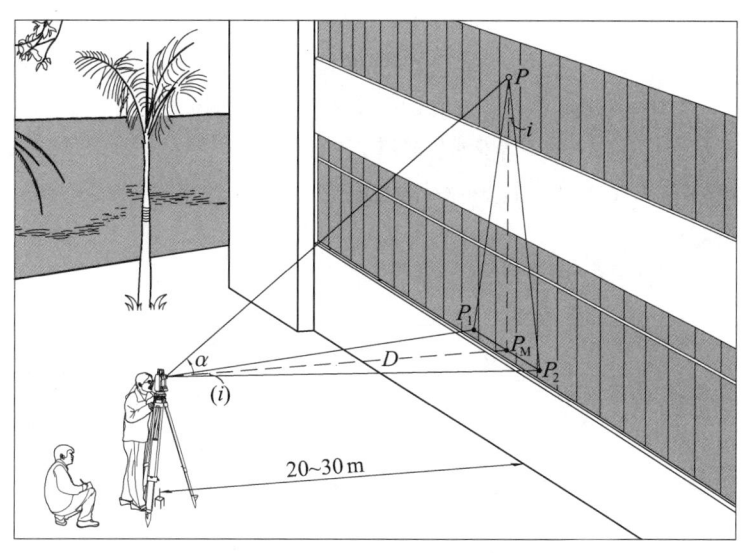

图 3-39　HH⊥VV 的检验与校正

**校正**：打开全站仪 U 形支架一侧的护盖，调整偏心轴承环，抬高或降低横轴的一端使 $i=0$。该项校正应在无尘的室内环境中使用专用的平行光管进行操作，当用户不具备条件时，一般交由测绘仪器店的专业维修人员校正。

(5) 竖盘指标差 $x=0$ 的检验与校正

由式(3-14)可知，取视点双盘位所测竖直角的平均值，可以消除竖盘指标差 $x$ 的影响。但当 $x$ 较大时，会给竖直角的手动计算带来不便，所以，当 $|x|>1'$ 时，必须校正。

**检验**：安置好全站仪，确认已打开全站仪的补偿器，用盘左、盘右观测某个清晰目标的竖直角一测回，应用式(3-13)计算出竖盘指标差 $x$。

全站仪是应用补偿器测得的竖轴偏角 $\delta$ 在视线方向的分量 $\delta_X$ 来改正竖盘读数，通过上述检验，测得的竖盘指标差 $x$ 较大时，用户无法通过物理校正方法使 $x=0$，只能通过电子校正方法使 $x=0$，详细参见本书 3.9 节。

(6) 下对中激光与竖轴重合的检验与校正

**检验**：在地面上放置一张白纸，在白纸上画一个十字形标志 $P$，以 $P$ 点为对中标志安置好全站仪，按 ★ ◀ ◀ 键设置下对中激光强度为 3 或 4。将照准部旋转 180°，当下对中激光点偏离 $P$ 点到 $P'$ 点时，说明下对中激光与竖轴不重合，需要校正。

**校正**：用直尺在白纸上定出 $P$ 与 $P'$ 点的中点 $O$，转动 U 形支架底部的四个下对中激光校正螺丝，使对中器分划板中心对准 $O$ 点。

## 3.9 全站仪电子校正

与光学经纬仪不同,全站仪是光、机、电一体的精密测量仪器,3.8节中介绍的物理校正方法,除了管水准器轴应垂直于竖轴($LL \perp VV$)的检验与校正用户可以做,其余轴线关系的校正,用户都不能自己做。

本节介绍 NTS-362R10G 全站仪系统自带的检验与校正命令,它是将检验求得的轴线误差存入仪器主板缓存中,供仪器以后自动改正水平盘与竖盘读数。

在角度、距离或坐标模式,按 MENU F4 键进入"菜单 2/2"界面[图 3-40(a)],按①(校正)键进入"校正"菜单[图 3-40(b)],有竖盘指标差、视准轴误差、横轴误差、误差显示、补偿器校准五个命令,其中,误差显示命令显示前三个命令的测量结果。执行前三个命令之前,应先执行误差显示命令,将前三个命令的测量结果清零。

图 3-40 "菜单 2/2"下"校正"菜单

在执行下列命令前,已打开全站仪双轴补偿器,在测站安置好全站仪,水平盘读数设置为右旋角,竖盘读数设置为天顶零。

### 1. 误差显示

在校正菜单[图 3-40(b)]按④(误差显示)键,示例结果如图 3-40(c)所示。

VADJ_T 与 HADJ_T 是电子补偿器安装时产生的补偿器误差。按 F3 (关)键可关闭视准轴误差与横轴误差改正[图 3-41(a)],再按 F4 (开)键可打开视准轴误差与横轴误差改正[图 3-41(b)];按 F1 (置零) F4 (是)键可将最近一次测量的竖盘指标差、视准轴误差、横轴误差清零[图 3-41(d)]。

图 3-41 在"误差显示"界面执行"关""开""置零"结果示例

### 2. 横轴误差

通过观测一个竖直角值为 ±10°~±45° 的清晰觇点一测回,计算全站仪横轴误差并存入仪器主板缓存中,用以自动改正水平盘读数。

在校正菜单[图 3-42(a)]下,盘左瞄准一个竖直角为 ±10°~±45° 的清晰觇点,按③(横轴误差)键,示例结果如图 3-42(b)所示,按 F4 (确认)键 10 次:第 1 次按 F4 (确认)键的结果如图3-42(c)所示,第9次按 F4 (确认)键的结果如图3-42(d)所示,第10次按 F4 (确认)键的结果如图3-42(e)所示。

图3-42 执行"横轴误差"命令操作步骤

盘右瞄准同一个觇点,界面如图3-42(f)所示,按 F4 (确认)键10次:第1次按 F4 (确认)键的结果如图3-42(g)所示,第9次按 F4 (确认)键的结果如图3-42(h)所示,第10次按 F4 (确认)键完成命令操作并返回校正菜单[图3-42(a)]。

### 3. 视准轴误差

通过观测一个清晰觇点的水平方向值一测回,计算仪器视准轴误差并存入仪器主板缓存中,用以自动改正仪器水平盘读数。

在校正菜单[图3-43(a)]下,盘左瞄准一个清晰觇点,按②(视准轴误差)键,示例结果如图3-43(b)所示,按 F4 (确认)键;盘右瞄准同一个觇点,示例结果如图3-43(c)所示,按 F4 (确认)键,返回校正菜单[图3-43(a)]。

图3-43 执行"视准轴误差"命令操作步骤

设盘左水平盘读数为$L$,盘右观测同一觇点的水平盘读数为$R$,则图3-43所示所测视准轴误差$C$的计算结果为

$$C=[L-(R\pm180°)]/2=[314°42'47''-(134°42'45''+180°)]/2=1'' \quad (3-17)$$

### 4. 竖盘指标差

通过观测一个清晰觇点的竖直角一测回,计算竖盘指标差并存入仪器主板缓存中,用以自动改正竖盘读数。

在校正菜单[图3-44(a)]下,盘左瞄准一个清晰觇点,按①(竖盘指标差)键,示例结果如图3-44(b)所示,按 F4 (确认)键;盘右瞄准同一个觇点,示例结果如图3-44(c)所示,按

F4（确认）键，屏幕显示仪器计算的竖盘指标差，结果如图 3-44(d)所示，按 F4（是）键返回校正菜单[图 3-44(a)]。

图 3-44 执行"竖盘指标差"命令操作步骤

设盘左竖盘读数为 $L$，盘右观测同一觇点的竖盘读数为 $R$，则图 3-44 所示所测竖盘指标差 $x$ 的计算结果为

$$x=(L+R-360°)/2=(85°26'13''+274°33'39''-360°)/2=-4'' \qquad (3-18)$$

执行完横轴误差、视准轴误差、竖盘指标差命令后，在校正菜单[图 3-45(a)]下，按 ④（误差显示）键，结果如图 3-45(b)所示。

图 3-45 执行完横轴误差、视准轴误差、竖盘指标差命令后的"误差显示"结果

注：如果仪器经历了运输或其他震动，应按上述顺序和相应步骤执行校正菜单下的三个命令校正仪器。

## 3.10 水平角测量误差分析

水平角测量误差包括仪器误差、对中与目标偏心误差、观测误差和外界环境影响等四类。

**1. 仪器误差**

仪器误差主要指仪器校正不完善而产生的误差，主要有视准轴误差、横轴误差和竖轴误差，讨论其中任一项误差时，均假设其他误差为零。

（1）视准轴误差

视准轴 $CC$ 不垂直于横轴 $HH$ 的偏差 $C$ 称为视准轴误差，此时，视准轴 $CC$ 绕横轴 $HH$ 旋转一周将扫出两个圆锥面。如图 3-46 所示，盘左瞄准觇点 $P$，水平盘读数为 $L$[图 3-46(a)]，水平盘为顺时针注记时的正确读数应为 $L'=L+C$。纵转望远镜[图 3-46(b)]，转动照准部，盘右瞄准觇点 $P$，水平盘读数为 $R$[图 3-46(c)]，正确读数应为 $R'=R-C$。盘左、盘右方向观测值取平均为

$$\bar{L} = \frac{1}{2}[L' + (R' \pm 180°)] = \frac{1}{2}(L + C + R - C \pm 180°) = \frac{1}{2}(L + R \pm 180°)$$
(3-19)

式(3-19)说明,取双盘位方向观测平均值可以消除视准轴误差 $C$ 的影响。

图 3-46 视准轴误差对水平方向观测值的影响

（2）横轴误差

横轴 $HH$ 不垂直于竖轴 $VV$ 的偏差 $i$ 称为横轴误差,当竖轴 $VV$ 铅垂时,横轴 $HH$ 与水平面的夹角为 $i$。假设视准轴 $CC$ 垂直于横轴 $HH$,此时,视准轴 $CC$ 绕横轴 $HH$ 旋转一周将扫出一个与铅垂面成 $i$ 角的倾斜平面。如图 3-47 所示,当视准轴 $CC$ 水平时,盘左瞄准觇点 $P_1'$,然后将望远镜抬高竖直角 $\alpha$,此时,当 $i=0$ 时,瞄准的是觇点 $P'$,视线扫过的平面为一铅垂面;当 $i \neq 0$ 时,瞄准的是觇点 $P$,视线扫过的平面为与铅垂面成 $i$ 角的倾斜平面。设 $i$ 角对水平方向观测值的影响为 $(i)$,考虑到 $i$ 和 $(i)$ 均比较小,由图 3-47 可以列出下列等式：

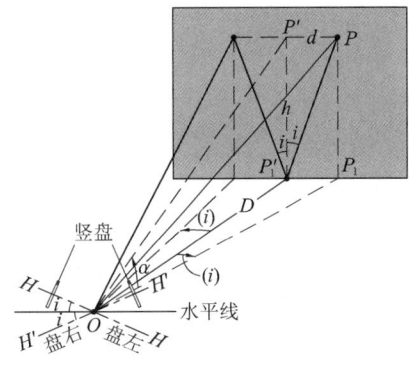

图 3-47 横轴误差对水平方向观测值的影响

$$\left.\begin{array}{l} h = D \tan \alpha \\ d = h \dfrac{i''}{\rho''} = D \tan \alpha \dfrac{i''}{\rho''} \\ (i)'' = \dfrac{d}{D}\rho'' = \dfrac{D \tan \alpha \dfrac{i''}{\rho''}}{D}\rho'' = i'' \tan \alpha \end{array}\right\}$$
(3-20)

由式(3-20)可知,当视线水平时,$\alpha=0$,$(i)''=0$,此时,水平方向观测值不受 $i$ 角的影响。盘右观测瞄准觇点 $P_1'$,将望远镜抬高竖直角 $\alpha$,视线扫过的平面是一个与铅垂面成反向 $i$ 角的倾斜平面,它对水平方向观测值的影响与盘左的情形大小相等,符号相反,因此,盘左、盘右观测取平均可以消除横轴误差 $i$ 的影响。

（3）竖轴误差

竖轴 $VV$ 不垂直于照准部管水准器轴 $LL$ 的偏差 $\delta$ 称为竖轴误差,当管水准器轴 $LL$ 水平时,竖轴 $VV$ 偏离铅垂线 $\delta$ 角,造成横轴 $HH$ 也偏离水平面 $\delta$ 角。因为照准部是绕倾斜的

竖轴 $VV$ 旋转，无论是盘左还是盘右观测，竖轴 $VV$ 的倾斜方向都一样，致使横轴 $HH$ 的倾斜方向也相同，所以，竖轴误差不能用双盘位观测取平均的方法消除。为此，观测前应严格校正仪器，观测时保持照准部管水准气泡居中，如果观测过程中气泡偏离，其偏移量不得超过一格，否则应重新进行对中整平操作。

（4）照准部偏心误差和度盘分划不均匀误差

照准部偏心误差是指照准部旋转中心与水平盘分划中心不重合而产生的测角误差，盘左、盘右观测取平均可以消除此项误差的影响。

水平盘分划不均匀误差是指度盘最小分划间隔不相等而产生的测角误差，各测回零方向根据测回数 $n$，以 $180°/n$ 为增量配置水平盘读数可以削弱此项误差的影响。

### 2. 对中与目标偏心误差

（1）对中误差

如图 3-48(a)所示，设 $B$ 点为测站点，实际对中时对到了 $B'$ 点，偏距为 $e$，设 $e$ 与后视方向 $A$ 点的水平夹角为 $\theta$，$B$ 点的正确水平角为 $\beta$，实际观测水平角为 $\beta'$，则对中误差对水平角观测的影响为

$$\delta = \delta_1 + \delta_2 = \beta - \beta' \tag{3-21}$$

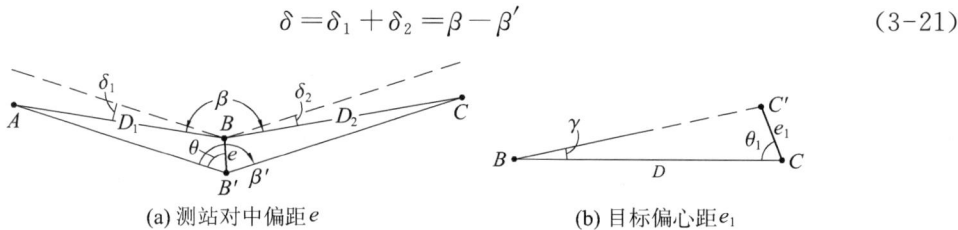

(a) 测站对中偏距 $e$      (b) 目标偏心距 $e_1$

图 3-48 对中误差 $e$ 和目标偏心误差 $e_1$ 对水平角观测的影响

考虑到 $\delta_1$ 和 $\delta_2$ 很小，则有

$$\delta_1'' = \frac{\rho''}{D_1} e \sin \theta \tag{3-22}$$

$$\delta_2'' = \frac{\rho''}{D_2} e \sin(\beta' - \theta) \tag{3-23}$$

$$\delta'' = \delta_1'' + \delta_2'' = \rho'' e \left[ \frac{\sin \theta}{D_1} + \frac{\sin(\beta' - \theta)}{D_2} \right] \tag{3-24}$$

当 $\beta = 180°$，$\theta = 90°$ 时，$\delta$ 取得最大值：

$$\delta_{\max}'' = \rho'' e \left( \frac{1}{D_1} + \frac{1}{D_2} \right) \tag{3-25}$$

设 $e = 3$ mm，$D_1 = D_2 = 100$ m，求得 $\delta'' = 12.4''$。可见对中误差对水平角观测的影响较大，且边长越短，影响越大。

（2）目标偏心误差

目标偏心误差是指觇点上竖立的标志（如棱镜、标杆等）与地面点的标志中心不在同一铅垂线上所引起的水平方向观测误差，其对水平方向观测的影响如图 3-48(b)所示。

设 $B$ 点为测站点，$C$ 点为目标标志中心，$C'$ 点为实际瞄准的目标位置，$D$ 为两点间的距

离,$e_1$ 为目标偏心距,$\theta_1$ 为 $e_1$ 与观测方向的水平夹角,则目标偏心误差对水平方向观测的影响为

$$\gamma'' = \frac{e_1 \sin \theta_1}{D} \rho'' \tag{3-26}$$

由式(3-26)可知,当 $\theta_1 = 90°$ 时,$\gamma''$ 取得最大值,即当目标偏心距 $e_1$ 与瞄准方向垂直时,对水平方向观测的影响最大。

为了减小目标偏心对水平方向观测的影响,照准标志的标杆应竖直,水平角观测时,应尽量瞄准标杆的底部。

### 3. 观测误差

全站仪的观测误差主要是瞄准误差。人眼可以分辨的两个点的最小视角约为 $60''$,当使用放大倍数为 $V$ 的望远镜观测时,最小分辨视角 $m_V$ 可以减小 $V$ 倍,即 $m_V = \pm 60''/V$。NTS-362R10G 全站仪 $V=30$,则有 $m_V = \pm 2''$。

### 4. 外界环境影响

外界环境影响主要是指松软的土壤和风力影响仪器的稳定,日晒和环境温度变化引起管水准气泡运动和视准轴变化,太阳照射地面产生热辐射引起大气层密度变化带来目标影像跳动,大气透明度低时目标成像不清晰,视线太靠近建(构)筑物时引起旁折光,等等,这些因素都会给水平角观测带来误差。通过选择有利的观测时间,布设测量点位时注意采取避开松软的土壤和建(构)筑物等措施来削弱外界环境对水平角观测的影响。

## 本 章 小 结

(1) 全站仪由照准部、水平盘和基座组成。圆水准器位于基座上,用于粗平仪器,管水准器位于照准部,用于精平仪器。转动照准部时,水平盘不动;竖盘与望远镜固连在一起,转动望远镜时,竖盘随望远镜一起转动。

(2) 水平角测量要求水平盘水平,水平盘分划中心与测站点位于同一铅垂线上,因此,全站仪安置有整平和对中两项。

(3) 水平角观测方法主要有测回法和方向观测法,两种方法的唯一区别是:前者上、下半测回观测时不需要归零,后者上、下半测回观测时需要归零,归零差不应超过规定的限值。

(4) 使用 MSMT **水平角观测** 和 **竖直角观测** 程序,可以通过蓝牙提取全站仪的水平盘及平距读数或竖盘及平距读数并自动计算,导出的 Excel 成果文件可以通过移动互联网发送给好友。

(5) 双盘位观测取平均可以消除视准轴误差 $C$、横轴误差 $i$ 和照准部偏心误差的影响,各测回观测按照 $180°/n$ 变换零方向水平盘读数可以削弱水平盘分划不均匀误差的影响。

(6) 双盘位观测取平均不能消除竖轴误差 $\delta$ 的影响,观测前应严格校正仪器,观测时保持照准部管水准气泡居中,如果观测过程中气泡偏离中心,其偏移量不得超过一格,否则应重新进行对中整平操作。

(7) 对中误差和目标偏心误差对水平角的影响与观测方向的边长有关,边长越短,影响越大。

# 思考题与练习题

[3-1] 什么是水平角？用全站仪瞄准同一竖直面上高度不同的点，其水平盘读数是否相同？为什么？

[3-2] 什么是竖直角？观测竖直角时，为什么只瞄准一个觇点即可测得竖直角值？

[3-3] 全站仪安置为什么包括对中和整平？

[3-4] 全站仪主要由哪几个部分组成？各有何作用？

[3-5] 用全站仪测量水平角时，为什么必须盘左、盘右观测？

[3-6] 全站仪单盘位观测觇点时，屏幕显示的竖盘读数 V 是否消除了竖盘指标差 $x$ 的影响？

[3-7] 全站仪的补偿器有何作用？只打开单轴补偿时有何作用？

[3-8] 水平角测量为何不需要量仪器高？竖直角测量为何需要同时量取仪器高与觇标高？

[3-9] 整理表 3-7 所列的测回法水平角观测手簿。

表 3-7　　　　　　　　　　测回法水平角观测手簿

测站点：__P__　仪器：NTS-362R10G　观测员：__王阿玲__　记录员：__覃辉__

| 测回数 | 觇点 | 盘左<br>(° ′ ″) | 盘右<br>(° ′ ″) | 2C<br>(″) | 平均值<br>(° ′ ″) | 归零值<br>(° ′ ″) | 各测回平均值<br>(° ′ ″) |
|---|---|---|---|---|---|---|---|
| 1 | A | 0 00 29 | 180 00 32 | | | | |
|   | B | 66 55 45 | 246 55 46 | | | | |
|   | C | 144 44 50 | 324 44 51 | | | | |
| 2 | A | 90 00 28 | 270 00 28 | | | | |
|   | B | 156 55 37 | 336 55 39 | | | | |
|   | C | 234 44 47 | 54 44 48 | | | | |

[3-10] 整理表 3-8 所列的方向观测法水平角观测手簿。

表 3-8　　　　　　　　　　方向观测法水平角观测手簿

测站点：__P__　仪器：NTS-362R10G　观测员：__林培效__　记录员：__李飞__

| 测回数 | 觇点 | 盘左<br>(° ′ ″) | 盘右<br>(° ′ ″) | 2C<br>(″) | 平均值<br>(° ′ ″) | 归零值<br>(° ′ ″) | 各测回平均值<br>(° ′ ″) |
|---|---|---|---|---|---|---|---|
| 1 |  | $\Delta_L=$ | $\Delta_R=$ | | | | |
|   | A | 0 00 36 | 180 00 37 | | | | |
|   | B | 25 37 55 | 205 37 58 | | | | |
|   | C | 66 55 49 | 246 55 51 | | | | |
|   | D | 144 44 46 | 324 44 58 | | | | |
|   | A | 0 00 39 | 180 00 36 | | | | |

(续表)

| 测回数 | 觇点 | 盘左 (° ′ ″) | 盘右 (° ′ ″) | 2C (″) | 平均值 (° ′ ″) | 归零值 (° ′ ″) | 各测回平均值 (° ′ ″) |
|---|---|---|---|---|---|---|---|
| 2 |   | $\Delta_L=+1$ | $\Delta_R=-2$ |   |   |   |   |
|   | A | 90 00 28 | 270 00 26 |   |   |   |   |
|   | B | 115 37 43 | 295 37 46 |   |   |   |   |
|   | C | 156 55 36 | 336 55 44 |   |   |   |   |
|   | D | 234 44 37 | 54 44 44 |   |   |   |   |
|   | A | 90 00 29 | 270 00 28 |   |   |   |   |

[3-11] 整理表 3-9 所列的竖直角观测手簿。

表 3-9  竖直角观测手簿

测站点：__P__  仪器：NTS-362R10G  仪器高：__1.46 m__  观测员：__王贵满__  记录员：__李飞__

| 测回数 | 觇点 | 盘左 (° ′ ″) | 盘右 (° ′ ″) | 指标差 (″) | 竖直角 (° ′ ″) | 各测回平均值 (° ′ ″) | 觇标高 (m) |
|---|---|---|---|---|---|---|---|
| 1 | A | 92 53 15 | 267 07 10 |   |   |   | 1.62 |
|   | B | 82 57 33 | 277 02 46 |   |   |   | 1.62 |
|   | C | 78 00 44 | 281 59 44 |   |   |   | 1.62 |

[3-12] 已知 $A$ 点高程 $H_A=56.38$ m，现用三角高程测量方法进行直、反觇观测，观测数据列于表 3-10，已知 $AP$ 平距为 2 338.379 m，试计算 $P$ 点高程。

表 3-10  三角高程测量计算

| 测站 | 目标 | 竖直角/(° ′ ″) | 仪器高/m | 觇标高/m |
|---|---|---|---|---|
| A | P | 1 11 10 | 1.47 | 5.21 |
| P | A | −1 02 23 | 2.17 | 5.10 |

[3-13] 全站仪有哪些主要轴线？它们之间应满足什么关系？

[3-14] 盘左、盘右观测可以消除水平角观测的哪些误差？是否可以消除竖轴 $VV$ 倾斜引起的水平角测量误差？

[3-15] 由对中误差引起的水平角观测误差与哪些因素有关？

# 第4章 全站仪距离和坐标测量

## 本 章 导 读

**基本要求** 掌握相位式光电测距原理;熟悉直线三北方向及其相互关系;掌握根据直线两端点的平面坐标反算其平距和方位角的两种方法,方位角推算及坐标计算的原理与方法;掌握全站仪坐标放样和数据采集操作方法。

**重点** 相位式光电测距原理,光电测距气象改正,由直线端点坐标反算方位角的原理。

**难点** 相位式光电测距仪精粗测尺测距的组合原理,直线端点坐标反算方位角的原理,NTS-362R10G 全站仪坐标放样方法。

测量地面点连线的距离称为**距离测量**(distance measurement),距离测量是确定地面点位的基本测量工作之一。距离测量方法有钢尺量距、视距测量、电磁波测距和 GNSS 测距等,GNSS 测距方法将在第 7 章介绍。

## 4.1 相位式光电测距原理

**电磁波测距**(electro-magnetic distance measuring,简称 EDM)是用电磁波(光波或微波)作为载波传输测距信号来测量两点间距离的一种方法。全站仪使用电磁波测距,其载波为光波,也称光电测距。

**1. 光电测距原理**

如图 4-1 所示,全站仪是通过测量光波在待测距离 $D$ 上往返传播所需时间 $t_{2D}$,根据式(4-1)计算待测距离 $D$:

图 4-1 全站仪光电测距原理

$$D = \frac{1}{2}ct_{2D} \tag{4-1}$$

式中,$c=c_0/n$,为光在大气中的传播速度,其中,$c_0=299\ 792\ 457.4\ \text{m/s}\pm1.2\ \text{m/s}$,为光在真空中的传播速度;$n\geqslant1$,为大气折射率,$n$ 是光波波长 $\lambda$、大气温度 $t$ 和大气压力 $P$ 的函数,即

$$n = f(\lambda,\ t,\ P) \tag{4-2}$$

由于 $n\geqslant1$,所以 $c\leqslant c_0$,即光在大气中的传播速度要小于其在真空中的传播速度。

NTS-362R10G 全站仪的光波波长 $\lambda=0.65\sim0.69\ \mu\text{m}$,为固定常数。由式(4-2)可知,大气折射率 $n$ 只随大气温度 $t$ 及大气压力 $P$ 而变化,这就要求在光电测距外业中,应实时测定现场的大气温度和大气压力,并对所测距离施加气象改正。

根据测量光波在待测距离 $D$ 上往返一次传播时间 $t_{2D}$ 方法的不同,全站仪测距模块(也称测距头)可分为**脉冲式**(pulse)和**相位式**(phase)两种。本节只介绍相位式光电测距原理。

相位式测距头是将发射光波的光强调制成正弦波,通过测量正弦光波在待测距离上往返传播的相位移来解算距离。图 4-2 是将返程的正弦波以 $B$ 点棱镜中心为对称点展开后的光强图形。

图 4-2 相位式光电测距仪测距原理

正弦光波振荡一个周期的相位移为 $2\pi$,设发射的正弦光波经过 $2D$ 距离后的相位移为 $\varphi$,如图 4-2 所示,$\varphi$ 可以分解为 $N$ 个 $2\pi$ 整数周期和不足一个整数周期的相位移 $\Delta\varphi$,即

$$\varphi = 2\pi N + \Delta\varphi \tag{4-3}$$

正弦光波振荡频率 $f$ 的物理意义是 1 s 振荡的次数,则正弦光波经过 $t_{2D}$ 振荡后的相位移为

$$\varphi = 2\pi f t_{2D} \tag{4-4}$$

由式(4-3)和式(4-4)可以解出 $t_{2D}$:

$$t_{2D} = \frac{2\pi N + \Delta\varphi}{2\pi f} = \frac{1}{f}\left(N + \frac{\Delta\varphi}{2\pi}\right) = \frac{1}{f}(N + \Delta N) \tag{4-5}$$

式中,$\Delta N = \dfrac{\Delta\varphi}{2\pi}$,$0 < \Delta N < 1$。

将式(4-5)代入式(4-1),得

$$D = \frac{c}{2f}(N+\Delta N) = \frac{\lambda_s}{2}(N+\Delta N) \tag{4-6}$$

式中，$\lambda_s = c/f$ 为正弦波的波长，$\lambda_s/2$ 为正弦波的半波长，又称测距头测尺。

取 $c \approx 3 \times 10^8$ m/s，则不同的调制频率 $f$ 对应的测尺长列于表4-1。

表4-1　　　　　　　　NTS-360R10G 全站仪测距头测尺与调制频率的关系

| 测尺类型 | 精测尺 | 粗测尺1 | 粗测尺2 | 粗测尺3 | 粗测尺4 |
|---|---|---|---|---|---|
| 调制频率 $f$ | 150 MHz | 15 MHz | 1.5 MHz | 0.15 MHz | 0.015 MHz |
| 测尺长 $\lambda_s/2$ | 1 m | 10 m | 100 m | 1 000 m | 10 000 m |

由表4-1可知，$f$ 与 $\lambda_s/2$ 的关系是：调制频率越大，测尺长度越短。

如果能够测出正弦光波在待测距离上往返传播整周的相位移数 $N$ 和不足一个整周的相位移小数 $\Delta N$，就可以根据光电测距方程式(4-6)计算出待测距离 $D$。

在相位式测距头中有一个电子部件，称为相位计，它能将测距头发射镜发射的正弦波与接收镜接收到的已传播了 $2D$ 距离的正弦波进行相位比较，测出不足一个整周的相位移小数 $\Delta N$，所测相误差一般小于 1/1 000。相位计测不出整周相位移数 $N$，这就使相位式测距头的光电测距方程式(4-6)产生多值解，只有当待测距离小于测尺长度时(此时，$N=0$)才能确定距离值。通过在相位式测距头中设置多个测尺，使用各测尺分别测距，然后组合测量结果来解决距离的多值解问题。

在测距头的多个测尺中，长度最短的测尺称为精测尺，其余为粗测尺。例如，某台测程为 1 km 的相位式测距头设置了 10 m 和 1 000 m 两把测尺，由表4-1查出其对应的光强调制频率为 15 MHz 和 0.15 MHz。假设某段距离为 586.486 m，其距离组合示例如下：

(1) 用 1 000 m 的粗测尺测量的距离为 $(\lambda_s/2)_粗 \times \Delta N_粗 = 1\,000 \times 0.587\,1 = 587.1$ m。

(2) 用 10 m 的精测尺测量的距离为 $(\lambda_s/2)_精 \times \Delta N_精 = 10 \times 0.648\,6 = 6.486$ m。

精粗测尺测距结果的组合为

　　　　　587.1　　　　　粗测尺测距结果
　　　　　　6.486　　　　精测尺测距结果
　　　　586.486 m　　　 组合测距结果

精粗测尺测距结果组合由测距头内的微处理器自动完成，并输送到显示窗口显示。

### 2. 相位式测距误差分析

将 $c = c_0/n$ 代入式(4-6)，得

$$D = \frac{c_0}{2fn}(N+\Delta N) + K \tag{4-7}$$

式中，$K$ 为全站仪加常数，它是将全站仪安置在标准基线长度上进行比对测量，经回归计算求得。

由式(4-7)可知，待测距离 $D$ 的误差来自 $c_0$，$f$，$n$，$\Delta N$ 和 $K$ 的测定误差。利用第5章的误差理论，将 $D$ 对 $c_0$，$f$，$n$，$\Delta N$，$K$ 求全微分，应用误差传播定律求得 $D$ 的方差 $m_D^2$：

$$m_D^2 = \left(\frac{m_{c_0}^2}{c_0^2} + \frac{m_f^2}{f^2} + \frac{m_n^2}{n^2}\right)D^2 + \frac{\lambda_{s精}^2}{4}m_{\Delta N}^2 + m_K^2 \tag{4-8}$$

在式(4-8)中,$c_0$,$f$,$n$ 的误差与待测距离成正比,称为比例误差;$\Delta N$ 和 $K$ 的误差与待测距离无关,称为固定误差。通常将式(4-8)简写为

$$m_D^2 = A^2 + B^2 D^2 \tag{4-9}$$

式中,$A$ 为固定误差;$B$ 为比例误差。

全站仪厂商常用下列经验公式标称仪器精度:

$$m_D = \pm(a + bD) \tag{4-10}$$

式中,$a$ 为固定误差;$b$ 为比例误差。

例如,NTS-362R10G 全站仪,使用棱镜测距的标称精度为 ±(2 mm+2 ppm),即为式(4-10)的形式。其中,1 ppm=1 mm/1 km=1×10$^{-6}$,即测量 1 km 的距离有 1 mm 的比例误差。

下面简要介绍式(4-8)中各项误差的来源及其削弱方法。

(1) 真空光速测定误差 $m_{c_0}$

真空光速测定误差 $m_{c_0} = \pm 1.2$ m/s,其相对误差为

$$\frac{m_{c_0}}{c_0} = \frac{1.2}{299\,792\,458} \approx 4 \times 10^{-9} = 0.004 \text{ ppm} \tag{4-11}$$

即真空光速测定误差对测距的影响为 1 km 产生 0.004 mm 的比例误差,可以忽略不计。

(2) 精测尺调制频率误差 $m_f$

国内外厂商生产的全站仪的精测尺调制频率的相对误差 $m_f/f$ 一般为 $(1\sim5)\times10^{-6}=$ 1~5 ppm,对测距的影响是 1 km 产生 1~5 mm 的比例误差。但仪器在使用过程中,由于电子元器件老化和外部环境温度变化,都会使设计频率发生漂移,这就需要对全站仪进行检定,以求出比例改正数,并对所测距离施加改正。也可以使用高精度野外便携式频率计,在测距的同时测定仪器的精测尺调制频率,并对所测距离进行实时改正。

(3) 气象参数误差 $m_n$

大气折射率主要是关于大气温度 $t$ 和大气压力 $P$ 的函数。由全站仪的气象改正公式(4-15)可以算出:在标准气象参考点($P_0=1\,013$ hPa,$t_0=20$ ℃),大气温度测量误差为 1 ℃或者大气压力测量误差为 36.4 MPa 时,都将产生 1 ppm 的比例误差。严格地说,计算大气折射率 $n$ 所用的气象参数 $t$,$P$ 应该是测距光波沿线的积分平均值,由于实践中难以测到,所以,精密测距要求同时测定测站和镜站的 $t$,$P$ 并取其平均值来代替其积分值,由此引起的折射率误差称为气象代表性误差。实验表明,选择阴天或有微风的天气测距时,气象代表性误差较小。

(4) 测相误差 $m_{\Delta N}$

测相误差包括自动数字测相系统误差、测距信号在大气传输中的信噪比误差等(信噪比为接收到的测距信号强度与大气中杂散光强度之比)。前者取决于测距仪的性能与精度,后者与测距时的自然环境有关,例如大气能见度、干扰因素的强弱、视线离地面及障碍物的远近等。

(5) 仪器对中误差

光电测距测量的是全站仪中心至棱镜中心的斜距,仪器对中误差包括全站仪的对中误

差和棱镜的对中误差。用经过校准的光学或激光对中器对中，此项误差一般不大于 2 mm。

**3. 距离测量的相对误差**

水平角定义为两个方向的水平盘读数之差，理论上，水平角的观测误差与水平角的大小无关。而距离则不同，由式(4-8)可知，使用相位式测距头测距的误差分为比例误差与固定误差两部分，其中，比例误差与所测距离成正比。如果用一台全站仪测量边长 $a$ 的距离为 $D_a=1\,000$ m，用另一台全站仪测量边长 $b$ 的距离为 $D_b=500$ m，两条边长的测距误差均为 $m_D=5$ mm，虽然绝对误差都是 5 mm，但显然不能认为这两条边长的测量精度相同。为此，定义边长的相对误差为

$$K = \frac{m_D}{D} = \frac{1}{D/m_D} \tag{4-12}$$

一般将 $K$ 化为分子为 1 的分式，相对误差的分母越大，说明测距的精度越高，由此得上述边长 $a$ 的相对误差为

$$K_a = \frac{m_D}{D_a} = \frac{0.005}{1\,000} = \frac{1}{200\,000} \tag{4-13}$$

边长 $b$ 的相对误差为

$$K_b = \frac{m_D}{D_b} = \frac{0.005}{500} = \frac{1}{100\,000} \tag{4-14}$$

显然，边长 $a$ 的测量精度要高于边长 $b$ 的测量精度。

## 4.2 距离模式

**1. 星键菜单**

测距前，应先设置全站仪的气象参数。按 ★ 键打开星键菜单[图 4-3(a)]，按 F4 (参数)键进入测距参数设置界面[图 4-3(b)]。按 F2 (模式)键可设置测距模式，出厂设置为"单次测距"[图 4-3(c)]；按 F3 (GRID)键可设置格网因子[图 4-3(d)]，出厂设置为 1，所测距离乘以格网因子才用于屏幕显示。

图 4-3 星键菜单参数设置界面

在图 4-3(b)所示界面输入当前实测的大气温度和大气压力值，系统自动计算气象改正值 PPM，并用该改正值对今后所测距离自动施加气象改正。

NTS-362R10G 全站仪的参考气象点：大气温度 $t=20$ ℃，大气压力 $P=1\,013$ hPa。其气象改正值 PPM 的计算公式为

$$PPM=278.44-\frac{0.294\,922P}{1+0.003\,661t} \tag{4-15}$$

式中，气象改正值 PPM 的单位为 mm/km，即 $1\times10^{-6}$，或称百万分之一；大气压力 $P$ 的单位为 hPa；大气温度 $t$ 的单位为℃。因为 $1$ km$=1\times10^6$ mm，使用式(4-15)计算的气象改正值就是 1 km 距离的比例改正数，单位为 mm。

设全站仪测得某条边长的斜距值为 $S$(km)，则该距离的气象改正值为

$$\Delta S=S\times PPM\,(\text{mm}) \tag{4-16}$$

将上述参考气象点的 $t=20$ ℃，$P=1\,013$ hPa 代入式(4-15)，得

$$PPM=278.44-\frac{0.294\,922\times1\,013}{1+0.003\,661\times20}=0.066\,5\text{ ppm}\approx0 \tag{4-17}$$

按 ②⓪ ENT 键输入参考气象点的大气温度值，按 ①⓪①③ ENT 键输入参考气象点的大气压力值，仪器自动计算的 $PPM=0$ ppm[图 4-3(e)]，与式(4-17)的计算结果相符。

设当前大气温度为 $t=32.1$ ℃，大气压力为 $P=1\,011.6$ hPa，代入式(4-15)，得

$$PPM=278.44-\frac{0.294\,922\times1\,011.6}{1+0.003\,661\times32.1}=11.470\,637\,09\text{ ppm}\approx11.5\text{ ppm} \tag{4-18}$$

按 ③②·① ENT 键输入大气温度值，按 ①⓪①·⑥ ENT 键输入大气压力值，仪器自动计算的 $PPM=11.5$ ppm[图 4-3(f)]，与式(4-18)的计算结果相符。

**2. 距离模式功能菜单**

当前模式为角度模式或坐标模式时，按 DIST 键进入距离模式，距离模式有三页功能菜单(图 4-4)，按 F4 键翻页。

(1) P1 页功能菜单

① F1 (测存)：启动全站仪测距，并将当前视线方向的水平盘读数、竖盘读数与斜距值存入工作文件的测量文件。与角度模式类似，执行"测存"命令之前，应先设置工作文件，用于执行"测存"命令存储测点的测量数据和坐标数据。

图 4-4 距离模式三页功能菜单

② F2 (测量)：启动全站仪测距，但不存储测量结果到工作文件。

③ F3 (模式)：仪器出厂设置的测距模式为"单次测距"，连续按 F3 (模式)键可使测距模式在"重复测距""3 次测距""跟踪测距""单次测距"之间循环切换，每按 F3 (模式)键一次，自动按切换后的模式测距。

(2) P2页功能菜单

按 F1 (仪高)键,输入仪器高和目标高;按 F2 (后视)键,从已知点坐标文件、工作文件、坐标调用文件调入点的坐标作为后视点;按 F3 (设站)键,从上述三个文件调入点的坐标作为测站点。这些设置对单纯距离测量没有影响,如果这里设置了,那么在坐标模式下就无需重新设置。

(3) P3页功能菜单

① F1 (偏心):按 F1 (偏心)键,进入偏心测量菜单[图4-5(b)]。偏心测量常用于测量不便于安置棱镜的碎部点三维坐标。NTS-362R10G全站仪具有1 000 m无棱镜测距功能,所以,在工程实践中,偏心测量命令用得很少,本节只简要介绍偏心测量原理。

图4-5 距离模式"偏心"命令二级菜单

角度偏心:如图4-6(a)所示,在 $A$ 点安置仪器,当目标点 $P$ 不便于安置棱镜时,可以在 $P$ 点附近的 $P'$ 点安置棱镜,要求水平距离 $\overline{AP}=\overline{AP'}=r$。执行角度偏心命令,先瞄准 $P'$ 点棱镜中心测距,再瞄准目标点 $P$,程序计算出 $P$ 点的三维坐标。

距离偏心:如图4-6(b)所示,当待测点 $P$ 不便于安置棱镜时,可以在 $P$ 点附近的 $P'$ 点安置棱镜,执行距离偏心命令,输入 $P$ 点相对于 $P'$ 点的左右和前后偏距(对于左右偏距,右偏为正;对于前后偏距,后偏为正),再执行测量命令,程序计算出 $P$ 点的三维坐标。

平面偏心:如图4-6(c)所示,因 $P$ 点位于平面边缘,用无棱镜测距无法测量出 $P$ 点的三维坐标。执行平面偏心命令,先测量平面上不在同一直线上的任意三点 $P_1$,$P_2$,$P_3$,以确定平面方程,然后瞄准 $P$ 点,程序计算出 $P$ 点在该平面上的三维坐标。

圆柱偏心:用于测量圆柱体圆心点的三维坐标。如图4-6(d)所示,设 $P$ 点为圆柱的圆心,$P_1$ 点为直线 $AP$ 与圆弧的交点,$P_2$,$P_3$ 点分别为圆柱直径的左、右端点。执行圆柱偏心命令,先对 $P_1$ 点测距,再分别瞄准 $P_2$,$P_3$ 点,程序计算出圆柱体圆心 $P$ 点的三维坐标。

图4-6 偏心测量原理

② F2(放样):包括斜距、平距和高差放样。在距离模式 P3 页功能菜单[图 4-7(a)],按 F2(放样)键,进入放样界面[图 4-7(b)]。以放样平距为例,按 F1(平距)⑧·⑧键输入放样平距 8.8 m[图 4-7(c)],按 F4(确认)键,转动照准部,使水平盘读数为设计坐标方位角[图 4-7(d)中为 331°39′09″];按 ★ ▼ ▶ ESC 键打开导向光,使棱镜快速移动到望远镜视线方向并安置棱镜,瞄准棱镜中心;按 F4 键翻页到 P1 页功能菜单,按 F2(测量)键,示例结果如图 4-7(e)所示。

屏幕显示的"dHD:-0.746 m"表示实测平距-放样平距=-0.746 m,说明棱镜需沿望远镜视线、离开仪器方向移动 0.746 m;完成棱镜移动后,再次瞄准棱镜中心,按 F2(测量)键,示例结果如图 4-7(f)所示。

图 4-7 "放样"命令中放样平距的操作步骤

执行放样命令,输入放样平距后,屏幕上原来的"平距"栏[图 4-7(a)]被"dHD"栏替换[图 4-7(d)],若要恢复"平距"栏显示内容,需要执行"放样/平距"命令,输入放样平距为 0,操作方法如图 4-7(g),(h)所示。放样高差的示例详见第 10 章图 10-8。

## 4.3 直线定向

确定地面直线与标准北方向之间的水平夹角称为**直线定向**(line orientation)。

### 1. 标准北方向分类——三北方向

(1) 真北方向

如图 4-8 所示,过地表 $P$ 点的天文子午面与地球表面的交线称为 $P$ 点的真子午线,真子午线在 $P$ 点的切线北方向称为 $P$ 点的**真北方向**(true meridian north direction)。真北方向可以用天文测量法或陀螺仪测定。

(2) 磁北方向

在地表 $P$ 点,磁针自由静止时北端所指方向为**磁北方向**(magnetic meridian north direction)。磁北方向可用罗盘仪测定。

(3) 坐标北方向

高斯坐标系$+x$ 轴方向称为**坐标北方向**(coordinate

图 4-8 $A_{PQ}$ 与 $A_{m_{PQ}}$ 关系图

axis north direction),各点的坐标北方向相互平行。

测量上,将真北方向、磁北方向和坐标北方向称为三北方向,在中、小比例尺地形图的图框外绘有本幅图的三北方向关系图,详见第9章图9-2。

**2. 表示直线方向的方法**

测量中,常用方位角表示直线的方向,其定义如下:由标准北方向起,顺时针到直线的水平夹角。方位角的取值范围为 $0°\sim360°$。利用上述介绍的三北方向,可以对地表任意直线 $PQ$ 定义下列三个方位角。

(1)由 $P$ 点的真北方向起,顺时针到直线 $PQ$ 的水平夹角,称为 $PQ$ 的**真方位角**(true meridian azimuth),用 $A_{PQ}$ 表示。

(2)由 $P$ 点的磁北方向起,顺时针到直线 $PQ$ 的水平夹角,称为 $PQ$ 的**磁方位角**(magnetic meridian azimuth),用 $A_{m_{PQ}}$ 表示。

(3)由 $P$ 点的坐标北方向起,顺时针到直线 $PQ$ 的水平夹角,称为 $PQ$ 的**坐标方位角**(grid bearing),用 $\alpha_{PQ}$ 表示。

**3. 三种方位角的关系**

讨论直线 $PQ$ 三种方位角的关系实际上就是讨论 $P$ 点三北方向的关系。

(1) $A_{PQ}$ 与 $A_{m_{PQ}}$ 的关系

由于地球的南北极与地磁的南北极不重合,地表 $P$ 点的真北方向与磁北方向也不重合,二者间的水平夹角称为**磁偏角**(magnetic declination),用 $\delta_P$ 表示,其正负定义为:以真北方向为基准,磁北方向偏东时,$\delta_P>0$;磁北方向偏西时,$\delta_P<0$。图4-8中的 $\delta_P>0$,由图可得

$$A_{PQ}=A_{m_{PQ}}+\delta_P \tag{4-19}$$

我国磁偏角 $\delta_P$ 的范围为 $-10°\sim+6°$。

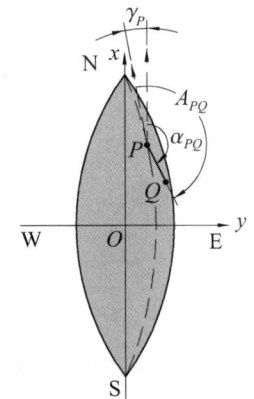

图4-9 $A_{PQ}$ 与 $\alpha_{PQ}$ 关系图

(2) $A_{PQ}$ 与 $\alpha_{PQ}$ 的关系

如图4-9所示,在高斯坐标系中,$P$ 点的真子午线是收敛于地球南北两极的曲线,只要 $P$ 点不在赤道上,其真北方向与坐标北方向就不重合,二者间的水平夹角称为**子午线收敛角**(mapping angle),用 $\gamma_P$ 表示,其正负定义为:以真北方向为基准,坐标北方向偏东时,$\gamma_P>0$;坐标北方向偏西时,$\gamma_P<0$。或者说:$P$ 点位于中央子午线以东时,$\gamma_P>0$;$P$ 点位于中央子午线以西时,$\gamma_P<0$;$P$ 点位于中央子午线或赤道时,$\gamma_P=0$。图4-9中的 $\gamma_P>0$,由图可得

$$A_{PQ}=\alpha_{PQ}+\gamma_P \tag{4-20}$$

子午线收敛角 $\gamma_P$ 可以按下列近似公式计算:

$$\gamma_P=(L_P-L_0)\sin B_P \tag{4-21}$$

式中,$L_0$ 为 $P$ 点所在高斯投影带中央子午线的经度;$L_P$、$B_P$ 分别为 $P$ 点的大地经度和纬度。$\gamma_P$ 的精确值可以使用 MSMT 高斯投影 程序计算。

在 MSMT 项目主菜单[图1-10(a)],点击 高斯投影 图标 ,进入高斯投影文件列表界面;点击 新建文件 按钮,在弹出的"新建文件"对话框中输入文件名,计算类型使用缺省设置的"高斯投影正算"[图4-10(a)];点击 确定 按钮,返回"抵偿高程面高斯投影"文件列表

界面。

点击最近新建的文件名,在弹出的快捷菜单点击"输入数据及计算"命令[图 4-10(b)],进入高斯投影正算界面,设置"统一 3 度带",点击 GNSS 按钮启动手机接收卫星信号[图 4-10(c)],点击 计 算 按钮,结果如图 4-10(d)所示。

作者所在地测点位于统一 3°带的 38 号带,其中央子午线经度为 E114°,程序算出的子午线收敛角为 $-0°10'54.177\,80''$。

图 4-10 使用 MSMT 高斯投影程序计算作者所在地子午线收敛角示例

(3) $\alpha_{PQ}$ 与 $A_{m_{PQ}}$ 的关系

由式(4-19)和式(4-20),得

$$\alpha_{PQ} = A_{m_{PQ}} + \delta_P - \gamma_P \tag{4-22}$$

**4. 用罗盘仪测定磁方位角**

(1) 罗盘仪构造

如图 4-11 所示,**罗盘仪**(compass)是测量直线磁方位角的仪器。罗盘仪构造简单,使用方便,但精度不高,受外界环境影响较大,如钢结构建筑和高压电线都会影响其测量精度。罗盘仪的主要部件有磁针、度盘、望远镜和基座。

① 磁针:磁针 12 用人造磁铁制成,磁针在度盘中心的顶针上可自由转动。为了减轻顶针的磨损,不用时,应旋转磁针固定螺旋 13,升高磁针固定杆 15,将磁针顶置在玻璃盖上。

② 水平盘:用钢或铝制成的圆环,随望远镜一起转动,每隔 10°有一注记,按逆时针方向从 0°注记到 360°,最小分划为 1°。水平盘内装有两个相互垂直的管水准器 14,用手摆动度盘使两个管水准气泡居中。

③ 望远镜:有物镜调焦螺旋 4、目镜调焦螺旋 6 和十字丝分划板等,望远镜的视准轴与水平盘的 0°分划线共面。

④ 基座:采用球臼结构,松开接头螺旋 18,可摆动度盘,使两个管水准气泡居中,水平盘处于水平位置,然后拧紧接头螺旋。

1—望远镜制动螺旋；2—望远镜微动螺旋；3—物镜；4—物镜调焦螺旋；5—目镜；6—目镜调焦螺旋；7—准星；8—照门；9—竖盘；10—竖盘读数指标；11—水平盘；12—磁针；13—磁针固定螺旋；14—管水准器；15—磁针固定杆；16—水平制动螺旋；17—球臼接头；18—接头螺旋；19—三脚架头；20—垂球线

图 4-11 罗盘仪结构图

（2）用罗盘仪测定直线磁方位角的方法

如图 4-11 所示，欲测量直线 $PQ$ 的磁方位角，将罗盘仪安置在直线起点 $P$，挂上垂球对中后，松开球臼接头螺旋，用手向前、后、左或右方向摆动水平盘，使两个管水准气泡居中，拧紧球臼接头螺旋，使仪器处于对中与整平状态。松开磁针固定螺旋 13，使磁针在顶针上可以自由转动，转动罗盘，用望远镜瞄准 $Q$ 点标志，待磁针静止后，按磁针北端所指的度盘分划值读数，即为 $PQ$ 边的磁方位角。

使用罗盘仪测量时，应避开高压电线和避免铁质物体接近仪器，测量结束后，应旋紧固定螺丝将磁针固定在玻璃盖上。

**5. 用手机电子罗盘测定磁方位角**

智能手机一般自带**电子罗盘**（e-compass）程序，电子罗盘使用霍尔器件来实现测量功能。

当恒定电流通过一段导体时，其侧面电压会随磁感应强度线性变化。通过测量导体的侧面电压，可以测出磁感应强度的大小。假定地球磁场与地面平行，如果在手机的平面与垂直方向上放两个霍尔器件，就可以感知地球磁场在这两个霍尔器件上的磁感应强度分量，从而获得地球磁场的方向。

图 4-12(a)为华为 P9 手机自带的电子罗盘程序，点击█按钮启动电子罗盘，将手机置平并指向 $PQ$ 直线方向，屏幕显示该直线的磁方位角[图 4-12(b)]。图 4-12(c)为 vivo X9 手机自带的电子罗盘程序，点击█按钮启动电子罗盘，将手机置平并指向 $PQ$ 直线方向，屏幕显示该直线的磁方位角[图 4-12(d)]。

图 4-12 分别使用华为 P9 手机和 vivo X9 手机的电子罗盘测量直线磁方位角示例

## 4.4 平面坐标计算原理

虽然直线有三种方位角——真方位角、磁方位角和坐标方位角,但在测量中,使用最多的是坐标方位角。

**1. 由直线两端点坐标反算坐标方位角原理**

(1) 使用勾股定理和反正切函数计算

如图 4-13(a)所示,设 $A$ 点的平面坐标为$(x_A, y_A)$,$B$ 点的平面坐标为$(x_B, y_B)$,则 $AB$ 边的坐标增量定义为

$$\left. \begin{array}{l} \Delta x_{AB} = x_B - x_A \\ \Delta y_{AB} = y_B - y_A \end{array} \right\} \tag{4-23}$$

(a) 直线象限角定义　　(b) 直线正、反坐标方位角定义

图 4-13　象限角与正、反坐标方位角的定义

使用勾股定理计算 AB 边平距的公式为

$$D_{AB} = \sqrt{\Delta x_{AB}^2 + \Delta y_{AB}^2} \tag{4-24}$$

直线 AB 的坐标方位角定义为坐标北（$+x$ 轴）方向顺时针到直线 AB 方向的水平夹角，取值范围为 0°～360°[图 4-13(b)]。过直线起点 A 分别作平行于高斯坐标系 $x$ 轴和 $y$ 轴的平行线，建立图 4-13(a)所示的 $\Delta x A \Delta y$ 增量坐标系，由 $\Delta x_{AB}$，$\Delta y_{AB}$ 计算直线**象限角**（quadrant angles）$R_{AB}$ 的公式为

$$R_{AB} = \arctan \frac{\Delta y_{AB}}{\Delta x_{AB}} \tag{4-25}$$

根据三角函数性质可知，由式(4-25)计算的象限角 $R_{AB}$ 定义为直线 AB 与 $+\Delta x$ 轴方向或 $-\Delta x$ 轴方向的锐角，其取值范围为 0°～90°或 $-90°$～0°。将象限角 $R_{AB}$ 转换为坐标方位角 $\alpha_{AB}$ 时，需根据 $\Delta x_{AB}$ 和 $\Delta y_{AB}$ 的正负，参照图 4-13(a)来判断，规则列于表 4-2。

表 4-2　　　　　　　　　　直线 AB 的象限角 $R_{AB}$ 与坐标方位角 $\alpha_{AB}$ 的关系

| 象限 | 坐标增量 | 坐标方位角公式 |
| --- | --- | --- |
| Ⅰ | $\Delta x_{AB} > 0$，$\Delta y_{AB} > 0$ | $\alpha_{AB} = R_{AB}$ |
| Ⅱ | $\Delta x_{AB} < 0$，$\Delta y_{AB} > 0$ | $\alpha_{AB} = R_{AB} + 180°$ |
| Ⅲ | $\Delta x_{AB} < 0$，$\Delta y_{AB} < 0$ | $\alpha_{AB} = R_{AB} + 180°$ |
| Ⅳ | $\Delta x_{AB} > 0$，$\Delta y_{AB} < 0$ | $\alpha_{AB} = R_{AB} + 360°$ |

如图 4-13(a)所示，$\alpha_{BA}$ 称为 $\alpha_{AB}$ 的反坐标方位角，二者之间的关系为

$$\alpha_{BA} = \alpha_{AB} \pm 180° \tag{4-26}$$

式中的"±"，当 $\alpha_{AB} < 180°$ 时，取"+"，当 $\alpha_{AB} \geqslant 180°$ 时，取"−"，从而保证 $\alpha_{BA}$ 的值在 0°～360° 范围内。

[**例 4-1**]　已知 A 点的高斯坐标为(2 547 228.568，491 337.337)，B 点的高斯坐标为(2 547 188.043，491 377.21)，试计算 AB 边的平距 $D_{AB}$，坐标方位角 $\alpha_{AB}$ 及其反坐标方位角 $\alpha_{BA}$。

**解**　$\Delta x_{AB} = 2\ 547\ 188.043 - 2\ 547\ 228.568 = -40.525$ m

$\Delta y_{AB} = 491\ 377.210 - 491\ 337.337 = 39.873$ m

平距为 $D_{AB} = \sqrt{\Delta x_{AB}^2 + \Delta y_{AB}^2} = 56.852$ m

象限角为 $R_{AB} = \arctan \dfrac{\Delta y_{AB}}{\Delta x_{AB}} = -44.535\ 361\ 21° = -44°32'07.3''$

因 $\Delta x_{AB} < 0$，$\Delta y_{AB} > 0$，查表 4-2 得，AB 边方向位于增量坐标系的第Ⅱ象限，坐标方位角 $\alpha_{AB} = R_{AB} + 180° = 135°27'52.7''$，$\alpha_{AB}$ 的反坐标方位角 $\alpha_{BA} = \alpha_{AB} + 180° = 315°27'52.7''$。

(2) 使用 fx-5800P 计算器复数功能计算

**复数**(complex number)有直角坐标、极坐标和指数三种表示方法：

$$z = x + y\mathrm{i} = r\angle\theta = r\mathrm{e}^{\theta\mathrm{i}}, 要求 r > 0 \quad (4-27)$$

式中，$x$ 为复数的**实部**（real part）；$y$ 为复数的**虚部**（imaginary part）；$\mathrm{i}^2 = -1$。在 fx-5800P 计算器中，按 [i] 键输入 i；$r$ 为复数的**模**（absolute value）；$\theta$ 为复数的**辐角**（argument），按 [SHIFT][∠] 键输入 ∠。

在图 4-14 所示的高斯坐标系中，设任意点 $P$ 的坐标复数形式为 $z = x + y\mathrm{i}$，则复数 $z$ 的模 $r$ 为原点 $O \rightarrow P$ 点直线的平距，辐角 $\theta$ 为原点 $O \rightarrow P$ 点直线与实数轴 $+x$ 轴的水平夹角，辐角 $\theta$ 的取值范围为 $-180° \sim +180°$。

根据直角坐标与极坐标的关系，有 $x = r\cos\theta$，$y = r\sin\theta$，复数 $z$ 又可以表示为

图 4-14 高斯坐标系辐角定义

$$z = r\angle\theta = r\cos\theta + r\sin\theta\mathrm{i} = x + y\mathrm{i} \quad (4-28)$$

在 fx-5800P 计算器中，将一个复数存入字母变量 **B**，**ReP(B)** 为提取复数变量 **B** 的实部，**ImP(B)** 为提取复数变量 **B** 的虚部，**Abs(B)** 为计算复数变量 **B** 的模，**Arg(B)** 为计算复数变量 **B** 的辐角。

按 [FUNCTION][2] 键调出复数函数菜单[图 4-15(b)]，按 [4] 键输入 **ReP(**，按 [5] 键输入 **ImP(**，按 [1] 键输入 **Abs(**，按 [2] 键输入 **Arg(**。

图 4-15 fx-5800P 计算器复数函数菜单

如图 4-14 所示，设 $OP$ 边的坐标方位角为 $\alpha$，则 $OP$ 边的辐角 $\theta$ 与其坐标方位角的关系如下：$\theta \geqslant 0$ 时，$\alpha = \theta$；$\theta < 0$ 时，$\alpha = 360° + \theta$。

例如，用 fx-5800P 计算器的复数功能计算[例 4-1]中 $AB$ 边的平距 $D_{AB}$ 与坐标方位角 $\alpha_{AB}$ 的方法如下：

按 [MODE][1] 键进入 **COMP** 模式，按 [SHIFT][SETUP][3] 键设置角度单位为 **Deg**。

按 **2547228.568** [+] **491337.337** [i][SHIFT][STO][A] 键输入 $A$ 点坐标复数并存入 **A** 变量[图4-16(a)]；按 **2547188.043** [+] **491377.21** [i][SHIFT][STO][B] 键输入 $B$ 点坐标复数并存入 **B** 变量[图 4-16(b)]；按 [FUNCTION][2][1][ALPHA][B][−][ALPHA][A][)][EXE] 键计算 $AB$ 边的平距，按 [FUNCTION][2][2][ALPHA][B][−][ALPHA][A][)][EXE] 键计算 $AB$ 边的辐角，结果如图 4-16(c)所示。因算

图 4-16 用 fx-5800P 计算器计算复数的模与辐角示例

出的辐角为正数,故就等于方位角,按 [···] 键将辐角变换为六十进制角度显示,结果如图4-16(d)所示。

**2. 导线边坐标方位角推算及其坐标计算原理**

将相邻控制点连成直线而构成的折线称为**导线**(traverse),控制点称为**导线点**(traverse point)。**导线测量**(traverse survey)是依次在导线点安置全站仪,测量导线边平距和两相邻导线边的水平夹角,再根据已知起算数据,推算各边的坐标方位角,最后求出导线点的平面坐标。

(1) 导线边坐标方位角推算

如图4-17(a)所示,已知 $AB$ 边的坐标方位角 $\alpha_{AB}$,将全站仪安置在 $B$ 点,已测得图中的水平角 $\beta_L$ 与平距 $D$,需要计算 $C$ 点的平面坐标。

图 4-17 导线边坐标方位角推算原理及支导线坐标计算示例

根据已知坐标方位角 $\alpha_{AB}$,计算 $BC$ 边的坐标方位角 $\alpha_{BC}$。如图4-17(a)所示,导线边的坐标方位角推算方向为 $A \rightarrow B \rightarrow C$,$\beta_L$ 位于方位角推算方向的左侧,简称左角,$\beta_R$ 位于方位角推算方向的右侧,简称右角,二者的关系为

$$\beta_L + \beta_R = 360° \tag{4-29}$$

水平角观测时,在 $B$ 点安置全站仪,设置水平盘为右旋角(等价于水平盘顺时针注记)。以后视点 $A$ 为零方向时,测量的水平角 $\angle ABC$ 为左角 $\beta_L$;以前视点 $C$ 为零方向时,测量的水平角 $\angle CBA$ 为右角 $\beta_R$。由图4-17(a)可以列出下列角度方程:

$$\beta_L + \alpha_{AB} - \alpha_{BC} = 180° \tag{4-30}$$

解得

$$\alpha_{BC} = \alpha_{AB} + \beta_L - 180° \tag{4-31}$$

由式(4-29),得

$$\beta_L = 360° - \beta_R \tag{4-32}$$

将式(4-32)代入式(4-31),得

$$\alpha_{BC} = \alpha_{AB} - \beta_R + 180° \tag{4-33}$$

考虑到 $\alpha_{BC}$ 的取值范围为 $0° \sim 360°$,综合式(4-31)和式(4-33),得

$$\left.\begin{array}{l}\alpha_{BC}=\alpha_{AB}+\beta_L\pm 180°\\ \alpha_{BC}=\alpha_{AB}-\beta_R\pm 180°\end{array}\right\} \quad (4\text{-}34)$$

式中的"±",$\alpha_{AB}+\beta_L<180°$或$\alpha_{AB}-\beta_R<180°$时,取"+",$\alpha_{AB}+\beta_L\geqslant 180°$或$\alpha_{AB}-\beta_R\geqslant 180°$时,取"−",以保证算出的 BC 边方位角满足 $0°\leqslant\alpha_{BC}<360°$。

(2) 导线点坐标计算原理

如图 4-17(a)所示,设 B 点坐标为$(x_B,y_B)$,则 C 点坐标的实数计算公式为

$$\left.\begin{array}{l}x_C=x_B+D\cos\alpha_{BC}\\ y_C=y_B+D\sin\alpha_{BC}\end{array}\right\} \quad (4\text{-}35)$$

复数计算公式为

$$z_C=z_B+D\angle\alpha_{BC} \quad (4\text{-}36)$$

[**例 4-2**] 试计算图 4-17(b)所示支导线点 1,2 的平面坐标,已知数据与观测数据见图中注记。

**解** ① 推算导线边的坐标方位角

图中 Q,1 两点观测的两个水平角均为左角,应用式(4-34)第一式分别计算 Q→1 边与 1→2 边的坐标方位角:

$\alpha_{Q1}=170°49'54''+255°58'51''-180°=246°48'45''$

$\alpha_{12}=246°48'45''+295°10'06''-180°=361°58'51''-360°=1°58'51''$

按式(4-34)第一式计算 1→2 边的坐标方位角时,因计算结果 $\alpha_{12}=361°58'51''>360°$,所以,还应再减 360°才是 1→2 边的坐标方位角。

② 计算导线点坐标

应用式(4-35)的实数公式计算 1 点坐标:

$x_1=x_Q+D_{Q1}\cos\alpha_{Q1}=4\,429\,683.654+292.025\times\cos 246°48'45''=4\,429\,568.672$ m

$y_1=y_Q+D_{Q1}\sin\alpha_{Q1}=480\,997.552+292.025\times\sin 246°48'45''=480\,729.116$ m

计算 2 点坐标:

$x_2=x_1+D_{12}\cos\alpha_{12}=4\,429\,568.672+274.891\times\cos 1°58'51''=4\,429\,843.398$ m

$y_2=y_1+D_{12}\sin\alpha_{12}=480\,729.116+274.891\times\sin 1°58'51''=480\,738.618$ m

应用式(4-36)的复数公式,使用 fx-5800P 计算器的复数功能计算 1,2 点坐标的操作方法如下:将已知点 Q 的坐标复数存入 **Q** 变量[图 4-18(a)],计算 1 点坐标复数并存入 **X** 变量[图 4-18(b)],计算 2 点坐标复数[图 4-18(c)]。

图 4-18 使用 fx-5800P 计算器的复数功能计算 1,2 点的坐标

如无特别说明,在后续各章节中,将坐标方位角简称为方位角。

## 4.5 坐标模式

全站仪当前模式为角度模式或距离模式时，按 ⓒⓞⓡⓓ 键进入坐标模式，如图 4-19 所示。坐标模式有三页功能菜单，按 F4 键翻页。全站仪显示的 N 坐标（简称北坐标）为高斯坐标的 $x$ 坐标，E 坐标（简称东坐标）为高斯坐标的 $y$ 坐标，Z 坐标为高程 $H$。

应先设置测站点坐标和后视点坐标，完成测站定向后，测量的碎部点坐标才是正确的，这就需要从仪器内存调用已知点坐标。NTS-362R10G 全站仪内存设置了固定文件名为 FIX.LIB 的已知坐标文件。

图 4-19 坐标模式三页功能菜单

**1. 导入控制点坐标到仪器内存已知坐标文件**

用户可以将测区内所有控制点按 SouthMap 坐标格式"点名，编码，E，N，Z"输入 MS-Excel 中，另存为扩展名为 csv 的逗号分隔文件并复制到 U 盘根目录。

将 U 盘插入全站仪的 USB 接口，执行"菜单/存储管理/文件维护/已知坐标/导入"命令，从 U 盘导入扩展名为 csv 的已知坐标文件到仪器内存的已知坐标文件 FIX.LIB，供用户在坐标模式、数据采集或放样命令下设置测站和后视定向时调用。

图 4-20(a)所示为在 MS-Excel 中输入 6 个一级导线点的三维坐标，编码字符"1J"表示为一级，NTS-362R10G 全站仪最多可以接收并显示 21 位字符的编码。

将该文件另存为 6con.csv 文件。扩展名为 csv 的文件为逗号分隔文件，它是文本格式文件，在 Windows 资源管理器中双击该文件，系统自动启动 MS-Excel 打开该文件[图 4-20(a)]，也可以用 Windows 记事本打开，文件内容如图 4-20(b)所示。

(a)　　　　　　　　(b)

图 4-20　在 MS-Excel 中输入 6 个一级导线点的三维坐标并另存为 6con.csv 文件

注：南方 NTS-362R10G 全站仪可以导入扩展名分别为 txt，dat，csv 的文本格式坐标文件，其中，扩展名为 dat 的坐标文件是在 SouthMap 中采集的坐标文件，也可用于 SouthMap 展点。

将 6con.csv 文件复制到 U 盘根目录，将 U 盘插入仪器 USB 接口，按 ⓜⓔⓝⓤ 键进入"菜单 1/2"界面[图 4-21(a)]，按 ③（存储管理）①（文件维护）④（已知坐标）键进入图 4-21(d)所示的界面，仪器固定用 FIX.LIB 文件存储用户导入的已知坐标，文件名右侧的数字"0"表示该文件当前存储的已知坐标点个数为 0。

图 4-21 将已知点坐标文件 6con.csv 导入仪器内存已知坐标文件 FIX.LIB

按 **F2**(导入)键,屏幕显示 U 盘根目录下扩展名为 dat,txt,csv 的文件列表,移动光标到 6con.csv 文件按 **ENT** 键,开始导入该文件中 6 个控制点的坐标数据到仪器内存已知坐标文件 FIX.LIB,导入完成后的界面如图 4-21(h)所示,FIX.LIB 文件名右侧的数字"6"表示该文件存储的已知点坐标数为 6,按 **ESC** 键 4 次退出菜单模式。

注:①系统默认 U 盘盘符为"B:",仪器内存的盘符为"A:"[图 4-21(g)];②从 U 盘文件导入的坐标中不能有重名点;③可以在菜单模式下重复执行"存储管理/文件维护/已知坐标/导入"命令,导入另一个坐标文件到 FIX.LIB 文件,系统自动与仪器内存 FIX.LIB 文件已有控制点名比较,如有重名点,系统自动用新导入坐标文件的重名点坐标覆盖已有的同名点坐标,且不作任何提示。

**2. 坐标模式功能菜单**

用户可以在坐标模式下测量碎部点坐标或放样设计点坐标。坐标测量或放样之前,应先创建用于存储测点或放样点坐标的文件,设置测站点与后视定向,输入仪器高和目标高。

下面以放样图 4-22 所示建筑物四个角点设计坐标为例,说明在坐标模式下执行"放样"命令的操作步骤。其中,控制点 $K1,K2,K3$ 的已知坐标如图 4-22 所示,已导入仪器内存的已知坐标文件。设仪器已安置在 $K3$ 点,以 $K2$ 点为后视点,需要放样点 1,2,3,4 的设计点位的平面位置到实地。

图 4-22 放样建筑物四个角点设计坐标示意图

在 PC 机启动 MS-Excel,输入四个放样点的设计坐标(图 4-23),将其另存为 4points.csv

文件,并复制到 U 盘根目录,将 U 盘插入仪器 USB 接口。

|   | A | B | C | D | E |
|---|---|---|---|---|---|
| 1 | 1 | FYD | 432767.706 | 2448486.865 | 3.121 |
| 2 | 2 | FYD | 432780.647 | 2448438.569 | 3.121 |
| 3 | 3 | FYD | 432809.625 | 2448446.333 | 3.121 |
| 4 | 4 | FYD | 432796.684 | 2448494.63 | 3.121 |

图 4-23 在 MS-Excel 中按 SouthMap 坐标格式输入四个放样点的设计坐标

(1) F3（文件）/P3 页功能菜单

① 在全站仪内存中新建坐标文件。在坐标模式 P3 页功能菜单(图 4-19),按 F3（文件)键,屏幕显示最近设置的工作文件名[图 4-24(a)]。新建一个文件并将其设置为工作文件的方法如下:按 F2（调用）F1（新建)键进入新建文件界面,缺省设置文件名为"当前日期_序号"[图 4-24(b)],按 F4（确认)键返回内存坐标文件列表界面[图 4-24(c)],移动光标到最近新建文件行,按 ENT 键,进入图 4-24(d)所示界面。若要求设置坐标调用文件,按 ENT 键将该新建文件同时设置为坐标调用文件。

图 4-24 新建坐标文件

注:执行新建文件命令时,系统自动在仪器内存中创建文件名相同、扩展名分别为 SMD 和 SCD 的两个文件,扩展名 SMD 的意义为 South Measure Data(南方测量数据),扩展名 SCD 的意义为 South Coordinate Data(南方坐标数据)。前者用于存储测点的水平盘读数、竖盘读数、斜距等原始测量数据,后者用于存储测点的三维坐标。

② 从 U 盘导入 4points.csv 坐标文件到全站仪工作文件。在图 4-24(c)所示界面,按 F2（导入)键,屏幕显示 U 盘根目录文件列表[图 4-25(a)],光标位于文件名 4points.csv,按 ENT 键,开始导入坐标数据[图 4-25(b)],导入完成后,按 ESC 键 2 次返回坐标模式 P3 页功能菜单[图 4-25(c)]。

图 4-25 从 U 盘根目录导入 4points.csv 文件的放样点坐标到仪器工作坐标文件

(2) F3（设站）/P2 页功能菜单

设置测站点坐标与后视定向。在坐标模式 P2 页功能菜单[图 4-26(a)],按 F3（设站）

键,屏幕显示最近一次设置的测站坐标[图 4-26(b)],按 F2(调用)键,进入点名列表界面[图 4-26(c)]。点名列表界面先显示已知坐标文件 FIX.LIB 中的点名,点名右侧字符为"[已知]",再显示工作坐标文件和坐标调用文件点名,点名右侧字符为"[坐标]"。移动光标到已知点"K3"按 ENT 键,屏幕显示 K3 点的坐标[图 4-26(d)],按 F4(确认)键;输入测站仪器高[图 4-26(e)],按 F4(确认)键,屏幕提示"记录测站坐标?"[图 4-26(f)],按 F3(否)键,屏幕显示最近一次设置的后视点[图 4-26(g)];按 F2(调用)键,进入点名列表界面,移动光标到已知点"K2"[图 4-26(h)],按 ENT F4(确认)键[图 4-26(i)],屏幕提示"记录后视坐标?"[图 4-26(j)],按 F3(否)键,屏幕显示水平盘读数 HR 的值为系统使用测站点 K3 和后视点 K2 两点坐标反算出的 K3→K2 边的方位角[图 4-26(k)]。

转动照准部,使望远镜瞄准 K2 点竖立的棱镜中心,按 F4(是)键,设置水平盘读数为测站点 K3→后视点 K2 的方位角,进入后视检查界面[图 4-26(l)];按 F1(标高)键,输入后视点棱镜高[图 4-26(m)],按 F4(确认)键,确认望远镜已瞄准后视点棱镜中心,按 F2(测量)键,屏幕显示实测 K2 点坐标及其与 K2 点已知坐标的差值[图 4-26(n)];按 F3(坐标)键切换屏幕,显示实测后视点的三维坐标[图 4-26(o)],按 F4(确认)键返回坐标模式 P2 页功能菜单[图 4-26(p)]。

图 4-26　在坐标模式 P2 页功能菜单执行"设站"命令

(3) F2(后视)/P2 页功能菜单

应用后视点坐标或后视方位角单独设置后视方向的水平盘读数。

在坐标模式 P2 页功能菜单[图 4-27(a)]，按 **F2**（后视）键进入"设置后视点"界面[图 4-27(b)]，设置后视方向的方法有以下两种。

图 4-27 在坐标模式 P2 页功能菜单执行"后视"和"仪高"命令

① 按①（坐标定后视）键，进入后视点坐标界面[图 4-27(c)]，按 **F2**（调用）键从已知坐标文件、工作坐标文件、坐标调用文件点名列表调用点的坐标，完成后视定向，操作方法与执行"设站"命令相同。

② 按②（角度定后视）键，进入输入方位角界面[图 4-27(d)]，按③⓪⓪·①·③③ **F4**（确认）键输入后视方位角 300°01′33″[图 4-27(e)]；转动照准部，使望远镜瞄准 K2 点目标，按 **F4**（是）键[图 4-27(f)]，设置水平盘读数为测站点 K3→后视点 K2 的方位角，并返回坐标模式 P2 页功能菜单[图 4-27(g)]。

（4）**F1**（仪高）/P2 页功能菜单

查看或重新输入仪器高和目标高。目标高实际上是棱镜高，反射器设置为棱镜时用它来计算觇点三角高程；反射器设置为无棱镜或反射片时，系统固定用 0 作为目标高计算觇点三角高程。

在坐标模式 P2 页功能菜单[图 4-27(g)]，按 **F1**（仪高）键，进入图 4-27(h)所示的界面，可以查看或编辑最近一次设置的仪器高和目标高，完成操作后按 **F4**（确认）键，返回坐标模式 P2 页功能菜单[图 4-27(g)]。

（5）**F2**（放样）/P3 页功能菜单

在坐标模式 P3 页功能菜单（图 4-19），按 **F2**（放样）键，先设置工作文件[图 4-28(a)]，按 **F4**（确认）键，再设置坐标调用文件[图 4-28(b)]，按 **F4**（确认）键，进入"放样 1/2"菜单[图 4-28(c)]，按 **F4** 键循环翻页至"放样 2/2"菜单[图 4-28(d)]。放样点坐标可以从工作文件和坐标调用文件调用。

在"放样 1/2"菜单[图 4-28(c)]，按①（设置测站点）键的功能与坐标模式 P2 页功能菜单的"设站"命令完全相同，按②（设置后视点）键的功能与坐标模式 P2 页功能菜单的"后视"命令完全相同，此处不再赘述。下面介绍执行"设置放样点"命令放样图 4-22 所示 1 号点的方法。

在"放样 1/2"菜单[图 4-29(a)]，按③（设置放样点）键，进入放样点坐标界面[图 4-29(b)]；按 **F2**（调用）键，进入工作文件和坐标调用文件点名列表界面，光标自动位于 1 号点

图 4-28　在坐标模式 P3 页功能菜单执行"放样"命令

[图 4-29(c)]；按 ENT 键，屏幕显示 1 号点的设计坐标[图 4-29(d)]，按 F4（是）键返回放样点坐标界面[图 4-29(e)]；按 F4（确认）键，屏幕显示测站 K3 点至 1 号点的方位角 HR 及放样平距 HD[图 4-29(f)]；按 F3（指挥）键，屏幕显示当前水平盘读数与设计方位角差值[图 4-29(g)]，按屏幕提示方向转动照准部，使屏幕显示的角差等于 0°00′00″[图 4-29(h)]，按 ★ ▼ ▶ ESC 键打开导向光，指挥棱镜移动到望远镜视线方向，安置棱镜对中杆，上仰或下俯望远镜瞄准棱镜中心（注意：不能左右旋转照准部），按 F1（测量）键，示例结果如图 4-29(i)所示。

指挥棱镜向离开仪器方向移动约 13 m，再次安置棱镜对中杆，使望远镜瞄准棱镜中心，按 F1（测量）键，示例结果如图 4-29(j)所示，此时，需要移动的距离已小于 1 m。

图 4-29　在坐标模式 P3 页功能菜单执行"放样/设置放样点"命令放样 1 号点

如图 4-30 所示，设当前棱镜点为 1′，为了将棱镜准确移动到设计位置，可以指挥司镜员在当前棱镜点 1′后大约 1 m 的位置，确定一个定向点 1″，用钢卷尺从 1′拉至 1″，将棱镜移动到屏幕显示的 0.732 m 位置并安置棱镜。望远镜再次瞄准棱镜中心，按 F1（测量）键，示例结果如图 4-29(k)所示，此时，棱镜的平面位置即为 1 号点的设计位置，在实地做好标记完成 1 号点的放样，按 F4（下点）键调用 2 号点的设计坐标[图 4-29(l)]。

图 4-30 实测平距减设计平距差与棱镜对中杆移动方向之间的关系

(6) **F1**(测存)/P1 页功能菜单

为了在 MS-Excel 中比较已放样的 1～4 号点的实测坐标与其设计坐标的差异,可以在坐标模式 P1 页功能菜单执行"测存"命令,实测已放样的 1～4 号点坐标并存入工作文件,将工作文件导出到 U 盘,在 PC 机用 MS-Excel 打开 U 盘中的 csv 格式坐标文件,在 MS-Excel 中比较已放样点位实测坐标与设计坐标的差异,以此检核放样的正确性。

(7) 使用 MSMT **坐标传输** 程序蓝牙提取全站仪实测放样点坐标

将 4points.csv 文件通过微信发送到手机,或用 Type-C 接口的 U 盘从电脑复制该文件到手机内存。

在 MSMT 项目主菜单[图 1-10(a)],点击 **坐标传输** 图标,进入文件列表界面;点击 **新建文件** 按钮,新建以当前日期命名的坐标传输文件;点击最近新建的文件,在弹出的快捷菜单点击"坐标列表"命令,进入该文件坐标列表界面,点击 **导入文件坐标** 按钮,从手机内存导入 4points.csv 文件坐标数据到文件坐标列表,结果如图 4-31(a)所示。

图 4-31 使用 MSMT 坐标传输程序蓝牙提取全站仪测量点的坐标

点击 1 号点栏 **点位校正** 按钮,望远镜瞄准安置在已放样 1 号点的棱镜中心,点击 **蓝牙读数** 按

图 4-28　在坐标模式 P3 页功能菜单执行"放样"命令

[图 4-29(c)];按 ENT 键,屏幕显示 1 号点的设计坐标[图 4-29(d)],按 F4 (是)键返回放样点坐标界面[图 4-29(e)];按 F4 (确认)键,屏幕显示测站 K3 点至 1 号点的方位角 HR 及放样平距 HD[图 4-29(f)];按 F3 (指挥)键,屏幕显示当前水平盘读数与设计方位角差值[图 4-29(g)],按屏幕提示方向转动照准部,使屏幕显示的角差等于 0°00′00″[图 4-29(h)],按 ★ ▼ ▶ ESC 键打开导向光,指挥棱镜移动到望远镜视线方向,安置棱镜对中杆,上仰或下俯望远镜瞄准棱镜中心(注意:不能左右旋转照准部),按 F1 (测量)键,示例结果如图 4-29(i)所示。

指挥棱镜向离开仪器方向移动约 13 m,再次安置棱镜对中杆,使望远镜瞄准棱镜中心,按 F1 (测量)键,示例结果如图 4-29(j)所示,此时,需要移动的距离已小于 1 m。

图 4-29　在坐标模式 P3 页功能菜单执行"放样/设置放样点"命令放样 1 号点

如图 4-30 所示,设当前棱镜点为 1′,为了将棱镜准确移动到设计位置,可以指挥司镜员在当前棱镜点 1′后大约 1 m 的位置,确定一个定向点 1″,用钢卷尺从 1′拉至 1″,将棱镜移动到屏幕显示的 0.732 m 位置并安置棱镜。望远镜再次瞄准棱镜中心,按 F1 (测量)键,示例结果如图 4-29(k)所示,此时,棱镜的平面位置即为 1 号点的设计位置,在实地做好标记完成 1 号点的放样,按 F4 (下点)键调用 2 号点的设计坐标[图 4-29(l)]。

图 4-30　实测平距减设计平距差与棱镜对中杆移动方向之间的关系

(6) F1 (测存)/P1 页功能菜单

为了在 MS-Excel 中比较已放样的 1~4 号点的实测坐标与其设计坐标的差异,可以在坐标模式 P1 页功能菜单执行"测存"命令,实测已放样的 1~4 号点坐标并存入工作文件,将工作文件导出到 U 盘,在 PC 机用 MS-Excel 打开 U 盘中的 csv 格式坐标文件,在 MS-Excel 中比较已放样点位实测坐标与设计坐标的差异,以此检核放样的正确性。

(7) 使用 MSMT 坐标传输 程序蓝牙提取全站仪实测放样点坐标

将 4points.csv 文件通过微信发送到手机,或用 Type-C 接口的 U 盘从电脑复制该文件到手机内存。

在 MSMT 项目主菜单[图 1-10(a)],点击 坐标传输 图标 ,进入文件列表界面;点击 新建文件 按钮,新建以当前日期命名的坐标传输文件;点击最近新建的文件,在弹出的快捷菜单点击"坐标列表"命令,进入该文件坐标列表界面,点击 导入文件坐标 按钮,从手机内存导入 4points.csv 文件坐标数据到文件坐标列表,结果如图 4-31(a)所示。

图 4-31　使用 MSMT 坐标传输程序蓝牙提取全站仪测量点的坐标

点击 1 号点栏 点位校正 按钮,望远镜瞄准安置在已放样 1 号点的棱镜中心,点击 蓝牙读数 按钮,蓝牙启动全站仪测距并提取 1 号点坐标,屏幕实时计算 1 号点实测坐标与设计坐标之差[图 4-31(b)],点击 保存 按钮,切换至文件选择界面;点击 新建文件 按钮,新建一个坐标传输文件"坐标传输 240525_2"用以存储实测坐标[图 4-31(c)],点击 确定 按钮;点击标题栏右侧 ✓ 按钮,将 1 号点实测坐标存入新建的坐标传输文件,并切换回坐标校正界面[图 4-31(e)]。点击标题栏左侧 ◁ 按钮,返回文件坐标列表界面,点击 1 号点 ✓ 标记复选框,表示1 号点已测完,相同的方法测量 2 号放样点并做标记。

如果 1 号点实测坐标与设计坐标相差较大,则需校正,可以在图 4-31(b)所示的"点位校正"界面,点击 发送截图 按钮,通过微信发送给镜站,由镜站根据坐标差重新安置棱镜至正确位置并重新测量。

完成全部放样点坐标测量后,返回坐标传输文件列表界面,点击实测坐标存储文件名"坐标传输 240525_2",在弹出的快捷菜单点击"导出 Excel 坐标文件"命令,用微信或 QQ 发送给好友。图 4-32 为在 MS-Excel 中比较 4 个放样点实测坐标与设计坐标差的结果。

| | A | B | C | D | E | F | G | H | I | J | K |
|---|---|---|---|---|---|---|---|---|---|---|---|
| 1 | | | 设计放样点坐标 | | | 实测放样点坐标 | | | 坐标差 | | |
| 2 | 点名 | 编码 | y/m | x/m | H/m | y/m | x/m | H/m | △y/m | △x/m | △H/m |
| 3 | 1 | FYD | 432767.706 | 2448486.865 | 3.121 | 432767.703 | 2448486.861 | 3.262 | 0.003 | 0.004 | -0.141 |
| 4 | 2 | FYD | 432780.647 | 2448438.569 | 3.121 | 432780.645 | 2448438.573 | 3.264 | 0.002 | -0.004 | -0.143 |
| 5 | 3 | FYD | 432809.625 | 2448446.333 | 3.121 | 432809.627 | 2448446.335 | 3.288 | -0.002 | -0.002 | -0.167 |
| 6 | 4 | FYD | 432796.684 | 2448494.63 | 3.121 | 432796.683 | 2448494.632 | 3.251 | 0.001 | -0.002 | -0.13 |

图 4-32 在 MS-Excel 中编辑导出的 240612_1_csv 文件并比较实测放样点坐标与设计值的差异

注:使用 MSMT 坐标传输 程序蓝牙提取全站仪实测已放样点坐标的好处有两点。

(1)可以按任意顺序测量已放样点坐标,并实时显示坐标差,每测完一点,立即点击 ✓ 标记复选框标记。为提高测量效率,可以安排多个人立棱镜,司镜员只需提前用步话机报送已放样点号给测站即可。

(2)先执行 MSMT RTK设置 程序,完成 CORS 账号或参数设置后,再执行 MSMT 坐标传输 程序,可以蓝牙提取南方 GNSS RTK 测量的已放样点坐标。

## 4.6 菜单模式总图

按 🅼 键进入菜单模式 1/2 界面[图 4-33(a)]。菜单模式有 2 页共 9 个一级菜单命令,按 F4 键循环翻页。菜单模式命令结构总图如图 4-34 所示。

图 4-33 菜单模式两页一级菜单界面

图 4-34 菜单模式命令结构总图

(注:方框反白显示为仪器出厂设置内容)

本节简要介绍"菜单 2/2"界面[图 4-33(b)]的四个命令的功能,其中"校正"命令的操作参见本书3.9节。

**1. 仪器常数**

在"菜单 2/2"界面[图 4-35(a)],按②(仪器常数)键,屏幕显示测距加常数和乘常数的值[图 4-35(b)],仪器出厂前已将这两个常数值校正为0,请用户不要随意修改。如要修改,必须在已知基线上经过比对测量,并使用回归计算求出仪器的测距加常数和乘常数的值才能重新输入。按 ESC 键返回"菜单 2/2"界面[图 4-35(a)]。

**2. 硬件信息**

在"菜单 2/2"界面[图 4-35(a)],按③(硬件信息)键,屏幕显示仪器的硬件信息[图 4-35(c)],含义如下:

(1) MB:05/20240402:05 号主板,主板软件更新日期为2024年4月2日。

（2）EDM：11/20230816：11号测距头，测距头软件更新日期为2023年8月16日。

（3）CCDV：06/20220615：06号竖盘，竖盘软件更新日期为2022年6月15日。

（4）CCDH：06/20160629：06号水平盘，水平盘软件更新日期为2022年6月15日。

（5）TILT：05/20220615：05号补偿器，补偿器软件更新日期为2022年6月15日。

**3. 服务与支持**

在"菜单2/2"界面[图4-35(a)]，按④（服务与支持）键，屏幕显示一个二维码[图4-35(d)]，用微信扫码可以获取厂家服务信息和最新产品信息。

图4-35 仪器常数和硬件信息界面

## 4.7 数据采集

数据采集命令的功能是测量碎部点的三维坐标并存入工作坐标文件，观测数据存入工作测量文件。

**1. 新建文件**

在"菜单1/2"界面[图4-36(a)]，按①（数据采集）键，屏幕显示最近一次设置的当前文件名[图4-36(b)]；按 F2 （调用） F1 （新建）键，系统使用当前日期数字加序号创建一个新文件[图4-36(d)]；按 F4 （确认） ENT 键，进入选择坐标调用文件界面[图4-36(f)]，屏幕显示最近一次设置的坐标调用文件名；按 F2 （调用）键，移动光标到新创建的文件名[图4-36(g)]；按 ENT 键，设置新创建的文件为坐标调用文件，进入"数据采集1/2"菜单[图4-36(h)]。其中，"设置测站点"命令的功能和操作方法与坐标模式P2页功能菜单的"设站"命令完全相同；"设置后视点"命令的功能和操作方法与坐标模式P2页功能菜单的"后视"命令完全相同。

图4-36 执行"菜单/数据采集"命令，设置工作文件与坐标调用文件

（1）工作文件用于存储测量数据和碎部点坐标，坐标调用文件用于测站和后视点调用已知点坐标，两个文件可以设置为同一个文件，也可以设置为不同的文件。因 NTS-362R10G 全站仪内存新增已知坐标文件 FIX.LIB，用于存储测区内全部控制点的已知坐标，设置坐标调用文件的意义已不大。

（2）在"数据采集 1/2"菜单[图 4-36(h)]，按③（测量点）键，将碎部点观测数据存入工作测量文件，碎部点坐标数据存入工作坐标文件。

### 2. 数据采集设置

在"数据采集 1/2"菜单，按 F4 键翻页到"数据采集 2/2"菜单[图 4-37(b)]；按①（数据采集设置）键，进入"数据采集设置"界面[图 4-37(c)]，其三项设置内容参见图 4-34 的菜单总图，若无特殊需求，一般使用出厂设置即可。

图 4-37 "数据采集设置"命令菜单

### 3. 测量点

用最近一次设置的测站点和后视方向测量碎部点三维坐标，并存入工作文件。其中，碎部点边角观测数据存入工作测量文件，碎部点三维坐标存入工作坐标文件。

在"数据采集 1/2"菜单[图 4-38(a)]，按③（测量点）键，进入"测量点"界面[图 4-38(b)]，按 F1（输入）键，分别输入点名、编码、目标高，按 F4（确认）键；望远镜瞄准碎部点棱镜中心，按 F3（测量） F3（坐标）键开始测距，示例结果如图 4-38(e)所示。按 F4（是）键存储观测数据和碎部点坐标到工作文件，返回"测量点"界面[图 4-38(f)]，此时，点名序号自动加 1 变成 2；按 F4（同前） F4（是）键完成 2~4 号碎部点坐标的测量及存储操作。

图 4-38 执行"测量点"命令，观测并记录 1~4 号碎部点的三维坐标

### 4. 导出工作文件数据到 U 盘

在"菜单 1/2"界面[图 4-39(a)]，按①（数据采集）键，进入工作文件界面[图 4-39(b)]；

按 F2（调用）键，进入文件列表界面[图 4-39(c)]，光标自动位于工作文件行；按 F3（导出）键，将工作文件"240526_1"数据导出为 5 个文件到 U 盘根目录，自动覆盖同名文件且不作提示。导出的 5 个文件具体如下：

(1) 240526_1_600.txt            600 格式测量文件
(2) 240526_1_300.txt300        格式测量文件
(3) 240526_1.datSouthMap     格式坐标文件
(4) 240526_1.csvSouthMap     格式坐标文件
(5) 240526_1.dxf              图形交换文件

其中，dxf 格式文件为图形交换文件，用户可以用 AutoCAD 打开该文件并另存为 dwg 格式的图形文件。

"菜单 1/2"界面[图 4-39(a)]的"放样"命令与坐标模式 P3 页功能菜单(图 4-19)的同名命令功能相同。

图 4-39 执行"导出"命令，导出 240526_1 工作文件数据到 U 盘

## 4.8 存储管理

**1. 文件维护**

在"存储管理"菜单[图 4-40(a)]，按①（文件维护）键，进入"文件维护"菜单[图 4-40(b)]。

图 4-40 在"文件维护"菜单执行"测量文件"命令的两页功能菜单并查阅 240526_1 坐标文件

(1) 测量文件

在"文件维护"菜单[图 4-40(b)]，按①（测量文件）键进入文件列表界面[图 4-40(c)]，

光标自动位于工作文件行;按 ENT 键,屏幕显示光标行文件点名列表界面[图 4-40(e)],每个点有两行数据,[距离]为工作测量文件数据,[坐标]为工作坐标文件数据;按 ▼ 键移动光标到 1 号测点的[坐标]行[图 4-40(f)],按 F1 (查阅)键,屏幕显示 1 号测点的坐标数据[图 4-40(g)],按 F4 键翻页显示该测点部分测量数据[图 4-40(h)],图中水平盘读数 HR 实际上是测站→1 号测点的方位角。

① 新建:在测量文件列表 P1 页功能菜单[图 4-40(c)],按 F1 (新建)键,新建一个文件,系统在内存中创建扩展名分别为 SMD 与 SCD 的两个文件,前者用于存储测量数据,后者用于存储坐标数据。

② 导入:按 F2 (导入)键,从 U 盘导入一个坐标文件数据到光标行文件。

③ 导出:按 F3 (导出)键,将光标行文件数据导出为 5 个文件到 U 盘。

④ 属性:在 P2 页功能菜单[图 4-41(a)],按 F1 (属性)键,屏幕显示光标行文件属性[图 4-41(b)]。

⑤ 改名:在 P2 页功能菜单[图 4-41(a)],按 F2 (改名)键,修改光标行文件名。

⑥ 删除:按 F3 (删除) F4 (确认)键,删除光标行文件(注意:是同时删除了测量文件 SMD 和坐标文件 SCD)。

图 4-41 查阅测量文件属性

(2) 坐标文件

在"文件维护"菜单[图 4-40(b)],按 ②(坐标文件)键进入文件列表界面[图 4-40(c)],"坐标文件"命令界面及功能与前述"测量文件"命令界面及功能完全相同。

(3) 编码文件

数字测图用全站仪采集碎部点坐标时,可以从仪器内存编码文件调用一个相符的编码字符备注所采集碎部点的属性。在 Windows 记事本编写一个文本格式的编码文件,输入测区内常用地物名称的汉语拼音作为编码,每个编码占一行,最多允许 21 位字符,保存编码文件并复制到 U 盘,然后导入仪器内存编码文件供用户采集碎部点时调用。然而,编写这种用户自定义的编码文件为每个野外采集的碎部点赋编码,并不能被数字测图软件 SouthMap 识别,所以意义不大。

MSMT **地形图测绘** 程序具有源码识别数字测图功能,可以蓝牙提取全站仪或南方 GNSS RTK 测量的碎部点坐标,在手机上操作编码菜单为该碎部点实时赋地物源码、注记字符或连线码(简称编码),完成外业工作后,导出 txt 格式编码坐标文件,再在 SouthMap 中执行"绘图处理/源码识别"命令,选择该编码坐标文件,即可实现自动连线绘制地形图,详细参见第 8 章 8.5 节。

(4) 已知坐标

NTS-362R10G 全站仪在内存中设置了一个文件名固定为 FIX.LIB 的已知坐标文件。用户可以在 PC 机用 MS-Excel 编辑整个测区的控制点坐标文件,另存为 csv 格式文件,复制该文件到 U 盘,再将 U 盘插入仪器 USB 接口,可以从 U 盘导入扩展名分别为 txt、csv、dat 的 SouthMap 格式的控制点坐标文件到仪器内存已知坐标文件 FIX.LIB,方法如图 4-21 所示。

导出已知坐标文件 FIX.LIB 数据到 U 盘的方法如下:在文件维护菜单[图 4-40(b)],按 ④(已知坐标)键,按 F3 (导出)键[图 4-42(a)],将已知坐标文件 FIX.LIB 数据导出为 FIX.dat、FIX.csv、FIX.dxf 文件到 U 盘根目录。前两个文件均为文本格式的 SouthMap 展点坐标文件;最后一个是图形交换文件,可用 AutoCAD 打开后,另存为 dwg 格式的图形文件,生成已知点展点图。

图 4-42 执行"文件维护/已知坐标/导出"命令,导出已知坐标文件数据到 U 盘根目录

### 2. 数据传输

NTS-362R10G 全站仪只要开机,内置蓝牙就一直处于打开状态,用户不能关闭。蓝牙通信参数出厂设置固定为:波特率 9 600 bps,8 bit,无校验,停止位 1,用户不能修改。配套通信软件"NTS360-N 系列.exe"也只支持蓝牙传输,通信参数被厂家固定为与 NTS-362R10G 全站仪相同,用户不能修改。

现在的笔记本电脑大多标配蓝牙,台式 PC 机没有配置蓝牙时,用户可以购买一个 USB 蓝牙适配器插入 PC 机任一 USB 接口,完成 PC 机与 NTS-362R10G 全站仪蓝牙配对后,即可执行"数据传输"命令。

使用 MSMT **坐标传输** 程序,在坐标传输文件坐标列表界面与 NTS-362R10G 全站仪之间,可以通过蓝牙互传坐标数据,操作方法参见第 10 章图 10-15。

# 本 章 小 结

(1) 相位式光电测距是通过测量正弦光波在待测距离上往返传播的相位移解算距离。光波在大气中的传播速度与测距时的大气温度和大气压力有关,因此,精密测距时,必须同时测量大气温度和大气压力,并对所测距离施加气象改正。

(2) 按 DIST 键进入距离模式。在距离模式 P1 页功能菜单,按 F3 (模式)键可以使测距模式在重复、跟踪、单次、3 次平均之间切换。在距离模式 P2 页功能菜单,按 F2 (放样)键可以放样平距、高差或斜距。

(3) 标准北方向有三种:真北方向、磁北方向和坐标北方向,简称三北方向。地面一点的真北方向与磁北方向的水平夹角称为磁偏角 $\delta$,真北方向与坐标北方向的水平夹角称为子午线收敛角 $\gamma$。

（4）标准北方向顺时针旋转到直线方向的水平角称为直线的方位角，取值范围为 $0°\sim360°$。地面任意直线 $PQ$ 的方位角有三种：真方位角 $A_{PQ}$、磁方位角 $A_{m_{PQ}}$ 和坐标方位角 $\alpha_{PQ}$，三者的相互关系如下：$A_{PQ}=A_{m_{PQ}}+\delta_P$，$A_{PQ}=\alpha_{PQ}+\gamma_P$，$\alpha_{PQ}=A_{m_{PQ}}+\delta_P-\gamma_P$。

（5）可以用天文测量法或陀螺仪测量直线的真方位角，用罗盘仪或手机电子罗盘测量直线的磁方位角，用全站仪测量直线与已知坐标方位角的水平角推算其坐标方位角。

（6）由任意直线 $AB$ 端点的平面坐标反算其坐标方位角 $\alpha_{AB}$ 的方法有两种：① 用 $\arctan\dfrac{\Delta y_{AB}}{\Delta x_{AB}}$ 函数算出象限角 $R_{AB}$（$-90°\sim+90°$），再根据 $\Delta x_{AB}$ 与 $\Delta y_{AB}$ 的正负判断 $R_{AB}$ 的象限，按表 4-2 的关系处理后才能得到直线 $AB$ 的坐标方位角 $\alpha_{AB}$；② 用 fx-5800P 计算器的辐角函数 $\mathrm{Arg}(\Delta x_{AB}+\Delta y_{AB}\mathrm{i})$ 算出辐角 $\theta_{AB}$（$-180°\sim+180°$），$\theta_{AB}\geqslant 0$ 时，$\alpha_{AB}=\theta_{AB}$；$\theta_{AB}<0$ 时，$\alpha_{AB}=\theta_{AB}+360°$。

（7）设由 $A$，$B$，$C$ 三点组成两条导线边，已知 $AB$ 边的坐标方位角为 $\alpha_{AB}$，全站仪安置在 $B$ 点，设观测平距为 $D_{BC}$，观测的两个水平夹角分别为 $\beta_L$（左角）和 $\beta_R$（右角），且有 $\beta_L+\beta_R=360°$，则 $BC$ 边坐标方位角 $\alpha_{BC}$ 的计算公式为

$$\left.\begin{array}{l}\alpha_{BC}=\alpha_{AB}+\beta_L\pm 180°\\ \alpha_{BC}=\alpha_{AB}-\beta_R\pm 180°\end{array}\right\}$$

$C$ 点坐标的实数计算公式为

$$\left.\begin{array}{l}x_C=x_B+D_{BC}\cos\alpha_{BC}\\ y_C=y_B+D_{BC}\sin\alpha_{BC}\end{array}\right\}$$

复数计算公式为

$$z_C=z_B+D_{BC}\angle\alpha_{BC}$$

使用 fx-5800P 计算器计算复数坐标时，按 [SHIFT] [∠] 键输入 $\angle$。

（8）按 [CORD] 键进入坐标模式。坐标测量前，应先在 P2 页功能菜单执行"设站"命令，设置测站点坐标和后视定向，后视定向是将后视方向的水平盘读数配置为后视边的坐标方位角。

（9）在坐标模式下测量并存储碎部点坐标的方法是：在 P3 页功能菜单执行"文件"命令，新建或设置工作文件，在 P1 页功能菜单执行"测存"命令。它与菜单模式下执行"数据采集"命令的功能完全相同。在 P3 页功能菜单执行"文件/调用/导出"命令，可以将工作文件数据导出为 5 个文件到 U 盘根目录，其中扩展名为 dxf 的文件为图形交换格式的展点文件，可以用 AutoCAD 打开并另存为 dwg 格式的图形文件。

（10）在坐标模式下放样设计点坐标的方法是：在 P3 页功能菜单执行"文件"命令，从 U 盘导入放样点坐标文件到仪器内存工作文件，在 P3 页功能菜单执行"放样"命令。它与菜单模式下执行"放样"命令的功能完全相同。

（11）按 [MENU] 键进入菜单模式。NTS-362R10G 全站仪内存设置已知坐标文件 FIX.LIB，在菜单模式下执行"存储管理/文件维护/已知坐标/导入"命令，可以从 U 盘根目录导入扩展名分别为 txt，csv，dat 的文本格式坐标文件到已知坐标文件 FIX.LIB。

（12）在坐标模式下执行"文件"命令，设置工作文件和坐标调用文件；执行"设站"命令设

置测站点及其后视定向;执行"放样"命令,从工作文件及坐标调用文件调用设计点坐标放样,它与菜单模式下的"放样"命令功能相同。

(13) 在坐标模式下执行"文件"命令,设置工作文件和坐标调用文件,执行"设站"命令设置测站点及其后视定向;执行"测存"命令,测量碎部点坐标并存入工作文件,它与菜单模式下的"数据采集"命令功能相同。

(14) 工作文件包括测量文件和坐标文件两种,碎部点观测数据存储在工作测量文件中,碎部点坐标数据存储在工作坐标文件中。对工作文件执行"导出"命令时,导出的工作测量文件扩展名为 SMD,工作坐标文件扩展名为 SCD。

(15) 使用 MSMT **坐标传输** 程序,可以在手机与 NTS-362R10G 全站仪内存之间用蓝牙互传坐标文件数据。

## 思考题与练习题

[4-1] 说明相位式光电测距原理,为何相位式光电测距仪要设置精、粗测尺?

[4-2] NTS-362R10G 全站仪气象改正值 PPM 的计算公式为式(4-15),标准气象参考点的大气温度为 $t_0=20\ ℃$,大气压力为 $P_0=1\ 013\ hPa$,设在标准气象参考点,大气温度测量误差为 $m_t$,大气压力测量误差为 $m_P$。试计算 $m_t$ 和 $m_P$ 分别为多少时,气象改正值 PPM 会产生 $\pm 1$ ppm 的比例误差?

[4-3] 标准北方向有哪几种?它们之间有何关系?

[4-4] 已知 $A$,$B$,$C$ 三点的坐标列于表 4-3,试计算 $AB$,$AC$ 边的水平距离 $D$ 及方位角 $\alpha$,计算结果填入表 4-3 中。

表 4-3　　　　　　　　　由已知点坐标计算边长及方位角

| 点名 | $x$/m | $y$/m | 边长 AB | 边长 AC |
| --- | --- | --- | --- | --- |
| $A$ | 2 544 967.766 | 423 390.405 | $D_{AB}=$ | $D_{AC}=$ |
| $B$ | 2 544 955.270 | 423 410.231 | $\alpha_{AB}=$ | $\alpha_{AC}=$ |
| $C$ | 2 545 022.862 | 423 367.244 | | |

[4-5] 如图 4-43 所示,$G1$,$G2$ 为已知控制点,观测了图中两个水平角,试计算 $G2 \to P1$、$P1 \to P2$ 边的坐标方位角,计算取位到 $1''$。

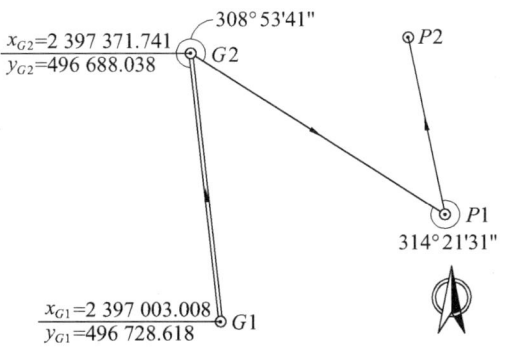

图 4-43　支导线水平角观测略图

[4-6] NTS-362R10G 全站仪坐标模式中"设站"命令的作用是什么？"仪高"命令用于编辑或重新输入测站点仪器高和觇点目标高，用星键菜单设置反射器为无棱镜或反射片时，系统用哪个觇标高计算觇点三角高程？

[4-7] 试说明 NTS-362R10G 全站仪坐标模式或菜单模式中"放样"命令的原理。

[4-8] 图 4-44 为江门中心血站主楼基础平面图的局部详图，执行"放样"命令，每测设一个设计点位，都应对照设计图纸，用长度为 2~5 m 的小钢尺丈量当前点位与其相邻点位的平距，以检查当前点位的正确性。例如，放样完 20，21 号管桩中心点后，应用小钢尺丈量 20，21 号点的平距，并与设计值 1.8 m 比较。如果设计图纸标注的当前点位与相邻点位的平距值超过小钢尺的长度，例如，16N 和 17N 两个轴线控制桩的设计距离为 8 m，放样完这两个点后，试说明用全站仪对边测量功能测量其平距的操作方法。

图 4-44 江门中心血站主楼局部详图

[4-9] 试说明用 U 盘从 NTS-362R10G 全站仪导入、导出坐标文件数据的操作方法；试说明使用 MSMT **坐标传输** 程序蓝牙导入、导出坐标文件数据的操作方法。

置测站点及其后视定向;执行"放样"命令,从工作文件及坐标调用文件调用设计点坐标放样,它与菜单模式下的"放样"命令功能相同。

(13) 在坐标模式下执行"文件"命令,设置工作文件和坐标调用文件,执行"设站"命令设置测站点及其后视定向;执行"测存"命令,测量碎部点坐标并存入工作文件,它与菜单模式下的"数据采集"命令功能相同。

(14) 工作文件包括测量文件和坐标文件两种,碎部点观测数据存储在工作测量文件中,碎部点坐标数据存储在工作坐标文件中。对工作文件执行"导出"命令时,导出的工作测量文件扩展名为 SMD,工作坐标文件扩展名为 SCD。

(15) 使用 MSMT **坐标传输** 程序,可以在手机与 NTS-362R10G 全站仪内存之间用蓝牙互传坐标文件数据。

## 思考题与练习题

[4-1] 说明相位式光电测距原理,为何相位式光电测距仪要设置精、粗测尺?

[4-2] NTS-362R10G 全站仪气象改正值 PPM 的计算公式为式(4-15),标准气象参考点的大气温度为 $t_0=20\ ℃$,大气压力为 $P_0=1\ 013\ hPa$,设在标准气象参考点,大气温度测量误差为 $m_t$,大气压力测量误差为 $m_P$。试计算 $m_t$ 和 $m_P$ 分别为多少时,气象改正值 PPM 会产生 $\pm 1$ ppm 的比例误差?

[4-3] 标准北方向有哪几种?它们之间有何关系?

[4-4] 已知 $A,B,C$ 三点的坐标列于表 4-3,试计算 $AB$,$AC$ 边的水平距离 $D$ 及方位角 $\alpha$,计算结果填入表 4-3 中。

表 4-3　　　　　　　　　　　由已知点坐标计算边长及方位角

| 点名 | $x$/m | $y$/m | 边长 AB | 边长 AC |
|---|---|---|---|---|
| A | 2 544 967.766 | 423 390.405 | $D_{AB}=$ | $D_{AC}=$ |
| B | 2 544 955.270 | 423 410.231 | $\alpha_{AB}=$ | $\alpha_{AC}=$ |
| C | 2 545 022.862 | 423 367.244 | | |

[4-5] 如图 4-43 所示,G1,G2 为已知控制点,观测了图中两个水平角,试计算 G2→P1、P1→P2 边的坐标方位角,计算取位到 1″。

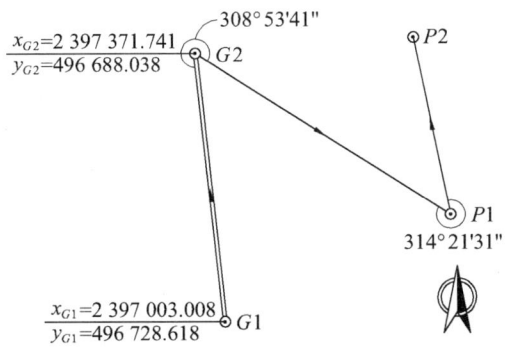

图 4-43　支导线水平角观测略图

[4-6] NTS-362R10G 全站仪坐标模式中"设站"命令的作用是什么？"仪高"命令用于编辑或重新输入测站点仪器高和觇点目标高，用星键菜单设置反射器为无棱镜或反射片时，系统用哪个觇标高计算觇点三角高程？

[4-7] 试说明 NTS-362R10G 全站仪坐标模式或菜单模式中"放样"命令的原理。

[4-8] 图 4-44 为江门中心血站主楼基础平面图的局部详图，执行"放样"命令，每测设一个设计点位，都应对照设计图纸，用长度为 2~5 m 的小钢尺丈量当前点位与其相邻点位的平距，以检查当前点位的正确性。例如，放样完 20，21 号管桩中心点后，应用小钢尺丈量 20，21 号点的平距，并与设计值 1.8 m 比较。如果设计图纸标注的当前点位与相邻点位的平距值超过小钢尺的长度，例如，16N 和 17N 两个轴线控制桩的设计距离为 8 m，放样完这两个点后，试说明用全站仪对边测量功能测量其平距的操作方法。

图 4-44　江门中心血站主楼局部详图

[4-9] 试说明用 U 盘从 NTS-362R10G 全站仪导入、导出坐标文件数据的操作方法；试说明使用 MSMT **坐标传输** 程序蓝牙导入、导出坐标文件数据的操作方法。

# 第 5 章　测量误差基本知识

## 本 章 导 读

**基本要求**　理解测量误差的来源、偶然误差与系统误差的特性、削弱偶然误差的方法、消除或削弱系统误差的方法；掌握观测量精度指标——中误差、相对误差、极限误差的计算方法；掌握单位权中误差与权的定义及其计算方法；掌握加权平均值及其中误差的定义和计算方法。

**重点**　偶然误差的特性，中误差的定义及其计算方法；误差传播定律的应用；等精度独立观测的中误差及其计算，算术平均值中误差的计算；不等精度独立观测的单位权中误差的定义及其计算，加权平均值中误差的计算。

**难点**　非线性函数的误差传播定律及其应用；权的定义及其应用。

## 5.1　测量误差概述

测量生产实践表明，只要使用仪器对某个量进行观测，就会产生**误差**（error）。具体表现为：在同等条件下（相同的外界环境下，同一个人使用同一台仪器）对某个量 $l$ 进行多次重复观测，得到的一系列观测值 $l_1, l_2, \cdots, l_n$ 一般互不相等。设观测量的真值为 $\tilde{l}$，则观测量 $l_i$ 的误差 $\Delta_i$ 定义为

$$\Delta_i = l_i - \tilde{l} \tag{5-1}$$

根据前面章节的内容可知，产生测量误差的原因主要有：仪器误差、观测误差和外界环境的影响。根据表现形式的不同，通常将误差分为偶然误差 $\Delta_a$ 和系统误差 $\Delta_s$。

**1. 偶然误差**

**偶然误差**（accident error）的符号和大小呈偶然性，单个偶然误差没有规律，大量偶然误差具有统计规律。偶然误差又称真误差。三、四等水准测量时，在厘米分划的水准标尺上估读毫米位，估读的毫米数有时偏大，有时偏小；使用全站仪测量水平角时，大气折光使望远镜中的目标成像不稳定，引起瞄准目标有时偏左，有时偏右，这些都是偶然误差。通过多次观测取平均值可以削弱偶然误差的影响，但不能完全消除偶然误差的影响。

**2. 系统误差**

**系统误差**（system error）的符号和大小保持不变，或按照一定的规律变化。例如，使用没有检定的名义长度为 30 m 而实际长度为 30.005 m 的钢尺量距，每丈量一整尺段距离就量短了 0.005 m，即产生 −0.005 m 的量距误差。显然，各整尺段的量距误差大小都是 0.005 m，符号都是负，不能抵消，具有累积性。

由于系统误差对观测值的影响具有一定的规律性,如能找到规律,就可以通过对观测值施加改正来消除或削弱系统误差的影响。

综上所述,误差可以表示为

$$\Delta = \Delta_a + \Delta_s \tag{5-2}$$

测量仪器在使用前应进行检验和校正,操作时应严格按规范的要求进行,布设平面和高程控制网测量控制点坐标时,应有一定的多余观测量。一般认为,当严格按规范要求进行测量时,系统误差可以被消除或削弱到很小,此时可以认为 $\Delta_s \approx 0$,故有 $\Delta \approx \Delta_a$。以后凡提到误差,除特别说明,通常认为只包含偶然误差或者说真误差。

## 5.2 偶然误差特性

单个偶然误差没有规律,大量偶然误差才有统计规律,要分析偶然误差的统计规律,需要得到一系列偶然误差值 $\Delta_i$。根据式(5-1),应对某个真值 $\tilde{l}$ 已知的量进行多次重复观测才可以得到一系列偶然误差 $\Delta_i$ 的准确值。在大部分情况下,观测量的真值 $\tilde{l}$ 是不知道的,这就为得到 $\Delta_i$ 的准确值进而分析其统计规律带来了困难。在某些情况下,观测量函数的真值是已知的。例如,三角形内角和闭合差的观测值定义为

$$\omega_i = (\beta_1 + \beta_2 + \beta_3)_i - 180° \tag{5-3}$$

它的真值为 $\tilde{\omega}_i = 0$,根据真误差的定义可以求得 $\omega_i$ 的真误差为

$$\Delta_i = \omega_i - \tilde{\omega}_i = \omega_i \tag{5-4}$$

式(5-4)表明,任一三角形闭合差的真误差等于闭合差本身。

在相同条件下观测了358个三角形的全部内角,将358个三角形闭合差划分为正误差和负误差,分别对正、负误差按照绝对值由小到大排列,以误差区间 $d\Delta = \pm 3''$ 统计误差个数 $k$,并计算其相对个数 $k/n(n=358)$,称 $k/n$ 为频率,结果列于表5-1。

表5-1　　　　　　　　　　三角形闭合差的统计结果

| 误差区间 $d\Delta/('')$ | 负误差 | | 正误差 | | 绝对误差 | |
|---|---|---|---|---|---|---|
| | $k$ | $k/n$ | $k$ | $k/n$ | $k$ | $k/n$ |
| 0~3 | 45 | 0.126 | 46 | 0.128 | 91 | 0.254 |
| 3~6 | 40 | 0.112 | 41 | 0.115 | 81 | 0.226 |
| 6~9 | 33 | 0.092 | 33 | 0.092 | 66 | 0.184 |
| 9~12 | 23 | 0.064 | 21 | 0.059 | 44 | 0.123 |
| 12~15 | 17 | 0.047 | 16 | 0.045 | 33 | 0.092 |
| 15~18 | 13 | 0.036 | 13 | 0.036 | 26 | 0.073 |
| 18~21 | 6 | 0.017 | 5 | 0.014 | 11 | 0.031 |
| 21~24 | 4 | 0.011 | 2 | 0.006 | 6 | 0.017 |
| 24以上 | 0 | 0 | 0 | 0 | 0 | 0 |
| $\sum$ | 181 | 0.505 | 177 | 0.495 | 358 | 1.000 |

为了更直观地表示偶然误差的分布情况,以 $\Delta$ 为横坐标,以 $y = \dfrac{k/n}{\mathrm{d}\Delta}$ 为纵坐标作表 5-1 的直方图,结果如图 5-1 所示。图中任一长条矩形的面积为 $y\mathrm{d}\Delta = \dfrac{k}{n\mathrm{d}\Delta}\mathrm{d}\Delta = \dfrac{k}{n}$,即为频率。

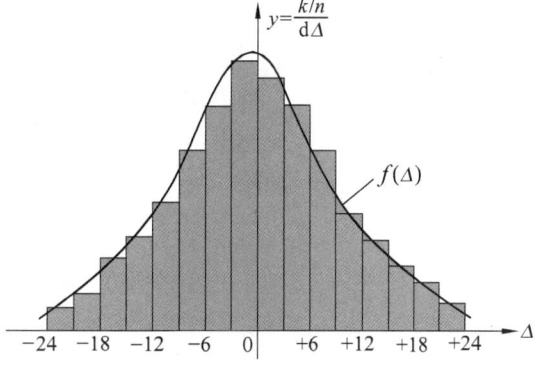

图 5-1 偶然误差频率直方图

由图 5-1 可以总结出偶然误差的四个统计规律如下:

(1) 偶然误差有界,或者说在一定条件下的有限次观测中,偶然误差的绝对值不会超过一定的限值。

(2) 绝对值较小的误差出现的频率较大,绝对值较大的误差出现的频率较小。

(3) 绝对值相等的正、负误差出现的频率大致相等。

(4) 当观测次数 $n \to \infty$ 时,偶然误差的平均值趋近于零,即有

$$\lim_{n \to \infty} \frac{[\Delta]}{n} = 0 \tag{5-5}$$

式中,$[\Delta] = \Delta_1 + \Delta_2 + \cdots + \Delta_n = \sum\limits_{i=1}^{n} \Delta_i$。在测量中,常用 [ ] 表示括号中数值的代数和。

当误差的个数 $n \to \infty$,误差区间 $\mathrm{d}\Delta \to 0$ 时,图 5-1 中,连接各小长条矩形顶点的折线将变成一条光滑的曲线。在概率论中,称该曲线为正态分布曲线,其曲线方程为

$$y = f(\Delta) = \frac{1}{\sqrt{2\pi}\sigma} \mathrm{e}^{-\frac{\Delta^2}{2\sigma^2}} \tag{5-6}$$

式(5-6)称为正态分布概率密度函数,它是德国数学家高斯于 1794 年研究误差规律时发现的。

偶然误差的上述四个统计特性也可以根据式(5-6)表示如下:

(1) $\Delta \to \infty$,$f(\Delta) \to 0$;

(2) 如 $|\Delta_1| > |\Delta_2|$,则有 $f(\Delta_1) < f(\Delta_2)$;

(3) $f(-\Delta) = f(\Delta)$,即 $f(\Delta)$ 关于 $y$ 轴对称;

(4) $E(\Delta) = 0$。

在概率论中,称 $\Delta$ 为随机变量。当 $\Delta$ 为连续型随机变量时,可以证明

$$E(\Delta) = \int_{-\infty}^{+\infty} \Delta \frac{1}{\sqrt{2\pi}\sigma} \mathrm{e}^{-\frac{\Delta^2}{2\sigma^2}} \mathrm{d}\Delta = 0 \tag{5-7}$$

$$Var(\Delta) = E[\Delta - E(\Delta)]^2 = E(\Delta^2) = \int_{-\infty}^{+\infty} \Delta^2 \frac{1}{\sqrt{2\pi}\sigma} \mathrm{e}^{-\frac{\Delta^2}{2\sigma^2}} \mathrm{d}\Delta = \sigma^2 \tag{5-8}$$

式中,$E(\Delta)$ 为随机变量 $\Delta$ 的**数学期望**(expectation),$Var(\Delta)$ 为**方差**(variance),$\sigma$ 为**标准差**(standard deviation)。读者可以使用数学计算软件 Mathematica 证明它。当 $\Delta$ 为离散型随机变量时,式(5-7)和式(5-8)变成

$$E(\Delta) = \lim_{n \to \infty} \frac{[\Delta]}{n} = 0 \tag{5-9}$$

$$Var(\Delta) = E(\Delta^2) = \lim_{n \to \infty} \frac{[\Delta \Delta]}{n} = \sigma^2 \tag{5-10}$$

## 5.3 评定真误差精度的指标

**1. 标准差与中误差**

设对某真值 $\tilde{l}$ 进行了 $n$ 次等精度独立观测,观测值为 $l_1, l_2, \cdots, l_n$,各观测值的真误差为 $\Delta_1, \Delta_2, \cdots, \Delta_n$($\Delta_i = l_i - \tilde{l}$),由式(5-10)求得该组观测值的**标准差**(standard deviation)为

$$\sigma = \pm \lim_{n \to \infty} \sqrt{\frac{[\Delta \Delta]}{n}} \tag{5-11}$$

测量生产中,观测次数 $n$ 总是有限的,因此,根据式(5-11)只能求出标准差的估计值 $\hat{\sigma}$,通常称 $\hat{\sigma}$ 为**中误差**(mean square error),用 $m$ 表示,即有

$$\hat{\sigma} = m = \pm \sqrt{\frac{[\Delta \Delta]}{n}} \tag{5-12}$$

[**例 5-1**] 某段距离使用因瓦基线尺丈量的长度为 49.984 m,因丈量的精度较高,可以视为真值。现使用 50 m 钢尺丈量该距离 6 次,观测值列于表 5-2。试求该钢尺一次丈量 50 m 的中误差。

表 5-2　　　　　　　　　　用观测值真误差 $\Delta$ 计算一次丈量中误差

| 观测次序 | 观测值/m | $\Delta$/mm | $\Delta\Delta$/mm² | 计　算 |
|---|---|---|---|---|
| 1 | 49.988 | +4 | 16 | $m = \pm \sqrt{\dfrac{[\Delta\Delta]}{n}}$ $= \pm \sqrt{\dfrac{151}{6}}$ $= \pm 5.02$ mm |
| 2 | 49.975 | −9 | 81 | |
| 3 | 49.981 | −3 | 9 | |
| 4 | 49.978 | −6 | 36 | |
| 5 | 49.987 | +3 | 9 | |
| 6 | 49.984 | 0 | 0 | |
| ∑ | | | 151 | |

因为是等精度独立观测,所以,6次距离丈量值的中误差都是±5.02 mm。

2. 相对误差

**相对误差**(relative error)是专门为距离测量定义的精度指标,因为单纯用距离丈量中误差还不能反映距离丈量精度的高低。例如,在[例5-1]中,用50 m钢尺丈量一段约50 m的距离,其测量中误差为±5.02 mm,如果用全站仪测量100 m的距离,其测量中误差也为±5.02 mm,显然不能认为这两段不同长度的距离丈量精度相等,这就需要引入相对误差。相对误差的定义为

$$K = \frac{|m_D|}{D} = \frac{1}{\dfrac{D}{|m_D|}} \tag{5-13}$$

相对误差是一个无量纲的数,在计算距离的相对误差时,应注意将分子和分母的长度单位统一。通常习惯于将相对误差的分子化为1、分母为一个较大的数来表示。分母值越大,相对误差越小,距离测量的精度就越高。依据式(5-13)可以求得上述两段距离的相对误差分别为

$$K_1 = \frac{0.005\,02}{49.982} \approx \frac{1}{9\,956},\ K_2 = \frac{0.005\,02}{100} \approx \frac{1}{19\,920}$$

结果表明,用相对误差衡量二者的测距精度时,后者的精度比前者的高。在距离测量中,常用同一段距离往返测量结果的相对误差来检核距离测量的内部符合精度,计算公式为

$$\frac{|D_{往} - D_{返}|}{D_{平均}} = \frac{|\Delta D|}{D_{平均}} = \frac{1}{\dfrac{D_{平均}}{|\Delta D|}} \tag{5-14}$$

3. 极限误差

**极限误差**(limit error)是通过概率论中某一事件发生的概率来定义的。设$\xi$为任一正实数,则事件$|\Delta| < \xi\sigma$发生的概率为

$$P(|\Delta| < \xi\sigma) = \int_{-\xi\sigma}^{+\xi\sigma} \frac{1}{\sqrt{2\pi}\sigma} e^{-\frac{\Delta^2}{2\sigma^2}} d\Delta \tag{5-15}$$

令$\Delta' = \dfrac{\Delta}{\sigma}$,则式(5-15)变成

$$P(|\Delta'| < \xi) = \int_{-\xi}^{+\xi} \frac{1}{\sqrt{2\pi}} e^{-\frac{\Delta'^2}{2}} d\Delta' \tag{5-16}$$

因此,事件$|\Delta| > \xi\sigma$发生的概率为$1 - P(|\Delta'| < \xi)$。

下面的fx-5800P计算器程序P5-3能自动计算$1 - P(|\Delta'| < \xi)$的值。

程序名:P5-3,占用内存154字节。

| | |
|---|---|
| Lbl 0:Norm 1⏎ | 设置数值显示格式 |
| "a,π⇒END="?A:A=π⇒Goto E⏎ | 输入积分下限值,输π结束程序 |
| "b="?B⏎ | 输入积分上限值 |

```
1-∫(1÷√(2π)e^(-X²÷2),A,B)→Q↵     计算标准正态分布函数的数值积分
Cls:"a=":Locate 3,1,A:"b=":Locate 3,2,B↵   重复显示积分下上限值
"1-P(%)=":Locate 8,3,100Q◢       显示计算结果
Goto 0:Lbl E:"P5-3≑END"
```

执行程序 P5-3,分别计算 $\xi=1,2,3$ 的积分值如下：

| 屏幕提示 | 按键 | 说　　明 |
|---|---|---|
| a,π≑END=? | −1 EXE | 积分下限值 1 |
| b=? | 1 EXE | 积分上限值 1 |
| a=−1 | | 重复显示积分下限值 |
| b=1 | | 重复显示积分上限值 |
| 1−P(%)=31.731050 | EXE | 显示积分 $1-P(|\Delta'|<1)$ 的值 |
| a,π≑END=? | −2 EXE | 积分下限值 2 |
| b=? | 2 EXE | 积分上限值 2 |
| a=−2 | | 重复显示积分下限值 |
| b=2 | | 重复显示积分上限值 |
| 1−P(%)=4.5500263 | EXE | 显示积分 $1-P(|\Delta'|<2)$ 的值 |
| a,π≑END=? | −3 EXE | 积分下限值 3 |
| b=? | 3 EXE | 积分上限值 3 |
| a=−3 | | 重复显示积分下限值 |
| b=3 | | 重复显示积分上限值 |
| 1−P(%)=0.2699796 | EXE | 显示积分 $1-P(|\Delta'|<3)$ 的值 |
| a,π≑END=? | SHIFT π EXE | 积分下限输入 π 结束程序 |
| P5-3≑END | | 程序执行结束显示 |

上述计算结果表明,真误差绝对值大于 $\sigma$ 的占 31.731%;真误差绝对值大于 $2\sigma$ 的占 4.55%,即 100 个真误差中,只有 4.55 个真误差的绝对值可能超过 $2\sigma$;真误差绝对值大于 $3\sigma$ 的仅仅占 0.27%,即 1 000 个真误差中,只有 2.7 个真误差的绝对值可能超过 $3\sigma$。后两者都属于小概率事件,根据概率原理,小概率事件在小样本中是不会发生的,即当观测次数 $n$ 有限时,绝对值大于 $2\sigma$ 或 $3\sigma$ 的真误差实际上是不可能出现的。因此,测量规范常以 $2\sigma$ 或 $3\sigma$ 作为真误差的允许值,该允许值称为极限误差,简称为限差,即 $|\Delta_容|=2\sigma \approx 2m$ 或 $|\Delta_容|=3\sigma \approx 3m$。

当某观测值误差的绝对值大于上述限差时,则认为它含有系统误差,应剔除该观测值。

## 5.4　误差传播定律及其应用

测量中,有些未知量不能直接观测测定,需要用直接观测量的函数计算求出。例如,水准测量某站观测的高差 $h$ 为

$$h=a-b \tag{5-17}$$

式中,后视读数 $a$ 和前视读数 $b$ 均为直接观测量,$h$ 与 $a$,$b$ 的函数关系为线性关系。

在图 5-2 中,三角高程测量的初算高差 $h'$ 为

$$h' = S\sin\alpha \tag{5-18}$$

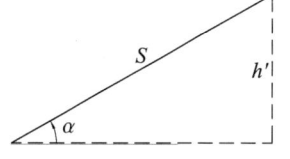

图 5-2 三角高程测量初算高差

式中,斜距 $S$ 和竖直角 $\alpha$ 也是直接观测量,$h'$ 与 $S$,$\alpha$ 的函数关系为非线性关系。

直接观测量的误差导致它们的函数也存在误差,函数的误差是由直接观测量的误差传播过来的。

**1. 线性函数的误差传播定律及其应用**

一般地,设有线性函数

$$Z = f_1 X_1 + f_2 X_2 + \cdots + f_n X_n \tag{5-19}$$

式中,$f_1$,$f_2$,$\cdots$,$f_n$ 为系数,$X_1$,$X_2$,$\cdots$,$X_n$ 为独立观测量,观测中误差分别为 $m_1$,$m_2$,$\cdots$,$m_n$,则函数 $Z$ 的中误差为

$$m_Z = \pm\sqrt{f_1^2 m_1^2 + f_2^2 m_2^2 + \cdots + f_n^2 m_n^2} \tag{5-20}$$

(1) 等精度独立观测量算术平均值的中误差

设对某未知量等精度独立观测了 $n$ 次,观测值为 $l_1$,$l_2$,$\cdots$,$l_n$,其**算术平均值**(arithmetic average)为

$$\bar{l} = \frac{l_1 + l_2 + \cdots + l_n}{n} = \frac{[l]}{n} = \frac{1}{n}l_1 + \frac{1}{n}l_2 + \cdots + \frac{1}{n}l_n \tag{5-21}$$

设每个观测值的中误差为 $m$,根据式(5-20),得算术平均值的中误差为

$$m_{\bar{l}} = \pm\sqrt{\frac{1}{n^2}m^2 + \frac{1}{n^2}m^2 + \cdots + \frac{1}{n^2}m^2} = \pm\sqrt{\frac{n}{n^2}m^2} = \frac{m}{\sqrt{n}} \tag{5-22}$$

由式(5-22)可知,$n$ 次等精度独立观测量算术平均值的中误差为一次观测中误差的 $\frac{1}{\sqrt{n}}$,当 $n \to \infty$ 时,有 $\frac{m}{\sqrt{n}} \to 0$。

在[例 5-1]中,每次丈量距离的中误差为 $m = \pm 5.02$ mm,根据式(5-22)求得 6 次丈量距离平均值的中误差为 $m_{\bar{l}} = \frac{\pm 5.02}{\sqrt{6}} = \pm 2.05$ mm,平均值的相对误差为 $K_{\bar{l}} = \frac{0.002\,05}{49.982} = \frac{1}{24\,381}$。

(2) 水准测量路线高差的中误差

某条水准路线,等精度独立观测了 $n$ 站高差 $h_1$,$h_2$,$\cdots$,$h_n$,路线高差之和为

$$h = h_1 + h_2 + \cdots + h_n \tag{5-23}$$

设每站高差观测值的中误差为 $m_{站}$,则路线高差 $h$ 的中误差为

$$m_h = \pm\sqrt{m_1^2 + m_2^2 + \cdots + m_n^2} = \sqrt{n}\, m_{\text{站}} \tag{5-24}$$

式(5-24)一般用来计算上山水准路线的高差中误差。在平坦地区进行水准测量时,如每站后视尺至前视尺的距离(也称每站距离)$L_i$(km)基本相等,设水准路线总长为 $L$(km),则有 $n = \dfrac{L}{L_i}$,将其代入式(5-24),得

$$m_h = \sqrt{\dfrac{L}{L_i}}\, m_{\text{站}} = \sqrt{L}\, \dfrac{m_{\text{站}}}{\sqrt{L_i}} = \sqrt{L}\, m_{\text{km}} \tag{5-25}$$

式中,$m_{\text{km}} = \dfrac{m_{\text{站}}}{\sqrt{L_i}}$,为每千米水准测量的高差观测中误差。

**2. 非线性函数的误差传播定律及其应用**

一般地,设有非线性函数

$$Z = F(X_1, X_2, \cdots, X_n) \tag{5-26}$$

式中,$X_1, X_2, \cdots, X_n$ 为独立观测量,观测中误差分别为 $m_1, m_2, \cdots, m_n$,对式(5-26)求全微分,得

$$dZ = \dfrac{\partial F}{\partial X_1} dX_1 + \dfrac{\partial F}{\partial X_2} dX_2 + \cdots + \dfrac{\partial F}{\partial X_n} dX_n \tag{5-27}$$

令 $f_1 = \dfrac{\partial F}{\partial X_1}, f_2 = \dfrac{\partial F}{\partial X_2}, \cdots, f_n = \dfrac{\partial F}{\partial X_n}$,其值可以将 $X_1, X_2, \cdots, X_n$ 的观测值代入求得,则有

$$dZ = f_1 dX_1 + f_2 dX_2 + \cdots + f_n dX_n \tag{5-28}$$

则函数 $Z$ 的中误差为

$$m_Z = \pm\sqrt{f_1^2 m_1^2 + f_2^2 m_2^2 + \cdots + f_n^2 m_n^2} \tag{5-29}$$

**[例 5-2]** 如图 5-2 所示,测量的斜边长为 $S = 163.563$ m,中误差为 $m_S = \pm 0.006$ m;测量的竖直角为 $\alpha = 32°15'26''$,中误差为 $m_\alpha = \pm 6''$,设边长与角度为独立观测量,试求初算高差 $h'$ 的中误差 $m_{h'}$。

**解** 由图 5-2 可以列出计算 $h'$ 的函数关系式为 $h' = S\sin\alpha$,对其求全微分得

$$\begin{aligned}
dh' &= \dfrac{\partial h'}{\partial S} dS + \dfrac{\partial h'}{\partial \alpha} \dfrac{d\alpha''}{\rho''} \\
&= \sin\alpha\, dS + S\cos\alpha\, \dfrac{d\alpha''}{\rho''} \\
&= S\sin\alpha\, \dfrac{dS}{S} + S\sin\alpha\, \dfrac{\cos\alpha}{\sin\alpha}\, \dfrac{d\alpha''}{\rho''} \\
&= \dfrac{h'}{S} dS + \dfrac{h'\cot\alpha}{\rho''} d\alpha'' \\
&= f_1 dS + f_2 d\alpha''
\end{aligned}$$

式中,$f_1 = \dfrac{h'}{S}$,$f_2 = \dfrac{h'\cot\alpha}{\rho''}$ 为系数,将观测值代入求得;$\rho'' = 206\,265$ 为弧秒值,将角度的微分量 $d\alpha''$ 除以 $\rho''$,是为了将 $d\alpha''$ 的单位从"″"化算为弧度。

应用误差传播定律,得 $m_{h'} = \sqrt{f_1^2 m_S^2 + f_2^2 m_\alpha^2}$,将观测值代入上述各式,得

$$h' = S\sin\alpha = 163.563 \times \sin 32°15'26'' = 87.297 \text{ m}$$

$$f_1 = \frac{h'}{S} = \frac{87.297}{163.563} = 0.533\,721$$

$$f_2 = \frac{h'\cot\alpha}{\rho''} = \frac{87.297 \times \cot 32°15'26''}{206\,265} = 0.000\,671$$

$$m_{h'} = \pm\sqrt{0.533\,7^2 \times 0.006^2 + 0.000\,671^2 \times 6^2} = \pm 0.005\,144 \text{ m}$$

可以使用 fx-5800P 计算器的数值微分功能编程自动计算函数的中误差,在计算器中输入下列程序 P5-4。

程序名:P5-4,占用内存 224 字节。

| 程序 | 说明 |
|---|---|
| Fix 5:Lbl 0↵ | 设置固定小数显示格式位数 |
| "S,0⇒END="?S:S=0⇒Goto E↵ | 输入斜边观测值,输入 0 结束程序 |
| "mS="?B↵ | 输入斜边中误差 |
| "α="?D:"mα(Sec)="?C↵ | 输入竖直角及其中误差 |
| Rad:D°→A:Cls↵ | 变换十进制角度为弧度/清除屏幕 |
| Ssin(A)→H:"h=":Locate 4,1,H↵ | 计算与显示初算高差 $h'$ 的值 |
| d/dX(Xsin(A),S)→I:"f1=":Locate 4,2,I↵ | 计算与显示系数 $f_1$ 的值 |
| d/dX(Ssin(X),A)÷206265→J:Locate 4,3,J↵ | 计算与显示系数 $f_2$ 的值 |
| √(I²B²+J²C²)→M:"mh":Locate 4,4,M◢ | 计算与显示 $m_{h'}$ 的值 |
| Goto 0:Lbl E:"P5-4⇒END" | |

执行程序 P5-4,屏幕提示与用户操作过程如下:

| 屏幕提示 | 按键 | 说明 |
|---|---|---|
| S,0⇒END=? | 163.563 [EXE] | 输入斜距 |
| mS=? | 0.006 [EXE] | 输入斜距中误差 |
| α=? | 32 [°'''] 15 [°'''] 26 [°'''] [EXE] | 输入竖直角 |
| mα(Sec)=? | 6 [EXE] | 输入竖直角中误差 |
| h=87.29703 | | 显示初算高差的值 |
| f1=0.53372 | | 显示系数 $f_1$ 的值 |
| f2=0.00067 | | 显示系数 $f_2$ 的值 |
| mh=0.00514 | [EXE] | 显示初算高差的中误差 |
| S,0⇒END=? | 0 [EXE] | 输入 0 结束程序 |
| P5-4⇒END | | 程序结束显示 |

由于微分函数中有三角函数,因此,程序中应用 **Rad** 语句将角度单位设置为弧度。

## 5.5 等精度独立观测量的最可靠值与精度评定

设对某未知量等精度独立观测了 $n$ 次，观测值为 $l_1, l_2, \cdots, l_n$，其算术平均值为

$$\bar{l} = \frac{l_1 + l_2 + \cdots + l_n}{n} = \frac{[l]}{n} \tag{5-30}$$

真误差为 $\Delta_1, \Delta_2, \cdots, \Delta_n$，其中

$$\Delta_i = l_i - \tilde{l}, \; i = 1, 2, \cdots, n \tag{5-31}$$

式中，$\tilde{l}$ 为观测量的真值。对式(5-31)等号两边求和并除以观测次数 $n$，得

$$\frac{[\Delta]}{n} = \frac{[l]}{n} - \tilde{l} = \bar{l} - \tilde{l} \tag{5-32}$$

顾及式(5-9)，对式(5-32)等号两边取极限，$\lim\limits_{n \to \infty} \dfrac{[\Delta]}{n} = \lim\limits_{n \to \infty} \bar{l} - \tilde{l} = 0$，得

$$\lim_{n \to \infty} \bar{l} = \tilde{l} \tag{5-33}$$

式(5-33)说明，当观测次数 $n$ 趋于无穷大时，算术平均值就趋于未知量的真值 $\tilde{l}$。所以，当 $n$ 有限时，通常取算术平均值作为未知量的最可靠值。

当观测量的真值 $\tilde{l}$ 已知时，可以求出每个观测量的真误差 $\Delta_i = l_i - \tilde{l}$，应用式(5-12)可以算出一次观测的中误差 $m$。但在大部分情况下，观测量的真值 $\tilde{l}$ 是未知的，致使真误差 $\Delta_i$ 求不出，也就求不出中误差 $m$。但由于算术平均值 $\bar{l}$ 是真值 $\tilde{l}$ 的最可靠值，所以可以用 $\bar{l}$ 代替 $\tilde{l}$ 计算中误差 $m$，下面推导计算公式。

设观测量 $l_i$ 的改正数为 $V_i$，也称**残差**(residual)，其计算公式为

$$V_i = \bar{l} - l_i \tag{5-34}$$

对 $V_i$ 求和，得

$$[V] = n\bar{l} - [l] = 0 \tag{5-35}$$

顾及 $l_i$ 的真误差 $\Delta_i = l_i - \tilde{l}$，将其与式(5-34)相加，得

$$V_i + \Delta_i = \bar{l} - \tilde{l} = \delta \tag{5-36}$$

式中，$\delta$ 为常数，由此求得

$$\Delta_i = \delta - V_i \tag{5-37}$$

对式(5-37)等号两边取平方，得

$$\Delta_i^2 = \delta^2 - 2\delta V_i + V_i^2 \tag{5-38}$$

对式(5-38)等号两边求和并顾及式(5-35)，得

$$[\Delta\Delta] = n\delta^2 - 2\delta[V] + [VV] = n\delta^2 + [VV] \tag{5-39}$$

将式(5-39)等号两边除以 $n$ 并取极限,得

$$\lim_{n\to\infty}\frac{[\Delta\Delta]}{n}=\lim_{n\to\infty}\delta^2+\lim_{n\to\infty}\frac{[VV]}{n} \tag{5-40}$$

下面解算 $\lim_{n\to\infty}\delta^2$。由式(5-36),得

$$\begin{aligned}\delta&=\bar{l}-\tilde{l}\\&=\frac{l_1+l_2+\cdots+l_n}{n}-\tilde{l}\\&=\frac{l_1-\tilde{l}}{n}+\frac{l_2-\tilde{l}}{n}+\cdots+\frac{l_n-\tilde{l}}{n}\\&=\frac{\Delta_1}{n}+\frac{\Delta_2}{n}+\cdots+\frac{\Delta_n}{n}=\frac{1}{n}(\Delta_1+\Delta_2+\cdots+\Delta_n)\end{aligned} \tag{5-41}$$

对式(5-41)等号两边取平方,得

$$\begin{aligned}\delta^2&=\frac{1}{n^2}(\Delta_1^2+\Delta_2^2+\cdots+\Delta_n^2+2\Delta_1\Delta_2+2\Delta_1\Delta_3+\cdots+2\Delta_{n-1}\Delta_n)\\&=\frac{[\Delta\Delta]}{n^2}+\frac{2}{n^2}(\Delta_1\Delta_2+\Delta_1\Delta_3+\cdots+\Delta_{n-1}\Delta_n)\end{aligned} \tag{5-42}$$

对式(5-42)等号两边取极限,得

$$\lim_{n\to\infty}\delta^2=\lim_{n\to\infty}\frac{[\Delta\Delta]}{n^2}+\lim_{n\to\infty}\frac{2}{n^2}(\Delta_1\Delta_2+\Delta_1\Delta_3+\cdots+\Delta_{n-1}\Delta_n) \tag{5-43}$$

因为观测值 $l_1,l_2,\cdots,l_n$ 相互独立,所以观测值两两之间的协方差等于零,即有

$$\lim_{n\to\infty}\frac{2}{n^2}(\Delta_1\Delta_2+\Delta_1\Delta_3+\cdots+\Delta_{n-1}\Delta_n)=0 \tag{5-44}$$

将式(5-44)代入式(5-43),得

$$\lim_{n\to\infty}\delta^2=\lim_{n\to\infty}\frac{[\Delta\Delta]}{n^2} \tag{5-45}$$

再将式(5-45)代入式(5-40),得

$$\begin{aligned}\lim_{n\to\infty}\frac{[\Delta\Delta]}{n}&=\lim_{n\to\infty}\delta^2+\lim_{n\to\infty}\frac{[VV]}{n}\\&=\lim_{n\to\infty}\frac{[\Delta\Delta]}{n^2}+\lim_{n\to\infty}\frac{[VV]}{n}\end{aligned} \tag{5-46}$$

化简式(5-46),得

$$\lim_{n\to\infty}\frac{[\Delta\Delta]}{n}=\lim_{n\to\infty}\frac{[VV]}{n-1}=\sigma^2 \tag{5-47}$$

当观测次数 $n$ 有限时,有

$$m = \pm \sqrt{\frac{[VV]}{n-1}} \tag{5-48}$$

式(5-48)即为等精度独立观测时,利用观测值改正数 $V_i$ 计算一次观测中误差的公式,也称**白塞尔公式**(Bessel formula)。

[**例 5-3**]  在[例 5-1]中,假设距离的真值未知,试用白塞尔公式计算该 50 m 钢尺一次丈量中误差。

**解**  6 次距离丈量的算术平均值 $\bar{l}$ =49.982 2 m,其余计算在表 5-3 中进行。

表 5-3                       用观测值改正数 V 计算一次丈量中误差

| 观测次序 | 观测值/m | V/mm | VV/mm² | 计 算 |
|---|---|---|---|---|
| 1 | 49.988 | −5.8 | 33.64 | $m = \pm \sqrt{\dfrac{[VV]}{n-1}}$ <br> $= \pm \sqrt{\dfrac{130.84}{5}}$ <br> $= \pm 5.12 \text{ mm}$ |
| 2 | 49.975 | 7.2 | 51.84 | |
| 3 | 49.981 | 1.2 | 1.44 | |
| 4 | 49.978 | 4.2 | 17.64 | |
| 5 | 49.987 | −4.8 | 23.04 | |
| 6 | 49.984 | −1.8 | 3.24 | |
| ∑ | | | 130.84 | |

使用 fx-5800P 计算器的单变量统计 **SD** 模式计算算术平均值 $\bar{l}$ 与中误差 $m$ 的操作步骤如下:

按 ⓜ ③ 键进入 **SD** 模式,移动光标到 **X** 串列的第一单元,按 **49.988** [EXE] **49.975** [EXE] **49.981** [EXE] **49.978** [EXE] **49.987** [EXE] **49.984** [EXE] 键输入 6 个距离丈量值,**FREQ** 频率串列的值自动变成 1,结果如图 5-3(a)、(b)所示。

按 ⓕ ⑥ (**RESULT**)键进行单变量统计计算,多次按 ▽ 键向下翻页查看,结果如图 5-3(d)—(f)所示。由图可知,6 次丈量的平均值为 $\bar{x}$ = 49.982 m,一次丈量的中误差为 $x\sigma_{n-1}$ = 5.12 mm。

图 5-3  在 fx-5800P 计算器的 SD 模式下计算表 5-3 中单变量统计的操作界面

表 5-2 使用式(5-12)计算出的钢尺一次丈量中误差 $m=\pm 5.02$ mm,而表 5-3 使用式(5-48)计算出的钢尺一次丈量中误差 $m=\pm 5.12$ mm,二者并不相等,这是因为观测次数 $n=6$ 较小所致。

## 5.6 不等精度独立观测量的最可靠值与精度评定

**1. 权**

设观测量 $l_i$ 的中误差为 $m_i$,其**权**(weight)$W_i$ 定义为

$$W_i = \frac{m_0^2}{m_i^2} \tag{5-49}$$

式中,$m_0^2$ 为任意正实数。由式(5-49)可知,观测量 $l_i$ 的权 $W_i$ 与其方差 $m_i^2$ 成反比,$l_i$ 的方差 $m_i^2$ 越大,其权就越小,精度越低;反之,$l_i$ 的方差 $m_i^2$ 越小,其权就越大,精度越高。

如果令 $W_i=1$,则有 $m_0^2=m_i^2$,即 $m_0^2$ 为权等于 1 的观测量的方差,通常称 $m_0^2$ 为**单位权方差**(unit weight variance),称 $m_0$ 为**单位权中误差**(unit weight mean square error)。

**2. 加权平均值及其中误差**

对某量进行不等精度独立观测,观测值为 $l_1$,$l_2$,$\cdots$,$l_n$,观测中误差分别为 $m_1$,$m_2$,$\cdots$,$m_n$,权分别为 $W_1$,$W_2$,$\cdots$,$W_n$,则观测值的**加权平均值**(weighted average)定义为

$$\bar{l}_W = \frac{W_1 l_1 + W_2 l_2 + \cdots + W_n l_n}{W_1 + W_2 + \cdots + W_n} = \frac{[Wl]}{[W]} \tag{5-50}$$

将式(5-50)写为

$$\bar{l}_W = \frac{W_1}{[W]} l_1 + \frac{W_2}{[W]} l_2 + \cdots + \frac{W_n}{[W]} l_n \tag{5-51}$$

应用误差传播定律,得

$$m_{\bar{l}_W}^2 = \frac{W_1^2}{[W]^2} m_1^2 + \frac{W_2^2}{[W]^2} m_2^2 + \cdots + \frac{W_n^2}{[W]^2} m_n^2 \tag{5-52}$$

因 $W_i^2 m_i^2 = \left(\frac{m_0^2}{m_i^2}\right)^2 m_i^2 = \frac{m_0^4}{m_i^4} m_i^2 = \frac{m_0^2}{m_i^2} m_0^2 = W_i m_0^2$ ($i=1,2,\cdots,n$),将其代入式(5-52),得

$$m_{\bar{l}_W}^2 = \frac{W_1}{[W]^2} m_0^2 + \frac{W_2}{[W]^2} m_0^2 + \cdots + \frac{W_n}{[W]^2} m_0^2 = \frac{[W]}{[W]^2} m_0^2 = \frac{m_0^2}{[W]} \tag{5-53}$$

对式(5-53)等号两边开根号,得

$$m_{\bar{l}_W} = \pm \frac{m_0}{\sqrt{[W]}} \tag{5-54}$$

下一节将证明:不等精度独立观测量的加权平均值的中误差最小。

[例 5-4] 如图 5-4 所示，1，2，3 点为已知高等级水准点，其高程误差很小，可以忽略不计。为求 $P$ 点高程，使用 DS3 水准仪独立观测了三个水准测段的高差，每测段高差的观测值及其测站数标于图中，试求 $P$ 点高程的最可靠值及其中误差。

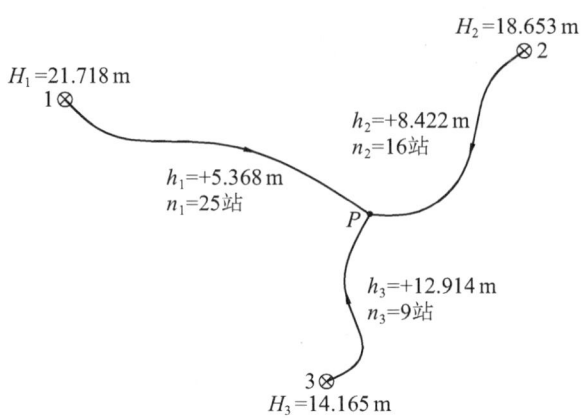

图 5-4 某水准路线图

**解** 因为各测段都是使用 DS3 水准仪观测，可以认为每站高差观测中误差 $m_{站}$ 相等。

由式(5-24)求得高差观测值 $h_1$，$h_2$，$h_3$ 的中误差分别为 $m_1=\sqrt{n_1}\,m_{站}$，$m_2=\sqrt{n_2}\,m_{站}$，$m_3=\sqrt{n_3}\,m_{站}$。

取 $m_0=m_{站}$，则 $h_1$，$h_2$，$h_3$ 的权分别为 $W_1=\dfrac{1}{n_1}$，$W_2=\dfrac{1}{n_2}$，$W_3=\dfrac{1}{n_3}$。

由 1，2，3 点的高程和三个高差观测值 $h_1$，$h_2$，$h_3$ 可以分别算出 $P$ 点高程为

$$\left.\begin{aligned}H_{P1}&=H_1+h_1=21.718+5.368=27.086\text{ m}\\H_{P2}&=H_2+h_2=18.653+8.422=27.075\text{ m}\\H_{P3}&=H_3+h_3=14.165+12.914=27.079\text{ m}\end{aligned}\right\} \tag{5-55}$$

因为三个已知水准点的高程误差很小，可以忽略不计，所以，三个高差观测值的中误差 $m_1$，$m_2$，$m_3$ 就等于使用该高差观测值算出的 $P$ 点高程 $H_{P1}$，$H_{P2}$，$H_{P3}$ 的中误差。

$P$ 点高程加权平均值为

$$\bar{H}_{PW}=\frac{\dfrac{1}{n_1}H_{P1}+\dfrac{1}{n_2}H_{P2}+\dfrac{1}{n_3}H_{P3}}{\dfrac{1}{n_1}+\dfrac{1}{n_2}+\dfrac{1}{n_3}}=\frac{\dfrac{27.086}{25}+\dfrac{27.075}{16}+\dfrac{27.079}{9}}{\dfrac{1}{25}+\dfrac{1}{16}+\dfrac{1}{9}}=27.079\ 1\text{ m} \tag{5-56}$$

$P$ 点高程加权平均值的中误差为

$$m_{\bar{H}_{PW}}=\pm\frac{m_{站}}{\sqrt{\dfrac{1}{n_1}+\dfrac{1}{n_2}+\dfrac{1}{n_3}}}=\pm\frac{m_{站}}{\sqrt{\dfrac{1}{25}+\dfrac{1}{16}+\dfrac{1}{9}}}=\pm 2.164\,m_{站} \tag{5-57}$$

下面验证 $P$ 点高程算术平均值的中误差 $m_{\bar{H}_P}>m_{\bar{H}_{PW}}$。

$P$ 点高程算术平均值为

$$\bar{H}_P = \frac{H_{P1} + H_{P2} + H_{P3}}{3} = 27.080 \text{ m} \tag{5-58}$$

根据误差传播定律,求得 $P$ 点高程算术平均值的中误差为

$$m_{\bar{H}_P} = \pm\sqrt{\frac{1}{9}m_1^2 + \frac{1}{9}m_2^2 + \frac{1}{9}m_3^2} = \pm\frac{1}{3}\sqrt{m_1^2 + m_2^2 + m_3^2} \tag{5-59}$$

$$= \pm\frac{1}{3}m_{站}\sqrt{n_1 + n_2 + n_3} = \pm\frac{\sqrt{50}}{3}m_{站} = \pm 2.357 m_{站}$$

比较式(5-57)与式(5-59)的结果可知,对于不等精度独立观测,加权平均值比算术平均值更合理。

**3. 单位权中误差的计算**

由式(5-57)可知,$P$ 点高程加权平均值的中误差为单位权中误差($m_0 = m_{站}$)的函数,由于 $m_{站}$ 未知,仍然求不出 $m_{\bar{H}_{PW}}$。下面推导单位权中误差 $m_0$ 的计算公式。

一般地,对权分别为 $W_1, W_2, \cdots, W_n$ 的不等精度独立观测量 $l_1, l_2, \cdots, l_n$,构造虚拟观测量 $l_1', l_2', \cdots, l_n'$,其中

$$l_i' = \sqrt{W_i} l_i, \quad i = 1, 2, \cdots, n \tag{5-60}$$

应用误差传播定律,求得虚拟观测量 $l_i'$ 的中误差为

$$m_{l_i'}^2 = W_i m_i^2 = \frac{m_0^2}{m_i^2} m_i^2 = m_0^2 \tag{5-61}$$

式(5-61)表明,虚拟观测量 $l_1', l_2', \cdots, l_n'$ 为等精度独立观测量,每个观测量的中误差相等,根据白塞尔公式[式(5-48)],得

$$m_0 = \pm\sqrt{\frac{[V'V']}{n-1}} \tag{5-62}$$

对式(5-60)求微分,并令微分量等于改正数,得 $V_i' = \sqrt{W_i} V_i$,将其代入式(5-62),得

$$m_0 = \pm\sqrt{\frac{[WVV]}{n-1}} \tag{5-63}$$

将式(5-63)代入式(5-54),得加权平均值的中误差为

$$m_{\bar{l}_W} = \pm\sqrt{\frac{[WVV]}{[W](n-1)}} \tag{5-64}$$

[例 5-4]的单位权中误差($m_0 = m_{站}$)的计算在表 5-4 中进行。

表 5-4　　　　　计算不等精度独立观测量的单位权中误差

| 序号 | $H_P$/m | V/mm | W | WVV/mm² | |
|---|---|---|---|---|---|
| 1 | 27.086 | −6.9 | 0.04 | 1.904 4 | $m_{站}=\pm\sqrt{\dfrac{[WVV]}{n-1}}$ |
| 2 | 27.075 | +4.1 | 0.062 5 | 1.050 6 | $=\pm\sqrt{\dfrac{2.956\ 1}{2}}$ |
| 3 | 27.079 | +0.1 | 0.111 1 | 0.001 1 | $=\pm 1.22$ mm |
| ∑ | | | | 2.956 1 | |

下面证明，加权平均值的方差为未知量估计的最小方差。

一般地，设对某未知量 $l$ 进行 $n$ 次不等精度独立观测，观测值为 $l_1$，$l_2$，…，$l_n$，权为 $W_1$，$W_2$，…，$W_n$，设未知量的最可靠值为 $x$，则各观测量的改正数为

$$V_i = x - l_i, \quad i = 1, 2, \cdots, n \tag{5-65}$$

测量上称式(5-65)为观测方程或误差方程。$n$ 个误差方程中只要给定一个 $x$ 的值，就可以计算出 $n$ 个改正数 $V$，因此方程有无穷组解。为了求出 $x$ 的最优解，应对改正数 $V$ 施加一个约束准则。测量上，一般使用式(5-66)所示的最小二乘准则作为约束条件：

$$[WVV] = [W(x-l)^2] \to \min \tag{5-66}$$

将式(5-66)对未知量 $x$ 求一阶导数，并令其等于 0，得

$$\frac{\mathrm{d}[WVV]}{\mathrm{d}x} = 2[WV] = 2[W(x-l)] = 0$$

$$[W]x - [Wl] = 0$$

$$x = \frac{[Wl]}{[W]} \tag{5-67}$$

式(5-67)与式(5-50)的加权平均值相同，这说明，当未知量的估值等于观测量的加权平均值时，可以使 $[WVV] \to \min$，由式(5-64)可知，它等价于满足条件 $m_{\bar{l}_W} \to \min$。

测量中，在式(5-66)的最小二乘准则下求观测方程式(5-65)解的方法称为**最小二乘平差**(least squares adjustment)。平差的英文单词为 adjustment，意为调整，其实质是调整改正数 $V$ 使之满足某个约束条件。通常称符合最小二乘准则的平差为**严密平差**(rigorous adjustment)，不符合最小二乘准则的平差为**近似平差**(approximate adjustment)。本书 2.3 节介绍的水准测量成果处理方法属于近似平差，《城市测量规范》规定，三、四等水准网及三、四等导线应采用严密平差计算。MSMT 可以对任意水准网、导线网、三角形网进行严密平差计算，案例参见文献[28]。

## 本 章 小 结

(1) 当严格按规范要求检验与校正仪器并实施测量时，一般认为测量误差只含偶然误差，不含系统误差。

(2) 衡量偶然误差精度的指标有中误差 $m$、相对误差 $K$ 和极限误差 $|\Delta_{容}|=2m$ 或 $|\Delta_{容}|=3m$。

(3) 等精度独立观测量的算术平均值 $\bar{l}$、一次观测中误差 $m$、算术平均值中误差 $m_{\bar{l}}$ 的计算公式分别为

$$\bar{l} = \frac{[l]}{n}, \quad m = \pm\sqrt{\frac{[VV]}{n-1}}（白塞尔公式）, \quad m_{\bar{l}} = \frac{m}{\sqrt{n}}$$

(4) 观测值 $l_i$ 的权定义为 $W_i = \dfrac{m_0^2}{m_i^2}$，$W_i$ 为正实数。

(5) 不等精度独立观测量的加权平均值 $\bar{l}_W$、单位权中误差 $m_0$、加权平均值中误差 $m_{\bar{l}_W}$ 的计算公式分别为

$$\bar{l} = \frac{[Wl]}{[W]}, \quad m_0 = \pm\sqrt{\frac{[WVV]}{n-1}}, \quad m_{\bar{l}_W} = \frac{m_0}{\sqrt{[W]}}$$

## 思考题与练习题

[5-1] 产生测量误差的原因是什么？

[5-2] 测量误差是如何分类的？各有何特性？在测量工作中如何消除或削弱？

[5-3] 偶然误差有哪些特性？

[5-4] 对某边长等精度独立丈量了 7 次，观测结果分别为 168.135，168.148，168.120，168.129，168.150，168.137，168.131 m，试用 fx-5800P 计算器的单变量统计功能计算其算术平均值及每次观测的中误差，应用误差传播定律计算算术平均值中误差。

[5-5] NTS-362R10G 全站仪一测回方向观测中误差 $m_0 = \pm 2''$，试计算该仪器一测回观测一个水平角 $\beta$ 的中误差 $m_\beta$。

[5-6] 量得一圆柱体半径及其中误差为 $r = 4.578$ m $\pm$ 0.006 m，高度及其中误差为 $h = 2.378$ m $\pm$ 0.004 m，试计算该圆柱体的体积及其中误差。

[5-7] 如图 5-5 所示的侧方交会，测得边长 $a$ 及其中误差为 $a = 230.78$ m $\pm$ 0.012 m，两个水平角观测值及其中误差分别为 $\beta_1 = 52°47'36'' \pm 15''$，$\beta_2 = 45°28'54'' \pm 20''$，试计算边长 $b$ 及其中误差 $m_b$。

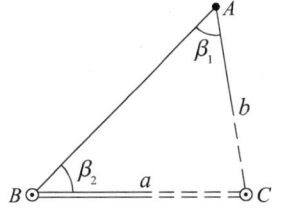

**图 5-5 侧方交会测量**

[5-8] 已知三角形各内角的测量中误差为 $\pm 15''$，容许误差取中误差的 2 倍，试计算该三角形闭合差的限差。

[5-9] 如图 5-6 所示，$A$，$B$，$C$ 三个已知水准点高程的误差很小，可以忽略不计。为了求得 $P$ 点高程，从 $A$，$B$，$C$ 三点向 $P$ 点进行同等级水准测量，每个水准测段的高差观测中误差按式 (5-25) 计算，取单位权中误差 $m_0 = m_{km}$，试计算 $P$ 点高程加权平均值及其中误差、单位权中误差。

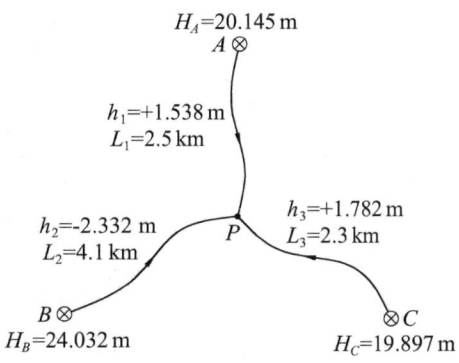

**图 5-6 结点水准路线观测略图**

# 第6章 控制测量

## 本章导读

☑ **基本要求** 理解平面与高程控制网的布设原则是由高级网向低级网逐级加密；掌握单一闭（附）合导线的布设、测量与近似平差方法；熟悉前方交会与后方交会坐标计算原理；掌握顾及球气差改正的三角高程测量原理；掌握 MSMT **平面网平差** 程序与 **后方交会** 程序的使用方法。

☑ **重点** 单一闭（附）合导线近似平差计算，后方交会坐标计算，三角高程测量球气差改正计算。

☑ **难点** 单一闭（附）合导线的近似平差计算，后方交会坐标计算。

## 6.1 控制测量概述

测量工作应遵循"从整体到局部，先控制后碎部"的原则。"整体"是指**控制测量**（control survey），表示控制测量应由高等级到低等级逐级加密进行，直至最低等级的**图根控制测量**（mapping control survey），再在图根控制点上安置仪器进行碎部测量或测设工作。控制测量包括平面控制测量和高程控制测量，测定点位的 $(x, y)$ 坐标为平面控制测量，测定点位的 $H$ 坐标为高程控制测量。

在全国范围内建立的控制网，称为国家控制网。它是全国各种比例尺测图的基本控制，也为研究地球的形状和大小，了解地壳水平形变和垂直形变的大小及趋势，为地震预测提供形变信息等服务。国家控制网是用精密测量仪器和方法依照《国家三角测量规范》《全球导航卫星系统（GNSS）测量规范》《国家一、二等水准测量规范》及《国家三、四等水准测量规范》按一、二、三、四等四个等级、由高级到低级逐级加密点位建立的。

**1. 平面控制测量**

我国的**国家平面控制网**（national horizontal control network）主要采用**三角测量**（triangulation）法布设，在西部困难地区采用**导线测量**（traverse survey）法。一等**三角锁**（triangulation chain）沿经线和纬线布设成纵横交叉的三角锁系，锁长为 200～250 km，构成 120 个锁环。一等三角锁由近于等边的三角形组成，平均边长为 20～30 km。二等三角网有两种布网形式，一种是由纵横交叉的两条二等基本锁将一等锁环划分为 4 个大致相等的区域，其 4 个空白区域用二等补充网填充，称为纵横锁系布网方案；另一种是在一等锁环内布设全面二等三角网，称为全面布网方案。二等基本锁的平均边长为 20～25 km，二等三角网的平均边长为 13 km 左右。一等锁的两端和二等锁网的中间，都要测定起算边长、天文经纬度及其方位角。国家一、二等网合称为**天文大地网**（astro-geodetic network）。

我国天文大地网于1951年开始布设,1961年基本完成,1975年修测补测工作全部结束。三、四等三角网是在二等三角网内的进一步加密。图6-1为国家一等三角锁和一等导线布设略图。

图6-1 国家一等三角锁和一等导线略图

城市或工矿区,一般应在上述国家等级控制点的基础上,根据测区的大小、城市规划或施工测量的要求,布设不同等级的城市平面控制网,以供地形测图和测设建(构)筑物时使用。

《城市测量规范》规定,城市平面控制网可采用GNSS静态卫星定位测量、导线测量、边角组合测量等方法。其中GNSS静态测量的技术要求参见第7章,各等级导线测量的主要技术指标应符合表6-1的规定。

表6-1　　　　　　　　全站仪导线测量方法布设平面控制网技术指标

| 等级 | 长度/km | 平均边长/m | 测距中误差/mm | 测角中误差/(″) | 方位角闭合差/(″) | 全长相对闭合差 |
|---|---|---|---|---|---|---|
| 三等 | ≤15 | 3 000 | ≤18 | ≤1.5 | $\pm 3\sqrt{n}$ | ≤1/60 000 |
| 四等 | ≤10 | 1 600 | ≤18 | ≤2.5 | $\pm 5\sqrt{n}$ | ≤1/40 000 |
| 一级 | ≤3.6 | 300 | ≤15 | ≤5 | $\pm 10\sqrt{n}$ | ≤1/14 000 |

(续表)

| 等级 | 长度/km | 平均边长/m | 测距中误差/mm | 测角中误差/(″) | 方位角闭合差/(″) | 全长相对闭合差 |
|---|---|---|---|---|---|---|
| 二级 | ≤2.4 | 200 | ≤15 | ≤8 | $\pm 16\sqrt{n}$ | ≤1/10 000 |
| 三级 | ≤1.5 | 120 | ≤15 | ≤12 | $\pm 24\sqrt{n}$ | ≤1/6 000 |

直接供测绘地形图使用的控制点称为**图根控制点**(mapping control point),简称图根点。图根导线测量的主要技术要求应符合表 6-2 的规定。

表 6-2　　　　　　　　　　全站仪图根导线测量技术指标

| 比例尺 | 导线长度/m | 平均边长/m | 方位角闭合差/(″) | 全长相对闭合差 |
|---|---|---|---|---|
| 1∶500 | 900 | 80 | | |
| 1∶1 000 | 1 800 | 150 | $\pm 40\sqrt{n}$ | ≤1/4 000 |
| 1∶2 000 | 3 000 | 250 | | |

对于导线坐标计算,三、四等导线应采用严密平差法,并应进行精度评定;一、二、三级导线和图根导线可采用近似平差法,并按近似方法进行精度评定。

2. 高程控制测量

**高程控制测量**(vertical control survey)的方法主要有**水准测量**(leveling)、**三角高程测量**(trigonometric leveling)和 **GNSS 拟合高程测量**(GNSS leveling)。《城市测量规范》规定,城市高程控制网宜采用水准测量方法施测,对于水准测量确有困难的山岳地带及沼泽、水网地区的四等高程控制测量,也可以采用全站仪三角高程测量;平原和丘陵地区的四等高程测量,可采用 GNSS 拟合高程测量。

在全国领土范围内,由一系列按国家统一规范测定高程的水准点构成的水准网称为国家水准网,水准点上设有固定标志,以便长期保存。国家水准网为国家各项建设和科学研究提供高程资料。

国家水准网按逐级控制、分级布设的原则分为一、二、三、四等,其中一、二等水准测量称为精密水准测量。一等水准是国家高程控制的骨干,沿地质构造稳定和坡度平缓的交通线布满全国,构成网状。二等水准是国家高程控制网的全面基础,一般沿铁路、公路和河流布设。二等水准环线布设在一等水准环内。沿一、二等水准路线还应进行重力测量,提供重力改正数据。三、四等水准直接为测制地形图和各项工程建设使用。全国各地的高程都是根据国家水准网统一传算的,图 6-2 为国家一等水准路线略图。

《国家三、四等水准测量规范》规定,三、四等水准测量的主要技术要求应符合表 2-1—表 2-3 的规定。

## 6.2　导线测量

1. 导线布设

**导线测量**(traverse survey)是依次测定导线边的水平距离和两相邻导线边的水平夹角,然后根据起算数据,推算各边的方位角,最后求出导线点的平面坐标。

国家一等水准网
埋设水准标石2万多座,形成289条路线,总长9.336万km

图 6-2  国家一等水准路线略图

导线测量是建立平面控制网常用的一种方法,特别是在地物分布比较复杂的建筑区、视线障碍较多的隐蔽区和带状地区,多采用导线测量方法。导线的布设形式有闭合导线、附合导线和支导线三种,如图 6-3 所示。

（1）闭合导线

起讫于同一已知点的导线,称为**闭合导线**（closed traverse）。如图 6-3 所示,导线从已知高级

图 6-3  导线的布设形式

控制点 $A$ 和已知方向边 $BA$ 出发,经过 1,2,3,4 点,最后返回到起点 $A$,形成一个闭合多边形。闭合导线有 3 个检核条件：一个多边形内角和条件和两个坐标增量条件。

（2）附合导线

布设在两个已知点之间的导线,称为**附合导线**（connecting traverse）。如图 6-3 所示,导线从已知高级控制点 $B$ 和已知方向边 $AB$ 出发,经过 5,6,7,8 点,最后附合到另一已知高级点 $C$ 和已知方向边 $CD$。附合导线有 3 个检核条件：一个方位角条件和两个坐标增量条件。

（3）支导线（open traverse）

导线从已知高级控制点 $C$ 和已知方向边 $DC$ 出发,延伸出去的导线 $C \to 9, 9 \to 10$ 称为

支导线。因为支导线只有必要的起算数据,没有检核条件,所以,它只限于在图根导线中使用,且支导线的点数一般不应超过 3 个。

2. 导线测量外业工作

导线测量外业工作包括:踏勘选点、建立标志、测角与量边。

(1) 踏勘选点及建立标志

在踏勘选点之前,应到政府职能部门收集测区原有地形图和高一等级控制点的成果资料,然后在地形图上初步设计导线布设路线,最后按照设计方案到实地踏勘选点。实地踏勘选点时,应注意下列事项:

① 相邻导线点间应通视良好,以便于角度和距离测量。
② 点位应选在土质坚实并便于保存的地方。
③ 点位视野应开阔,便于测绘周围地物和地貌。
④ 导线边长应符合表 6-1 和表 6-2 的规定,相邻边长的长度尽量不要相差悬殊。
⑤ 导线点应均匀分布在测区内,以便于控制整个测区。

导线点位选定后,在土质地面上,应在点位上打一木桩,桩顶钉一小钉,作为临时性标志[图 6-4(a)];在碎石或沥青路面上,可用测钉代替木桩[图 6-4(b)]。对于一、二级导线点,需要长期保存时,可参照图 6-4(c)埋设混凝土导线点标石。

图 6-4 导线点的埋设(单位:cm)

导线点在地形图上的表示符号如图 6-5(a)所示,图中的注记"2.0"表示符号正方形的边长或符号圆的直径为 2 mm。

导线点应分等级统一编号,以便于测量资料的统一管理。导线点埋设后,为便于观测时寻找,可在点位附近房角或电线杆等明显地物上用红油漆标明指示导线点的位置。此外还应为每个导线点绘制一张点之记,在点之记上注记地名、路名、导线点编号及导线点与邻近明显地物点的距离,如图 6-5(b)所示。

(2) 导线边长及转折角测量

导线边长使用全站仪测量,并对所测边长施加气象改正。

**导线转折角**(traverse angle)是指导线点上相邻导线边构成的水平角。导线转折角分为左角和右角,在导线前进方向左侧的水平角称为左角,右侧的水平角称为右角。若观测无误

(a) 导线点在地形图的表示符号　　　　(b) 点之记

**图 6-5　导线点在地形图上的表示符号和点之记**

差,在同一个导线点测得的左角与右角之和应等于360°。《城市测量规范》规定,导线转折角测量的要求应符合表 6-3 的规定。

表 6-3　　　　　　　　　导线测量水平角观测技术指标

| 等级 | 测回数 | | | 方位角闭合差 |
|---|---|---|---|---|
| | DJ1 | DJ2 | DJ6 | |
| 三等 | 8 | 12 | — | $\pm 3\sqrt{n}$ |
| 四等 | 4 | 6 | — | $\pm 5\sqrt{n}$ |
| 一级 | — | 2 | 4 | $\pm 10\sqrt{n}$ |
| 二级 | — | 1 | 3 | $\pm 16\sqrt{n}$ |
| 三级 | — | 1 | 2 | $\pm 24\sqrt{n}$ |

注:$n$ 为测站数。

**3. 闭合导线计算**

导线计算的目的是求解各导线点的平面坐标。计算前,应全面检查导线测量的外业记录,如数据是否齐全,有无遗漏、记错或算错,成果是否符合规范要求等。经上述各项检查无误后,即可绘制导线观测略图,将已知数据和观测成果标注在图上,示例如图 6-6 所示。

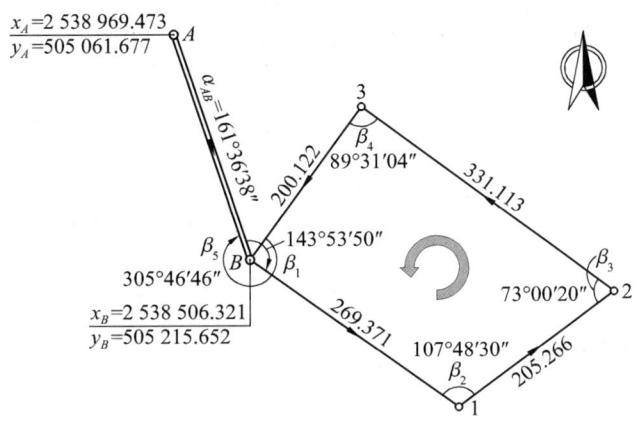

**图 6-6　二级闭合导线观测略图(单位:m)**

在图 6-6 中,已知 $A$ 点坐标($x_A$, $y_A$)和 $B$ 点的坐标($x_B$, $y_B$),可以计算出 $AB$ 边的方

位角 $\alpha_{AB}$，如果设方位角推算方向为 $A \to B \to 1 \to 2 \to 3 \to B \to A$，则图中观测的 5 个水平角均为左角。导线计算的目的是求出 1，2，3 点的平面坐标，全部计算在表 6-4 中进行，具体步骤如下：

(1) 角度闭合差的计算与调整

设 $n$ 边形闭合导线的各内角分别为 $\beta_1$，$\beta_2$，…，$\beta_n$，则多边形内角和的理论值应为

$$\sum \beta_\text{理} = (n-2) \times 180° \tag{6-1}$$

按图 6-6 所示方向推算方位角时，$AB$ 边使用了两次，加上 $B$-1，1-2，2-3，3-$B$ 四条边应构成一个六边形，其内角和的理论值应为

$$\sum \beta_\text{理} = (6-2) \times 180° = 720°$$

因为观测的水平角有误差，致使内角和的观测值 $\sum \beta_\text{测}$ 不等于理论值 $\sum \beta_\text{理}$，其**角度闭合差**(angle-closing error of traverse) $f_\beta$ 定义为

$$f_\beta = \sum \beta_\text{测} - \sum \beta_\text{理} \tag{6-2}$$

按照表 6-3 的规定，二级导线角度闭合差的限差值 $f_{\beta\text{限}} = 16\sqrt{n}$，若 $f_\beta \leqslant f_{\beta\text{限}}$，则将角度闭合差 $f_\beta$ 按"反号平均分配"的原则，计算各角的改正数 $v_\beta$：

$$v_\beta = -\frac{f_\beta}{n} \tag{6-3}$$

再将 $v_\beta$ 加至各观测角 $\beta_i$ 上，求出改正后的角度值：

$$\hat{\beta}_i = \beta_i + v_\beta \tag{6-4}$$

角度改正数和改正后的角度值计算在表 6-4 第 3，4 列进行。

(2) 导线边方位角推算

因图 6-6 所示的导线转折角均为左角，由式(4-33)的第一式，得

$$\alpha_\text{前} = \alpha_\text{后} + \hat{\beta}_L \pm 180° \tag{6-5}$$

方位角的计算在表 6-4 第 5 列进行。

(3) 导线边坐标增量计算与坐标增量闭合差调整

计算出边长 $D_{ij}$ 的方位角 $\alpha_{ij}$ 后，依式(6-6)计算其坐标增量 $\Delta x_{ij}$，$\Delta y_{ij}$：

$$\left. \begin{aligned} \Delta x_{ij} &= D_{ij} \cos \alpha_{ij} \\ \Delta y_{ij} &= D_{ij} \sin \alpha_{ij} \end{aligned} \right\} \tag{6-6}$$

坐标增量的复数计算公式为 $\Delta x_{ij} + \Delta y_{ij} \text{i} = D_{ij} \angle \alpha_{ij}$，坐标增量计算结果填入表 6-4 第 7，8 列。

导线边坐标增量和导线点坐标的关系如图 6-7(a)所示，由图可知，闭合导线各边坐标增量代数和的理论值应等于零，即有

$$\left. \begin{aligned} \sum \Delta x_\text{理} &= 0 \\ \sum \Delta y_\text{理} &= 0 \end{aligned} \right\} \tag{6-7}$$

由于边长观测值和调整后的角度值有误差，造成坐标增量也有误差。设**坐标增量闭合**

差(closing error in coordinate increment)为 $f_x$,$f_y$,则有

$$\left.\begin{array}{l}f_x=\sum\Delta x_{测}-\sum\Delta x_{理}=\sum\Delta x_{测}\\ f_y=\sum\Delta y_{测}-\sum\Delta y_{理}=\sum\Delta y_{测}\end{array}\right\} \quad (6-8)$$

如图 6-7(b)所示,坐标增量闭合差 $f_x$,$f_y$ 的存在,使导线在平面图形上不能闭合,即由已知点 $B$ 出发,沿方位角推算方向 $B\to 1\to 2\to 3\to B'$ 计算出的 $B'$ 点坐标不等于 $B$ 点的已知坐标,$BB'$ 的长度 $f$ 称为**导线全长闭合差**(total length closing error of traverse),其计算公式为

$$f=\sqrt{f_x^2+f_y^2} \quad (6-9)$$

图 6-7 闭合导线坐标增量闭合差的计算原理及其几何意义

定义**导线全长相对闭合差**(relative length closing error of traverse)为

$$K=\frac{f}{\sum D}=\frac{1}{\sum D/f} \quad (6-10)$$

按表 6-1 的规定,二级导线 $K_{限}=1/10\ 000$,当 $K\leqslant K_{限}$ 时,可以分配坐标增量闭合差 $f_x$,$f_y$,其原则是"反号与边长成比例分配",即边长 $D_{ij}$ 的坐标增量改正数为

$$\left.\begin{array}{l}\delta\Delta x_{ij}=-\dfrac{f_x}{\sum D}D_{ij}\\ \delta\Delta y_{ij}=-\dfrac{f_y}{\sum D}D_{ij}\end{array}\right\} \quad (6-11)$$

计算结果填入表 6-4 第 7,8 列的相应行,改正后的坐标增量为

$$\left.\begin{array}{l}\Delta\hat{x}_{ij}=\Delta x_{ij}+\delta\Delta x_{ij}\\ \Delta\hat{y}_{ij}=\Delta y_{ij}+\delta\Delta y_{ij}\end{array}\right\} \quad (6-12)$$

计算结果填入表 6-4 第 9,10 列。

(4) 导线点坐标推算

设两相邻导线点为 $i$,$j$,利用 $i$ 点坐标和调整后 $i$ 点→$j$ 点的坐标增量推算 $j$ 点坐标的公式为

$$\left.\begin{array}{l}x_j=x_i+\Delta\hat{x}_{ij}\\ y_j=y_i+\Delta\hat{y}_{ij}\end{array}\right\} \quad (6-13)$$

表 6-4  全站仪二级闭合导线坐标计算表（使用 fx-5800P 计算器计算）

| 点号 | 水平角(左角)/(° ′ ″) | 改正数/(″) | 改正角/(° ′ ″) | 方位角/(° ′ ″) | 平距/m | 坐标增量 $\Delta x$/m | 坐标增量 $\Delta y$/m | 改正后的坐标增量 $\Delta \hat{x}$/m | 改正后的坐标增量 $\Delta \hat{y}$/m | 坐标平差值 $\hat{x}$/m | 坐标平差值 $\hat{y}$/m | 点号 |
|---|---|---|---|---|---|---|---|---|---|---|---|---|
| (1) | (2) | (3) | (4) | (5) | (6) | (7) | (8) | (9) | (10) | (11) | (12) | (13) |
| A | | | | 161 36 38 | | | | | | | | |
| B | 143 53 50 | −6 | 143 53 44 | | | | | | | 2 538 506.321 | 505 215.652 | B |
| | | | | 125 30 22 | 269.371 | −0.012<br>−156.448 | +0.017<br>219.282 | −156.460 | 219.299 | 2 538 349.861 | 505 434.951 | 1 |
| 1 | 107 48 30 | −6 | 107 48 24 | | | | | | | | | |
| | | | | 53 18 46 | 205.266 | −0.009<br>122.635 | +0.014<br>164.605 | 122.626 | 164.619 | 2 538 472.487 | 505 599.570 | 2 |
| 2 | 73 00 20 | −6 | 73 00 14 | | | | | | | | | |
| | | | | 306 19 00 | 331.113 | −0.014<br>196.101 | +0.021<br>−266.796 | 196.087 | −266.775 | 2 538 668.574 | 505 332.795 | 3 |
| 3 | 89 31 04 | −6 | 89 30 58 | | | | | | | | | |
| | | | | 215 49 58 | 200.122 | −0.008<br>−162.245 | +0.013<br>−117.156 | −162.253 | −117.143 | 2 538 506.321 | 505 215.652 | B |
| B | 305 46 46 | −6 | 305 46 40 | 341 36 38 | | | | | | | | |
| A | | | | | | | | | | | | |
| Σ | 720 00 30 | −30 | 720 00 00 | | 1 005.872 | (−0.043)<br>0.043 | (0.065)<br>−0.065 | (0.000) | (0.000) | | | |

辅助计算：

$\sum \beta_{测} = 720°00'30''$

$\sum \beta_{理} = 720°$

$f_\beta = \sum \beta_{测} - \sum \beta_{理} = 30''$

$f_{\beta 限} = 16''\sqrt{n} = 36''$（表 6-1 二级导线限差）

$f_x = \sum \Delta x_{测} = 0.043 \text{ m}, \quad f_y = \sum \Delta y_{测} = -0.065 \text{ m}$

导线全长闭合差 $f = \sqrt{f_x^2 + f_y^2} = 0.078 \text{ m}$

导线全长相对闭合差 $K = \dfrac{1}{\sum D / f} \approx \dfrac{1}{12\,906} < \dfrac{1}{10\,000}$

允许相对闭合差 $K_限 = 1/10\,000$（表 6-1 二级导线限差）

导线点近似坐标的推算在表 6-4 第 11,12 列进行。本例闭合导线从 $B$ 点开始,依次推算 1,2,3 点的坐标,最后返回到 $B$ 点,计算结果应与 $B$ 点的已知坐标相同,以此作为坐标推算正确性的检核。

(5) 使用 MSMT 平面网平差 程序对单一闭合导线进行近似平差计算

在 MSMT 项目主菜单[图 1-10(a)],点击 平面网平差 图标,进入平面网平差文件列表界面[图 6-8(a)];点击 新建文件 按钮,弹出"新建平面网平差文件"对话框,平差类型的缺省设置为"近似平差";设置观测等级为"二级",平面网类型为"闭合导线",输入导线测量信息[图 6-8(b)],点击 确定 按钮,返回平面网平差文件列表界面[图 6-8(c)]。

点击最近新建的文件名,在弹出的快捷菜单点击"输入数据及计算"命令[图 6-8(d)],进入 ● 已知数据 单选框界面,输入未知点个数"3"和 $A$,$B$ 点名及其已知坐标,程序实时反算出 $AB$ 边方位角及其平距[图 6-8(e)]。

图 6-8 新建单一闭合导线文件、输入已知点坐标与观测数据、近似平差计算及导出 Excel 成果文件

设置 ● 观测数据 单选框,输入图 6-6 所注 5 个水平角及 4 条边长值[图 6-8(f)];点击 计算 按钮[图 6-8(g)],点击 导出Excel文件 按钮[图 6-8(h)],系统在手机内置 SD 卡工作目录创建"二级闭合导线_1.xls"文件,图 6-9 为在 PC 机启动 MS-Excel 打开该文件的内容。

在图 6-8(g)所示的界面,点击 导出坐标 按钮可将导线平差坐标导出为 SouthMap 展点坐标文件;或导出到"坐标传输"文件的坐标列表中;或导出为 dxf 图形交换文件。

| | A | B | C | D | E | F | G | H | I | J | K | L | M | N |
|---|---|---|---|---|---|---|---|---|---|---|---|---|---|---|
| 1 | | | | | | | 二级闭合导线近似平差计算成果 | | | | | | | |
| 2 | 测量员：王阿玲 记录员：辜辉 成像、清晰 天气：晴 仪器型号：南方NTS-362R10G 仪器编号：S177355 | | | | | | | | | | | | | |
| 3 | 点 | 水平角β | 水平角β | 水平角β | 导线边方位角 | 平距D(m) | 坐标增量 | | 坐标增量改正数 | | 改正后坐标增量 | | 坐标平差值 | |
| 4 | 名 | +左角/-右角 | 改正数νβ | 平差值 | | | Δx(m) | Δy(m) | δΔx(m) | δΔy(m) | Δx(m) | Δy(m) | x(m) | y(m) |
| 5 | A | | | | 161°36'38.16" | | | | | | | | 2538969.4730 | 505061.6770 |
| 6 | B | 143°53'50.00" | -6.00" | 143°53'44.00" | 125°30'22.16" | 269.3710 | -156.4481 | 219.2823 | -0.0117 | 0.0174 | -156.4598 | 219.2997 | 2538506.3210 | 505215.6520 |
| 7 | 1 | 107°48'30.00" | -6.00" | 107°48'24.00" | 53°18'46.16" | 205.2660 | 122.6353 | 164.6047 | -0.0089 | 0.0133 | 122.6264 | 164.618 | 2538349.8612 | 505434.9517 |
| 8 | 2 | 73°0'20.00" | -6.00" | 73°0'14.00" | 306°19'0.16" | 331.1130 | 196.1011 | -266.7961 | -0.0144 | 0.0213 | 196.0867 | -266.7748 | 2538472.4876 | 505599.5697 |
| 9 | 3 | 89°31'4.00" | -6.00" | 89°30'58.00" | 215°49'58.16" | 200.1220 | -162.2446 | -117.1559 | -0.0087 | 0.013 | -162.2533 | -117.1429 | 2538668.5743 | 505332.7949 |
| 10 | B | 305°46'46.00" | -6.00" | 305°46'40.00" | 341°36'38.16" | | | | | | | | 2538506.3210 | 505215.6520 |
| 11 | A | Σνβ | -30.00" | | | 1005.8720 | 0.0437 | -0.065 | ΣδΔx(m) | ΣδΔy(m) | ΣΔx(m) | ΣΔy(m) | 2538969.4730 | 505061.6770 |
| 12 | | 角度闭合差fβ | | | 全长闭合差f(m) | 全长相对闭合差 | 平均边长(m) | fx(m) | fy(m) | | -0.0437 | 0.065 | 2.84217E | |
| 13 | | 30.00" | | | 0.0783 | 1/12850 | 251.4680 | 0.0437 | -0.0650 | | | | | |

图6-9 在PC机启动MS-Excel打开"二级闭合导线_1.xls"成果文件的内容

**4. 附合导线计算**

附合导线计算与闭合导线计算基本相同，二者的主要差异在于角度闭合差 $f_\beta$ 和坐标增量闭合差 $f_x, f_y$ 的计算。下面以图6-10所示的图根附合导线为例介绍其计算原理与方法。

图6-10 图根附合导线观测略图（单位：m）

（1）角度闭合差 $f_\beta$ 的计算

附合导线的角度闭合差为方位角闭合差。如图6-10所示，由已知 AB 边的方位角 $\alpha_{AB}$，利用观测的转折角 $\beta_B, \beta_1, \beta_2, \beta_3, \beta_4, \beta_C$ 可以依次推算出 B-1，1-2，2-3，3-4，4-C 边直至 CD 边的方位角。设推算出的 CD 边方位角为 $\alpha'_{CD}$，则角度闭合差 $f_\beta$ 为

$$f_\beta = \alpha'_{CD} - \alpha_{CD} \tag{6-14}$$

角度闭合差 $f_\beta$ 的分配原则与闭合导线相同。

（2）导线边坐标增量闭合差 $f_x, f_y$ 的计算

设计算出 B-1，1-2，2-3，3-4，4-C 边的坐标增量之和为 $\sum \Delta x_{测}, \sum \Delta y_{测}$，其理论值应为

$$\left. \begin{array}{l} \sum \Delta x_{理} = x_C - x_B \\ \sum \Delta y_{理} = y_C - y_B \end{array} \right\} \tag{6-15}$$

则坐标增量闭合差 $f_x, f_y$ 为

$$\left. \begin{array}{l} f_x = \sum \Delta x_{测} - \sum \Delta x_{理} = \sum \Delta x_{测} - (x_C - x_B) \\ f_y = \sum \Delta y_{测} - \sum \Delta y_{理} = \sum \Delta y_{测} - (y_C - y_B) \end{array} \right\} \tag{6-16}$$

计算过程及结果列于表6-5。

表 6-5

### 全站仪图根附合导线坐标计算表（使用 fx-5800P 计算器计算）

| 点号 | 水平角(左角)/(° ′ ″) | 改正数/(″) | 改正角/(° ′ ″) | 方位角/(° ′ ″) | 平距/m | 坐标增量 $\Delta x$/m | 坐标增量 $\Delta y$/m | 改正后的坐标增量 $\Delta \hat{x}$/m | 改正后的坐标增量 $\Delta \hat{y}$/m | 坐标平差值 $\hat{x}$/m | 坐标平差值 $\hat{y}$/m | 点号 |
|---|---|---|---|---|---|---|---|---|---|---|---|---|
| (1) | (2) | (3) | (4) | (5) | (6) | (7) | (8) | (9) | (10) | (11) | (12) | (13) |
| A | | | | 237 59 30 | | | | | | 2 532 814.230 | 501 706.035 | A |
| B | 99 01 00 | +6 | 99 01 06 | 157 00 36 | 225.853 | +0.039 −207.914 | +0.005 +88.212 | −207.875 | +88.217 | 2 532 507.693 | 501 215.632 | B |
| 1 | 167 45 36 | +6 | 167 45 42 | 144 46 18 | 139.032 | +0.024 −113.570 | +0.003 +80.199 | −113.546 | +80.202 | 2 532 299.818 | 501 303.849 | 1 |
| 2 | 123 11 24 | +6 | 123 11 30 | 87 57 48 | 172.571 | +0.030 +6.133 | +0.004 +172.462 | +6.163 | +172.466 | 2 532 186.272 | 501 384.051 | 2 |
| 3 | 189 20 36 | +6 | 189 20 42 | 97 18 30 | 100.074 | +0.017 −12.730 | +0.002 +99.261 | −12.713 | +99.263 | 2 532 192.435 | 501 556.517 | 3 |
| 4 | 179 59 18 | +6 | 179 59 24 | 97 17 54 | 102.318 | +0.017 −12.998 | +0.002 +101.489 | −12.981 | +101.491 | 2 532 179.722 | 501 655.780 | 4 |
| C | 129 27 24 | +6 | 129 27 30 | 46 45 24 | | | | | | 2 532 166.741 | 501 757.271 | C |
| D | | | | | | | | | | 2 532 649.119 | 502 270.174 | D |
| ∑ | 888 45 18 | +36 | 888 45 54 | | 739.848 | −341.079 | +541.623 | −340.952 | +541.639 | | | |

辅助计算：

$x_C - x_B = -340.952$, $y_C - y_B = 541.639$

$\alpha'_{CD} = 46°44'48''$

$\alpha_{CD} = 46°45'24''$

$f_\beta = \alpha'_{CD} - \alpha_{CD} = -36''$

$f_{\beta 限} = 40''\sqrt{n} = 98''$（表 6-2 图根导线限差）

$f_x = \sum \Delta x_{测} - (x_C - x_B) = -341.079 + 340.952 = -0.127$ m

$f_y = \sum \Delta y_{测} - (y_C - y_B) = 541.623 - 541.639 = -0.016$ m

全长闭合差 $f = \sqrt{f_x^2 + f_y^2} = 0.128$ m

全长相对闭合差 $K = \dfrac{1}{\sum D/f} \approx \dfrac{1}{5\,780} < \dfrac{1}{4\,000}$

全长相对闭合差限差 $K_限 = 1/4\,000$（表 6-2 图根导线限差）

（3）使用 MSMT 平面网平差 程序对单一附合导线进行近似平差计算

在平面网平差文件列表界面[图 6-8(c)]，点击 新建文件 按钮，在弹出的"新建平面网平差文件"对话框中设置观测等级为"图根"，平面网类型为"附合导线"，输入导线测量信息[图 6-11(a)]，点击 确定 按钮，返回平面网平差文件列表界面[图 6-11(b)]。

图 6-11 新建单一附合导线文件、输入已知坐标与观测数据、近似平差计算及导出 Excel 成果文件

点击最近新建的文件名，在弹出的快捷菜单点击"输入数据及计算"命令[图 6-11(c)]，进入 ⦿ 已知数据 单选框界面，输入未知点个数"4"，输入 $A,B$ 点名及其已知坐标，程序实时反算出 $AB$ 边的方位角及平距[图 6-11(d)]；输入 $C,D$ 点名及其坐标，程序实时反算出 $CD$ 边的方位角及平距[图 6-11(e)]。

点击 ⦿ 观测数据 单选框，输入图 6-10 所注 6 个水平角值及 5 条边长值[图 6-11(f)]，点击 计算 按钮，结果如图 6-11(g)所示；点击 导出Excel文件 按钮，系统在手机内置 SD 卡的工作目录创建"图根附合导线_2.xls"文件。图 6-12 为在 PC 机启动 MS-Excel 打开该文件的内容。

MSMT 导线测量 程序能对 5 种单一导线进行观测和三维坐标近似平差计算，计算案例参见文献[28]。

5 种导线测量视频

图 6-12 在 PC 机启动 MS-Excel 打开"图根附合导线_2.xls"文件的内容

## 6.3 交会定点测量

**交会定点**(intersection location)是通过测量交会点与周边已知点所构成三角形的水平角来计算交会点的平面坐标,它是加密平面控制点的方法之一。按交会图形,分为前方交会和后方交会;按观测值类型,分为测角交会和边角交会。

**1. 前方交会**

如图 6-13 所示,**前方交会**(forward intersection)是分别在已知点 $A$,$B$ 安置经纬仪向待定点 $P$ 观测水平角 $\alpha$,$\beta$ 和检查角 $\theta$,以确定待定点 $P$ 的平面坐标。为保证交会定点的精度,选定 $P$ 点时,应使交会角 $\gamma$ 在 30°～120°之间,最好接近 90°。

图 6-13 前方交会观测略图(单位:m)

(1)坐标计算

利用 $A$,$B$ 两点的坐标和观测的水平角 $\alpha$,$\beta$ 直接计算待定点的坐标公式为

$$\left.\begin{aligned} x_P &= \frac{x_A \cot\beta + x_B \cot\alpha + (y_B - y_A)}{\cot\alpha + \cot\beta} \\ y_P &= \frac{y_A \cot\beta + y_B \cot\alpha + (x_A - x_B)}{\cot\alpha + \cot\beta} \end{aligned}\right\} \quad (6\text{-}17)$$

式(6-17)称为余切公式,它适用于 fx-5800P 计算器编程计算,点位编号时,应保证 $A \to B \to P$ 三点构成的旋转方向为逆时针方向并与实际情况相符。图 6-14 给出了 $A$,$B$ 编号方向不同时,计算出 $P$ 点坐标的两种位置情况。

将图 6-13 标注的已知点坐标与水平角观测值代入式(6-17),计算出 $P$ 点坐标为

$$\left. \begin{array}{l} x_P = 2\ 538\ 524.589 \text{ m} \\ y_P = 501\ 520.814 \text{ m} \end{array} \right\}$$

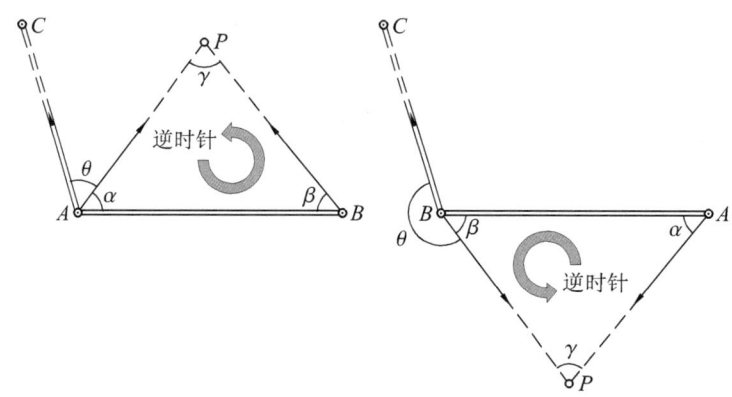

图 6-14 前方交会图形的点位编号对交会点位置的影响

(2) 检核计算

根据已知点 $A$,$B$,$C$ 的坐标和计算出的待定点 $P$ 的坐标,可以反算出边长 $AC$ 和 $AP$ 的方位角 $\alpha_{AC}$ 和 $\alpha_{AP}$,则 $\theta$ 角的计算值与观测值之差为

$$\Delta\theta = \theta - (\alpha_{AP} - \alpha_{AC}) \tag{6-18}$$

$\Delta\theta$ 不应大于 2 倍测角中误差。图 6-13 示例的 $\Delta\theta = -0°0'15.87''$。

前方交会需要分别在已知点 $A$,$B$ 各安置一次仪器,测得两个水平夹角 $\alpha$,$\beta$,才能应用式(6-17)计算出交会点的坐标,这是以经纬仪为唯一测角仪器的时代产物。在全站仪已普及的今天,前方交会法已很少使用。

**2. 角度后方交会**

如图 6-15 所示,**角度后方交会**(angle resection)是在任意未知点 $P$ 上安置全站仪,盘左观测 $A$,$B$,$C$ 三个方向的水平盘读数分别为 $L_A$,$L_B$,$L_C$,计算出水平夹角分别为 $\alpha$,$\beta$,$\gamma$,就可以唯一确定测站点 $P$ 的平面坐标。后方交会也称自由设站。

由不在同一条直线上的三个已知点 $A$,$B$,$C$ 构成的圆称为危险圆,当 $P$ 点位于危险圆上时,无法计算 $P$ 点的坐标。因此,在选定 $P$ 点时,应避免使其位于危险圆上。

(1) 测站点坐标计算原理

后方交会的计算公式有多种,公式推导过程也比较复杂,下面只给出适合编程计算的公式。

如图 6-15 所示,设由 $A$,$B$,$C$ 三个已知点所构成三角形的内角分别为 $\angle A$,$\angle B$,$\angle C$,在 $P$ 点盘左观测 $A$,$B$,$C$ 三点的水平方向值分别为 $L_A$,$L_B$,$L_C$,构成的三个水平角

图 6-15 角度后方交会观测略图（单位：m）

$\alpha, \beta, \gamma$ 为

$$\left.\begin{array}{l}\alpha = L_B - L_C \\ \beta = L_C - L_A \\ \gamma = L_A - L_B\end{array}\right\} \quad (6\text{-}19)$$

设 $A,B,C$ 三个已知点的平面坐标分别为 $(x_A,y_A)$，$(x_B,y_B)$，$(x_C,y_C)$，令

$$\left.\begin{array}{l}P_A = \dfrac{1}{\cot\angle A - \cot\alpha} = \dfrac{\tan\alpha\tan\angle A}{\tan\alpha - \tan\angle A} \\ P_B = \dfrac{1}{\cot\angle B - \cot\beta} = \dfrac{\tan\beta\tan\angle B}{\tan\beta - \tan\angle B} \\ P_C = \dfrac{1}{\cot\angle C - \cot\gamma} = \dfrac{\tan\gamma\tan\angle C}{\tan\gamma - \tan\angle C}\end{array}\right\} \quad (6\text{-}20)$$

则测站点 $P$ 的坐标计算公式为

$$\left.\begin{array}{l}x_P = \dfrac{P_A x_A + P_B x_B + P_C x_C}{P_A + P_B + P_C} \\ y_P = \dfrac{P_A y_A + P_B y_B + P_C y_C}{P_A + P_B + P_C}\end{array}\right\} \quad (6\text{-}21)$$

如果将 $P_A$，$P_B$，$P_C$ 看作三个已知点 $A$，$B$，$C$ 的权，则待定点 $P$ 的坐标就是三个已知点坐标的加权平均值。

(2) 检核计算

计算出 $P$ 点的平面坐标后,设用 $P$ 点坐标反算出 $P$ 点至 $C$, $D$ 点的方位角分别为 $\alpha_{PC}$, $\alpha_{PD}$,则 $\theta$ 角的计算值与观测值之差为

$$\left.\begin{aligned}\theta &= L_C - L_D \\ \Delta\theta &= \theta - (\alpha_{PC} - \alpha_{PD})\end{aligned}\right\} \tag{6-22}$$

$\Delta\theta$ 不应大于 2 倍测角中误差。

(3) 使用 MSMT 后方交会 程序计算测站点三维坐标

在 MSMT 项目主菜单[图 1-10(a)],点击 后方交会 图标 ,进入后方交会文件列表界面;点击 新建文件 按钮,弹出"新建后方交会观测文件"对话框,缺省设置的交会类型为"角度后交",输入后方交会测量信息后[图 6-16(a)],点击 确定 按钮,返回后方交会文件列表界面[图 6-16(b)]。

点击最近新建的文件名,在弹出的快捷菜单点击"测量"命令[图 6-16(c)],进入角度后方交会观测界面[图 6-16(d)],角度后方交会至少需要观测 3 个已知点的水平盘读数。

点击粉红色 蓝牙读数 按钮,设置手机与蓝牙设备名为 S177355 的 NTS-362R10G 全站仪蓝牙连接,粉红色 蓝牙读数 按钮变成蓝色 蓝牙读数 按钮,点击屏幕标题栏左侧 按钮返回观测界面。

按图 6-15 标注的观测数据,输入测站仪器高 1.416 m,$A$ 点觇标高 1.5 m,并输入 $A$ 点点名及已知三维坐标,全站仪望远镜盘左瞄准已知点 $A$ 的觇标进行观测,点击 蓝牙读数 按钮读取全站仪水平盘和竖盘读数[图 6-16(d)];全站仪望远镜盘左分别瞄准已知点 $B$,$C$ 的觇标进行观测,结果如图 6-16(e),(f)所示。

点击控制点 $C$ 数据栏 + 按钮新增第 4 个控制点数据栏,全站仪望远镜盘左瞄准已知点 $D$ 的觇标进行观测[图 6-16(g)],点击 计算 按钮,结果如图 6-16(h)所示。测站点高程采用三角高程公式计算,大气垂直折光系数 $k$ 的缺省值为 0.14,三角高程计算原理详见本章 6.4 节。

设置 NTS-362R10G 全站仪为测站点坐标界面,在图 6-16(h)所示的界面点击 蓝牙发送 按钮,将屏幕显示的后方交会点的三维坐标发送到全站仪测站点坐标界面。

角度后方交会只需要观测 $A$,$B$,$C$ 三个已知点的水平盘和竖盘读数,就可以计算出测站点 $P$ 的三维坐标。当观测了第四个已知点的水平盘和竖盘读数时,应用 $B$,$C$,$D$ 点的观测数据又可以计算一次测站点 $P$ 的坐标,程序将两套坐标取平均作为测站点 $P$ 的最终坐标,$m_x$ 和 $m_y$ 为两次计算出的测站坐标差。

在图 6-16(h)所示的界面,点击 导出Excel成果文件 按钮,在手机内置 SD 卡工作目录创建"P 角度后交 240501_ 1.xls"文件。图 6-17 为在用户 PC 机启动 MS-Excel 打开该成果文件的内容。

**3. 边角后方交会**

**边角后方交会**(side-angle resection)要求全站仪至少观测两个已知点的水平盘读数及平距。边角后方交会不存在危险圆,但选择两个已知点 $A$,$B$ 时,应尽量避免使测站点 $P$ 位于直线 $AB$ 上。

图 6-16 对新建文件执行测量命令，输入已知点坐标、蓝牙读取全站仪水平盘读数、计算后方交会点三维坐标

图 6-17 在 PC 机启动 MS-Excel 打开"P 角度后交 240501_1.xls"文件的内容

（1）测站点坐标计算原理

如图 6-18 所示，设全站仪安置在任意未知点 $P$，对安置在已知点 $A$ 的棱镜进行测距，其水平盘读数为 $HR_A$，平距为 $HD_A$；对安置在已知点 $B$ 的棱镜进行测距，其水平盘读数为 $HR_B$，平距为 $HD_B$。本节使用复数坐标变换的方法推导边角后方交会点的平面坐标计算公式。

如图 6-18 所示，以测站点 $P$ 为原点，全站仪水平盘零方向为 $x'$ 轴，由 $x'$ 轴方向顺时针（右旋）旋转 $90°$ 得到 $y'$ 轴，由此建立的坐标系称为**测站坐标系**（topocentric coordinate system）$x'Py'$。此时，全站仪观测已知点 $A$ 的水平盘读数 $HR_A$ 即为 $PA$ 边在测站坐标系的方位角，同理，$HR_B$ 为 $PB$ 边在测站坐标系的方位角，则 $A,B$ 两点在测站坐标系的坐标复数为

$$\left. \begin{aligned} z'_A = HD_A \angle HR_A \\ z'_B = HD_B \angle HR_B \end{aligned} \right\} \tag{6-23}$$

图 6-18 边角后方交会测站坐标系与高斯坐标系的线性变换原理

设由 $A,B$ 两点的高斯坐标反算出的平距为 $D_{AB}$，方位角为 $\alpha_{AB}$；由 $A,B$ 两点的测站坐标反算出的平距为 $D'_{AB}$，方位角为 $\alpha'_{AB}$，则测站坐标系与高斯坐标系的尺度参数 $\lambda$ 和旋转角 $\theta$ 为

$$\left. \begin{aligned} r = \frac{D_{AB}}{D'_{AB}} \\ \theta = \alpha_{AB} - \alpha'_{AB} \end{aligned} \right\} \tag{6-24}$$

由图 6-18 可知，旋转角 $\theta$ 的几何意义为 $x'$ 轴（全站仪水平盘零方向）在高斯坐标系的方位角，则测站坐标变换为高斯坐标的旋转尺度复数 $z_\theta$ 为

$$z_\theta = \lambda \angle \theta \tag{6-25}$$

设测站点 $P$ 的高斯坐标复数为 $z_P = x_P + y_P \mathrm{i}$，已知点 $A$ 的高斯坐标复数为 $z_A = x_A + y_A \mathrm{i}$，根据复数定理，应有式(6-26)成立：

$$z_A = z_P + z_\theta z'_A \tag{6-26}$$

由式(6-26)求得测站点 $P$ 的高斯坐标复数为

$$z_P = z_A - z_\theta z'_A \tag{6-27}$$

(2) 使用 fx-5800P 计算器计算边角后方交会示例

如图 6-19 所示，在任意未知点 $P$ 安置全站仪，在已知点 $A,B$ 安置棱镜，盘左观测 $A,B$ 两点的水平盘读数及平距，试计算测站点 $P$ 的平面坐标。

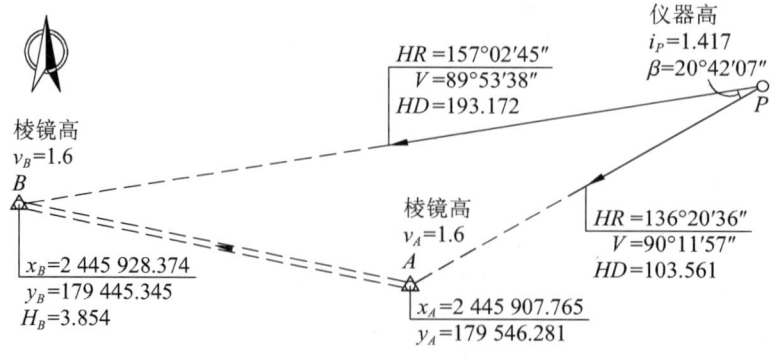

图 6-19 边角后方交会观测略图（单位：m）

使用 fx-5800P 计算器,存 $A$ 点高斯坐标复数到 **A** 变量[图 6-20(a)],存 $B$ 点高斯坐标复数到 **B** 变量[图 6-20(b)],存 $A$ 点测站坐标复数到 **C** 变量[图 6-20(c)],存 $B$ 点测站坐标复数到 **D** 变量[图 6-20(d)]。

图 6-20 使用 fx-5800P 计算器计算边角后方交会测站点 $P$ 的平面坐标

计算 $AB$ 边高斯坐标平距 $D_{AB}$ 存入 **E** 变量,计算 $AB$ 边高斯坐标方位角 $\alpha_{AB}$ 存入 **F** 变量[图 6-20(e)];计算 $AB$ 边测站坐标平距 $D'_{AB}$ 存入 **G** 变量,计算 $AB$ 边测站坐标方位角 $\alpha'_{AB}$ 存入 **H** 变量[图 6-20(f)]。

应用式(6-24)计算两个坐标系的尺度参数 $\lambda$ 存入 **R** 变量,计算两个坐标系的旋转角 $\theta$ 存入 **S** 变量[图 6-20(g)];应用式(6-27)计算测站点的高斯平面坐标,结果如图 6-20(h)所示。

(3) 使用 MSMT **后方交会** 程序计算

在后方交会文件列表界面,点击 **新建文件** 按钮,弹出"新建后方交会观测文件"对话框,交会类型选择"边角交会",输入后方交会测量信息[图 6-21(a)],点击 **确定** 按钮,返回后方交会文件列表界面[图 6-21(b)]。

图 6-21 新建边角后方交会观测文件,观测 $A$,$B$ 两点的水平盘读数及平距,计算测站点的三维坐标

点击最近新建的后方交会文件名,在弹出的快捷菜单点击"测量"命令,进入边角后方交会观测界面。输入测站仪器高 1.417 m,输入 $A$ 点已知坐标及棱镜高,观测水平盘、竖盘及平距读数[图 6-21(c)];输入 $B$ 点已知坐标及棱镜高,观测水平盘、竖盘及平距读数[图 6-21

(d)],点击 计算 按钮,结果如图 6-21(e)所示,该结果与 fx-5800P 计算器计算结果相同[图 6-20(h)]。测站点高程采用三角高程公式计算,大气垂直折光系数 $k$ 的缺省值为 0.14,计算原理详见本章 6.4 节。

设置 NTS-362R10G 全站仪为测站点坐标界面,在图 6-21(e)所示界面点击 蓝牙发送 按钮将屏幕显示的后方交会点的三维坐标发送到全站仪测站点坐标界面。

## 6.4 三角高程测量

当地形高低起伏、两点间高差较大不便于进行水准测量时,可以使用**三角高程测量**(trigonometric leveling)法测定两点间的高差和点的高程。由图 3-28 可知,三角高程测量时,应测定两点间的平距(或斜距)和竖直角,并量取仪器高和觇标高。

图 6-22 地球曲率和大气垂直折光对三角高程测量的影响

**1. 顾及球气差改正的三角高程测量公式**

式(3-7)给出了应用斜距 $S$ 计算三角高差的公式为 $h_{AB}=S\sin\alpha+i-v$,该公式没有考虑地球曲率和大气垂直折光对三角高程测量的影响,因此它只适用于两点间距离小于 200 m 的三角高程测量计算。

两点相距较远的三角高程测量原理如图 6-22 所示,图中,$f_1$ 为地球曲率改正数,$f_2$ 为大气垂直折光改正数。

(1) 地球曲率改正数 $f_1$

$$f_1 = \overline{Ob'} - \overline{Ob} \\ = R\sec\theta - R \\ = R(\sec\theta - 1) \tag{6-28}$$

式中,$R=6\,371$ km,为地球平均曲率半径。

考虑到以弧度为单位的 $\theta$ 值很小,将 $\sec\theta$ 按三角级数展开并略去高次项得

$$\sec\theta = 1 + \frac{1}{2}\theta^2 + \frac{5}{24}\theta^4 + \cdots \approx 1 + \frac{1}{2}\theta^2 \tag{6-29}$$

将式(6-29)代入式(6-28),并顾及 $\theta=D/R$,整理后得地球曲率改正(简称球差改正)为

$$f_1 = R\left(1+\frac{1}{2}\theta^2-1\right) = \frac{R}{2}\theta^2 = \frac{D^2}{2R} \tag{6-30}$$

(2) 大气垂直折光改正数 $f_2$

如图 6-22 所示,受重力影响,地球表面低层空气密度大于高层空气密度,当竖直角观测视线穿过密度不均匀的大气层时,将形成一条上凸曲线,使视线的切线方向向上抬高,从而使测得的竖直角偏大,这种现象称为大气垂直折光。

可以将受大气垂直折光影响的视线看成是一条半径为 $R/k$ 的近似圆曲线,$k$ 为**大气垂**

直折光系数(vertical refraction coefficient)。仿照式(6-30),可得大气垂直折光改正(简称气差改正)为

$$f_2 = -\frac{S^2}{2R/k} \approx -k\frac{D^2}{2R} \quad (6-31)$$

将式(6-30)与式(6-31)相加,得球差改正与气差改正之和为

$$f = f_1 + f_2 = (1-k)\frac{D^2}{2R} \quad (6-32)$$

$f$ 简称为球气差改正或两差改正。因 $k$ 值在 0.08～0.14 之间,所以,$f$ 恒大于零。

大气垂直折光系数 $k$ 随地区、气候、季节、地面覆盖物和视线超出地面高度等条件的不同而变化,目前还不能精确测定它的数值,通常取 $k=0.14$ 计算球气差改正 $f$。表 6-6 列出了水平距离 $D=100$～$3\,500$ m 时球气差改正 $f$ 的值。

表 6-6　　　　　　三角高程测量球气差改正与距离的关系（$k=0.14$）

| D/m | 100 | 500 | 1 000 | 1 500 | 2 000 | 2 500 | 3 000 | 3 500 |
|---|---|---|---|---|---|---|---|---|
| f/mm | 1 | 17 | 67 | 152 | 270 | 422 | 607 | 827 |

顾及球气差改正 $f$,使用平距 $D$ 或斜距 $S$ 计算三角高差的公式为

$$\left. \begin{array}{l} h_{AB} = D_{AB}\tan\alpha_{AB} + i_A - v_B + f_{AB} \\ h_{AB} = S_{AB}\sin\alpha_{AB} + i_A - v_B + f_{AB} \end{array} \right\} \quad (6-33)$$

《城市测量规范》规定,全站仪三角高程导线测量限差应符合表 6-7 的规定。

表 6-7　　　　　　　全站仪三角高程导线测量限差　　　　　　　(单位:mm)

| 观测方法 | 两测站对向观测高差不符值 | 两照准点间两次观测高差不符值 | 闭合路线或环线闭合差 | | 检测已测段高差之差 |
|---|---|---|---|---|---|
| | | | 平原、丘陵 | 山区 | |
| 每点设站 | $\pm45\sqrt{D}$ | — | $\pm20\sqrt{L}$ | $\pm25\sqrt{L}$ | $\pm30\sqrt{L_i}$ |
| 隔点设站 | — | $\pm14\sqrt{D}$ | $\pm20\sqrt{L}$ | $\pm25\sqrt{L}$ | $\pm30\sqrt{L_i}$ |

注:$D$—测距边长度(km);$L$—附合路线或环线长度(km);$L_i$—检测测段长度(km)。

全站仪三角高程导线观测的主要技术要求应符合表 6-8 的规定。

表 6-8　　　　　　　全站仪三角高程导线观测的技术指标

| 等级 | 竖直角观测 | | | | 边长测量 | |
|---|---|---|---|---|---|---|
| | 仪器精度 | 测回数 | 竖盘指标差较差 | 测回较差 | 仪器精度 | 观测次数 |
| 四等 | 2″级 | 4 | ≤5″ | ≤5″ | ≤10 mm级 | 往返各1次 |
| 图根 | 5″级 | 1 | ≤25″ | ≤25″ | ≤10 mm级 | 单向测2次 |

由于不能精确测定大气垂直折光系数 $k$,因此,球气差改正 $f$ 有误差,距离 $D$ 越长,误差也越大。为了减小球气差改正 $f$ 的误差,表 6-6 规定,一般应使光电测距三角高程测量的边长不大于 1 km,且应对向观测。

在 $A,B$ 两点同时进行对向观测时,可以认为两次观测时的 $k$ 值是相同的,球气差改正 $f$ 也基本相等,往返测高差为

$$h_{AB} = D_{AB}\tan\alpha_A + i_A - v_B + f \brace h_{BA} = D_{AB}\tan\alpha_B + i_B - v_A + f} \quad (6-34)$$

往返观测高差平均值为

$$\bar{h}_{AB} = \frac{1}{2}(h_{AB} - h_{BA}) = \frac{1}{2}[(D_{AB}\tan\alpha_A + i_A - v_B) - (D_{AB}\tan\alpha_B + i_B - v_A)] \quad (6-35)$$

由式(6-35)可知,取往返观测高差均值可以抵消掉球气差的影响。

**2. 三角高程观测与计算示例**

(1) 三角高程观测

在测站安置全站仪,量取仪器高 $i$,在目标点安置棱镜,量取棱镜高 $v$。仪器高与棱镜高应在观测前后各量取一次并精确至 1 mm,取其平均值作为最终高度。

使望远镜瞄准棱镜中心,测量目标点的竖直角和斜距。测距时,应同时测定大气温度 $t$ 和大气压力 $P$,并输入全站仪,自动对所测距离进行气象改正。

(2) 三角高程测量计算示例

在测站点 $A$ 安置全站仪,在 $B$,$C$ 点安置棱镜,三角高程测量的结果列于表 6-9,其中灰底色单元数据为观测数据,其余为使用 fx-5800P 计算器计算的结果。

表 6-9　　三角高程测量的高差计算

| 起算点 | A | | A | |
|---|---|---|---|---|
| 待定点 | B | | C | |
| 往返测 | 往 | 返 | 往 | 返 |
| 斜距 $S$ | 593.391 | 593.400 | 491.360 | 491.301 |
| 竖直角 $\alpha$ | +11°32′49″ | −11°33′06″ | +6°41′48″ | −6°42′04″ |
| 仪器高 $i$ | 1.440 | 1.491 | 1.491 | 1.502 |
| 觇标高 $v$ | 1.502 | 1.400 | 1.522 | 1.441 |
| 球气差改正 $f$ | 0.023 | 0.023 | 0.016 | 0.016 |
| 单向高差 $h$ | +118.740 | −118.715 | +57.284 | −57.253 |
| 往返测高差均值 $\bar{h}$ | +118.728 | | +57.268 | |

# 本 章 小 结

(1) 导线是布设平面控制网的常用方法之一。单一闭(附)合导线的检核条件数均为 3,对应 3 个闭合差——方位角闭合差 $f_\beta$ 与坐标闭合差 $f_x$,$f_y$。

(2) 单一闭(附)合导线近似平差计算方法是:①计算角度闭合差 $f_\beta$,反号平均分配角度

闭合差 $f_\beta$ 并计算改正后的角度值;②应用改正后的角度值推算导线边方位角,计算导线点坐标及其坐标闭合差 $f_x$, $f_y$;③反号按导线边长比例分配坐标闭合差 $f_x$, $f_y$,计算改正后导线边的坐标增量;④计算导线点坐标的近似平差值。

(3) MSMT **平面网平差** 程序,可以对单一闭合、附合、单边无定向、双边无定向、支导线等五种导线进行近似平差计算,计算成果可以导出为 Excel 成果文件,并通过移动互联网发送给好友。

(4) MSMT **后方交会** 程序,可以通过蓝牙启动全站仪测距,自动读取水平盘、竖盘读数及平距,并计算测站点的三维坐标,观测与计算成果的 Excel 文件可以通过移动互联网发送给好友。

(5) MSMT **导线测量** 程序可以对单一闭合、附合、单边无定向、双边无定向、支导线等五种导线进行三维观测和近似平差计算,观测及计算成果的 Excel 文件可以通过移动互联网发送给好友,案例参见文献[28]。

(6) 影响三角高程测量精度的主要因素是不能精确测定观测时的大气垂直折光系数 $k$,使三角高程测量的边长小于 1 km、往返同时对向观测取高差平均值,可以减小 $k$ 值误差对高差的影响。

## 思考题与练习题

[6-1] 建立平面控制网的方法有哪些?各有何优缺点?

[6-2] 从表 6-4 摘录出图 6-6 所示单一闭合导线近似平差计算成果列于表 6-10,试用该导线近似平差坐标反算各导线边的方位角,计算各点的坐标反算角值并填入表 6-10,计算 $V_\beta$=改正角值—坐标反算角值,结果填入表 6-10。

表 6-10    应用闭合导线近似平差坐标反算导线点的水平夹角

| 点名 | $x$/m | $y$/m | 改正角名 | 改正角值 | 坐标反算角值 | $V_\beta$ |
|---|---|---|---|---|---|---|
| A | 2 538 969.473 | 505 061.677 | $\beta_1$ | 143°53′44″ | | |
| B | 2 538 506.321 | 505 215.652 | $\beta_2$ | 107°48′24″ | | |
| 1 | 2 538 349.861 | 505 434.951 | $\beta_3$ | 73°00′14″ | | |
| 2 | 2 538 472.487 | 505 599.570 | $\beta_4$ | 89°30′58″ | | |
| 3 | 2 538 668.574 | 505 332.795 | $\beta_5$ | 305°46′40″ | | |

[6-3] 图 6-23 为图根支导线观测略图,试计算 1,2,3,4 点的坐标。

[6-4] 图 6-24 为三级闭合导线观测略图,试用近似平差法计算 1,2,3,4 点的平面坐标。

[6-5] 图 6-25 为一级特殊闭合导线观测略图,试用近似平差法计算 D3,F4,F3 点的平面坐标。

图 6-23 图根支导线观测略图（单位：m）

图 6-24 三级闭合导线观测略图（单位：m）

图 6-25 一级特殊闭合导线观测略图（单位：m）

[6-6] 图 6-26 为图根附合导线观测略图,试用近似平差法计算 G12,G18 点的平面坐标。

图 6-26　图根附合导线观测略图（单位：m）

[6-7] 图 6-27 为图根单边无定向导线观测略图,试用近似平差法计算 1,2,3,4 点的平面坐标。

图 6-27　图根单边无定向导线观测略图（单位：m）

[6-8] 图 6-28 为图根双边无定向导线观测略图,试用近似平差法计算 1,2,3,4 点的平面坐标。

图 6-28　图根双边无定向导线观测略图（单位：m）

[6-9] 在任意点 G 安置全站仪,观测 4 个已知点的水平盘、竖盘读数及平距列于

表 6-11。①按角度后方交会计算测站点 G 的三维坐标及标准差；②按边角后方交会计算测站点 G 的三维坐标及标准差。

表 6-11　　　　　　　　　边角后方交会已知点三维坐标及观测数据(测站仪器高 i=1.42 m)

| 点名 | x/m | y/m | H/m | 水平盘 | 竖盘 | 平距/m | 棱镜高/m |
|---|---|---|---|---|---|---|---|
| Q1 | 2 448 421.866 | 432 912.471 | 47.163 | 0°00′00″ | 89°40′15″ | 137.029 | 1.55 |
| Q2 | 2 448 330.984 | 432 824.235 | 46.582 | 63°31′44″ | 89°52′22″ | 92.682 | 1.55 |
| Q3 | 2 448 387.817 | 432 775.893 | 46.704 | 95°04′07″ | 89°03′23″ | 22.277 | 1.55 |
| Q4 | 2 448 367.876 | 432 736.201 | 45.996 | 138°11′35″ | 90°22′32″ | 57.984 | 1.55 |

[6-10]　试完成表 6-12 的三角高程测量计算，大气垂直折光系数 $k=0.14$，地球平均曲率半径 $R=6\ 371$ km。

表 6-12　　　　　　　　　　　　三角高程边往返观测数据

| 起点名 | P5 | |
|---|---|---|
| 端点名 | P6 | |
| 三角高程测量方向 | 往测 | 返测 |
| 平距 D/m | 468.013 | 468.013 |
| 竖直角 α | +3°25′43″ | −3°26′16″ |
| 仪器高 i/m | 1.514 | 1.408 |
| 觇标高 v/m | 1.374 | 1.506 |
| 球气差改正 f/m | | |
| 高差 h/m | | |
| 往返测高差较差/m | | |
| 往返测高差均值 $\bar{h}$/m | | |

# 第 7 章 GNSS 测量原理与方法

## 本 章 导 读

**基本要求** 理解伪距定位、载波相位定位、实时动态差分定位的基本原理;掌握创享·灵境智能化 GNSS RTK 操作方法、工程之星软件使用方法、千寻 CORS 数据链设置方法;了解 GNSS 静态卫星定位观测及网平差方法。

**重点** 测距码的分类及单程测距原理,"南方地理数据处理平台软件"的网平差步骤及方法,实时动态差分定位 RTK 基本原理,千寻 CORS 数据链设置方法。

**难点** 单程测距,测距码测距,载波信号测距,载波相位测量整周模糊度 $N_0$,单频接收机,双频接收机。

GNSS 是**全球导航卫星系统**(Global Navigation Satellite System)的缩写。目前,GNSS 包含美国的 GPS、俄罗斯的 GLONASS、中国的 BeiDou(北斗)、欧盟的 Galileo 和日本的 QZSS(准天顶)等 5 个系统,天空可用卫星数量在 100 颗以上。

1. GPS

GPS 始建于 1973 年,1994 年全面建成,其 24 颗卫星均匀分布在 6 个相对于赤道倾角为 55°的近似圆形轨道上,每个轨道上有 4 颗卫星运行,卫星轨道高度约为 2 万 km。每颗卫星可覆盖全球 38% 的面积,卫星的分布可保证在地球上任意地点、任何时刻、在高度角 15°以上的天空能同时观测到 4 颗以上卫星,如图 7-1(a)所示。

(a) GPS 卫星星座　　(b) GPS 绝对定位原理

图 7-1　GPS 卫星星座与绝对定位原理

### 2. GLONASS

GLONASS 始建于 1976 年,1995 年初步部署完成,2011 年恢复全球运营能力,其 24 颗卫星均匀分布在 3 个相对于赤道倾角为 64.8°的近似圆形轨道上,每个轨道上有 8 颗卫星运行,卫星轨道高度约为 1.9 万 km。

### 3. BeiDou(北斗)

我国在 2000 年建成北斗一号系统,服务中国;2012 年建成北斗二号系统,覆盖亚太;2020 年建成北斗三号系统,面向全球。北斗三号系统由 24 颗**地球中圆轨道**(Medium Earth Orbit,MEO)卫星、3 颗**倾斜地球同步轨道**(Inclined Geosynchronous Orbit,IGSO)卫星和 3 颗**地球静止轨道**(Geostationary Earth Orbit,GEO)卫星组成。24 颗 MEO 卫星平均分布在 3 个轨道面上,轨道面之间相隔 120°均匀分布,相对于赤道倾角为 55°,卫星轨道高度约为 2.15 万 km,GEO 和 IGSO 卫星轨道高度约为 3.6 万 km。

### 4. Galileo

Galileo 由欧盟于 1999 年提出计划,2003 年正式启动建设,2016 年开始提供初始服务。系统由 28 颗卫星组成,卫星轨道高度约为 2.4 万 km,位于 3 个相对于赤道倾角为 56°的轨道平面内,2023 年投入运营。

### 5. QZSS(准天顶)

QZSS 卫星系统由日本政府主导,初期由 3 颗 IGSO 卫星组成,分布在相间 120°的轨道面上,轨道高度约为 3.6 万 km,2018 年初步投入服务,2023 年扩展为 4 颗卫星(3 颗 IGSO 卫星+1 颗 GEO 卫星),实现全面运营,其主要功能是对 GPS 的区域补充与增强。

## 7.1 GPS 概述

GPS 采用空间测距交会原理进行定位。如图 7-1(b)所示,为了测定地面某点 $P$ 在 WGS-84 坐标系中的三维坐标 $(x_P, y_P, z_P)$,将 GPS 接收机安置在 $P$ 点,通过接收卫星发射的测距码信号,在接收机时钟的控制下,可以解算出测距码从卫星传播到接收机的时间 $\Delta t$,乘以光速 $c$,并加上卫星时钟与接收机时钟不同步改正,就可以计算出卫星至接收机的空间距离 $\tilde{\rho}$:

$$\tilde{\rho} = c\Delta t + c(v_T - v_t) \tag{7-1}$$

式中,$v_t$ 为卫星钟差;$v_T$ 为接收机钟差。

与电子激光测距使用的双程测距方式不同,GPS 使用单程测距方式,即接收机接收到的测距信号不再返回卫星,在接收机中直接解算传播时间 $\Delta t$,进而计算出卫星至接收机的空间距离,这就要求卫星和接收机的时钟严格同步,卫星在严格同步的时钟控制下发射测距信号。事实上,卫星钟与接收机钟不可能严格同步,这就会产生钟差,两个时钟不同步对测距结果的影响为 $c(v_T - v_t)$。卫星广播星历中包含有卫星钟差 $v_t$,是已知的,而接收机钟差 $v_T$ 是未知数,需要通过观测方程解算。

式(7-1)中的距离 $\tilde{\rho}$ 未考虑大气电离层和对流层折射误差的影响,它不是卫星至接收机的真实几何距离,通常称其为**伪距**(pseudorange)。

在测距时刻 $t_i$,接收机通过接收卫星 $S_i$ 的广播星历可以解算出卫星 $S_i$ 在 WGS-84 坐标系中的三维坐标 $(x_i, y_i, z_i)$,则卫星 $S_i$ 至 $P$ 点的几何距离为

$$R_P^i = \sqrt{(x_P - x_i)^2 + (y_P - y_i)^2 + (z_P - z_i)^2} \tag{7-2}$$

$P$ 点至卫星 $S_i$ 的伪距观测方程为

$$\widetilde{\rho}_P^i = c\Delta t_{iP} + c(v_t^i - v_T) = R_P^i = \sqrt{(x_P - x_i)^2 + (y_P - y_i)^2 + (z_P - z_i)^2} \tag{7-3}$$

式(7-3)中有 $x_P$, $y_P$, $z_P$, $v_T$ 共 4 个未知数,为解算这 4 个未知数,应同时锁定 4 颗卫星进行观测。如图 7-1(b)所示,对 A,B,C,D 四颗卫星观测的伪距方程为

$$\left.\begin{aligned}
\widetilde{\rho}_P^A &= c\Delta t_{AP} + c(v_t^A - v_T) = \sqrt{(x_P - x_A)^2 + (y_P - y_A)^2 + (z_P - z_A)^2} \\
\widetilde{\rho}_P^B &= c\Delta t_{BP} + c(v_t^B - v_T) = \sqrt{(x_P - x_B)^2 + (y_P - y_B)^2 + (z_P - z_B)^2} \\
\widetilde{\rho}_P^C &= c\Delta t_{CP} + c(v_t^C - v_T) = \sqrt{(x_P - x_C)^2 + (y_P - y_C)^2 + (z_P - z_C)^2} \\
\widetilde{\rho}_P^D &= c\Delta t_{DP} + c(v_t^D - v_T) = \sqrt{(x_P - x_D)^2 + (y_P - y_D)^2 + (z_P - z_D)^2}
\end{aligned}\right\} \tag{7-4}$$

解算方程组(7-4),即可计算出 $P$ 点在 WGS-84 坐标系中的三维坐标 $(x_P, y_P, z_P)$。

## 7.2 GPS 的组成

GPS 由工作卫星、地面监控系统和用户设备三部分组成。

### 1. 地面监控系统

在 GPS 接收机接收到的卫星广播星历中,包含描述卫星运动及其轨道的参数,而每颗卫星的广播星历是由地面监控系统提供的。地面监控系统包括 1 个主控站、3 个注入站和 5 个监测站,其分布位置如图 7-2 所示。

图 7-2 GPS 地面监控系统分布示意图

主控站位于美国本土科罗拉多斯普林斯(Colorado Springs)的联合空间执行中心,3 个注入站分别位于大西洋的阿松森群岛、印度洋的迪戈加西亚岛(Diego Garcia)和太平洋的夸贾林岛(Kwajalein),5 个监测站除了位于 1 个主控站和 3 个注入站以外,剩余 1 个设置在夏威夷(Hawaii)。地面监控系统功能如下。

(1) 监测站(monitoring station)

监测站是在主控站直接控制下的数据自动采集中心,站内设有双频 GPS 接收机、高精度原子钟、气象参数测试仪和计算机等设备。其任务是完成对 GPS 卫星信号的连续观测,搜集当地气象数据,观测数据经计算机处理后传送给主控站。

(2) 主控站(major control station)

主控站除协调和管理所有地面监控系统外,还进行下列工作:①根据本站和其他监测站的观测数据,推算编制各卫星星历、卫星钟差和大气层修正参数,并将这些数据传送到注入站;②提供时间基准,各监测站和 GPS 卫星的原子钟均应与主控站的原子钟同步,或测量出它们之间的钟差,并将这些钟差信息编入导航电文,送到注入站;③调整偏离轨道的卫星,使其沿预定轨道运行;④启动备用卫星,以替换失效的工作卫星。

(3) 注入站(injection station)

注入站是在主控站的控制下,将主控站推算和编制的卫星星历、钟差、导航电文和其他控制指令等,注入相应卫星的存储器中,并监测注入信息的正确性。

除主控站外,整个地面监控系统均无人值守。

### 2. 用户设备

用户设备包括 GPS 接收机和相应的数据处理软件。GPS 接收机由接收天线、主机和电源组成。随着电子技术的发展,现在的 GPS 接收机已高度集成化和智能化,实现了接收天线、主机、数传电台及电源的一体化,并能自动捕获卫星并采集数据。

GPS 接收机的任务是捕获卫星信号,跟踪并锁定卫星信号,对接收到的信号进行处理,测量出测距信号从卫星传播到接收机天线的时间间隔,译出卫星广播的导航电文,实时计算接收机天线的三维坐标、速度和时间。

按用途的不同,GPS 接收机分为导航型、测地型和授时型;按使用的载波频率,GPS 接收机分为单频接收机(用 1 个载波频率 $L_1$)和双频接收机(用 2 个载波频率 $L_1$,$L_2$)。本章只简要介绍测地型 GPS 接收机的定位原理和测量方法。

## 7.3 GPS 定位的基本原理

根据测距原理的不同,GPS 定位方式可以分为伪距定位、载波相位定位和 GPS 差分定位,根据待定点位的运动状态可以分为静态定位和动态定位。

### 7.3.1 卫星信号

卫星信号包含载波、测距码(C/A 码和 P 码)、数据码(导航电文或称 D 码),它们都是在同一个原子钟频率 $f_0=10.23$ MHz 下产生的,如图 7-3 所示。

#### 1. 载波信号

载波信号频率使用无线电 L 波段的两种不同频率的电磁波,其频率和波长分别如下:

$$L_1 \text{ 载波}: f_1 = 154 \times f_0 = 1\ 575.42 \text{ MHz}, \lambda_1 = 19.03 \text{ cm} \tag{7-5}$$

$$L_2 \text{ 载波}: f_1 = 120 \times f_0 = 1\ 227.60 \text{ MHz}, \lambda_2 = 24.42 \text{ cm} \tag{7-6}$$

在 $L_1$ 载波调制了 C/A 码、P 码和 D 码,在 $L_2$ 载波只调制了 P 码和 D 码。

图 7-3  GPS 卫星信号频率产生的原理

C/A 码和 P 码也称测距码,测距码是二进制编码,由数字"0"和"1"组成。在二进制中,一位二进制数称为 1 比特(bit)或一个码元,每秒钟传输的比特数称为数码率。测距码属于伪随机码,它们具有良好的自相关性和周期性,很容易复制,C/A 码和 P 码的参数列于表 7-1。

表 7-1                              C/A 码和 P 码参数

| 参数 | C/A 码 | P 码 |
| --- | --- | --- |
| 码长/bit | 1 023 | $2.35 \times 10^{14}$ |
| 频率 $f$/MHz | 1.023 | 10.23 |
| 码元宽度 $t_u(=1/f)$/μs | 0.977 52 | 0.097 752 |
| 码元宽度时间传播的距离 $ct_u$/m | 293.1 | 29.3 |
| 周期 $T_u=N_u t_u$ | 1 ms | 265 d |
| 数码率 $P_u$/(bit·s$^{-1}$) | 1.023 | 10.23 |

测距码测距的原理是:卫星在自身时钟控制下发射某一结构的测距码,传播 $\Delta t$ 时间后,到达 GPS 接收机,而 GPS 接收机在自身时钟的控制下产生一组结构完全相同的测距码,也称复制码,复制码通过一个时间延迟器使其延迟时间 $\tau$ 后与接收到的卫星测距码比较,通过调整延迟时间 $\tau$ 使两个测距码完全对齐[此时的自相关系数 $R(t)=1$],则复制码的延迟时间 $\tau$ 就等于卫星信号传播到接收机的时间 $\Delta t$。

C/A 码码元宽度对应的距离为 293.1 m,如果卫星与接收机的测距码对齐精度为 1/100,则测距精度为 2.9 m;P 码码元宽度对应的距离为 29.3 m,如果卫星与接收机的测距码对齐精度为 1/100,则测距精度为 0.29 m。P 码的测距精度高于 C/A 码 10 倍,因此又称 C/A 码为粗码,P 码为精码。P 码受美国军方控制,不对非军方用户开放,普通用户只能利用 C/A 码测距。

**2. D 码**

D 码就是导航电文,它包含了卫星星历、卫星工作状态、时间系统、卫星时钟运行状态、轨道摄动改正、大气折射改正和由 C/A 码捕获 P 码的信息等。导航电文也是二进制码,依规定的格式按帧发射,每帧电文的长度为 1 500 bit,播送速率为 50 bit/s。

### 7.3.2 伪距定位

**伪距定位**(pseudorange positioning)分单点定位和多点定位。单点定位是将 GPS 接收机安置在测点上并锁定 4 颗以上的卫星,通过将接收机接收到的卫星测距码与接收机产生的复制码对齐来测量各锁定卫星测距码到接收机的传播时间 $\Delta t_i$,进而求出卫星至接收机的伪距。从锁定卫星的广播星历中获取该卫星的空间坐标,采用空间距离交会原理解算出接收机天线所在点的三维坐标。设锁定 4 颗卫星时的伪距观测方程为式(7-4),4 个方程中刚好有 4 个未知数,故方程有唯一解。当锁定的卫星数超过 4 颗时,就存在多余观测,应使用最小二乘原理通过平差求解测点的三维坐标。

由于伪距观测方程未考虑大气电离层和对流层折射误差、星历误差的影响,所以,单点定位的精度不高。用 C/A 码定位的精度一般为 25 m,用 P 码定位的精度一般为 10 m。

单点定位的优点是速度快、无多值性问题,从而在运动载体的导航定位中得到了广泛的应用,同时,它还可以解决载波相位测量中的**整周模糊度**(integer ambiguity)问题。

多点定位就是将多台 GPS 接收机(一般为 2~3 台)安置在不同测点上,同时锁定相同卫星进行伪距测量,此时,大气电离层和对流层折射误差、星历误差的影响基本相同,在计算各测点之间的坐标差($\Delta x$, $\Delta y$, $\Delta z$)时,可以消除上述误差的影响,使测点之间的点位相对精度大大提高。

### 7.3.3 载波相位定位

载波 $L_1$ 和 $L_2$ 的频率比测距码(C/A 码和 P 码)的频率高得多,其波长也比测距码短很多,由式(7-5)和式(7-6)可知,载波 $L_1$ 和 $L_2$ 的波长分别为 $\lambda_1 = 19.03$ cm,$\lambda_2 = 24.42$ cm。使用载波 $L_1$ 或 $L_2$ 作为测距信号,将卫星传播到接收机天线的正弦载波信号与接收机产生的基准信号进行比相,求出它们之间的相位延迟,从而计算出伪距,就可以获得很高的测距精度。如果测量 $L_1$ 载波相位移的误差为 1/100,则伪距测量精度可达 19.03 cm/100 = 1.9 mm。

**1. 载波相位绝对定位**(carrier phase absolute positioning)

图 7-4 所示为使用载波相位测量法单点定位的原理,与相位式电磁波测距仪的测距原

图 7-4　GPS 载波相位测距原理

理相同,由于载波信号是正弦波信号,相位测量时只能测出其不足一个整周期的相位移部分 $\Delta\varphi$($\Delta\varphi<2\pi$),因此存在整周数 $N_0$ 不确定问题,$N_0$ 称为整周模糊度。

如图 7-4 所示,在 $t_0$ 时刻(也称历元 $t_0$),设某颗卫星发射的载波信号到达接收机的相位移为 $2\pi N_0+\Delta\varphi$,则该卫星至接收机的距离为

$$\frac{2\pi N_0+\Delta\varphi}{2\pi}\lambda = N_0\lambda+\frac{\Delta\varphi}{2\pi}\lambda \tag{7-7}$$

式中,$\lambda$ 为载波波长。

当对卫星进行连续跟踪观测时,由于接收机内置多普勒计数器,只要卫星信号不失锁,$N_0$ 就不变,故在 $t_k$ 时刻,该卫星发射的载波信号到达接收机的相位移变成 $2\pi N_0+\text{int}(\varphi)+\Delta\varphi_k$,其中,$\text{int}(\varphi)$ 由接收机内置多普勒计数器自动累计求出。

考虑钟差改正 $c(v_t-v_T)$、大气电离层折射改正 $\delta\rho_{\text{ion}}$ 和对流层折射改正 $\delta\rho_{\text{trop}}$ 的载波相位观测方程为

$$\rho = N_0\lambda+\frac{\Delta\varphi}{2\pi}\lambda+c(v_t-v_T)+\delta\rho_{\text{ion}}+\delta\rho_{\text{trop}} = R \tag{7-8}$$

通过对锁定的卫星进行连续跟踪观测可以修正 $\delta\rho_{\text{ion}}$ 和 $\delta\rho_{\text{trop}}$,但整周模糊度 $N_0$ 始终是未知的,能否准确求出 $N_0$ 就成为载波相位测距的关键。

**2. 载波相位相对定位**(carrier phase relative positioning)

载波相位相对定位一般是使用两台 GPS 接收机,分别安置在两个测点,两个测点的连线称为**基线**(baseline)。通过同步接收卫星信号,利用相同卫星相位观测值的线性组合来解算基线向量在 WGS-84 坐标系的三维坐标增量($\Delta x$,$\Delta y$,$\Delta z$),进而确定这两个测点的相对位置。当其中一个测点的坐标已知时,就可以推算出另一个测点的坐标。

根据相位观测值的线性组合形式,载波相位相对定位又分为单差法、双差法和三差法三种。下面只简要介绍前两种方法。

(1) 单差法(single difference method)

如图 7-5(a)所示,安置在基线端点上的两台 GPS 接收机对同一颗卫星进行同步观测,由式(7-8)可以列出观测方程为

$$\left.\begin{array}{l} N_{01}^i\lambda+\dfrac{\Delta\varphi_{01}^i}{2\pi}\lambda+c(v_t^i-v_{T1})+\delta\rho_{\text{ion1}}+\delta\rho_{\text{trop1}} = R_1^i \\[2mm] N_{02}^i\lambda+\dfrac{\Delta\varphi_{02}^i}{2\pi}\lambda+c(v_t^i-v_{T2})+\delta\rho_{\text{ion2}}+\delta\rho_{\text{trop2}} = R_2^i \end{array}\right\} \tag{7-9}$$

考虑到接收机到卫星的平均距离为 20 183 km,而基线的距离远小于它,可以认为基线两端点的电离层和对流层折射改正基本相等,即有 $\delta\rho_{\text{ion1}}=\delta\rho_{\text{ion2}}$,$\delta\rho_{\text{trop1}}=\delta\rho_{\text{trop2}}$,对式(7-9)的两式求差,得单差观测方程为

$$N_{12}^i\lambda+\frac{\lambda}{2\pi}\Delta\varphi_{12}^i-c(v_{T1}-v_{T2}) = R_{12}^i \tag{7-10}$$

式中,$N_{12}^i=N_{01}^i-N_{02}^i$,$\Delta\varphi_{12}^i=\Delta\varphi_{01}^i-\Delta\varphi_{02}^i$,$R_{12}^i=R_1^i-R_2^i$。单差方程式(7-10)消除了卫星

$S_i$ 的钟差改正数 $v_t^i$。

(2) 双差法(double difference method)

如图 7-5(b)所示,安置在基线端点上的两台 GPS 接收机同时对两颗卫星进行同步观测,根据式(7-10)可以写出观测卫星 $S_j$ 的单差观测方程为

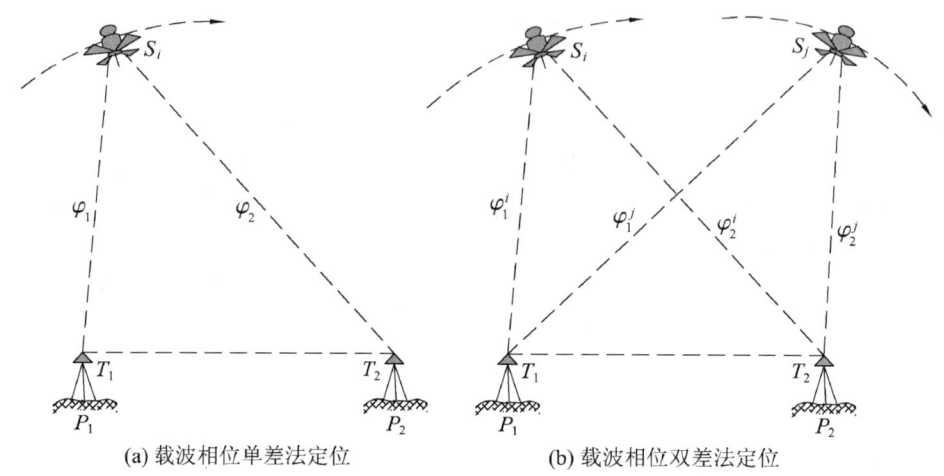

(a) 载波相位单差法定位　　(b) 载波相位双差法定位

图 7-5　GPS 载波相位相对定位

$$N_{12}^j \lambda + \frac{\lambda}{2\pi}\Delta\varphi_{12}^j - c(v_{T1} - v_{T2}) = R_{12}^j \tag{7-11}$$

将式(7-10)和式(7-11)求差,得双差观测方程为

$$N_{12}^{ij}\lambda + \frac{\lambda}{2\pi}\Delta\varphi_{12}^{ij} = R_{12}^{ij} \tag{7-12}$$

式中,$N_{12}^{ij} = N_{12}^i - N_{12}^j$,$\Delta\varphi_{12}^{ij} = \Delta\varphi_{12}^i - \Delta\varphi_{12}^j$,$R_{12}^{ij} = R_{12}^i - R_{12}^j$。双差方程式(7-12)消除了基线端点两台接收机的相对钟差改正数($v_{T1} - v_{T2}$)。

综上所述,采用载波相位定位差分法,可以减少平差计算中未知数的个数,消除或减弱测站相同误差项的影响,提高了定位精度。

顾及式(7-2),可以将 $R_{12}^{ij}$ 化算为基线端点坐标增量($\Delta x_{12}$,$\Delta y_{12}$,$\Delta z_{12}$)的函数,即式(7-12)中有 3 个坐标增量未知数。如果两台 GPS 接收机同步观测了 $n$ 颗卫星,则有($n-1$)个整周模糊度 $N_{12}^{ij}$,未知数总数为($3+n-1$)。当每颗卫星观测了 $m$ 个历元时,就有 $m(n-1)$ 个双差方程。为了求出($3+n-1$)个未知数,要求双差方程数≥未知数个数,即

$$m(n-1) \geqslant 3+n-1 \text{ 或 } m \geqslant \frac{n+2}{n-1} \tag{7-13}$$

一般取 $m=2$,即每颗卫星观测 2 个历元。

为了提高相对定位精度,同步观测的时间应比较长,具体观测时间与基线长、所用接收机类型(单频机还是双频机)和解算方法有关。在小于 15 km 的短基线上使用双频机,应用快速处理软件,野外每个测点同步观测时间一般只需要 10~15 min 就可以使基线长度测量

的精度达到 5 mm+1 ppm。

### 7.3.4 实时动态差分定位

实时动态差分(Real-Time Kinematic，RTK)定位是在已知坐标点或任意未知点上安置一台 GPS 接收机(称基准站)，利用已知坐标和卫星星历计算出观测值的校正值，通过无线电通信设备(称数据链)将校正值发送给运动中的 GPS 接收机(称移动站)，移动站应用接收到的校正值对自身的 GPS 观测值进行改正，以消除卫星钟差、接收机钟差、大气电离层和对流层折射误差的影响。实时动态差分定位应使用带实时动态差分功能的 GPS RTK 接收机才能进行，本节简要介绍常用的三种实时动态差分方法。

1. **位置差分**(position difference)

将基准站 B 的已知坐标与 GPS 伪距单点定位获得的坐标进行差分，通过数据链向移动站 $i$ 传送坐标改正值，移动站用接收到的坐标改正值修正其测得的坐标。

设基准站 B 的已知坐标为 $(x_B^0, y_B^0, z_B^0)$，用 GPS 伪距单点定位测得的基准站的坐标为 $(x_B, y_B, z_B)$，通过差分求得基准站 B 的坐标改正值为

$$\left.\begin{aligned}\Delta x_B &= x_B^0 - x_B \\ \Delta y_B &= y_B^0 - y_B \\ \Delta z_B &= z_B^0 - z_B\end{aligned}\right\} \quad (7\text{-}14)$$

设移动站 $i$ 使用 GPS 伪距单点定位测得的坐标为 $(x_i, y_i, z_i)$，则用基准站 B 的坐标改正值修正后的移动站 $i$ 的坐标为

$$\left.\begin{aligned}x_i^0 &= x_i + \Delta x_B \\ y_i^0 &= y_i + \Delta y_B \\ z_i^0 &= z_i + \Delta z_B\end{aligned}\right\} \quad (7\text{-}15)$$

位置差分要求基准站 B 与移动站 $i$ 同步接收相同卫星的信号。

2. **伪距差分**(pseudorange difference)

利用基准站 B 的已知坐标和卫星广播星历计算卫星到基准站间的几何距离 $R_{B0}^i$，并与使用伪距单点定位测得的基准站伪距值 $\tilde{\rho}_B^i$ 进行差分，得距离改正数为

$$\Delta \tilde{\rho}_B^i = R_{B0}^i - \tilde{\rho}_B^i \quad (7\text{-}16)$$

通过数据链向移动站 $i$ 传送 $\Delta \tilde{\rho}_B^i$，移动站 $i$ 用接收到的 $\Delta \tilde{\rho}_B^i$ 修正其测得的伪距值。基准站 B 只要观测 4 颗以上的卫星并用 $\Delta \tilde{\rho}_B^i$ 修正它到各卫星的伪距值就可以进行定位，不要求基准站与移动站接收的卫星完全一致。

3. **载波相位实时动态差分**(carrier phase real-time dynamic differential)

前面两种差分法都是使用伪距定位原理进行观测，而载波相位实时动态差分是使用载波相位定位原理进行观测。载波相位实时动态差分的原理与伪距差分类似，因为是使用载波相位信号测距，所以其伪距观测值的精度高于伪距定位法观测的精度。由于要解算整周模糊度，所以要求基准站 B 与移动站 $i$ 同步接收相同的卫星信号，且二者相距一般应小于 30 km，其定位精度可以达到 1～2 cm。

## 7.4 静态卫星定位网测量方法及网平差案例

使用 GNSS 接收机进行静态卫星定位测量的工作过程包括方案设计、外业观测、内业数据处理。

**1. 精度指标**

GNSS 测量控制网一般是使用载波相位静态相对定位法,它是使用两台或两台以上的接收机对一组卫星进行同步观测。控制网相邻点间的基线精度 $m_d$ 为

$$m_d = \sqrt{a^2 + (bd)^2} \tag{7-17}$$

式中,$a$ 为固定误差(mm);$b$ 为比例误差(ppm);$d$ 为相邻点间的距离(km)。《城市测量规范》规定,静态测量卫星定位网的主要技术指标应符合表 7-2 的规定。

表 7-2　　　　　　　　　　　静态卫星定位网的主要技术指标

| 等级 | 平均边长/km | 固定误差 $a$/mm | 比例误差 $b$/ppm | 最弱边相对中误差 |
|---|---|---|---|---|
| 二等 | 9 | ≤5 | ≤2 | ≤1/120 000 |
| 三等 | 5 | ≤5 | ≤2 | ≤1/80 000 |
| 四等 | 2 | ≤10 | ≤5 | ≤1/45 000 |
| 一级 | 1 | ≤10 | ≤5 | ≤1/20 000 |
| 二级 | <1 | ≤10 | ≤5 | ≤1/10 000 |

**2. 观测要求**

同步观测时,测站从开始接收卫星信号到停止数据记录的时段称为观测时段;卫星与接收机天线的连线相对于水平面的夹角称为卫星高度角,卫星高度角太小时不能观测;反映一组卫星与测站所构成的几何图形形状与定位精度关系的数值称为**点位几何图形强度因子**(position dilution of precision,PDOP),其值与观测卫星高度角的大小以及观测卫星在空间的几何分布有关。如图 7-6 所示,观测卫星高度角越小,分布范围越大,其 PDOP 值越小。

(a) PDOP 值较小,图形强度好　　　(b) PDOP 值较大,图形强度差

图 7-6　卫星高度角与点位几何图形强度因子 PDOP 的关系

综合其他因素的影响,当卫星高度角大于或等于15°时,点位的PDOP值不宜大于6。GNSS接收机锁定一组卫星后,将自动显示锁定卫星数及其PDOP值。

《城市测量规范》规定,静态测量卫星定位接收机的选用要求应符合表7-3的规定;静态测量的技术要求应符合表7-4的规定。

表7-3　　　　　　　　　　　　静态测量卫星定位接收机的选用要求

| 等级 | 接收机类型 | 标称精度 | 同步观测接收机数 |
|---|---|---|---|
| 二等 | 双频 | ≤5 mm+2×10$^{-6}$d | ≥4 |
| 三等 | 双频或单频 | ≤5 mm+2×10$^{-6}$d | ≥3 |
| 四等 | 双频或单频 | ≤10 mm+5×10$^{-6}$d | ≥3 |
| 一级 | 双频或单频 | ≤10 mm+5×10$^{-6}$d | ≥3 |
| 二级 | 双频或单频 | ≤10 mm+5×10$^{-6}$d | ≥3 |

注:$d$为基线长度(km)。

表7-4　　　　　　　　　　　　　　静态测量的技术要求

| 等级 | 卫星高度角/(°) | 有效观测卫星数 | 平均重复设站数 | 时段长度/min | 数据采样间隔/s | PDOP值 |
|---|---|---|---|---|---|---|
| 二等 | ≥15 | ≥4 | ≥2 | ≥90 | 10～30 | <6 |
| 三等 | ≥15 | ≥4 | ≥2 | ≥60 | 10～30 | <6 |
| 四等 | ≥15 | ≥4 | ≥1.6 | ≥45 | 10～30 | <6 |
| 一级 | ≥15 | ≥4 | ≥1.6 | ≥45 | 10～30 | <6 |
| 二级 | ≥15 | ≥4 | ≥1.6 | ≥45 | 10～30 | <6 |

**3. 网形要求**

与传统的三角测量及导线控制测量方法不同,使用GNSS接收机设站观测时,并不要求各站点之间相互通视。网形设计时,根据控制网的用途以及现有GNSS接收机的台数可以分为两台接收机同步观测、多台接收机同步观测和多台接收机异步观测三种方案。本节只简要介绍两台接收机同步观测方案,其两种测量与布网的方法如下。

(1)静态定位(static positioning)

网形之一如图7-7(a)所示,将两台接收机分别轮流安置在每条基线的端点,同步观测4颗卫星1 h左右,或同步观测5颗卫星20 min左右。静态定位一般用于精度要求较高的控制网布设,如桥梁控制网或隧道洞外控制网。

(2)快速静态定位(fast static positioning)

网形之二如图7-7(b)所示,在测区中部选择一个测点作为基准站,并安置一台接收机连续跟踪观测5颗以上卫星,另一台接收机依次到其余各点流动设站观测(不必保持对所测卫星连续跟踪),每个点观测1～2 min。快速静态定位一般用于控制网加密和一般工程测量。

控制点点位应选在天空视野开阔,交通便利,远离高压线、变电所及微波辐射干扰源的地点。

**4. 坐标转换**

为了计算出测区内WGS-84坐标系与测区坐标系的转换参数,要求至少有2个GNSS控制网点与测区坐标系的已知控制点重合。对于南方GNSS接收机静态采集的观测数据,使用"南方地理数据处理平台软件"进行基线处理及网平差计算。

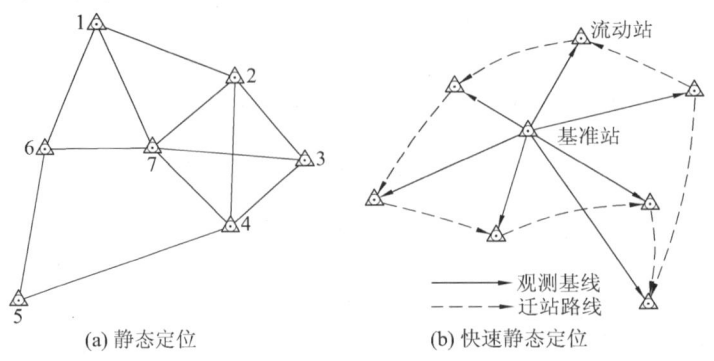

图 7-7 GNSS 静态定位典型网形

### 5. 校园小型 GNSS 静态定位网平差计算案例

图 7-8 为校园小型静态卫星定位网观测略图，$K003$，$G034$，$K009$，$G106$ 为控制点，其已知坐标列于图 7-8 内表，为求 $E001$ 和 $E002$ 两个未知点的三维坐标，使用 4 台南方 GNSS 接收机分两个时段采集静态观测数据，每站观测都使用 H10 手簿，通过工程之星软件实时输入每站测片高，完成观测后导出 8 个扩展名为 sth 的基线观测值文件。

校园小型 GNSS 静态 定位网平差 操作视频

图 7-8 校园小型 GNSS 静态卫星定位网观测略图

（1）新建工程

在 PC 机启动"南方地理数据处理平台软件"，点击工具栏 ➕新建工程 按钮，在"新建工程"对话框中输入文件名"校园小型 GNSS 静态网"，使用缺省设置的米制单位，点击 确定 按钮；弹出"工程设置"对话框，点击对话框左侧 坐标系统 选项，输入"1990 新珠海坐标系"高斯投影参数,结果如图 7-9 所示;点击 确定 按钮关闭对话框,软件在其工作目录创建"校园小型 GNSS 静态网.SGO"工程文件。

图 7-9　为新建工程设置"1990 新珠海坐标系"高斯投影参数

(2) 导入 sth 格式静态观测值文件并修改测站名

点击工具栏 导入 按钮,在弹出的快捷菜单点击 导入观测值文件 命令,弹出"选择导入数据"对话框;在左侧选择观测值文件所在路径,该路径下的 8 个 sth 格式观测值文件出现在"数据预览视图"中;点击 → 按钮,将观测值文件导入右侧的"数据选择视图"(图 7-10),点击 确定 按钮关闭对话框;弹出"测站信息"对话框,参照图 7-8 的观测略图,将测站名由接收机机身号 4 位尾数修改为实际点名,点名字符必须为 4 位字符,方法是:鼠标左键单击某个测站名选中测站,单击右键,在弹出的"编辑测站信息"对话框中修改测站名。如果接收机静

图 7-10　从观测值文件路径导入 sth 格式观测值文件到当前工程

态观测时,没有用 H10 手簿输入测站测片高,观测员应在记录本上记录各测站量取的测片高,在"编辑测站信息"对话框中输入记录的各测站测片高,完成操作后点击 确定 按钮,全部 8 个测站点名修改完成后的结果如图 7-11 所示。

图 7-11　在"测站信息"对话框中修改 8 个测站点名(点名必须为 4 位字符)

点击 确定 按钮弹出提示对话框,软件计算出 6 个测点的平均经度为 113.349°,应用式(1-4)计算出测点在统一 3°带的中央子午线经度为 114°,而在图 7-9 所示界面输入"1990 新珠海坐标系"的中央子午线经度为 113°21′=113.35°。点击 否 按钮不修改,关闭对话框,屏幕显示观测基线向量视图[图 7-12(a)]。

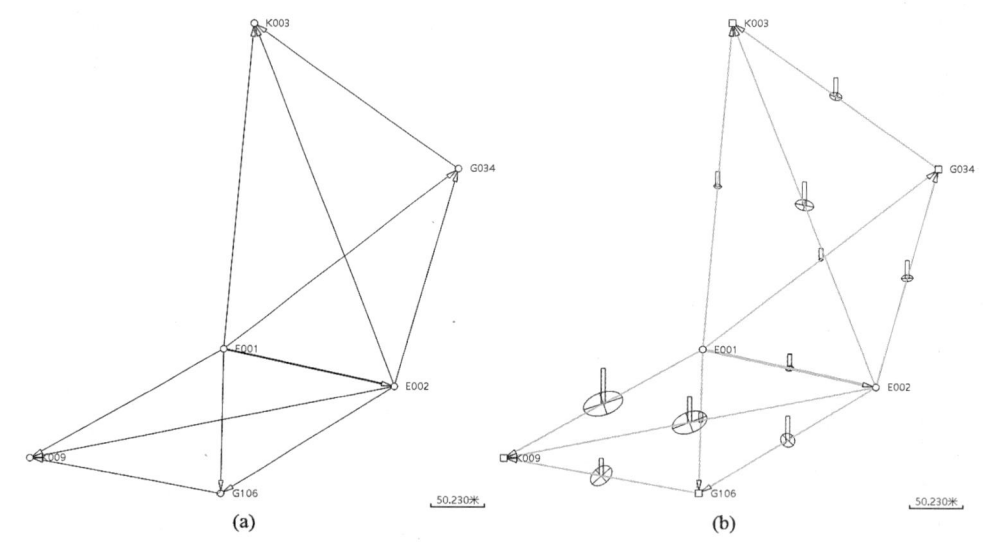

图 7-12　修改测站点名后生成的静态观测视图和基线处理后生成的静态观测视图

(3) 处理基线

点击工具栏 处理基线 按钮,弹出"处理基线"对话框,缺省设置为选中全部基线数据,点击 处理 按钮,软件开始按缺省设置处理基线;完成基线处理后的结果如图 7-13 所示。点击 关闭 按钮关闭对话框,屏幕显示基线处理后的视图[图 7-12(b)],绿色基线表示解算合格基线,红色基线为解算不合格基线,本例解算的 12 条基线全部合格。点击视图右侧的 按钮,显示每条基线的误差椭圆。

图 7-13 完成基线处理后的结果

（4）编辑控制点

点击工具栏 编辑控制点 按钮，输入图 7-8 内表所列 4 个控制点的已知坐标，结果如图 7-14 所示，点击 确定 按钮关闭对话框。

图 7-14 在"编辑控制点"对话框中输入 4 个控制点的已知坐标

（5）网平差

① 三维网平差：点击工具栏 网平差 按钮，在弹出的快捷菜单点击 三维平差 命令，软件自动生成三维网平差报告。

② 二维网平差：点击工具栏 网平差 按钮，在弹出的快捷菜单点击 二维平差 命令，软件自动生成二维网平差报告。

点击工具栏 网平差报告 按钮，可以在"网平差报告"选项卡查到两个未知点 $E001$，$E002$ 的三维平差坐标及中误差，结果如图 7-15 所示。

鼠标右键点击网平差报告任意区域，在弹出的快捷菜单点击 导出报告 按钮（图 7-15），软件在该工程路径创建"\Report\NetAdjustment\NetAdjustmentReport.html"网页文件，可以用浏览器打开该文件。

图 7-15　网平差报告 E001 和 E002 两点的三维坐标平差结果及中误差

## 7.5　南方创享·灵境双频五星 GNSS RTK 简介

南方创享·灵境双频五星 GNSS RTK 采用上海司南卫星导航技术股份有限公司生产的 K803 主板，能同时接收 GPS、GLONASS、BeiDou、Galileo、QZSS 等五种卫星信号。如图 7-16 所示，创享·灵境接收机的标准配置为 1 个基准站＋1 个移动站，基准站与移动站主机完全相同，哪个接收机作为基准站，哪个接收机作为移动站，可以通过接收机圆形触摸屏设置，也可以通过手簿蓝牙连接接收机设置。每个移动站标配一个安装有工程之星软件的 H10 手簿，用户可以根据工作需要选购任意个移动站。

### 1. 创享·灵境接收机

（1）技术参数

接收机采用 Linux 操作系统，1.93 英寸圆形彩色 454×454 点阵触摸屏，1 598 个信号通道，可以同时接收五种卫星信号。在静态测量模式下，平面精度为 $2.5\ \text{mm}+0.5\times10^{-6}d$，高程精度为 $5\ \text{mm}+0.5\times10^{-6}d$，其中 $d$ 为基线长度。静态作用距离≤100 km，静态固态内存为 64MB。在 RTK 测量模式下，平面精度为 $8\ \text{mm}+1\times10^{-6}d$，高程精度为 $15\ \text{mm}+1\times10^{-6}d$；内置的收发一体数传电台的工作频率为 450～470 MHz，最大发射功率为 3 W，典型作业距离≤15 km；具有 Wi-Fi 热点功能，任何智能终端都可接入接收机，并对接收机进行功能配置；接收机可连接 Wi-Fi，通过 Wi-Fi 进行差分数据播放或接收；接收机内置电池容量为 10 000 mA·h/7.4 V 的锂离子充电电池，移动站网络模式续航时间为 30 h。

创享·灵境接收机新增特色功能包括：①内置惯性测量传感器（IMU），支持惯导倾斜测量功能，根据对中杆倾斜方向和角度自动校正测点坐标；②基于北斗三号 GEO 卫星播发的改正数，采用精密单点定位技术，空旷环境下 20 min 收敛，单点定位精度可达 10 cm。

1—电源开/关键；2—电池电量指示灯(4 灯亮为满电,1 灯亮代表 25% 电量)；3—1.93 寸圆形彩色触摸屏；4—扬声器；5—机身号(蓝牙设备名)；6—SIM 卡插槽；7—Type-C 接口；8—摄影测量摄像头；9—视觉放样摄像头；10—5 芯接口

图 7-16　南方创享·灵境 GNSS 接收机

(2) 接收机天线高

接收机天线高实际上只有直高一种,其定义为天线相位中心到测点的垂直距离。如图 7-17(b)所示,RTK 测量移动站使用碳纤杆时,杆高实际上就等于直高,可从碳纤杆侧面分划注记读取。

使用三脚架安置接收机时[图 7-17(a)],因直高不易准确量取,可量取测片高。仪器为每台接收机配置了一块测高片[图 7-16(d)],测高片安装位置如图 7-17(a)所示。静态测量或 RTK 测量基准站的天线高,只需从测点量至测高片下沿即可,该天线高称为测片高,内业导入数据时,在"南方地理数据后处理平台软件"中选择"测片高"(图 7-11),即可由软件自动计算出直高。2019 年后南方测绘生产的 GNSS 接收机已取消"斜高"量取方式。

(3) 接收机开关机方法

创享·灵境接收机底部只有一个电源键 ⏻[图 7-16(c)]。关机状态下长按 ⏻ 键 1.5 s,待扬声器发出一声"滴"后松开,打开接收机电源；开机状态下,长按 ⏻ 键 2.5 s,待扬声器发出三声"滴"后松开,关闭接收机电源。

接收机开机后触摸屏显示南方测绘商标约 15 s 后,进入最近一次设置的工作模式界面[图 7-18(a)]。接收机工作模式可用 H10 手簿蓝牙连接后在工程之星 V5.0 中设置,也可以通过接收机触摸屏设置。

(a) 静态测量与基准站的两种高度　　(b) 移动站杆高的定义

图 7-17　创享·灵境接收机的三种天线高

图 7-18　创享·灵境接收机开机界面

手指触屏向左滑动进入接收机信息界面[图 7-18(b)]；继续触屏向左滑动进入接收机 **工作模式** 设置界面[图 7-18(c)]，继续触屏向左滑动进入接收机 **数据链** 设置界面[图 7-18(d)]，继续触屏向左滑动进入接收机 **系统配置** 设置界面[图 7-18(e)]，触屏向下滑动进入接收机 **重启** 或 **关机** 界面[图 7-18(f)]。触屏设置菜单总图如图 7-19 所示。

#### 2. H10 手簿

H10 手簿是南方测绘自主生产的工业级三防 4G 双卡双待安卓触屏手机，它与普通安卓手机的操作方法相同。在开机状态下，缺省设置是闲置 1 min 后熄屏，按 ⏻ 键可使屏幕在亮屏与熄屏之间切换，长按 ⏻ 键 3 s，屏幕顶部弹出一个对话框，点击"关机"按钮为关闭手簿电

图 7-19 创享·灵境 GNSS 接收机触屏菜单总图
(注：反白显示项为仪器出厂设置内容)

源,点击"重启"按钮为重新启动手簿。

在 H10 手簿桌面,点击 工程之星 图标 启动工程之星 V5.0 软件,在当前工程主菜单点击 配置 按钮 ,在弹出的快捷菜单点击 仪器连接 命令,蓝牙连接接收机;再点击 配置 按钮 ,点击 仪器设置 命令,可以执行接收机菜单总图(图 7-19)的所有设置命令,这比在接收机上触屏操作更加方便。

## 7.6 南方创享·灵境 GNSS RTK 测量方法

使用创享·灵境 GNSS RTK 测量时,应将一台接收机设置为基准站,另一台接收机设置为移动站,并设置基准站与移动站差分数据传输方式(数据链)。本节只介绍内置电台差分数据传输方式的设置方法,将机身号尾数 0928 的接收机设置为基准站,机身号尾数 8610 的接收机设置为移动站,两台接收机均已开机。

### 1. 新建工程

在 H10 手簿启动工程之星,进入当前工程主菜单(新手簿缺省设置工程名为"default"),

点击 工程 按钮，在弹出的快捷菜单点击 新建工程 命令[图 7-20(a)]，系统以当前日期 "20240519"命名新建一个工程[图 7-20(b)]；点击 确定 按钮，进入"坐标系统设置"界面，在"坐标系统名称"栏输入"1990 新珠海坐标系"，"目标椭球"设置为"BJ54"（指 1954 北京坐标系），在"中央子午线"栏输入 E113°21′00″[图 7-20(c)]；点击"设置投影参数"右侧 ⟩ 按钮，切换到"投影方式"界面，输入东偏移"100000"，意指 $y$ 坐标加常数为 100 km[图 7-20(d)]，点击 确定 按钮，返回图 7-20(c)所示界面；点击 确定 按钮，弹出提示框[图 7-20(e)]，点击 确定 按钮将坐标系参数应用到新建工程并返回该工程主菜单。

图 7-20 在工程之星软件中执行"新建工程"命令，设置平面坐标系投影参数，蓝牙连接接收机

**2. 设置基准站、移动站及其内置电台传输数据链**

将两条 UHF 差分天线分别安装在机身号尾数为 0928 和 8610 的两台接收机上。

（1）手机蓝牙连接基准站接收机

在当前工程主菜单点击 配置 按钮，在弹出的快捷菜单点击 仪器连接 命令[图 7-20(f)]，进入"蓝牙管理器"界面[图 7-20(g)]；点击机身号尾数为 0928 的蓝牙设备名，点击 连接 按钮，蓝牙连接成功后返回该工程主菜单，此时，主菜单界面底部应显示单点解。

（2）设置基准站数据链为内置电台1通道

在当前工程主菜单，点击 **配置** 按钮，在弹出的快捷菜单点击 **仪器设置** 命令[图 7-21(a)]，将蓝牙连接的 GNSS 接收机设置为基准站模式[图 7-21(b)]；点击 **基准站设置** 右侧 > 按钮，量取并输入基准站测片高，参数设置如图 7-21(c)所示；点击 **数据链设置**，切换至"数据链设置—内置电台"界面，参数设置如图 7-21(d)所示；点击标题栏左侧 < 按钮，返回"基准站设置"界面[图 7-21(c)]；点击 **启动** 按钮，基准站开始接收卫星信号；点击手机退出键，返回工程主菜单界面[图 7-21(e)]，此时，屏幕底部卫星栏显示"S：18/19"，表示已锁定卫星数 18 颗，可视卫星数 19 颗。在空旷测区，基准站接收机内置电台发送差分数据的最大传播距离为 15 km。

图 7-21  执行"仪器设置"命令，设置基准站参数(数据链为内置电台1通道)

（3）手簿蓝牙连接移动站接收机

在当前工程主菜单，点击 **配置** 按钮，在弹出的快捷菜单点击 **仪器连接** 命令，点击 **断开** 按钮，断开手簿与基准站的蓝牙连接；点击机身号尾数为 8610 的接收机，点击 **连接** 按钮开始蓝牙连接，完成蓝牙连接后返回当前工程主菜单。

（4）设置移动站数据链为内置电台1通道

在当前工程主菜单，点击 **配置** 按钮，在弹出的快捷菜单点击 **仪器设置** 命令[图 7-22(a)]，将蓝牙连接的 GNSS 接收机设置为移动站模式[图 7-22(b)]；点击

图 7-22  蓝牙连接接收机，执行"仪器设置"命令，设置移动站参数(数据链为内置电台1通道)

● **移动站设置** 右侧 > 按钮,参数设置内容如图 7-22(c)所示;点击 **数据链设置**,切换至"数据链设置—内置电台"界面,参数设置内容应与基准站相同[图 7-22(d)];点击标题栏左侧 < 按钮,返回"基准站设置"界面[图 7-22(c)];点击手机退出键,返回工程主菜单界面[图 7-22(e)]。

只要接收机锁定的卫星数够,屏幕底部就很快显示固定解[图 7-22(e)]。"H:0.011"表示移动站平面坐标误差为±0.011 m,"V:0.012"表示移动站高程坐标误差为±0.012 m。

### 3. 放样测量

可以将基准站安置在已知点,如果已知点视野不开阔,也可以将基准站安置在地势较高、视野开阔、距离放样场区<15 km 的任意未知点。下面只介绍将基准站安置在任意未知点的放样方法。设在任意未知点安置好基准站,且基准站与移动站均已开机,数据链设置均为内置电台模式通道1。

如图 7-23(a)所示,$A$,$B$,$C$,$D$ 为四个一级导线点,1,2,3,4 为房角四个设计点,在 Windows 记事本按 SouthMap 格式输入这 8 个点的坐标文件为"PcyxH.dat"[图 7-23(b)],用 Type-C/USB 双接口 U 盘,从用户电脑复制 PcyxH.dat 文件到手簿内存根目录。

(a) 四个一级导线点与四个放样点展点图　　(b) 用Windows记事本输入8个点的坐标文件

图 7-23　四个一级导线点和四个放样点坐标

下面介绍根据 $A$,$B$,$C$,$D$ 四个一级导线点求坐标转换参数,然后放样1号点的操作方法。

（1）导入 PcyxH.dat 坐标文件到当前工程

在当前工程主菜单,点击 **输入** 按钮,在弹出的快捷菜单点击 **坐标管理库** 命令[图 7-24(a)],点击 **导入** 按钮[图 7-24(b)],点击"文件类型"列表框,点击 ***.dat-Pn,Pc,y,x,h (南方 cass)** [图 7-24(c)],在手机内存根目录点击 Pcyxh.dat 文件[图 7-24(d)],将该文件8个点的坐标数据导入当前工程坐标管理库,结果如图 7-24(e)所示;点击手簿退出键返回当前工程主菜单。

（2）计算坐标转换参数

在当前工程主菜单,点击 **输入** 按钮,在弹出的快捷菜单点击 **求转换参数** 命令[图 7-25(a)],点击 **添加** 按钮[图 7-25(b)],点击"平面坐标"栏按钮[图 7-25(c)],切换至"坐标管理库"界面[图 7-25(d)],将移动站安置在 $A$ 点,点击 $A$ 点点名,设置 $A$ 点为计算坐标转换参数的第一个控制点;点击"大地坐标"栏按钮提取 $A$ 点大地坐标[图 7-25(e)];点

图 7-24 导入手簿内存根目录下的 PcyxH.dat 文件到当前工程

击 确定 按钮返回"求转换参数"界面。相同的方法分别在 $B$，$C$，$D$ 三点安置移动站，重复执行上述操作，结果如图 7-25(f)—(h) 所示。完成操作后点击 确定 按钮返回"求转换参数"界面[图 7-26(a)]。

图 7-25 添加 A,B,C,D 点的已知坐标并采集其 WGS-84 坐标

点击 计算 按钮计算坐标转换参数[图 7-26(b)],点击 确定 按钮,返回"求转换参数"界面[图 7-26(a)];点击 应用 按钮,点击 确定 按钮[图 7-26(c)],将转换参数应用到当前工程并返回工程主菜单[图 7-26(d)]。

图 7-26 使用 A,B,C,D 四个一级导线点的坐标计算坐标转换参数并应用于当前工程

为满足坐标转换参数的计算要求,需要在已知控制点依次安置移动站接收机,采集控制点的 WGS-84 坐标(大地坐标),这些控制点称为公共点。

注:四参数法是将一个平面坐标系通过平移、缩放、旋转变换到另一个平面坐标系,它与图 6-18 所示的边角后方交会,将测站坐标系变换为高斯坐标系的原理相同,属于线性变换。在当前工程主菜单,执行"输入/求转换参数"命令,系统自动使用表列公共点(至少 2 个)的 WGS-84 坐标系与控制点所在高斯坐标系的两套坐标,计算将 WGS-84 坐标变换到高斯坐标的四个转换参数。本例采用 4 个公共点的两套坐标计算可以提高转换参数的计算精度。四参数法适用于测区面积小于 10 km² 的情形,且选取的控制点应尽可能均匀分布在测区外围。

(3) 转换参数的导出与导入

需要用多台移动站放样设计点位或采集碎部点坐标时,只需要使用一台移动站求转换参数,将用于求转换参数的公共点坐标导出为文本文件(扩展名为 cot)。

在移动站手簿当前工程主菜单,点击 输入 按钮 ,点击 **求转换参数** 命令,点击 导出 按钮[图 7-27(a)],点击 确定 按钮[图 7-27(b)],在手簿内存中创建公共点坐标文件"/SOUTHGNSS.EGStar/Export/20240519204041.cot",20240519204041.cot 为文本格式的公共点坐标转换文件,用 Windows 记事本打开该文件的内容如图 7-28 所示。

使用 Type-C/USB 双接口 U 盘将 20240519204041.cot 文件从一台移动站手簿复制到另一台移动站手簿,在另一台移动站手簿当前工程主菜单,点击 输入 按钮 ,点击 **求转换参数** 命令,进入求转换参数界面[图 7-27(c)];点击 导入 按钮,再点击手簿内存中的 20240519204041.cot 文件[图 7-27(d)],将该坐标转换文件数据导入求转换参数列表界面[图 7-27(e)],点击 应用 按钮,点击 确定 按钮[图 7-27(f)],将转换参数应用到 H10 手簿当前工程并返回主菜单。

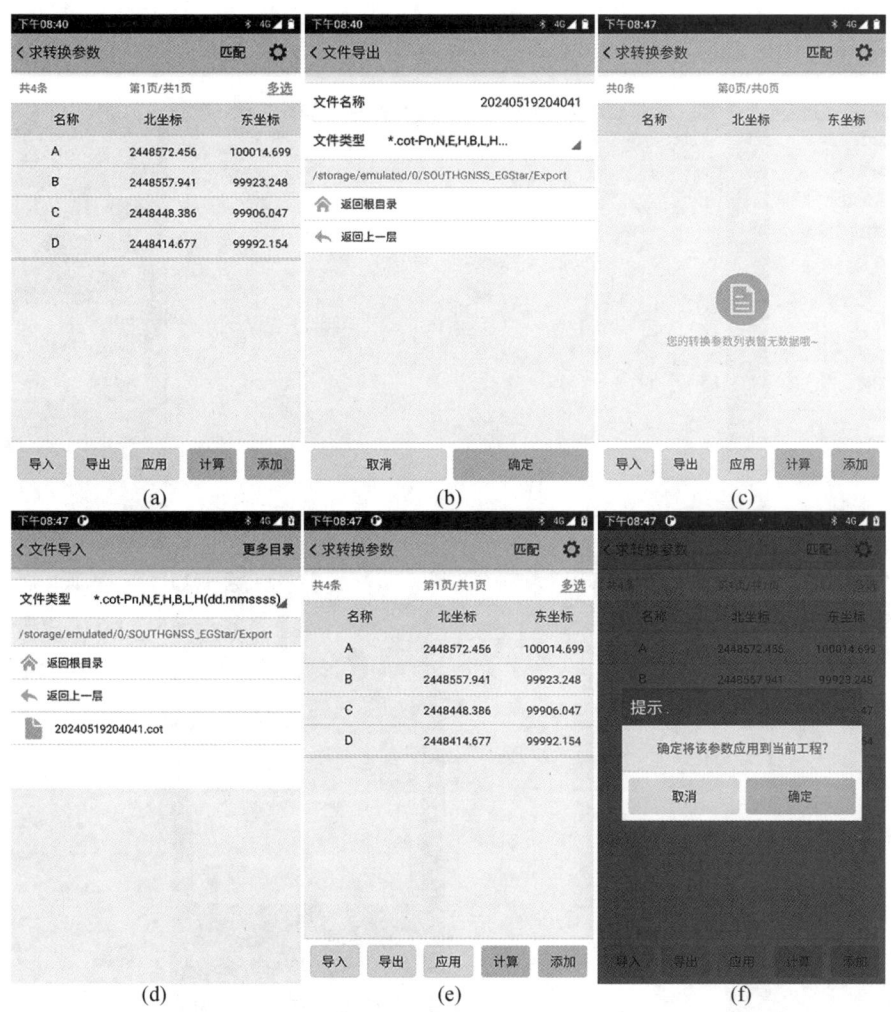

图 7-27 在移动站手簿导出工程坐标转换文件 20240519204041.cot，在另一台移动站手簿导入坐标转换文件 20240519204041.cot

图 7-28 用 Windows 记事本打开导出的坐标转换文件 20240519204041.cot 的内容

（4）放样

在当前工程主菜单，点击**测量**按钮，在弹出的快捷菜单点击**点放样**命令[图 7-29(a)]，进入点放样界面[图 7-29(b)]，如果手簿连接了移动互联网，系统会自动在百度地图中展绘坐标库所有点位。

点击**目标**按钮[图 7-29(b)]，点击**添加**按钮[图 7-29(c)]，在弹出的快捷菜单点击

201

**点库获取**单选框[图7-29(d)],点选1～4号放样点[图7-29(e)],点击 导入 按钮,将4个放样点坐标导入放样点库[图7-29(f)]。

图7-29 在工程主菜单执行"点放样"命令放样1号点

点击1号点,在弹出的快捷菜单点击**点放样**单选框[图7-29(g)],返回点放样界面[图7-29(h)]。因完成坐标转换参数计算后,移动站位于 $D$ 点。如图7-23(a)所示, $D$ 点至1号放样点的设计方位角为 $344°52'09''$ ,设计平距为 $92.056$ m,它与手簿屏幕显示的移动方位角和平距相符[图7-29(h)]。

如图7-30所示,以碳纤杆标配罗盘仪所指磁北方向为坐标北参照方向,沿方位角 $344°52'09''$ 方向移动碳纤杆,软件自动缩放屏幕,同时显示移动站当前位置与1号点设计位置。继续按屏幕指示方向和距离值移动碳纤杆[图7-31(a)],直至移动到1号点的设计位置为止[图7-31(b)]。完成1号点放样后,点击 下点 按钮放样2号点,界面如图7-31(c)所示。

与全站仪放样比较,使用GNSS RTK放样设计点位的特点是:基准站与移动站之间不需要相互通视,工期紧张时,可以使用多台移动站同时放样;移动站只需根据H10手簿屏幕显示的方位角和平距值,即可将移动站自主移动到放样点,无需基准站指挥。对于工期紧张的施工项目,还可以夜间放样。缺点是:要求放样场区视野开阔,且无障碍物遮挡卫星信号。

图 7-30　碳纤杆罗盘仪指示 1 号放样点移动方向及移动平距

图 7-31　执行"点放样"命令，1 号点放样完成后设置放样 2 号点

## 7.7　连续运行参考站系统(CORS)

**连续运行参考站系统**(Continuously Operating Reference System，CORS)定义为一个或若干个固定、连续运行的 GNSS 参考站，利用计算机、数据通信和互联网技术组成的网络，实时向不同类型、不同需求、不同层次用户自动提供经过检验的不同类型 GNSS 观测值(载波相位或伪距)、各种改正数、状态信息以及其他有关 GNSS 服务项目的系统。

CORS 主要由控制中心、固定参考站、数据通信部分和用户部分组成。在整个城市范围内,应建设至少3个永久性固定参考站,各固定参考站的观测数据通过移动互联网实时传送到控制中心,控制中心对接收到的固定参考站观测数据进行处理后,通过移动互联网发送 CORS 网络差分数据给用户移动站接收机。

### 1. CORS 技术分类

CORS 技术主要包括**虚拟参考站系统**(Virtual Reference Station,VRS)技术、**区域改正参数**(Flächenkorrekturparameter,FKP)技术、主辅站(Master-Auxiliary Concept,MAC)技术三种。天宝和南方测绘使用 VRS 技术,徕卡使用 MAC 技术,拓普康可以在三种技术中任意切换。移动站用户使用城市 CORS 测量需要付费,本节只简要介绍 VRS 技术。

如图 7-32 所示,在 VRS 网络中,各固定参考站不直接向移动站用户发送差分数据,而是将其接收到的卫星数据通过移动互联网发送到控制中心。移动站用户在工作前,通过移动互联网先向控制中心发送一个概略位置坐标,控制中心收到这个位置信息后,自动选择最佳的一组固定基准站,根据这些基准站发来的信息,整体改正 GNSS 轨道误差以及电离层、对流层和大气折射误差,将高精度差分信号发送给移动站接收机,相当于在移动站旁边生成了一个虚拟参考基站,解决了 RTK 作业距离的限制问题,也保证了用户移动站的定位精度。每个固定参考站的设备如图 7-33 所示。

图 7-32 VRS 技术原理

VRS 技术的优点是:接收机的兼容性较好,控制中心应用整个网络信息来计算电离层和对流层的复杂模型,整个 VRS 对流层模型是一致的,消除了对流层误差;成果可靠性、信号可利用性和精度水平在系统有效覆盖范围内大致均匀,与离开最近参考站的距离没有明显相关性。

VRS 技术要求双向数据通信,移动站既要接收数据,也要发送自身的定位结果和状态,

图 7-33　固定参考站设备组成及电缆连接方式

每个移动站和控制中心交换的数据都是唯一的,这对控制中心的数据处理能力和数据传输能力有很高的要求。

### 2. 千寻 CORS

千寻 CORS 是依托国家北斗地基增强系统"全国一张网",自主研发定位算法的大规模互联网服务平台,在全国建设运营了 2 400 座 CORS 基准站,可应用于测绘、自动驾驶、精细农业、智慧交通、城市管理、能源管理等领域,也可应用于 AIOT 智能电子终端。从 2018 年到 2020 年,千寻 CORS 差分数据服务从三星座系统升级到了五星座系统,支持的频点数量也从原来的 8 频点增加到 16 个以上频点,同时观测卫星数量也增加了 25% 以上,有 50 多颗,目前已覆盖全国 33 个省市。

千寻 CORS 账号售价 3 600 元/年,用户可按月购买,用户只需在电商平台网购一个账号及密码,在工程之星软件中输入商家发送的 IP 地址、端口、账号、密码及接入点,即可使用千寻 CORS 定位。

在当前工程主菜单,点击 **配置** 按钮 ⚙,在弹出的快捷菜单点击 **仪器设置** 命令[图 7-34(a)],点击 ● **移动站设置** 右侧 ＞ 按钮[图 7-34(b)],设置"数据链"为"手簿网络模式",设置 ● **CORS连接设置** 单选框,点击其右侧 ＞ 按钮[图 7-34(c)],点击 增加 按钮[图 7-34(d)],输入名称"qh520",输入购买账号的 IP 地址、端口账户名、密码、接入点,打开

(a)　　　　　　　　(b)　　　　　　　　(c)　　　　　　　　(d)

图 7-34　将移动站接收机数据链设置为手簿网络模式,输入购买的千寻账号参数,连接千寻 CORS 网

自动连接,结果如图 7-34(e)所示。点击 确定 按钮,点击最近新建的用户名"qh520",点击 连接 按钮,屏幕显示 登录成功 [图 7-34(f)],点击 确定 按钮,再点击标题栏左侧 ❮ 按钮两次,返回当前工程主菜单。

在当前工程主菜单,点击测量按钮 ▣ ,在弹出的快捷菜单点击点测量 命令,GNSS 接收机很快就有固定解[图 7-34(g)]。将测杆移动到需要测量的测点,点击屏幕右侧 ♀ 按钮,输入采集的点名及杆高,点击 确定 按钮完成测点坐标采集。

# 本 章 小 结

(1) GPS 使用 WGS-84 坐标系。卫星广播星历中含有卫星在 WGS-84 坐标系的坐标,只要测量出 4 颗及以上卫星到接收机的距离,就可以解算出接收机在 WGS-84 坐标系的坐标。

(2) GPS 有 C/A 码和 P 码两种测距码,C/A 码(粗码)码元宽度对应的距离为 293.1 m,其单点定位精度为 25 m;P 码(精码)码元宽度对应的距离为 29.3 m,其单点定位精度为 10 m。P 码受美国军方控制,一般用户无法得到,只能利用 C/A 码进行测距。

(3) GPS 测距码测距原理是:卫星在自身时钟控制下发射某一结构的测距码,传播 $\Delta t$ 时间后,到达接收机;接收机在自身时钟控制下产生一组结构完全相同的复制码,复制码通过时间延迟器使其延迟时间 $\tau$ 后与接收到的卫星测距码完全对齐,复制码的延迟时间 $\tau$ 就等于卫星信号传播到接收机的时间 $\Delta t$ ,乘以光速 $c$ 即得卫星至接收机的距离。

(4) GPS 使用单程测距方式,即接收机接收到的测距信号不再返回卫星,而是在接收机中直接解算传播时间 $\Delta t$ 并计算出卫星至接收机的距离,它要求卫星和接收机的时钟严格同步。实际上,卫星钟与接收机钟不可能严格同步,会产生钟误差,其中,卫星广播星历中含有卫星钟差 $v_t$ ,是已知的,而接收机钟差 $v_T$ 是未知数,需要通过观测方程解算。两个时钟不同步对测距结果的影响为 $c(v_T-v_t)$ 。

(5) 使用"南方地理数据处理平台软件"对 GNSS 静态定位网平差的操作步骤如下:新建

扩展名为 SGO 的工程文件并设置高斯投影参数；导入 sth 格式的观测值文件到当前工程，并编辑测站点名或测片高；按缺省设置处理基线；编辑并输入已知控制点点名及三维坐标；先三维平差，后二维平差；导出 html 网页格式的平差报告。

（6）在任意未知点上安置一台 GNSS 接收机作为基准站，利用已知坐标和卫星星历计算出观测值的校正值，通过数据链将校正值发送给移动站，移动站使用接收到的校正值对自身的 GNSS 观测值进行改正，以消除卫星钟差、接收机钟差、大气电离层和对流层折射误差的影响。

（7）创享·灵境 GNSS RTK 放样点位的特点是：基准站与移动站之间不需要相互通视；移动站根据手簿显示的数据自主移动到放样点，无需基准站指挥。缺点是：要求放样场区视野开阔，且无障碍物遮挡卫星信号。

（8）任意一台移动站求出的坐标转换参数供另一台移动站手簿使用的方法是：在已求出坐标转换参数的移动站手簿主菜单，执行"输入/求转换参数/导出"命令，导出已采集的公共点坐标文件（cot 格式），将其复制到 Type C/USB 双接口 U 盘，再将该 U 盘插入另一台移动站手簿，从 U 盘复制 cot 文件到手簿内存，在手簿主菜单执行"输入/求转换参数/导入"命令，导入接收到的公共点坐标文件，重新计算坐标转换参数，将转换参数应用到当前工程。

（9）千寻 CORS 是依托国家北斗地基增强系统"全国一张网"，自主研发定定位算法的大规模互联网服务平台，已覆盖全国 33 个省市。用户只需要在电商平台网购一个账号及密码，在工程之星软件中输入商家发送的 IP 地址、端口、账号、密码及接入点并连接移动互联网，即可用千寻 CORS 精确测量或放样。

## 思考题与练习题

［7-1］ GPS 有多少颗工作卫星？距离地表的平均高度是多少？GLONASS 有多少颗工作卫星？距离地表的平均高度是多少？BeiDou 三号系统有多少颗工作卫星？距离地表的平均高度是多少？

［7-2］ 简述 GPS 的定位原理。

［7-3］ 卫星广播星历包含什么信息？它的作用是什么？

［7-4］ 为什么将接收机测得的工作卫星至接收机的距离称为伪距？

［7-5］ 测定地面某点在 WGS-84 坐标系中的坐标时，GPS 接收机为什么要接收至少 4 颗工作卫星的信号？

［7-6］ GPS 由哪些部分组成？简述各部分的功能和作用。

［7-7］ 载波相位相对定位的单差法和双差法各可以消除什么误差？

［7-8］ 什么是同步观测？什么是卫星高度角？什么是几何图形强度因子 DPOP？

［7-9］ 使用创享·灵境 GNSS RTK 放样时，基准站是否一定要安置在已知点上？移动站与基准站的距离有何要求？

［7-10］ 使用多台移动站放样同一个建筑物的设计点位时，使用一台移动站接收机采集公共点的 WGS-84 坐标求得的转换参数如何提供给另一台移动站接收机使用？

［7-11］ CORS 主要有哪些技术？国内外主流测绘仪器厂商的 CORS 使用的是什么技术？

# 第 8 章　大比例尺地形图测绘

## 本 章 导 读

**基本要求**　掌握地形图比例尺的定义，大、中、小比例尺的分类，比例尺精度与测距精度之间的关系，测图比例尺的选用原则；熟悉大比例尺地形图常用地物、地貌和注记符号的分类及意义；掌握 MSMT 地形图测绘 程序为野外采集碎部点实时赋源码、注记码、连线码的原理与方法。

**重点**　大比例尺地形图分幅及编号方法，MSMT RTK设置 程序设置千寻 CORS 账号参数方法；MSMT 地形图测绘 程序中大比例尺数字地形图碎部点源码、注记码、连线码的赋码方法。

**难点**　草图绘制方法，MSMT 地形图测绘 程序连线码原理。

## 8.1　地形图比例尺

**地形图**(topographic map)是按一定**比例尺**(scale)，用规定符号表示地物、地貌平面位置和高程的**正射投影图**(orthographic projection)。

**1. 比例尺的表示方法**

图上直线长度 $d$ 与地面上相应线段的实际长度 $D$ 之比称为地形图比例尺。比例尺又分数字比例尺和图示比例尺两种。

(1) 数字比例尺

数字比例尺的定义为

$$\frac{d}{D} = \frac{1}{\dfrac{D}{d}} = \frac{1}{M} = 1:M \tag{8-1}$$

一般将数字比例尺化为分子为 1，分母为一个比较大的整数 $M$ 表示。$M$ 越大，比例尺的值就越小；$M$ 越小，比例尺的值就越大，如数字比例尺 1∶500＞1∶1 000。通常称 1∶500、1∶1 000、1∶2 000、1∶5 000 的比例尺为大比例尺，称 1∶1 万、1∶2.5 万、1∶5 万、1∶10 万的比例尺为中比例尺，称 1∶25 万、1∶50 万、1∶100 万的比例尺为小比例尺。地形图的数字比例尺注记在南面图框外的正中央，如图 8-1 所示。

中比例尺地形图是国家基本地图，由国家专业测绘部门测绘，目前均用航空摄影测量方法成图，小比例尺地形图一般由中比例尺地图缩小编绘而成。

城市和工程建设一般需要大比例尺地形图，其中，1∶500 和 1∶1 000 比例尺地形图一般

图 8-1 地形图上的数字比例尺和图示比例尺

用全站仪或 GNSS RTK 等电子仪器采集碎部点测绘；1∶2 000 和 1∶5 000 比例尺地形图一般由 1∶500 或 1∶1 000 比例尺地形图缩小编绘而成。大面积 1∶500～1∶5 000 的地形图也可用航空摄影测量方法成图。

（2）图示比例尺

如图 8-1 所示，图示比例尺绘制在数字比例尺下方，其作用是便于用分规直接在图上量取直线段的水平距离，还可以抵消在图上量取长度时图纸伸缩的影响。

### 2. 地形图比例尺的选择

《城市测量规范》规定，地形图测图比例尺可根据不同用途按表 8-1 选用。

表 8-1　　　　　　　　　　　　地形图测图比例尺的选用

| 比例尺 | 用　　途 |
| --- | --- |
| 1∶500 | 城市详细规划和管理、地下管线和地下普通建（构）筑物的现状图、工程项目的施工图设计等 |
| 1∶1 000 | 城市详细规划和管理、地下管线和地下普通建（构）筑物的现状图、工程项目的施工图设计等 |
| 1∶2 000 | 城市详细规划和工程项目的初步设计等 |
| 1∶5 000 | 城市规划设计 |
| 1∶10 000 | 城市规划设计 |

图 8-2 为两幅 1∶1 000 比例尺地形图样图，图 8-3 为 1∶500 和 1∶2 000 比例尺地形图样图。

### 3. 比例尺精度

人的肉眼能分辨的图上最小距离是 0.1 mm，设地形图的比例尺为 1∶$M$，定义图上 0.1 mm 所表示的实地水平距离 $0.1M$(mm) 为比例尺精度。根据比例尺精度，可以确定测绘地形图的距离测量精度。例如，测绘 1∶1 000 比例尺地形图时，其比例尺精度为 0.1 m，故量距精度只需 0.1 m 即可，因为小于 0.1 m 的距离在 1∶1 000 比例尺的纸质地形图上表示不

(a) 农村居民地,比例尺 1∶1 000

(b) 矿区,比例尺 1∶1 000

图 8-2 农村居民地与矿区地形图样图

出来。此外，当设计规定需要在图上量出的实地最短长度时，根据比例尺精度，可以反算出测图比例尺。如欲使图上量出的实地最短线段长度为 0.05 m，则所采用的比例尺不得小于 0.1 mm/0.05 m＝1∶500。

表 8-2 所列为不同比例尺地形图的比例尺精度，其规律是：比例尺越大，表示地物和地貌的情况越详细，精度就越高。对同一测区，采用较大比例尺测图往往比采用较小比例尺测图的工作量和经费支出都增加数倍。

表 8-2　　　　　　　　　　　　　大比例尺地形图的比例尺精度

| 比例尺 | 1∶500 | 1∶1 000 | 1∶2 000 | 1∶5 000 |
|---|---|---|---|---|
| 比例尺精度/m | 0.05 | 0.1 | 0.2 | 0.5 |

## 8.2 大比例尺地形图图式

**地形图图式**(topographic map symbols)是表示地物和地貌的符号和方法。一个国家的地形图图式是统一的，属于国家标准。我国最新的大比例尺地形图图式为 2018 年 5 月 1 日开始实施的《国家基本比例尺地图图式 第 1 部分：1∶500　1∶1 000　1∶2 000 地形图图式》。

地形图图式符号按地图要素分为 9 类：定位基础、水系、居民地及设施、交通、管线、境界、地貌、植被与土质、注记；按类别可分为 3 类：地物符号、地貌符号和注记符号。

**1. 地物符号**(feature symbols)

地物符号分依比例符号、不依比例符号和半依比例符号。

（1）依比例符号

可按测图比例尺缩小，用规定符号绘出的地物符号称为依比例符号。如湖泊、房屋、街道、稻田、花圃等，这些地物在表 8-3 中的符号编号分别为 4.2.16，4.3.1，4.4.14，4.8.1，4.8.21。

（2）不依比例符号

有些地物的轮廓较小，无法将其形状和大小按地形图的比例尺绘制到图上，则不考虑其实际大小，而是采用规定的符号表示，这种符号称为不依比例符号。如导线点、水准点、卫星定位等级点、电话亭、路灯、管道检修井等，这些地物在表 8-3 中的符号编号分别为 4.1.3，4.1.6，4.1.8，4.3.66，4.3.106，4.5.11。

（3）半依比例符号

对于一些带状延伸地物，其长度可按比例缩绘，而宽度无法按比例表示的地物符号称为半依比例符号。如栅栏、小路、通信线等，这些地物在表 8-3 中的符号编号分别为 4.3.106，4.4.20，4.5.6.1。

**2. 地貌符号**(geomorphy symbols)

地形图上表示地貌的主要方法是等高线。在谷地、鞍部、山头及斜坡方向不易判读的地方和凹地的最高、最低一条等高线上，绘制与等高线垂直的短线，称为示坡线（编号 4.7.2），用以指示斜坡降落的方向；当梯田坎比较缓和且范围较大时，也可用等高线表示。

(a) 城区居民地,比例尺 1∶500

1—车挡;2—机车转盘;3—水鹤;4—色灯信号机;5—地下通道;6—地下通道入口;7—龙门吊;
8—站线;9-1—露天站台;9-2—有棚站台;10—天桥;11—天桥式照射灯;12—封闭式天桥

(b) 铁路及其附属设施,比例尺 1∶2 000

图 8-3 城区居民地与铁路及其附属设施地形图样图

出来。此外,当设计规定需要在图上量出的实地最短长度时,根据比例尺精度,可以反算出测图比例尺。如欲使图上量出的实地最短线段长度为 0.05 m,则所采用的比例尺不得小于 0.1 mm/0.05 m=1∶500。

表 8-2 所列为不同比例尺地形图的比例尺精度,其规律是:比例尺越大,表示地物和地貌的情况越详细,精度就越高。对同一测区,采用较大比例尺测图往往比采用较小比例尺测图的工作量和经费支出都增加数倍。

表 8-2　　　　　　　　　　　大比例尺地形图的比例尺精度

| 比例尺 | 1∶500 | 1∶1 000 | 1∶2 000 | 1∶5 000 |
|---|---|---|---|---|
| 比例尺精度/m | 0.05 | 0.1 | 0.2 | 0.5 |

## 8.2　大比例尺地形图图式

**地形图图式**(topographic map symbols)是表示地物和地貌的符号和方法。一个国家的地形图图式是统一的,属于国家标准。我国最新的大比例尺地形图图式为 2018 年 5 月 1 日开始实施的《国家基本比例尺地图图式 第 1 部分:1∶500　1∶1 000　1∶2 000 地形图图式》。

地形图图式符号按地图要素分为 9 类:定位基础、水系、居民地及设施、交通、管线、境界、地貌、植被与土质、注记;按类别可分为 3 类:地物符号、地貌符号和注记符号。

**1. 地物符号**(feature symbols)

地物符号分依比例符号、不依比例符号和半依比例符号。

(1) 依比例符号

可按测图比例尺缩小,用规定符号绘出的地物符号称为依比例符号。如湖泊、房屋、街道、稻田、花圃等,这些地物在表 8-3 中的符号编号分别为 4.2.16,4.3.1,4.4.14,4.8.1,4.8.21。

(2) 不依比例符号

有些地物的轮廓较小,无法将其形状和大小按地形图的比例尺绘制到图上,则不考虑其实际大小,而是采用规定的符号表示,这种符号称为不依比例符号。如导线点、水准点、卫星定位等级点、电话亭、路灯、管道检修井等,这些地物在表 8-3 中的符号编号分别为 4.1.3,4.1.6,4.1.8,4.3.66,4.3.106,4.5.11。

(3) 半依比例符号

对于一些带状延伸地物,其长度可按比例缩绘,而宽度无法按比例表示的地物符号称为半依比例符号。如栅栏、小路、通信线等,这些地物在表 8-3 中的符号编号分别为 4.3.106,4.4.20,4.5.6.1。

**2. 地貌符号**(geomorphy symbols)

地形图上表示地貌的主要方法是等高线。在谷地、鞍部、山头及斜坡方向不易判读的地方和凹地的最高、最低一条等高线上,绘制与等高线垂直的短线,称为示坡线(编号 4.7.2),用以指示斜坡降落的方向;当梯田坎比较缓和且范围较大时,也可用等高线表示。

(a) 城区居民地,比例尺 1∶500

1—车挡；2—机车转盘；3—水鹤；4—色灯信号机；5—地下通道；6—地下通道入口；7—龙门吊；
8—站线；9-1—露天站台；9-2—有棚站台；10—天桥；11—天桥式照射灯；12—封闭式天桥

(b) 铁路及其附属设施,比例尺 1∶2 000

图 8-3 城区居民地与铁路及其附属设施地形图样图

表 8-3　　常用地物、地貌和注记符号

| 编号 | 符号名称 | 1:500 | 1:1 000 | 1:2 000 | 编号 | 符号名称 | 1:500 | 1:1 000 | 1:2 000 |
|---|---|---|---|---|---|---|---|---|---|
| 4.1 | **定位基础** | | | | 4.2.17 | 池塘 | | | |
| 4.1.1 | 三角点<br>a. 土堆上的<br>张湾岭、黄土岗——点名<br>156.718, 203.623——高程<br>5.0——比高 | | | | 4.2.32 | 水井、机井<br>a. 依比例尺的<br>b. 不依比例尺的<br>51.2——井口高程<br>5.2——井口至水面深度<br>咸——水质 | | | |
| 4.1.3 | 导线点<br>a. 土堆上的<br>I 16, I 23——等级、点号<br>84.46, 94.40——高程<br>2.4——比高 | | | | 4.2.34 | 贮水池、水窖、地热池<br>a. 高于地面的<br>b. 低于地面的<br>净——净化池<br>c. 有盖的 | | | |
| 4.1.4 | 埋石图根点<br>a. 土堆上的<br>12, 16——点号<br>275.46, 175.64——高程<br>2.5——比高 | | | | 4.2.40 | 堤<br>a. 堤顶宽依比例尺<br>24.5——堤坝高程<br>b. 堤顶宽不依比例尺<br>2.5——比高 | | | |
| 4.1.5 | 不埋石图根点<br>19——点号,<br>84.47——高程 | | | | 4.2.46 | 加固岸<br>a. 一般加固岸<br>b. 有栅栏的<br>c. 有防洪墙体的<br>d. 防洪墙上有栏杆的 | | | |
| 4.1.6 | 水准点<br>II——等级<br>京石 5——点名点号<br>32.805——高程 | | | | 4.2.47 | 陡岸<br>a. 有滩陡岸<br>a1. 土质的<br>a2. 石质的<br>2.2, 3.8——比高<br>b. 无滩陡岸<br>b1. 土质的<br>b2. 石质的<br>2.7, 3.1——比高 | | | |
| 4.1.8 | 卫星定位等级点<br>B——等级<br>14——点号<br>495.263——高程 | | | | 4.3 | **居民地及设施** | | | |
| 4.2 | **水系** | | | | 4.3.1 | 单幢房屋<br>a. 一般房屋<br>b. 裙楼<br>b1. 楼层分隔线<br>c. 有地下室的房屋<br>d. 简易房屋<br>e. 突出房屋<br>f. 艺术建筑 | | | |
| 4.2.1 | 地面河流<br>a. 岸线<br>b. 高水位岸线<br>清江——河流名称 | | | | | | | | |
| 4.2.8 | 沟堑<br>a. 已加固的<br>b. 未加固的<br>2.6——比高 | | | | 4.3.2 | 建筑中房屋 | | | |
| 4.2.9 | 地下渠道、暗渠<br>a. 出水口 | | | | 4.3.3 | 棚房<br>a. 四边有墙的<br>b. 一边有墙的<br>c. 无墙的 | | | |
| 4.2.14 | 涵洞<br>a. 依比例尺的<br>b. 不依比例尺的 | | | | | | | | |
| 4.2.16 | 湖泊<br>龙湖——湖泊名称<br>（咸）——水质 | | | | 4.3.4 | 破坏房屋 | | | |

(续表)

| 编号 | 符号名称 | 1:500　1:1000　1:2000 | 编号 | 符号名称 | 1:500　1:1000　1:2000 |
|---|---|---|---|---|---|
| 4.3.5 | 架空房、吊脚楼<br>3,4——层数<br>/1,/2——空层层数 | | 4.3.103 | 围墙<br>a. 依比例尺的<br>b. 不依比例尺的 | |
| 4.3.6 | 廊房(骑楼)、飘楼<br>a. 廊房<br>b. 飘楼 | | 4.3.106 | 栅栏、栏杆 | |
| 4.3.10 | 露天采掘场、乱掘地<br>石、土——矿物品种 | | 4.3.107 | 篱笆 | |
| 4.3.21 | 水塔<br>a. 依比例尺的<br>b. 不依比例尺的 | | 4.3.108 | 活树篱笆 | |
| | | | 4.3.109 | 铁丝网、电网 | |
| 4.3.35 | 饲养场<br>牲——场地说明 | | 4.3.110 | 地类界 | |
| 4.3.50<br>4.3.51<br>4.3.52 | 宾馆、饭店<br>商场、超市<br>剧院、电影院 | | 4.3.116 | 阳台 | |
| 4.3.53 | 露天体育场、网球场、运动场、球场<br>a. 有看台的<br>　a1. 主席台<br>　a2. 门洞<br>b. 无看台的 | | 4.3.123 | 院门<br>a. 围墙门<br>b. 有门房的 | |
| | | | 4.3.127 | 门墩<br>a. 依比例尺的<br>b. 不依比例尺的 | |
| 4.3.57 | 游泳场(池) | | 4.3.129 | 路灯、艺术景观灯<br>a. 普通路灯<br>b. 艺术景观灯 | |
| 4.3.64 | 屋顶设施<br>a. 直升机停机坪<br>b. 游泳池<br>c. 花园<br>d. 运动场<br>e. 健身设施<br>f. 停车场<br>g. 光能电池板 | | 4.3.132 | 宣传橱窗、广告牌、电子屏<br>a. 双柱或多柱的<br>b. 单柱的 | |
| | | | 4.3.134 | 喷水池 | |
| 4.3.66<br>4.3.69 | 电话亭<br>厕所 | | 4.3.135 | 假石山 | |
| | | | 4.4 | **交通** | |
| 4.3.67 | 报刊亭、售货亭、售票亭<br>a. 依比例尺的<br>b. 不依比例尺的 | | 4.4.14 | 街道<br>a. 主干道<br>b. 次干道<br>c. 支线<br>d. 建筑中的 | |
| 4.3.85 | 旗杆 | | | | |
| 4.3.86 | 塑像、雕像<br>a. 依比例尺的<br>b. 不依比例尺的 | | 4.4.15 | 内部道路 | |

(续表)

| 编号 | 符号名称 | 1:500 1:1000 1:2000 | 编号 | 符号名称 | 1:500 1:1000 1:2000 |
|---|---|---|---|---|---|
| 4.4.18 | 机耕路(大路) | | 4.7.16 | 人工陡坎<br>a. 未加固的<br>b. 已加固的 | |
| 4.4.19 | 乡村路<br>a. 依比例尺的<br>b. 不依比例尺的 | | 4.7.25 | 斜坡<br>a. 未加固的<br>b. 已加固的 | |
| 4.4.20 | 小路、栈道 | | 4.8 | 植被与土质 | |
| 4.5 | 管线 | | 4.8.1 | 稻田<br>a. 田埂 | |
| 4.5.1.1 | 架空的高压输电线<br>a. 电杆<br>35——电压(kV) | | 4.8.2 | 旱地 | |
| 4.5.2.1 | 架空的配电线<br>a. 电杆 | | 4.8.3 | 菜地 | |
| 4.5.6.1<br>4.5.6.5 | 地面上的通信线<br>a. 电杆<br>通信检修井孔<br>a. 电信人孔<br>b. 电信手孔 | | 4.8.15 | 行树<br>a. 乔木行树<br>b. 灌木行树 | |
| 4.5.11 | 管道检修井孔<br>a. 给水检修井孔<br>c. 排水(污水)检修井孔 | | 4.8.16 | 独立树<br>a. 阔叶<br>b. 针叶<br>c. 棕榈、椰子、槟榔 | |
| 4.5.12 | 管道其他附属设施<br>a. 水龙头<br>b. 消火栓<br>c. 阀门<br>b. 污水、雨水箅子 | | 4.8.18 | 草地<br>a. 天然草地<br>b. 改良草地<br>d. 人工绿地 | |
| 4.6 | 境界 | | 4.8.21 | 花圃、花坛 | |
| 4.6.7 | 村界 | | 4.9 | 注记 | |
| 4.6.8 | 特殊地区界线 | | 4.9.1.3 | 乡镇级、国有农场、林场、牧场、盐场、养殖场 | 南坪镇<br>正等线体(5.0) |
| 4.7 | 地貌 | | 4.9.1.4 | 村庄(外国村、镇)<br>a. 行政村,主要集、场、街<br>b. 村庄 | a 甘家寨 李家村 张家庄<br>正等线体(4.5) 仿宋体(3.5 4.5) |
| 4.7.1 | 等高线及其注记<br>a. 首曲线<br>b. 计曲线<br>c. 间曲线<br>25——高程 | | 4.9.2.1 | 居民地名称说明注记<br>a. 政府机关<br>b. 企业、事业、工矿、农场<br>c. 高层建筑、居住小区、公共设施 | 市民政局 日光岩幼儿园 兴隆农场<br>宋体(3.5)<br>二七纪念塔 兴庆广场<br>宋体(2.5~3.5) |
| 4.7.2 | 示坡线 | | | | |
| 4.7.15 | 陡崖、陡坎<br>a. 土质的<br>b. 石质的<br>18.6, 22.5——比高 | | | | |

215

### 3. 注记(lettering)

有些地物除了用相应的符号表示外,对于地物的性质、名称等在图上还需要用文字和数字加以注记,如房屋的结构、层数(编号 4.3.1)、地物名(编号 4.2.1)、路名、单位名(编号 4.9.2.1)、计曲线的高程、碎部点的高程、独立地物的高程以及河流的水深、流速等。

## 8.3 地貌表示方法

地貌形态多种多样,按其起伏变化一般可分为以下四种地形类型:地势起伏小、地面倾斜角在2°以下、比高不超过20 m 的称为平坦地;地面高低变化大、倾斜角在2°～6°、比高不超过150 m 的称为丘陵地;高低变化悬殊、倾斜角为6°～25°、比高在150 m 以上的称为山地;绝大多数倾斜角超过25°的称为高山地。

**1. 等高线**

(1) 等高线的定义

**等高线**(contour)是地面上高程相等的相邻各点连成的闭合曲线。如图 8-4 所示,设想有一座高出水面的小岛,与某一静止水面相交形成的水涯线为一闭合曲线,曲线形状由小岛与水面相交的位置确定,曲线上各点高程相等。例如,当水面高为70 m 时,曲线上任一点的高程均为70 m;若水位继续升高至80 m,90 m,则水涯线的高程分别为80 m,90 m。将这些水涯线垂直投影到水平面上,按一定比例尺缩绘在图纸上,即可将小岛用等高线表示在地形图上。这些等高线的形状和高程客观地显示了小岛的空间形态。

图 8-4 等高线的绘制原理(单位:m)

(2) 等高距和等高线平距

地形图上相邻等高线间的高差,称为**等高距**(contour interval),用 $h$ 表示,如图 8-4 中的等高距 $h=10$ m。同一幅地形图的等高距应相同,地形图等高距也称基本等高距。大比例尺地形图常用的基本等高距为 0.5 m,1 m,2 m,5 m 等。等高距越小,表示地貌细部越详尽;等高距越大,表示地貌细部越粗略。等高距太小会使图上的等高线过于密集,从而影响图面清晰度。因此,在测绘地形图时,应根据测图比例尺、测区地面的坡度情况,按《城市测量规范》的要求选择合适的基本等高距,如表 8-4 所列。

相邻等高线间的水平距离称为**等高线平距**(contour horizontal distance),用 $d$ 表示,它随地面起伏情况而改变。相邻等高线之间的地面坡度为

$$i = \frac{h}{d \times M} \tag{8-2}$$

式中,$M$ 为地形图比例尺的分母。在同一幅地形图上,等高线平距越大,表示地貌的坡度越小,反之,坡度越大,如图 8-5(a)所示。因此,可以根据图上等高线的疏密程度,判断地面坡度的陡缓程度。

表 8-4　　　　　　　　　　　　地形图的基本等高距　　　　　　　　　　　　(单位:m)

| 地形类别 | 划分原则 | 比例尺 | | |
|---|---|---|---|---|
| | | 1:500 | 1:1 000 | 1:2 000 |
| 平坦地 | 大部分地面坡度在2°以下地区 | 0.5 | 0.5 | 0.5(1) |
| 丘　陵 | 大部分地面坡度在2°~6°的地区 | 0.5 | 0.5(1) | 1 |
| 山　地 | 大部分地面坡度在6°~25°的地区 | 1(0.5) | 1 | 2 |
| 高山地 | 大部分地面坡度在25°以上的地区 | 1 | 1(2) | 2 |

(3) 等高线的分类

等高线分为首曲线、计曲线和间曲线[图 8-5(b)]。等高线的高程注记在计曲线上。

(a) 等高线平距与地面坡度的关系　　(b) 等高线分类

图 8-5　等高线平距及等高线分类

① **首曲线**(intermediate contour):按基本等高距测绘的等高线,用 0.15 mm 宽的细实线绘制,如表 8-3 中编号 4.7.1a 所示。

② **计曲线**(index contour):从零米起算,每隔四条首曲线加粗的一条等高线称为计曲线。计曲线用 0.3 mm 宽的粗实线绘制,如表 8-3 中编号 4.7.1b 所示。

③ **间曲线**(half-interval contour):对于坡度很小的局部区域,当用基本等高线不足以反映地貌特征时,可按 1/2 基本等高距加绘一条等高线,该等高线称为间曲线。间曲线用 0.15 mm宽的长虚线绘制,可不闭合,如表 8-3 中编号 4.7.1c 所示。

**2. 典型地貌的等高线**

虽然地表高低起伏的形态千变万化,但它们都可以由几种典型地貌综合而成。典型地貌主要有山头和洼地、山脊和山谷、鞍部、陡崖和悬崖等,如图 8-6 所示。

(1) 山头和洼地(hilltop and depression)

图 8-7(a)所示为山头的等高线,图 8-7(b)所示为洼地的等高线,它们都是一组闭合曲线,其区别在于:山头的等高线由外圈向内圈高程逐渐增加,洼地的等高线由外圈向内圈高程逐渐减小,由此可以根据高程注记区分山头和洼地,也可以用示坡线来指示斜坡向下的方向。

(2) 山脊和山谷(ridge and valley)

如图 8-8 所示,当山坡的坡度与走向发生改变时,在转折处就会出现山脊或山谷地貌。山脊的等高线凸向低处,两侧基本对称,山脊线是山体延伸的最高棱线,也称分水线。山谷的

图 8-6 综合地貌及其等高线表示

图 8-7 山头和洼地的等高线

等高线凸向高处，两侧也基本对称，山谷线是谷底点的连线，也称集水线。在土木工程规划及设计中，应考虑地面的水流方向、分水线、集水线等问题。因此，山脊线和山谷线在地形图测绘及应用中具有重要作用。

(a) 山脊和山谷的等高线　　　　(b) 鞍部的等高线

图 8-8　山脊、山谷和鞍部的等高线

(3) 鞍部(saddle)

相邻两个山头之间呈马鞍形的低凹部分称为鞍部。鞍部是山区道路选线的重要位置。鞍部左、右两侧的等高线是近似对称的两组山脊线和两组山谷线,如图 8-8(b)所示。

(4) 陡崖和悬崖(escarpment and cliff)

陡崖是坡度在 70°以上的陡峭崖壁,有土质和石质之分。如用等高线表示,将会非常密集或重合为一条线,因此采用陡崖符号来表示,如图 8-9(a),(b)所示。

悬崖是上部凸出、下部凹进的陡崖。悬崖上部等高线投影到水平面时,与下部等高线相交,下部凹进的等高线部分用虚线表示,如图 8-9(c)所示。

(a) 土质陡崖　　(b) 石质陡崖　　(c) 悬崖

图 8-9　陡崖和悬崖的表示

3. 等高线的特征

(1) 同一条等高线上各点的高程相等。

(2) 等高线是闭合曲线,不能中断(间曲线除外),如果不在同一幅图内闭合,则必定在相邻的其他图幅内闭合。

(3) 等高线只有在陡崖或悬崖处才会重合或相交。

(4) 等高线经过山脊或山谷时改变方向，因此，山脊线和山谷线应与改变方向处等高线的切线垂直相交，如图 8-8 所示。

(5) 同一幅地形图内，基本等高距相同，因此，等高线平距大表示地面坡度小；等高线平距小表示地面坡度大；平距相等则坡度相同。倾斜平面的等高线是一组间距相等且平行的直线。

## 8.4  1∶500、1∶1 000、1∶2 000 大比例尺地形图分幅与编号

受图纸尺寸限制，不可能将测区内所有地形都绘制在一幅图内，因此需要分幅测绘地形图。《国家基本比例尺地形图分幅和编号》规定：1∶500、1∶1 000、1∶2 000 地形图可以采用经、纬度分幅与正方形或矩形分幅两种方法。本节只介绍正方形和矩形分幅方法，经、纬度分幅方法参见本书 9.1 节。

1∶500、1∶1 000、1∶2 000 地形图可根据需要采用 50 cm×50 cm 正方形分幅或 50 cm×40 cm 矩形分幅，其图幅编号一般采用图廓西南角坐标编号法，也可选用行列编号法或流水编号法。

(1) 坐标编号法：采用图廓西南角坐标公里数编号法时，$x$ 坐标公里数在前，$y$ 坐标公里数在后，1∶500 地形图取至 0.01 km(如 10.40—27.75)，1∶1 000、1∶2 000 地形图取至 0.1 km(如 10.0—21.0)。

(2) 流水编号法：带状测区或小面积测区可按测区统一顺序编号，一般从左到右，从上到下用数字 1，2，3，4，…编定，如图 8-10(a) 所示。

(3) 行列编号法：行列编号法一般采用以字母(如 A，B，C，D，…)为代号的横行由上到下排列，以数字 1，2，3，…为代号的纵列从左到右排列来编定，先行后列，如图 8-10(b) 中的 A-4。

(a) 流水编号法    (b) 行列编号法

图 8-10  1∶500、1∶1 000、1∶2 000 地形图正方形和矩形分幅与编号方法

## 8.5  源码识别大比例尺数字地形图测绘

SouthMap 4.0 数字测图软件按 2017 版《国家基本比例尺地图图式》设计，为每种地物和地貌设置了 6 位数字源码、注记码和连线码(以下将源码、注记码和连线码统称为编码)。在外业采集碎部点坐标时，记录员按 SouthMap 的规定，根据领图员现场绘制的草图，在 MSMT 数字测图文件测量界面，实时为所测碎部点坐标赋编码，返回内业后，导出含编码的坐标文件，在 SouthMap 中执行"绘图处理/源码识别"下拉菜单命令，选择该编码坐标文件，SouthMap 按每个碎部点的编码自动分层、连线并注记，基本可以实现数字测图内业连线与

(a) 山脊和山谷的等高线　　(b) 鞍部的等高线

图 8-8　山脊、山谷和鞍部的等高线

(3) 鞍部(saddle)

相邻两个山头之间呈马鞍形的低凹部分称为鞍部。鞍部是山区道路选线的重要位置。鞍部左、右两侧的等高线是近似对称的两组山脊线和两组山谷线,如图 8-8(b)所示。

(4) 陡崖和悬崖(escarpment and cliff)

陡崖是坡度在 70°以上的陡峭崖壁,有土质和石质之分。如用等高线表示,将会非常密集或重合为一条线,因此采用陡崖符号来表示,如图 8-9(a),(b)所示。

悬崖是上部凸出、下部凹进的陡崖。悬崖上部等高线投影到水平面时,与下部等高线相交,下部凹进的等高线部分用虚线表示,如图 8-9(c)所示。

(a) 土质陡崖　　(b) 石质陡崖　　(c) 悬崖

图 8-9　陡崖和悬崖的表示

**3. 等高线的特征**

(1) 同一条等高线上各点的高程相等。

(2) 等高线是闭合曲线,不能中断(间曲线除外),如果不在同一幅图内闭合,则必定在相邻的其他图幅内闭合。

(3) 等高线只有在陡崖或悬崖处才会重合或相交。

(4) 等高线经过山脊或山谷时改变方向，因此，山脊线和山谷线应与改变方向处等高线的切线垂直相交，如图 8-8 所示。

(5) 同一幅地形图内，基本等高距相同，因此，等高线平距大表示地面坡度小；等高线平距小表示地面坡度大；平距相等则坡度相同。倾斜平面的等高线是一组间距相等且平行的直线。

## 8.4　1∶500、1∶1 000、1∶2 000 大比例尺地形图分幅与编号

受图纸尺寸限制，不可能将测区内所有地形都绘制在一幅图内，因此需要分幅测绘地形图。《国家基本比例尺地形图分幅和编号》规定：1∶500、1∶1 000、1∶2 000 地形图可以采用经、纬度分幅与正方形或矩形分幅两种方法。本节只介绍正方形和矩形分幅方法，经、纬度分幅方法参见本书 9.1 节。

1∶500、1∶1 000、1∶2 000 地形图可根据需要采用 50 cm×50 cm 正方形分幅或 50 cm×40 cm 矩形分幅，其图幅编号一般采用图廓西南角坐标编号法，也可选用行列编号法或流水编号法。

(1) 坐标编号法：采用图廓西南角坐标公里数编号法时，$x$ 坐标公里数在前，$y$ 坐标公里数在后，1∶500 地形图取至 0.01 km（如 10.40—27.75），1∶1 000、1∶2 000 地形图取至 0.1 km（如 10.0—21.0）。

(2) 流水编号法：带状测区或小面积测区可按测区统一顺序编号，一般从左到右，从上到下用数字 1，2，3，4，⋯编定，如图 8-10(a) 所示。

(3) 行列编号法：行列编号法一般采用以字母（如 A，B，C，D，⋯）为代号的横行由上到下排列，以数字 1，2，3，⋯为代号的纵列从左到右排列来编定，先行后列，如图 8-10(b) 中的 A-4。

(a) 流水编号法

(b) 行列编号法

图 8-10　1∶500、1∶1 000、1∶2 000 地形图正方形和矩形分幅与编号方法

## 8.5　源码识别大比例尺数字地形图测绘

SouthMap 4.0 数字测图软件按 2017 版《国家基本比例尺地图图式》设计，为每种地物和地貌设置了 6 位数字源码、注记码和连线码（以下将源码、注记码和连线码统称为编码）。在外业采集碎部点坐标时，记录员按 SouthMap 的规定，根据领图员现场绘制的草图，在 MSMT 数字测图文件测量界面，实时为所测碎部点坐标赋编码，返回内业后，导出含编码的坐标文件，在 SouthMap 中执行"绘图处理/源码识别"下拉菜单命令，选择该编码坐标文件，SouthMap 按每个碎部点的编码自动分层、连线并注记，基本可以实现数字测图内业连线与

注记自动化。

**1. MSMT 地形图测绘 程序数字测图简介**

为了编写本教材,笔者花 500 元网购了一个千寻 CORS 账号(图 8-11),有效期为 2024 年 4 月 23 日—6 月23 日。

(1) 设置千寻 CORS 账号参数

在 MSMT 项目主菜单[图 1-10(a)],点击 **RTK设置** 图标,进入"RTK 设置"界面,完成手机与南方 GNSS RTK 的蓝牙连接[图 8-12(a)];点击 **坐标系统** 命令,设置测区坐标系参数[图 8-12(b)],点击 **确定** 按钮返回"RTK 设置"界面。

图 8-11 笔者购买的千寻 CORS 账号

图 8-12 设置千寻 CORS 账号参数

点击 **仪器设置** 命令,点击 **移动站模式** 按钮,设置接收机为移动站模式[图 8-12(c)],并进入"移动站模式"界面,设置数据链为"手机网络"[图 8-12(d)];点击 ● **CORS连接设置** 单选框右侧 > 按钮,进入"模板参数管理-手机网络"界面[图 8-12(e)],点击 **增加** 按钮,输入一

221

个模板名"qh1"和购买的千寻 CORS 账号参数,结果如图 8-12(f)所示;点击 确定 按钮,点击最近新建的参数模板"qh1",点击 连接 按钮登录千寻 CORS[图 8-12(g)],点击 确定 按钮,点击屏幕标题栏左侧 < 按钮两次,返回"RTK 设置"界面[图 8-12(h)],此时,屏幕底部将显示当前 RTK 接收机测点的固定解。

注:也可以将基准站安置在地势较高、视野开阔、距离测区小于 10 km 的任意未知点上,在"RTK 设置"界面,点击 坐标转换 命令,将移动站安置在 4 个及以上已知点上采集其大地坐标,计算出坐标转换参数后,再进行 RTK 碎部点测量,操作方法参见第 7 章 7.6 节。

(2) 新建数字测图文件

在 MSMT 项目主菜单[图 1-10(a)],点击 地形图测绘 图标,进入地形图测绘文件列表界面,点击 新建文件 按钮,测图方法缺省设置为"数字测图",碎部点起始点号缺省值为 1,完成测量信息输入后[图 8-13(a)],点击 确定 按钮,返回地形图测绘文件列表界面。

图 8-13 新建数字测图文件,执行"测量"命令,蓝牙提取 GNSS RTK 碎部点坐标并赋源码示例

点击最近新建的文件名,在弹出的快捷菜单点击"测量"命令[图 8-13(b)],进入文件测量界面。假设在执行 MSMT 地形图测绘 程序前,已执行过项目主菜单 RTK设置 程序,完成手机与南方 GNSS 接收机蓝牙连接及 RTK 设置,此时,文件测量界面底部的 RTK读数 按钮背景色为蓝色,屏幕顶部实时显示 RTK 三维坐标,解状态为"固定解"。

将 RTK 安置在 1 号碎部点,点击 RTK读数 按钮采集 1 号点坐标[图 8-13(c)];点击该

点行的"说明"或"编码"列（以下简称"说明"列），在弹出的编码菜单点击 线面状地物 [图 8-13(d)]，展开该菜单，点击 4.8 植被与土质 [图 8-13(e)]，点击"花圃花坛"按钮 [图 8-13(f)]，完成 1 号点赋源码操作，返回文件测量界面[图 8-13(g)]，此时已为 1 号碎部点赋编码"215400&L"，其中，215400 为 SouthMap 为花圃花坛定制的源码，花坛花圃为线面状地物，&L 表示 1 号点与即将测量的 2 号点直线连接。

移动 RTK 到 2 号碎部点，点击 RTK读数 按钮采集 2 号点坐标[图 8-13(h)]，缺省设置编码为"＋"，表示 1 号点直线连接 2 号点，1 号点的属性传递到 2 号点，也是花圃花坛。

### 2. MSMT 地形图测绘 程序编码菜单

图 8-13(d)为数字测图文件的编码菜单，有 点状地物、线面状地物、注记与连线 和 最近的选择 四个一级菜单。其中，最近的选择 将用户最近选择的点、线面状地物汇集在该菜单下，以方便用户快速选择最近选择过的地物源码，便于为后续碎部点赋同类源码。

（1）点状地物

MSMT 按《国家基本比例尺地图图式 第 1 部分：1∶500　1∶1 000　1∶2 000 地形图图式》目录，用两级菜单定制了一共 266 个点状地物，点状地物符号背景色为橘黄色，如图 8-14 所示。每页二级菜单底部标注了该菜单下点状地物的菜单页数及个数，左右滑动屏幕可翻页。若点错了地物类别，点击屏幕左侧中部竖向悬浮的 地物类目 按钮，即可返回上级菜单。

图 8-14　8 种点状地物与地貌源码菜单

每个碎部点只能赋一个源码,当用户为某个碎部点赋错源码时,可以重新为该点赋一个正确的源码,程序将用新赋源码替换原有源码。

（2）线面状地物

MSMT 用两级菜单定制了一共 490 个线面状地物,线面状地物符号背景色为粉红色,如图 8-15(a)—(g)所示。每页二级菜单底部标注了该菜单下线面状地物的菜单页数及个数,左右滑动屏幕可翻页。

图 8-15　7 种线面状地物与地貌源码菜单和注记码及连线码菜单

为某个碎部点赋线面状地物源码时,程序自动在该点源码后添加直线连线码"&L",表示该点与即将采集的下一点直线连接,如需要修改为曲线连接,可在 注记与连线 菜单[图 8-15(h)]点击 曲线连&S 按钮,点击 确 定 按钮,用"&S"替换"&L"并关闭编码菜单,返回文件测量界面。

（3）注记与连线

① 房屋连线及注记示例:图 8-15(h)给出了注记与连线的功能示例。如图 8-16(a)所示,采集了 20 号点的坐标后,为其赋一般房屋源码 141101@L,再点击该点行的"说明"列,在弹出的编码菜单点击 注记与连线 [图 8-15(h)],点击 注记@ 按钮,在编码字符栏末尾输入

"混3"表示房屋结构。采集21号点,缺省设置连线码为"+",表示20号点直线连接21号点,20号点的属性传递到21号点;采集22号点,缺省设置连线码为"+",表示21号点直线连接22号点,21号点的属性传递到22号点;采集23号点,缺省设置连线码为"+",点击该点的"说明"列,在弹出的编码菜单点击 注记与连线 按钮,点击 +n 按钮,输入"20",点击 -n 按钮,输入"9",点击 确定 按钮,为23号点赋编码"23(++20-9)",表示22号点直线连接23号点,23号点直线连线20号点闭合该房屋,9号点直线连线23号点,该直线取起点9号点(人工加固陡坎)的属性。

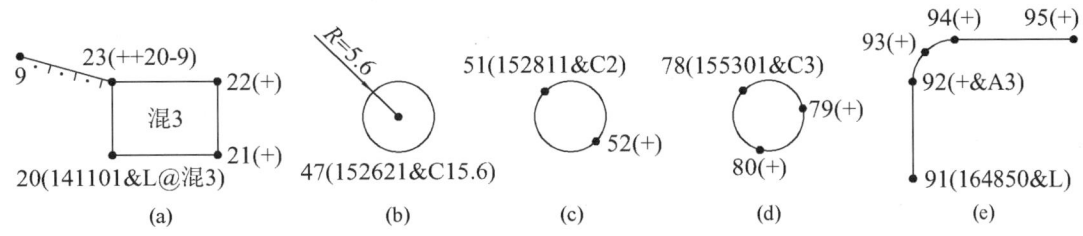

图8-16 MSMT数字测图注记与连线功能示例

② 根据圆心与半径画圆示例:如图8-16(b)所示,为47号点赋依比例尺水塔源码"152621",再点击该点的"说明"列,在弹出的编码菜单点击 注记与连线 按钮,点击 &C1 按钮,输入半径"5.6",点击 确定 按钮,为47号点赋编码"152621&C15.6",表示以47号点为圆心、5.6 m为半径画圆,地物属性为依比例尺水塔。

③ 根据两点画圆示例:如图8-16(c)所示,为51号点赋依比例尺液体气体储存设备源码"152811",再点击该点的"说明"列,在弹出的编码菜单点击 注记与连线 按钮,点击 &C2 按钮,点击 确定 按钮,为51号点赋编码"152811&C2",表示以51号点和52号点的连线为直径画圆,地物属性为依比例尺液体气体储存设备。之后采集52号点坐标后,其缺省连线码"+"保持不变。

④ 根据三点画圆示例:如图8-16(d)所示,为78号点赋喷水池源码"155301",再点击该点的"说明"列,在弹出的编码菜单点击 注记与连线 按钮,点击 &C3 按钮,点击 确定 按钮,为78号点赋编码"155301&C3",表示以不在同一条直线上的78,79,80三点画圆,地物属性为喷水池。之后依次采集79,80号点坐标后,其缺省连线码"+"保持不变。

⑤ 三点画圆弧示例:如图8-16(e)所示,为91号点赋人行道源码"164850&L",采集92号点,点击该点的"说明"列,在弹出的编码菜单点击 注记与连线 按钮,点击 &A3 按钮,点击 确定 按钮,为92号点赋编码"+&A3",其意义为:+表示用91号点属性直线连接92号点,以92号点为起点,用92,93,94三点画圆弧,94号点至95号点恢复直线连接,地物属性为人行道。之后依次采集93,94,95号点坐标后,其缺省连线码"+"保持不变。94号点直线连接95号点,地物属性从91号点依次传递至95号点。

### 3. MSMT 地形图测绘 程序蓝牙提取南方GNSS RTK测量碎部点坐标案例

对于MSMT 地形图测绘 程序赋编码测图,使用南方GNSS RTK采集碎部点坐标时,建议先采集一类地物的全部碎部点坐标使其闭合,再采集下一类地物的碎部点坐标,案例如图8-17所示。

按图8-17的碎部点编号,使用GNSS RTK采集完全部103个碎部点并赋编码[图8-18

图 8-17　南方 GNSS RTK 采集 103 个碎部点坐标的数字测图草图案例

图 8-18　在 MSMT **地形图测绘** 程序导出数字测图编码坐标文件

(a)]后,点击标题栏左侧 ◁ 按钮,退出测量模式,返回文件列表界面[图 8-18(b)]。

点击最近使用的数字测图文件名,在弹出的快捷菜单点击"导出 SouthMap 源码识别文件"命令[图 8-18(c)],点击 **发送** 按钮,用微信或 QQ 发送编码坐标文件给好友。图 8-19 为在 PC 机用 Windows 记事本打开该编码文件的内容。

在 SouthMap 中执行"绘图处理/源码识别"下拉菜单命令[图 8-20(a)],弹出"选择文

图 8-19 用 Windows 记事本打开"数字测图 240513_1.txt"坐标编码文件的内容(103 个碎部点)

件"对话框,选择"数字测图 240513_1.txt"编码坐标文件,命令行提示输入地形图比例尺,按 Enter 键选择缺省设置的比例尺 1∶500;弹出"注记设置"对话框,勾选"点号"和"高程"[图 8-20(b)],点击 确定 按钮,结果如图 8-21 所示。

如图 8-17 所示,55 号点连线 56 号点为人工加固陡坎,而 55 号点的属性已由 54 号点传递过来,为内部道路,SouthMap 规定一个点只能有一种属性,因此,若为 55 号点赋人工加固陡坎源码"204202",而源码前又不能有连线码"+",但如果源码前没有连线码"+",SouthMap 就无法用 53, 54,55 三点画圆弧,该问题只能通过采集两次 55 号点解决。同理,58 号点连线 59 号点也是人工加固陡坎,59,60,61,…为内部道路,建议采集两次 59 号点。

图 8-20 在 SouthMap 中执行"绘图处理/源码识别"下拉菜单命令,勾选展绘点号和高程复选框

注:①MSMT 只能蓝牙提取南方系列 GNSS RTK 三维坐标,不能提取其他品牌 GNSS RTK 三维坐标;②使用 GNSS RTK 采集碎部点坐标时,某些碎部点天空被障碍物遮挡,可能没有固定解,此时,绘图员应在草图上标注该点点号,以备在内业成图时检查该点坐标是否存在较大误差而需要内业绘图校正。

**4. MSMT 地形图测绘 程序蓝牙提取 NTS-362R10G 全站仪测量碎部点坐标案例**

使用 MSMT 地形图测绘 程序赋编码测图,蓝牙提取 NTS-362R10G 全站仪采集的碎部点坐标时,由于受测站通视条件限制,很难先采集一类地物的全部碎部点使其闭合,因此,草图绘制比较繁琐。图 8-22 为依次在 C8,C9,C11 三个导线点安置全站仪测量 99 个碎部点的草图。

图 8-21　SouthMap 源码识别展绘"数字测图 240513_1.txt"编码坐标文件的结果

图 8-22　数字测图草图案例(99 个碎部点)

1栋缺一个房角点测不到，不能封闭，需要内业在SouthMap中手工封闭；1栋南面内部道路边线两点测不到。为了解决图8-21所示人工加固陡坎绘制问题，54号点采集了两次，变成54，55号点；65号点采集了两次，变成65，66号点，如图8-22所示。

完成外业碎部点数据采集并赋编码后，在MSMT **地形图测绘** 程序中导出该文件的编码坐标文件，图8-23为用Windows记事本打开该文件的内容。

图8-23　用Windows记事本打开"数字测图240513_2.txt"坐标编码文件的内容(99个碎部点)

图8-24为在SouthMap中执行"绘图处理/源码识别"命令，展绘"数字测图240513_2.txt"编码坐标文件的结果。

图8-24　SouthMap源码识别展绘"数字测图240513_2.txt"编码坐标文件的结果

### 5. 参考线定不通视房角点坐标

如图 8-25(a)所示,采集完 1,2,3 号房角碎部点坐标后[图 8-25(b)],测站与 4 号房角点不通视,点击 参考线定碎部点 按钮,有下列两种方法测量并计算 4 号点的平面坐标。

(1) 测量参考直线 se 起讫点坐标法

全站仪望远镜瞄准 s 点棱镜中心,点击 蓝牙读数 按钮读取其平面坐标;望远镜瞄准 e 点棱镜中心,点击 蓝牙读数 按钮读取其平面坐标。用钢尺丈量 e 点至 4 号点的距离为 14.456 m,并输入"端点 ΔD(前+/后-)"栏,点击 计算 按钮,程序计算出 4 号点的平面坐标[图 8-25 (c)],点击 确定 按钮将其填入数字测图界面[图 8-25(d)],高程栏自动填 0。4 号点平面坐标计算原理是:根据所测参考直线 se 起讫点坐标,算出其平距 $D_{se}$ 和方位角 $α_{se}$,起点 s 桩号 $Z_s=0$,端点 e 桩号 $Z_e=D_{se}$,根据 4 号点桩号 $Z_4=Z_e+ΔD$ 计算 4 号点的平面坐标。选择参考直线时,要求起点 s、端点 e 与待测量的 4 号点位于同一条直线上。

(2) 调用两个既有碎部点坐标作参考直线法

点击"参考直线起点"右侧 ▼ 按钮,在弹出的"选择坐标"界面点击已测 2 号碎部点,设置 2 号点为参考直线起点;相同的方法,设置 3 号点为参考直线端点,在"边距 d(右+/左-)"栏输入房屋宽度-15 m(左边距),点击 计算 按钮,程序计算出 4 号点的平面坐标[图 8-25 (e)],点击 确定 按钮将其填入数字测图界面,高程栏自动填 0。

图 8-25 测量不通视房角 4 号点平面坐标的两种方法

## 8.6 数字地形图绘制等高线与添加图框

绘制等高线前,应先创建**数字地面模型**(Digital Terrestrial Model,DTM)。DTM 是指在一定区域范围内,规则格网点或三角形点平面坐标$(x,y)$和其他地形属性的数据集合。如果该地形属性是点的高程坐标 $H$,则该数字地面模型又称**数字高程模型**(Digital Elevation Model,DEM)。DEM 从微分角度三维描述了测区地形的空间分布,应用 DEM 可以按用户设定的等高距生成等高线、绘制任意方向断面图或坡度图、计算指定区域土方量等。

下面以 SouthMap 自带的地形点坐标文件"C:\SouthMap\DEMO\dgx.dat"为例,介绍等高线的绘制方法。

### 1. 建立 DTM

在 SouthMap 中执行"等高线/建立三角网"下拉菜单命令,弹出"建立 DTM"对话框,点击 ◉由数据文件生成 单选框,单击 … 按钮,选择坐标文件 dgx.dat[图 8-26(a)],单击 确定 按钮,程序自动建立三角网[图 8-26(b)],它位于"SJW"图层,意指三角网。

图 8-26 SouthMap 中"建立 DTM"对话框设置内容与创建的 DTM 三角网

### 2. 修改数字地面模型

由于现实地貌多样性、复杂性和某些点高程缺陷(如山上有房屋,而屋顶上又有控制点),直接使用外业采集的碎部点很难一次性生成准确的 DEM,这就需要对生成的 DEM 进行修改,通过修改三角网来实现。

(a) 修改 DTM 命令菜单　　　　(b) 重组三角形的效果

图 8-27 修改 DTM 命令菜单

修改三角网命令位于"等高线"下拉菜单,如图 8-27(a)所示,命令功能如下。

(1) 删除三角形:实际上是执行 AutoCAD 的 erase 命令,删除所选三角形。当某局部内没有等高线通过时,可以删除周围相关的三角网。如误删,可立即执行 u 命令恢复。

（2）过滤三角形：如果 SouthMap 无法绘制等高线或绘制的等高线不光滑，这是由于某些三角形内角太小或三角形边长悬殊所致，可用该命令过滤掉部分形状特殊的三角形。

（3）增加三角形：点取屏幕上任意三个点可以增加一个三角形，当点取的点没有高程时，SouthMap 将提示用户手工输入其高程值。

（4）三角形内插点：在任一三角形内指定一个内插点，SouthMap 自动将内插点与该三角形的三个顶点连接构成三个三角形，当点取的点没有高程时，SouthMap 将提示用户手工输入其高程值。

（5）删三角形顶点：当某点坐标有误时，可以用该命令删除它，SouthMap 会自动删除与该点连接的所有三角形。

（6）重组三角形：一个四边形可以组成两个三角形，如果认为三角形的组合不合理，可以用该命令重组三角形，重组前后的差异示例如图 8-27(b) 所示。

（7）删三角网：生成等高线后就不需要三角网了，如果要对等高线进行处理，三角网将不便于操作，可以执行该命令删除三角网。最好先执行"三角网存取"命令，将三角网命名存盘后再删除，以便在需要时通过读入保存的三角网文件恢复。

（8）三角网存取：如图 8-27(a) 所示，该命令有"写入文件"和"读出文件"两个子命令。"写入文件"是将当前图形三角网存储为扩展名 SJW 的文件；"读出文件"是读取扩展名为 SJW 的三角网文件。

（9）修改结果存盘：完成三角形修改后，应执行该命令保存修改内容才有效。

### 3. 绘制等高线

对用坐标文件 dgx.dat 创建的三角网执行"等高线/绘制等高线"下拉菜单命令，弹出"绘制等高线"对话框（图 8-28），根据需要完成对话框设置，单击 确定 按钮，SouthMap 开始自动绘制等高线，结果如图 8-29 所示。

图 8-28 SouthMap 中"绘制等高线"对话框设置示例

图 8-29 SouthMap 使用坐标文件"dgx.dat"绘制等高线（等高距为 0.5 m）

### 4. 等高线修饰

（1）注记等高线：注记等高线有 4 种方法，命令位于"等高线/等高线注记"下拉菜单。批量注记等高线时，一般选择"沿直线高程注记"命令[图 8-30(a)]，它要求用户先执行

AutoCAD 的 line 命令绘制一条基本垂直于等高线的辅助直线,所绘直线的起讫方向应为注记高程的字头朝向。执行"沿直线高程注记"命令后,SouthMap 自动删除该辅助直线,注记字符自动放置在 DGX 图层,意指等高线。

(2) 等高线修剪:有多种修剪等高线的方法,命令位于"等高线/等高线修剪"下拉菜单,如图 8-30(b)所示。

图 8-30　SouthMap 等高线注记与修剪命令选项

### 5. 地形图整饰

(1) 添加注记

在"绘图面板"点击"文字注记"按钮展开其命令列表,单击列表命令添加注记,应先点击"绘图面板"左上角的 按钮设置坐标定位模式[图 8-31(a)]。

图 8-31　在 SouthMap"绘制面板"点击"注记",其下的"变换字体"命令界面

① 变换字体:添加注记前,可以单击"变换字体"按钮,在弹出的 AutoCAD"文字样式"对话框中选择合适的字体[图 8-31(b)]。该命令实际上是 AutoCAD 文字样式命令 style,其功能是修改既有文字样式或创建新文字样式。

② 分类注记:单击"分类注记"按钮,弹出"分类文字注记"对话框[图 8-32(a)],图中为输入注记文字"迎宾路"的结果,注记文字位于 DLSS 图层,意指道路设施。

③ 通用注记:单击"通用注记"按钮,弹出"文字注记信息"对话框[图 8-32(b)],图中为输入注记文字"迎宾路"的结果,注记文字也位于 DLSS 图层。

④ 常用文字:单击"常用文字"按钮,常用文字列表位于"绘图面板"内[图 8-32(c)],用户所选文字不同,注记文字将位于不同图层。例如,选择"砼"时,注记文字位于 JMD 图层,意指居民地;选择"鱼"时,注记文字位于 SXSS 图层,意指水系设施。

⑤ 特殊注记:单击"特殊注记"按钮,注记文字列表位于"绘图面板"内[图 8-32(d)],主

图 8-32 在 SouthMap 中分别执行"分类注记""通用注记""常用文字""特殊注记"命令界面

要用于注记点的平面坐标、地坪高、经纬度等,注记文字位于 ZJ 图层,意指注记,其线划对象位于 0 图层。

(2) 加图框

为图 8-29 所示等高线图形加图框的方法如下:

① 执行"文件/SouthMap 参数配置"下拉菜单命令,在弹出的"Map 参数设置"对话框"图廓属性"选项卡设置外图框注记内容(图 8-33),单击 确定 按钮关闭对话框。

图 8-33 "Map 参数设置"下"图廓属性"对话框内容

图 8-34 "图幅整饰"对话框内容

② 执行"绘图处理/标准图幅(50×40 cm)"下拉菜单命令,弹出"图幅整饰"对话框,设置内容如图 8-34 所示,完成设置后单击 确定 按钮,SouthMap 自动按对话框的设置内容为图 8-29 所示的等高线地形图添加图框并以内图框为边界,自动修剪掉内图框外的所有对象,结果如图 8-35 所示。

图 8-35　SouthMap 为等高线地形图添加图框

# 本 章 小 结

(1) 地面上天然或人工形成的物体称为地物,地表高低起伏的形态称为地貌,地物和地貌总称为地形。地形图是表示地物、地貌平面位置和高程的正射投影图,图纸上的点、线表示地物的平面位置,高程用数字注记和等高线表示。

(2) 图上直线长度 $d$ 与地面上相应线段的实际长度 $D$ 之比,称为地形图的比例尺。$d/D$ 称为数字比例尺,1∶500、1∶1 000、1∶2 000、1∶5 000 为大比例尺,1∶1 万、1∶2.5 万、1∶5 万、1∶10 万为中比例尺,1∶25 万、1∶50 万、1∶100 万为小比例尺。

(3) 地形图图式符号按地图要素分为 9 类:定位基础、水系、居民地及设施、交通、管线、境界、地貌、植被与土质、注记;按类别可分为 3 类:地物符号、地貌符号和注记符号,其中,地

235

物符号又分为依比例符号、不依比例符号和半依比例符号;地貌符号是等高线,分为首曲线、计曲线和间曲线;注记符号是用文字或数字表示地物的性质与名称。

(4) 等高距为地形图上相邻等高线间的高差,等高线平距为相邻等高线间的水平距离。

(5) MSMT 地形图测绘 程序可以蓝牙提取全站仪测量的碎部点三维坐标,也可以蓝牙提取南方系列 GNSS RTK 测量的碎部点三维坐标。在执行 MSMT 地形图测绘 程序之前,应先执行 MSMT RTK设置 程序,完成手机与 GNSS RTK 接收机的蓝牙连接及参数设置。每采集一个碎部点坐标,应及时赋编码(源码、连线码或注记码),外业完成测区全部碎部点坐标采集后,导出数字测图文件的编码坐标文件,用微信或 QQ 发送给内业制图员,内业在 SouthMap 中执行"绘图处理/源码识别"下拉菜单命令,选择导出的编码坐标文件,即可实现自动分层、连线及注记,基本实现了数字测图内业连线绘图自动化。

(6) 草图法数字测图需要专门安排 1 人绘制草图,也称领图员。领图员应实时绘制碎部点构成的地物轮廓线、类别并记录碎部点点号,碎部点点号应与 MSMT 地形图测绘 程序自动记录的点号严格一致。

## 思考题与练习题

[8-1] 地形图比例尺的表示方法有哪些?大、中、小比例尺是如何分类的?

[8-2] 测绘地形图前,如何选择地形图的比例尺?

[8-3] 何谓比例尺精度?比例尺精度与碎部测量的测距精度有何关系?

[8-4] 地物符号分为哪些类型?各有何意义?

[8-5] 地形图上表示地貌的主要方法是等高线,等高线、等高距、等高线平距是如何定义的?等高线可以分为哪些类型?如何定义与绘制?

[8-6] 典型地貌有哪些类型?它们的等高线各有何特点?

[8-7] 图 8-36 为用 MSMT 地形图测绘 程序蓝牙提取南方 GNSS RTK 碎部点坐标进行数字测图的草图,89 个碎部点坐标数据文件为"8 章_数字测图 240514_1.txt",请从同济书房下载该文件。启动 MSMT 地形图测绘 程序新建一个数字测图文件,从手机导入该坐标文件到数字测图文件,参照图 8-36 所示的草图,为 89 个碎部点赋编码;导出编码坐标文件,在 SouthMap 中执行"绘图处理/源码识别"命令,比例尺为 1∶500,选择该编码坐标文件,自动连线绘制地形图。

图 8-36 MSMT **地形图测绘** 程序蓝牙提取南方 GNSS RTK 采集的 89 个碎部点坐标的数字测图草图

# 第 9 章 地形图应用

## 本 章 导 读

**基本要求** 熟悉地形图图廓外注记内容与意义、1∶100万～1∶500等11种基本比例尺地形图的经纬度分幅与编号原理,使用 MSMT 高斯投影 程序计算地面某点在11种基本比例尺地形图中经纬度编号的方法;掌握正确判读地形图的方法、地形图应用的基本内容;掌握 AutoCAD 计算面积的方法;熟悉在白纸地形图上绘制纵断面图和计算汇水面积的方法;掌握 SouthMap 方格网法进行土方计算和区域土方量平衡计算的方法;掌握纵断面图绘制方法。

**重点** 地形图判读方法,AutoCAD 计算面积的方法,SouthMap 方格网法进行土方计算和区域土方量平衡计算的方法,纵断面图绘制方法。

**难点** SouthMap 方格网法进行土方计算和区域土方量平衡计算的方法,纵断面图绘制方法。

地形图的应用内容包括:确定点的坐标、两点间的距离及方位角;确定点的高程和两点间的高差;勾绘集水线(山谷线)和分水线(山脊线),标志洪水线和淹没线;计算指定范围的面积和体积,由此确定地块面积、土石方量、蓄水量、矿产量等;了解地物、地貌分布情况,计算诸如村庄、树林、农田等数据,获得房屋的数量、质量、层次等资料;截取断面,绘制断面图。

## 9.1 地形图识读

正确应用地形图的前提是看懂地形图。下面以图 9-1 所示的一幅 1∶10 000 比例尺地形图为例介绍地形图的识读方法。

**1. 地形图图廓外注记**

地形图图廓外注记内容包括:图号、图名、接图表、比例尺、坐标系、所用图式、等高距、测图日期、测绘单位、坐标格网、三北方向线和坡度尺等,它们分布在东、南、西、北四面图廓线外。

(1) 图号、图名和接图表

为了区别各幅地形图所在位置和拼接关系,每幅地形图都编有图号和图名。图号一般根据统一分幅规则编号,图名是以本图内最著名的地名、最大的村庄或突出的地物、地貌等的名称来命名。图号、图名注记在北图廓上方中央,如图 9-1 上方"潮莲镇 F49G033082"所示。

在北图廓左上方绘有接图表,用于表示本图幅与相邻图幅的位置关系,中间绘有晕线的一格代表本图幅,其余为相邻图幅的图名或图号。

(2) 比例尺

如图 9-1 所示,在南图廓外中央注有数字比例尺,在数字比例尺下方绘有图示比例尺,图示比例尺的作用是便于用图解法确定图上直线的距离。

图 9-1 1∶10 000 地形图样图

（3）经纬度与坐标格网

图 9-1 所示 1∶10 000 比例尺的地形图为梯形图幅，梯形图幅的图廓由上、下两条纬线和左、右两条经线构成，经差为 3′45″，纬差为 2′30″。本图幅位于 E113°03′45″—E113°07′30″ 和 N22°37′30″—N22°40′00″ 所包括的范围内。

图 9-1 的方格网为高斯坐标格网，它是平行于以投影带中央子午线为 $x$ 轴和以赤道为 $y$ 轴的直线，其间隔通常是 1 km，也称公里格网。

图 9-1 的第一条坐标纵线的 $y$ 坐标为 38 404 km，其中，"38"为高斯投影统一 3°带带号，其实际横坐标值应为 404 km－500 km＝－96 km，即位于 38 号带中央子午线以西 96 km 处。图中第一条坐标横线的 $x$ 坐标为 2 504 km，表示其位于赤道以北 2 504 km 处。

由经纬线可以确定各点的地理坐标和任一直线的真方位角，由公里格网可以确定各点的高斯坐标和任一直线的坐标方位角。

（4）三北方向关系图

三北方向是指真北方向 N、磁北方向 N′ 和高斯坐标北方向 +$x$。三个北方向之间的角度关系图一般绘制在中、小比例尺地形图东图廓线的坡度尺上方，如图 9-2 所示。该图幅的磁偏角 $\delta=-2°16′$，子午线收敛角 $\gamma=-0°21′$，应用式（4-18）、式（4-19）、式（4-21），可对图上任一方向的真方位角 $A$、磁方位角 $A_m$ 和坐标方位角 $\alpha$ 进行相互换算。

（5）坡度尺

坡度尺是在地形图上量测地面坡度和倾角的图解工具，如图 9-2 所示，它按式（9-1）制成：

$$i = \tan\alpha = \frac{h}{d \times M} \tag{9-1}$$

式中，$i$ 为地面坡度；$\alpha$ 为地面倾角；$h$ 为等高距；$d$ 为相邻等高线平距；$M$ 为比例尺分母。

用分规量出图上相邻等高线平距 $d$ 后，在坡度尺上使分规的两针尖下面对准底线，上面对准曲线，即可在坡度尺上读出地面倾角 $\alpha$。

### 2. 1∶100 万～1∶500 地形图分幅和编号

《国家基本比例尺地形图分幅和编号》规定，地形图分幅方法有两种：一种是按经、纬度分幅，另一种是按正方形或矩形分幅。只有 1∶2 000，1∶1 000，1∶500 地形图可以采用正方形或矩形分幅法。

经、纬度分幅由国际统一规定的经线为图的东、西边界，统一规定的纬线为图的南、北边界，由于子午线向南、北两极收敛，因此，整个图幅呈梯形。

（1）1∶100 万地形图分幅和编号

1∶100 万地形图分幅采用国际 1∶100 万地形图分幅标准。每幅 1∶100 万地形图范围是经差 6°、纬差 4°，纬度 60°～76° 之间为经差 12°、纬差 4°，纬度 76°～88° 之间为经差 24°、纬差 4°，在我国范围内没有纬度 60°以上需要合幅的图幅。图 9-3 为东半球北纬 1∶100 万地形图国际分幅和编号，图中北京地区所在 1∶100 万地形图的编号为 J50。

图 9-2 坡度尺与三北关系图

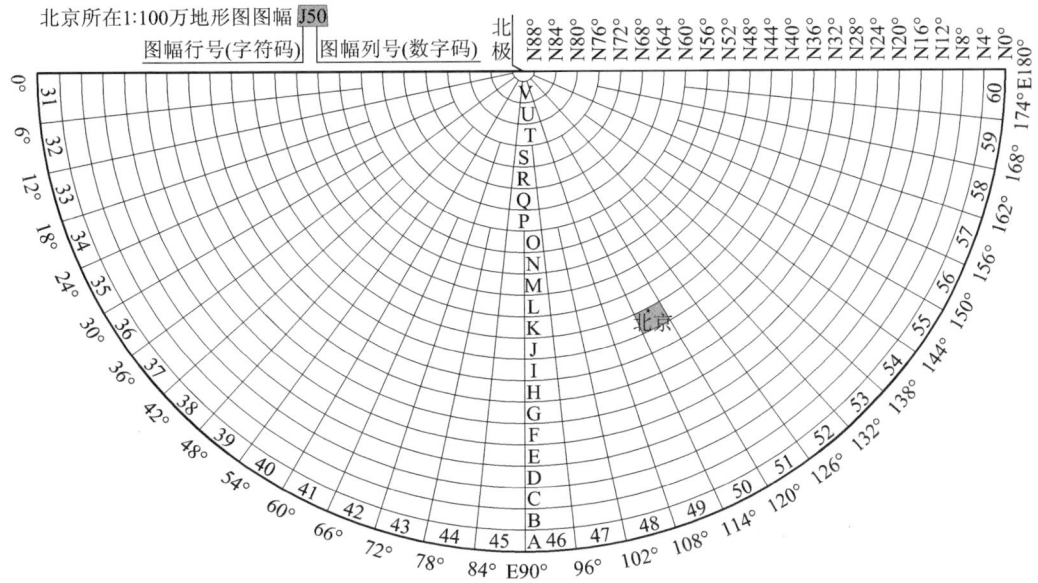

图 9-3 东半球北纬 1∶100 万地形图国际分幅和编号

如图 9-4 所示,我国地处东半球赤道以北,图幅的地理坐标范围为 E72°—E138° 和 0°—N56°,1∶100 万地形图的行号范围为 A~N,共 14 行,列号范围为 43~53,共 11 列。

图 9-4 中国领土 1∶100 万地形图分幅和编号规则

(2) 1∶50万～1∶2 000 地形图分幅和编号

以 1∶100 万比例尺地形图编号为基础,采用行列编号法。如图 9-5 所示,将1∶100 万地形图按所含各比例尺地形图的经差和纬差划分为若干行和列,按横行从上到下、纵列从左到右的顺序分别用三位数字表示,不足三位者前面补零,取行号在前、列号在后的排列形式标记。各比例尺地形图分别采用不同字母作为其比例尺代码,1∶50 万～1∶2 000 比例尺地形图与 1∶100 万比例尺地形图的图幅关系列于表 9-1。

图 9-5 以 1∶100 万地形图为基础的 1∶50 万～1∶500 地形图梯形分幅和编号规则

1∶50 万～1∶2 000 地形图图号由其所在 1∶100 万地形图图号、比例尺代码和各图幅的行列号共 10 位字母数字码组成,如图 9-6 所示。

例如,图 9-7 所示为北京地区编号为 J50 的 1∶100 万地形图图幅范围,其中,图 9-7(a) 晕线所示的 1∶50 万地形图图幅编号为 J50B001002,图 9-7(b)晕线所示的 1∶25 万地

表9-1　1:100万～1:500地形图图幅范围、行列数量和图幅数量关系

| 比例尺 | | 1:100万 | 1:50万 | 1:25万 | 1:10万 | 1:5万 | 1:2.5万 | 1:1万 | 1:5000 | 1:2000 | 1:1000 | 1:500 |
|---|---|---|---|---|---|---|---|---|---|---|---|---|
| 图幅范围 | 纬差 | 6° | 3° | 1°30′ | 30′ | 15′ | 7′30″ | 3′45″ | 1′52.5″ | 37.5″ | 18.75″ | 9.375″ |
| | 经差 | 4° | 2° | 1° | 20′ | 10′ | 5′ | 2′30″ | 1′15″ | 25″ | 12.5″ | 6.25″ |
| 行列数量关系 | 行数 | 1 | 2 | 4 | 12 | 24 | 48 | 96 | 192 | 576 | 1152 | 2304 |
| | 列数 | 1 | 2 | 4 | 12 | 24 | 48 | 96 | 192 | 576 | 1152 | 2304 |
| 比例尺代码 | | — | B | C | D | E | F | G | H | I | J | K |
| 图幅数量关系（图幅数量＝行数×列数） | | 1 | 4<br>(2×2) | 16<br>(4×4) | 144<br>(12×12) | 576<br>(24×24) | 2304<br>(48×48) | 9216<br>(96×96) | 36864<br>(192×192) | 331776<br>(576×576) | 1327104<br>(1152×1152) | 5308416<br>(2304×2304) |
| | | | 1 | 4<br>(2×2) | 36<br>(6×6) | 144<br>(12×12) | 576<br>(24×24) | 2304<br>(48×48) | 9216<br>(96×96) | 82944<br>(288×288) | 331776<br>(576×576) | 1327104<br>(1152×1152) |
| | | | | 1 | 9<br>(3×3) | 36<br>(6×6) | 144<br>(12×12) | 576<br>(24×24) | 2304<br>(48×48) | 20736<br>(144×144) | 82944<br>(288×288) | 331776<br>(576×576) |
| | | | | | 1 | 4<br>(2×2) | 16<br>(4×4) | 64<br>(8×8) | 256<br>(16×16) | 2304<br>(48×48) | 9216<br>(96×96) | 36864<br>(192×192) |
| | | | | | | 1 | 4<br>(2×2) | 16<br>(4×4) | 64<br>(8×8) | 576<br>(24×24) | 2304<br>(48×48) | 9216<br>(96×96) |
| | | | | | | | 1 | 4<br>(2×2) | 16<br>(4×4) | 144<br>(12×12) | 576<br>(24×24) | 2304<br>(48×48) |
| | | | | | | | | 1 | 4<br>(2×2) | 36<br>(6×6) | 144<br>(12×12) | 576<br>(24×24) |
| | | | | | | | | | 1 | 9<br>(3×3) | 36<br>(6×6) | 144<br>(12×12) |
| | | | | | | | | | | 1 | 4<br>(2×2) | 16<br>(4×4) |
| | | | | | | | | | | | 1 | 4<br>(2×2) |

图 9-6 1∶50 万~1∶2 000 地形图的 10 位码编号规则

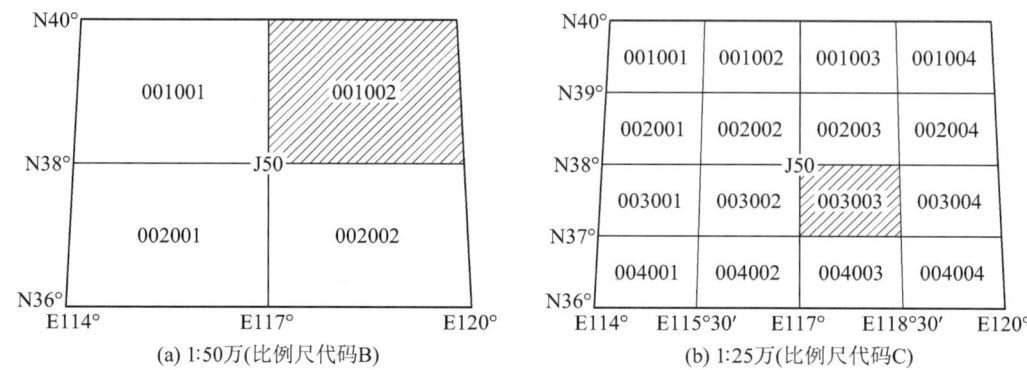

(a) 1∶50 万(比例尺代码B)　　　　　(b) 1∶25 万(比例尺代码C)

图 9-7　北京地区所在 1∶100 万地形图 J50 内 1∶50 万与 1∶25 万地形图分幅和编号

形图图幅编号为 J50C003003。由图 9-5 或表 9-1 可知,J50 后的字母 B 为比例尺代码,代表 1∶50 万地形图;J50 后的字母 C 为比例尺代码,代表 1∶25 万地形图。

(3) 1∶1 000 和 1∶500 地形图分幅和编号

1∶1 000 和 1∶500 地形图分幅有经、纬度分幅和正方形(或矩形)分幅两种方法,正方形或矩形分幅法参见第 8 章 8.4 节。

1∶1 000 和 1∶500 地形图经、纬度分幅的图幅编号均以 1∶100 万地形图编号为基础,采用行列编号法。如图 9-8 所示,1∶1 000 和 1∶500 地形图经、纬度分幅的图幅图号、比例尺代码和各幅图的行列号共 12 位码组成。

图 9-8　1∶1 000 和 1∶500 地形图的 12 位码编码规则

(4) 使用 MSMT **高斯投影** 程序计算地表点在 11 种基本比例尺地形图的编号

在 MSMT 项目主菜单[图 1-10(a)],点击 **高斯投影** 图标,进入高斯投影文件列表界面,点击 **新建文件** 按钮,在弹出的"新建文件"对话框中输入文件名,计算类型缺省设置为"高斯投影正算",点击 **确定** 按钮,返回高斯投影文件列表界面。

点击最近新建的文件名,在弹出的快捷菜单点击"输入数据及计算"命令,进入高斯投影正算界面[图 9-9(a)];点击 GNSS 按钮启动手机 GNSS 获取手机所在位置经纬度[图 9-9 (b)],点击 **计算** 按钮计算高斯坐标[图 9-9(c)],点击 图编号 按钮计算手机所在 11 种基本比例尺地形图图幅编号及西南角经纬度[图 9-9(d)]。

图 9-9  执行 MSMT 高斯投影正算程序计算笔者所在地的 11 种基本比例尺地形图编号

**3. 地形图平面坐标系和高程系**

对于 1∶1 万或更小比例尺地形图，通常采用国家统一的高斯坐标系，如"1954 北京坐标系""1980 西安坐标系"或"2000 国家大地坐标系"。城市地形图一般采用以通过城市中心某一子午线为中央子午线的任意带高斯坐标系，以满足投影长度变形不大于 25 mm/km 的规定。

高程系一般使用"1956 年黄海高程系"或"1985 国家高程基准"，但也有一些采用地方高程系，如上海及长江流域采用"吴淞高程系"，广西与广东珠江流域采用"珠江高程系"等。各高程系之间只需加一个常数即可进行换算。

地形图采用的平面坐标系和高程系应在南图廓外的左下方用文字说明，如图 9-1 左下角所示。

**4. 地物与地貌识别**

应用地形图必须了解测绘地形图所用的地形图图式，熟悉常用地物和地貌符号，了解图上文字注记和数字注记的意义。

地物、地貌是用不同的地物符号和地貌符号表示的。根据比例尺的不同，地物、地貌的取舍标准也不同，而且随着社会经济建设的发展，地物、地貌也在不断改变。要正确识别地物、地貌，阅图前应先熟悉测图所用的地形图图式、规范和测图日期。

（1）地物识别

地物识别的目的是了解地物的大小、种类、位置和分布情况。通常按先主后次的顺序，并顾及取舍的内容与标准进行。按照地物符号先识别大的居民点、主要道路和用图需要的地物，然后再识别小的居民点、次要道路、植被和其他地物。通过分析，就会对主、次地物的分布情况，主要地物的位置和大小形成较全面的了解。

（2）地貌识别

地貌识别的目的是了解各种地貌的分布和地面高低起伏形态。识别时，主要根据基本地貌的等高线特征和特殊地貌（如陡崖、冲沟等）符号进行。山区坡陡，地貌形态复杂，尤其是山脊和山谷等高线犬牙交错,不易识别。这时可先根据江河、溪流找出山谷、山脊系列,无河流时可根据相邻山头找出山脊,然后按照两山谷间必有一山脊,两山脊间必有一山谷的地貌特征,识别山脊、山谷地貌的分布情况。再结合特殊地貌符号和等高线疏密进行分析,就可以比较清楚地了解地貌的分布和地面高低起伏形态。最后将地物、地貌综合在一起,整幅地形图就像三维模型一样展现在眼前。

### 5. 测图时间

测图时间注记在南图廓左下方,用户可根据测图时间及测区的开发情况,判断地形图的现势性。

### 6. 地形图的精度

地形图碎部点位的距离测量精度是根据比例尺精度确定的。对于 1:10 000 比例尺地形图,小于 0.1 mm×10 000=1 m 的实地平距在图上分辨不出来;对于 1:1 000 比例尺地形图,小于 0.1 mm×1 000=0.1 m 的实地平距在图上分辨不出来。

《城市测量规范》规定:对于城镇建筑区、工矿区的大比例尺地形图,地物点平面位置精度为地物点相对于邻近图根点的点位中误差,在平原、丘陵地图上不应超过 0.5 mm,在山地、高山地图上不应超过 0.75 mm。高程注记点相对于邻近图根点的高程中误差,城市建筑区和平坦地区铺装地面不应超过 0.15 m,丘陵地区不应超过 1/2 等高距,山地不应超过 2/3 等高距,高山地不应超过 1 倍等高距。

## 9.2 地形图应用的基本内容

### 1. 点位平面坐标量测

如图 9-10 所示,在大比例尺地形图上绘制有纵、横坐标方格网(或在方格交会处绘有一个十字线),欲从图上求 $A$ 点坐标,可先通过 $A$ 点作坐标格网的平行线 $mn$,$pq$,在图上量出 $mA$ 和 $pA$ 的长度,分别乘以数字比例尺的分母 $M$ 即得实地平距,即有

$$\left. \begin{array}{l} x_A = x_0 + \overline{mA} \times M \\ y_A = y_0 + \overline{pA} \times M \end{array} \right\} \tag{9-2}$$

式中,$x_0$,$y_0$ 为 $A$ 点所在方格西南角点的高斯坐标(图中 $x_0=2\ 517\ 100$ m,$y_0=38\ 457\ 200$ m)。

### 2. 两点间平距量测

确定图上 $A$,$B$ 两点间的平距 $D_{AB}$,可根据已量得的 $A$,$B$ 两点的平面坐标 $(x_A, y_A)$ 和 $(x_B, y_B)$ 由勾股定理[式(4-23)]计算,或使用 fx-5800P 计算器复数模函数 **Abs** 计算。

### 3. 直线坐标方位角量测

如图 9-10 所示,要确定直线 $AB$ 的坐标方位角 $\alpha_{AB}$,可根据已量得的 $A$,$B$ 两点的平面坐标,用式(4-24)先计算出象限角 $R_{AB}$,再根据直线 $AB$ 所在象限参照表 4-2 的规定换算为坐标方位角。或使用 fx-5800P 计算器的辐角函数 **Arg** 先计算辐角 $\theta_{AB}$:$\theta_{AB}>0$ 时,$\alpha_{AB}=\theta_{AB}$;$\theta_{AB}<0$ 时,$\alpha_{AB}=\theta_{AB}+360°$。

当精度要求不高时,可以通过 $A$ 点作平行于坐标纵轴的直线,用量角器在图上量取直线 $AB$ 的坐标方位角 $\alpha_{AB}$。

图 9-10 点位坐标量测（50 cm×40 cm 矩形分幅）

### 4. 点位高程与两点间坡度量测

如果所求点刚好位于某条等高线上，则该点高程就等于该等高线的高程，否则需要采用比例内插法确定。如图 9-11 所示，图中 $E$ 点高程为 54 m，而 $F$ 点位于 53 m 和 54 m 两根等高线之间，可过 $F$ 点作一条大致与两条等高线垂直的直线，交两条等高线于 $m$、$n$ 点，从图上量得距离 $\overline{mn}=d$，$\overline{mF}=d_1$，设等高距为 $h$，则 $F$ 点的高程为

$$H_F = H_m + h\frac{d_1}{d} \tag{9-3}$$

在地形图上量得相邻两点间的平距 $d$ 和高差 $h$ 以后，可按下式计算两点间的坡度：

$$i = \tan\delta = \frac{h}{d \times M} \tag{9-4}$$

式中，$\delta$ 为地面两点连线相对于水平面的倾角。

### 5. 图上设计等坡线

在山地或丘陵地区进行道路、管线等工程设计时，往往要求在不超过某一坡度的条件下选定一条最短路线。如图 9-11 所示，需要从低地 $A$ 点往高地 $B$ 点定出一条路线，坡度限制为 $i$。设等高距为 $h$，等高线平距为 $d$，地形图比例尺为 $1:M$，根据坡度定义 $\left(i=\dfrac{h}{d \times M}\right)$，求得

$$d = \frac{h}{i \times M} \tag{9-5}$$

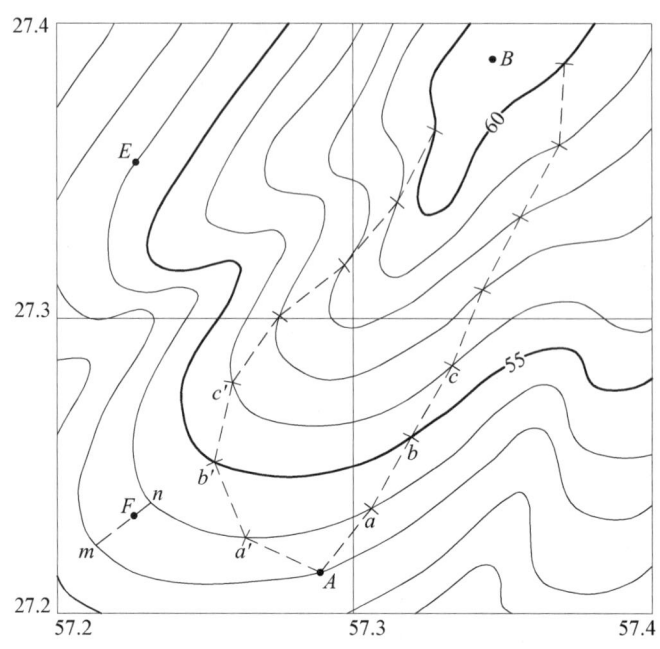

图 9-11 确定点的高程和选定等坡路线

例如,将 $h=1$ m,$M=1\ 000$,$i=3.3\%$ 代入式(9-5),求出 $d=0.03$ m$=3$ cm。在图 9-11 中,以 $A$ 点为圆心、3 cm 为半径,用圆规截交 54 m 等高线,得到 $a$,$a'$点;再分别以 $a$,$a'$点为圆心,用圆规截交 55 m 等高线,分别得到 $b$,$b'$点;依此进行,直至 $B$ 点。连接 $A$,$a$,$b$,…,$B$ 点和 $A$,$a'$,$b'$,…,$B$ 点得到两条均满足设计坡度 $i=3.3\%$ 的路线,可以综合各种因素选取其中的一条。

作图时,当某相邻两条等高线平距大于 3 cm 时,说明这对等高线的坡度小于设计坡度 3.3%,可以选择这对等高线的垂线作为路线。

## 9.3 图形面积量算

图上面积量算方法有透明方格纸法、平行线法、解析法、AutoCAD 法和求积仪法,本节只介绍 AutoCAD 法。

**1. 多边形面积计算**

如待量取面积的边界为一多边形,且已知各顶点的平面坐标,可打开 Windows 记事本,按"点号,,$y$,$x$,0"格式输入多边形顶点坐标。

下面以图 9-12(a)所示的"六边形顶点坐标.txt"文件定义的六边形为例,介绍在 SouthMap 中计算其面积的方法。

(1) 在 SouthMap 中执行"绘图处理/展野外测点点号"下拉菜单命令[图 9-12(b)],在弹出的"选择坐标数据文件"对话框中选择"六边形顶点坐标.txt"文件,在 AutoCAD 的绘图区展绘 6 个顶点。

(2) 将 AutoCAD 的对象捕捉设置为节点捕捉(nod),执行多段线命令 pline,连接 6 个顶点为一个封闭多边形。

(a) 六边形顶点坐标　　　(b) "展野外测点点号"命令

图 9-12　在 SouthMap 中展绘多边形顶点坐标

(3) 执行 AutoCAD 的面积命令 area,命令行提示及操作过程如下:

命令:area

指定第一个角点或 [对象(O)/增加面积(A)/减少面积(S)]:O

选择对象:点取多边形上的任意点

区域=52473.220,周长=914.421

上述结果的意义是,多边形的面积为 52 473.220 $m^2$,周长为 914.421 m。

**2. 不规则图形面积计算**

当待量取面积的边界为不规则曲线,只知道边界中某个长度尺寸,且曲线上点的平面坐标不易获取时,可用扫描仪扫描边界图形并获得该边界图形的 jpg 格式图像文件,将该图像文件插入 AutoCAD,在 AutoCAD 中校正图形长度后再量取图形面积。

图 9-13　海南省卫星图片边界

例如,图 9-13 是从 Google Earth 上获取的海南省卫星图片边界图形,图中海口→三亚的距离可在 Google Earth 中执行工具栏"显示标尺"命令测得。在 AutoCAD 中的操作过程如下:

(1) 执行插入光栅图像命令 imageattach,将"海南省卫星图片.jpg"文件插入 AutoCAD 当前图形文件中;

(2) 执行对齐命令 align,将图中海口→三亚的长度校正为 214.14 km;

(3) 执行多段线命令 pline,沿图中的边界描绘一个封闭多段线;

(4) 执行面积命令 area,可测量出该边界图形的面积为 34 727.807 $km^2$,周长为 937.454 km。

## 9.4　工程建设中地形图的应用

**1. 按指定方向绘制纵断面图**

在道路、隧道、管线等工程设计中,通常需要了解两点之间的地面起伏情况,这时可根据地形图的等高线来绘制**纵断面图**(profile)。

如图 9-14(a)所示,在地形图上绘制 $A$,$B$ 两点的连线,与各等高线相交,各交点的高程为交点所在等高线的高程,各交点的平距可在图上根据比例尺量得。在毫米方格纸上画出两条相互垂直的轴线,以横轴 AB 表示平距,以垂直于横轴的纵轴表示高程,在地形图上量取 A 点至各交点及地形特征点的平距,将其分别转绘在横轴上,以相应的高程作为纵坐标,得到各交点在断面上的位置。连接这些点,即得到 AB 方向的纵断面图。

(a) 地形图        (b) 纵断面图(比例尺:横向1:1 000,纵向1:200)

图 9-14　绘制纵断面图

为了更明显地表示地面的高低起伏情况,断面图上的高程比例尺一般比平距比例尺大 5～20 倍。

图 9-15　汇水范围的确定

### 2. 确定汇水面积

当道路需要跨越河流或山谷时,应设计建造桥梁或涵洞,兴修水库须筑坝拦水。而桥梁、涵洞孔径的大小,水坝的设计位置与坝高,水库的蓄水量等,都要根据汇集于这个地区的水流量来确定。汇集水流量的面积称为**汇水面积**(catchment area)。由于雨水是沿山脊线(分水线)向两侧山坡分流,所以,汇水面积的边界线由一系列山脊线连接而成。

如图 9-15 所示,一条公路经过山谷,拟在 P 处建桥或修筑涵洞,其孔径大小应根据流经该处的流水量确定,而流水量又与山谷的汇水面积有关。由图可知,由山脊线和公路上的线段所围成的封闭区域 ABCDEFGHIA 的面积,就是这个山谷的汇水面积。量出该面积值,再结合当地气象水文资料,便可进一步确定流经公路 P 处的水量,从而为桥梁或涵洞的孔径设计提供依据。

确定汇水面积边界线时,应注意边界线(除公路 AB 段外)与山脊线一致,且与等高线垂直。边界线是经过一系列山脊线、山头和鞍部的曲线,并在河谷的指定断面(公路或水坝的中心线)闭合。

## 9.5 数字地形图应用

数字地形图应用命令位于SouthMap"工程应用"下拉菜单,本节只介绍土方量计算与断面图绘制的操作方法。

如图9-16所示,SouthMap"工程应用"下拉菜单设置了5个土方计算命令,分别代表五种方法:三角网法、断面法、方格网法、等高线法和区域土方量平衡法,本节只介绍方格网法和区域土方量平衡法,所用案例坐标文件为SouthMap自带的dgx.dat文件。

图9-16 "工程应用"下拉菜单土方量计算命令

**1. 方格网法土方计算**

执行"绘图处理/展高程点"下拉菜单命令,将坐标文件dgx.dat碎部点三维坐标展绘在SouthMap绘图区。执行AutoCAD多段线命令pline绘制一条闭合多段线作为土方计算边界。

执行"方格网法土方计算"下拉菜单命令[图9-17(a)],点选最近绘制的土方计算边界闭合多段线,弹出"方格网土方计算"对话框,单击 ●由数据文件生成 单选框,点击 按钮,在弹出的文件对话框中选择系统自带的 dgx.dat 文件,完成响应后,返回"方格网土方计算"对话框;在"设计面"区域点选●平面单选框,在"目标高程"栏输入"35",在"方格宽度"栏输入"10",结果如图9-17(b)所示。单击 确定 按钮,SouthMap按对话框设置内容绘制方格网、计算每个方格网的挖填土方、绘制土方计算图(图9-18),并在命令行给出下列计算结果提示:

(a)　　　　　　　　(b)

图9-17 在SouthMap中执行"方格网法土方计算"下拉菜单命令及对话框设置内容

最小高程＝24.368400，最大高程＝43.900000
请确定方格起始位置：＜缺省位置＞Enter
总填方＝18.35 立方米，总挖方＝52099.45 立方米
excel 输出完成！

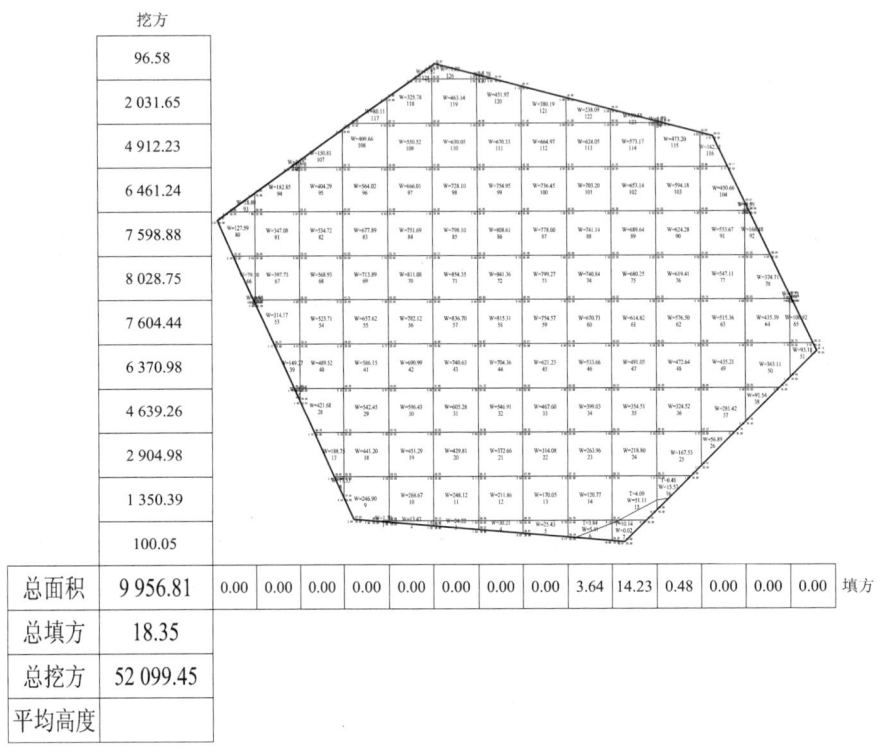

图 9-18　SouthMap 生成方格网法土方计算表格

方格宽度一般要求图上 2 cm，在 1∶500 比例尺地形图上，2 cm 代表的实地距离为10 m。
在"方格网土方计算"对话框中[图 9-17(b)]，在"输出格网点坐标数据文件"栏输入"D:\240515.dat"，在"输出 Excel 报表路径"栏输入"D:\240515.xls"，完成土方计算后，SouthMap 将所有方格网点三维坐标数据输出到 dat 文件，将各方格网土方计算数据输出到 xls 文件。

启动 Windows 记事本打开该文件的内容如图 9-19 所示，共有 156 个格网点，各格网点编码位字符为设计高程值，本例设计高程面为 35 m 水平面，因此，格网点坐标编码位均为 35。

图 9-19　在 SouthMap 中执行"方格网法土方计算"命令输出的格网点坐标文件 240515.dat 内容

## 2. 区域土方量平衡计算

计算指定区域挖填平衡设计高程和土方量。执行"区域土方量平衡/根据坐标文件"下拉菜单命令，在弹出的文件对话框中选择 dgx.dat 文件，根据命令行提示，输入内容如下：

选择土方边界线（点选封闭多段线）

请输入边界插值间隔（米）：<20>10

弹出图 9-20 所示提示对话框，点击 确定 按钮，根据命令行提示，输入内容如下：

正在重新生成模型。土方平衡高度=40.256 米

挖方量=8282 立方米

填方量=8282 立方米

请指定表格左下角位置：<直接回车不绘表格>（在展绘点区域外拾取一点）

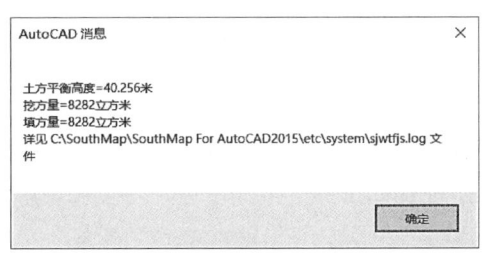

图 9-20　执行"区域土方量平衡/根据坐标文件"命令提示对话框

完成响应后，SouthMap 在绘图区用户指定点绘制土方计算表格和挖填平衡分界线，结果如图 9-21 所示。图 9-22 为用 Windows 记事本打开日志文件 sjwtfjs.log 的内容。

图 9-21　区域土方量平衡计算结果

图 9-22 输出日志文件 sjwtfjs.log 的内容

### 3. 绘制断面图

以图 8-28 所示等高线数字地形图为例,介绍绘制断面图的操作方法。在命令行执行多段线命令绘制断面折线,操作过程如下:

命令:pline

指定起点:53319.279,31362.694

当前线宽为 0.0000

指定下一个点或[圆弧(A)/半宽(H)/长度(L)/放弃(U)/宽度(W)]:53456.266,31437.888

指定下一点或[圆弧(A)/闭合(C)/半宽(H)/长度(L)/放弃(U)/宽度(W)]:53621.756,31403.756

指定下一点或[圆弧(A)/闭合(C)/半宽(H)/长度(L)/放弃(U)/宽度(W)]:Enter

执行"绘断面图/根据已知坐标"下拉菜单命令,命令行提示"选择断面线"时,点击已绘制的多段线,弹出"断面线上取值"对话框[图 9-23(a)],单击 按钮,在弹出的文件对话框中选

图 9-23 执行"绘断面图/根据已知坐标"下拉菜单命令弹出的两个对话框设置内容

择系统自带 dgx.dat 文件,"采样点间距"设置为 10 m,勾选 ☑输出EXCEL表格 复选框,单击 确定 按钮。系统首先生成一个打开的 Excel 文件,本例内容如图 9-24 所示,然后弹出"绘制纵断面图"对话框[图 9-23(b)]。

| | A | B | C | D | E |
|---|---|---|---|---|---|
| 1 | 纵断面成果表 | | | | |
| 2 | 点号 | X(m) | Y(m) | H(m) | 备注 |
| 3 | K0+  0.000 | 31362.694 | 53319.279 | 26.661 | |
| 4 | K0+ 10.000 | 31367.506 | 53328.045 | 26.661 | |
| 5 | K0+ 15.757 | 31370.276 | 53333.092 | 27.001 | |
| 6 | K0+ 25.757 | 31375.088 | 53341.858 | 27.866 | |
| 7 | K0+ 27.496 | 31375.925 | 53343.383 | 28.000 | |
| 8 | K0+ 37.496 | 31380.737 | 53352.149 | 28.775 | |
| 9 | K0+ 40.373 | 31382.121 | 53354.671 | 29.000 | |
| 10 | K0+ 50.373 | 31386.933 | 53363.437 | 29.426 | |
| 50 | K0+292.558 | 31410.358 | 53589.747 | 32.068 | |
| 51 | K0+296.629 | 31409.535 | 53593.734 | 32.370 | |
| 52 | K0+302.556 | 31408.338 | 53599.539 | 31.419 | |
| 53 | K0+312.556 | 31406.318 | 53609.332 | 31.314 | |
| 54 | K0+322.556 | 31404.298 | 53619.126 | 30.216 | |
| 55 | K0+325.241 | 31403.756 | 53621.756 | 29.933 | |

图 9-24　自动生成 Excel 文件的内容

单击"断面图位置"区域的 … 按钮,在 SouthMap 绘图区点取一点作为放置断面图的左下角点;点选"平面图"区域 ⦿绘制 单选框,设置同时绘制断面线两侧平面图,使用缺省设置的平面图宽度 40 m,单击 确定 按钮,SouthMap 在用户指定点绘制断面图,本例结果如图 9-25 所示。

图 9-25　执行"绘断面图/根据已知坐标"下拉菜单命令生成的断面图

# 本 章 小 结

(1)地形图图廓外注记内容有图号、图名、接图表、比例尺、坐标系、使用图式、等高距、测绘单位、测图日期、坐标格网等内容,中、小比例尺地形图还绘制有三北方向线和坡度尺。

(2) 1∶100 万～1∶500 地形图采用经纬度分幅和图幅编号,在纬度小于 60°的范围内,每幅 1∶100 万地形图的经差为 6°、纬差为 4°。1∶50 万～1∶500 地形图经纬度分幅和图幅编号均以 1∶100 万地形图编号为基础,采用行列编号法。

(3) 纸质地形图应用的主要内容有:量测点的平面坐标与高程,量测直线的长度、方位角及坡度,计算汇水面积,绘制指定方向的断面图。

(4) AutoCAD 法适用于计算任意图形的面积,它需要先获取边界图形的图像文件。

(5) 在 SouthMap 中执行"工程应用"下拉菜单的土方计算与绘断面图命令时,都需要用到生成数字地形图的坐标文件,SouthMap 展点坐标文件的数据格式如下:

有编码位坐标点:"点名,编码,$y,x,H$"

无编码位坐标点:"点名,,$y,x,H$"

## 思考题与练习题

[9-1] 试用 MSMT 高斯投影 正算程序,点击 GNSS 按钮启动手机定位功能,采集手机点的经纬度,计算手机点在 2000 国家大地坐标系统—3°带的高斯坐标,点击 图编号 按钮计算手机点在 11 种国家基本比例尺地形图的图幅编号及西南角经纬度。

[9-2] 在 AutoCAD 中打开图 9-1 所示数字地形图,执行 id 命令采集图中鹅公山顶三维坐标为(406 085.095,2 505 732.306,65.2),烟管山顶三维坐标为(409 011.594,2 503 827.722,44.5),试用 fx-5800P 计算器复数功能计算鹅公山→烟管山两点间的平距、方位角及坡度。

[9-3] 从同济书房下载"9 章_7 边形顶点坐标.txt"文件,在 SouthMap 中展绘该坐标文件,用 CAD 法计算其周长及面积。

[9-4] 从同济书房下载"9 章_安徽巢湖卫星影像图.png"文件,将其导入 AutoCAD,使用所测基准距离校正插入的图像,用 CAD 法计算安徽巢湖的周长及面积。

[9-5] 从同济书房下载"9 章_621220.dat",该坐标数据文件包含 161 个碎部点三维坐标,试用该坐标文件完成以下工作:

(1) 绘制比例尺为 1∶2 000、等高距为 2 m 的等高线。

(2) 在 SouthMap 中执行 AutoCAD 矩形命令 rectangle,以(4 647 989.282,478 158.445)为左下角点,绘制一个 200 m 宽×150 m 高的矩形,以该矩形为边界,完成下列计算内容:

① 执行"方格网法土方计算/方格网土方计算"下拉菜单命令,设置"设计面"为平面,"目标高程"为 975 m,"方格宽度"为 10 m,计算挖填土方;

② 执行"区域土方量平衡/根据坐标文件"下拉菜单命令,计算挖填平衡设计高程与挖填土方。

(3) 执行多段线命令 pline,绘制顶点坐标为(4 647 944.366,478 495.761),(4 648 160.737,478 434.836),(4 648 444.778,478 447.825)的多段线;执行"绘断面图/根据已知坐标"下拉菜单命令,选择上述绘制的多段线为断面线,绘制断面图,要求采样间距为 10 m,纵断面图横向比例尺为 1∶500,纵向比例尺为 1∶250。

# 第 10 章 建筑施工测量

## 本 章 导 读

☑ **基本要求** 掌握全站仪测设设计点位平面坐标的原理与方法,水准仪测设点位设计高程的原理与方法;掌握建筑基础施工图 dwg 图形文件校准与坐标变换方法,使用 SouthMap 采集设计点位平面坐标、展绘坐标文件的方法;掌握高层建筑轴线竖向投测与高程竖向投测方法;熟悉 MSMT **坐标传输**程序的使用方法;了解激光垂准仪的使用方法。

☑ **重点** 全站仪三维坐标放样,水准仪视线高程法放样,建筑基础施工图 dwg 图形文件的校准与坐标变换,建筑轴线竖向投测与高程竖向投测。

☑ **难点** 建筑基础施工图 dwg 图形文件的校准,结构施工总图的拼绘,坐标变换与设计点位平面坐标的采集。

**建筑施工测量**(construction survey)的任务是将图纸设计建筑物或构筑物的平面位置 $(x,y)$ 和高程 $H$,按设计要求,以一定的精度测设到实地,作为施工依据,并在施工过程中进行一系列的衔接测量工作。

## 10.1 施工控制测量

《城市测量规范》与施工测量有关的内容只有规划监督测量和市政工程测量,并无建筑施工测量的内容,因此,本章按《工程测量标准》的规定撰写。

在建筑场地上建立的控制网称为场区控制网。场区控制网应充分利用勘察阶段建立的平面和高程控制网,并进行复测检查,当精度满足施工要求时,可作为场区控制网使用,否则应重新建立场区控制网。

#### 1. 场区平面控制

场区平面控制坐标系应与工程项目勘察阶段所采用的坐标系相同,其相对于勘察阶段控制点的定位精度,不应大于±5 cm。由于全站仪的普及,场区平面控制网通常布设为导线形式,其等级和精度应符合下列规定:

(1) 建筑场地大于 1 km² 或重要工业区,应建立一级或一级以上的平面控制网;
(2) 建筑场地小于 1 km² 或一般性建筑区,可建立二级平面控制网;
(3) 用原有控制网作为场区控制网时,应进行复测检查。

场区一、二级导线测量的主要技术要求应符合表 10-1 的规定。

#### 2. 场区高程控制

场区高程控制网应布设成闭合环线、附合路线或结点网形。大、中型施工项目的场区高

表 10-1　　　　　　　　　　　　场区导线测量的主要技术要求

| 等级 | 导线长度/km | 平均边长/m | 测角中误差/(″) | 测距相对中误差 | 2″仪器测回数 | 方位角闭合差/(″) | 导线全长相对闭合差 |
|---|---|---|---|---|---|---|---|
| 一级 | 2.0 | 100~300 | 5 | ≤1/30 000 | 3 | $10\sqrt{n}$ | ≤1/15 000 |
| 二级 | 1.0 | 100~200 | 8 | ≤1/14 000 | 2 | $16\sqrt{n}$ | ≤1/10 000 |

注：$n$ 为测站数。

程测量精度，不应低于三等水准。场区水准点可单独布置在场地相对稳定的区域，也可设置在平面控制点的标石上。水准点间距宜小于 1 km，距离建(构)筑物不宜小于 25 m，距离回填土边线不宜小于 15 m。施工中，当少数高程控制点标石不能保存时，应将控制点高程引测至稳固的建(构)筑物上，引测精度不应低于原高程点的精度等级。

## 10.2　工业与民用建筑施工放样的基本要求

工业与民用建筑施工放样应具备的资料包括建筑总平面图、设计与说明、轴线平面图、基础平面图、设备基础图、土方开挖图、结构图和管网图。建筑物施工放样、轴线投测和标高传递测量允许偏差应符合表 10-2 的规定。

表 10-2　　　　　　　　　　　　建筑物施工放样允许偏差

| 项目 | 内容 | | 允许偏差/mm |
|---|---|---|---|
| 基础桩位放样 | 单排桩或群桩边桩 | | ±10 |
|  | 群桩 | | ±20 |
| 各施工层上放线 | 轴线点 | | ±4 |
|  | 外廓主轴线长度 $L$/m | $L \leqslant 30$ | ±5 |
|  |  | $30 < L \leqslant 60$ | ±10 |
|  |  | $60 < L \leqslant 90$ | ±15 |
|  |  | $90 < L \leqslant 120$ | ±20 |
|  |  | $120 < L \leqslant 150$ | ±25 |
|  |  | $150 < L \leqslant 200$ | ±30 |
|  |  | $L > 200$ | 按 40% 施工限差取值 |
|  | 细部轴线 | | ±2 |
|  | 承重墙、梁、柱边线 | | ±3 |
|  | 非承重墙边线 | | ±3 |
|  | 门窗洞口线 | | ±3 |
| 轴线竖向投测 | 每层 | | 3 |
|  | 总高 $H$/m | $H \leqslant 30$ | 5 |
|  |  | $30 < H \leqslant 60$ | 10 |
|  |  | $60 < H \leqslant 90$ | 15 |
|  |  | $90 < H \leqslant 120$ | 20 |

(续表)

| 项 目 | 内 容 | | 允许偏差/mm |
|---|---|---|---|
| 轴线竖向投测 | 总高 $H$/m | $120<H\leqslant150$ | 25 |
| | | $150<H\leqslant200$ | 30 |
| | | $H>200$ | 按40%施工限差取值 |
| 标高竖向传递 | 每层 | | ±3 |
| | 总高 $H$/m | $H\leqslant30$ | ±5 |
| | | $30<H\leqslant60$ | ±10 |
| | | $60<H\leqslant90$ | ±15 |
| | | $90<H\leqslant120$ | ±20 |
| | | $120<H\leqslant150$ | ±25 |
| | | $150<H\leqslant200$ | ±30 |
| | | $H>200$ | 按40%施工限差取值 |

柱子、桁架或梁安装测量偏差不应超过表10-3的规定。

表10-3　　　　　　　　柱子、桁架或梁安装测量允许偏差

| 测量内容 | | 允许偏差/mm |
|---|---|---|
| 钢柱垫板标高 | | ±2 |
| 钢柱±0标高检查 | | ±2 |
| 预制混凝土柱±0标高检查 | | ±3 |
| 柱子垂直度检查 | 钢柱牛腿 | 5 |
| | 标高10 m以内 | 10 |
| | 标高10 m以上 | $H/1\,000\leqslant20$ |
| 桁架和实腹梁、桁架和钢架的支承节点间相邻高差的偏差 | | ±5 |
| 梁间距 | | ±3 |
| 梁面垫板标高 | | ±2 |

注：$H$ 为柱子高度(mm)。

构件预装测量的偏差不应超过表10-4的规定。

附属构筑物安装测量的允许偏差不应超过表10-5的规定。

表10-4　构件预装测量允许偏差

| 测量内容 | 允许偏差/mm |
|---|---|
| 平台面抄平 | ±1 |
| 纵横中心线的正交度 | $\pm0.8\sqrt{l}$ |
| 预装过程中的抄平工作 | ±2 |

注：$l$ 为自交点起算的横向中心线长度(m)，长度不足5 m时，应以5 m计。

表10-5　附属构筑物安装测量允许偏差

| 测量项目 | 允许偏差/mm |
|---|---|
| 栈桥和斜桥中心线的投点 | ±2 |
| 轨面的标高(平整度) | ±2 |
| 相邻轨面的高差 | ±2 |
| 轨道跨距的丈量 | ±2 |
| 管道构件中心线的定位 | ±5 |
| 管道标高的测量 | ±5 |
| 管道垂直度的测量 | $H/1\,000$ |

注：$H$ 为管道垂直部分的长度(mm)。

## 10.3 施工放样的基本工作

**1. 全站仪测设点位平面坐标**

如图10-1所示,设$K1$,$K2$,$K3$为场区一级导线点,1~4号点为建筑物设计角点,场区"三通一平"完成后,需要先放样1~4号点的平面位置。

图 10-1　放样建筑物四个角点设计坐标原理（单位：m）

将场6个一级导线点的坐标导入NTS-362R10G全站仪内存的已知坐标文件,操作方法如图4-23所示。1~4号设计点位坐标已导入坐标文件"240612",操作方法如图4-21所示。

在$K3$点安置NTS-362R10G全站仪,量取仪器高为1.42 m,以$K2$点为后视点。下面介绍在坐标模式下执行"放样"命令放样1号点的方法。

(1) 打开导向光与设置气象参数:按★键进入星键菜单,按▼▶键打开导向光[图10-2(a)];按F4(参数)键进入测距参数设置界面[图10-2(b)],出厂设置大气温度为20℃,大气压力为1 013 hPa,对应的气象改正比例值$PPM=0$;在温度栏输入"18"[图10-2(c)],按ENT键,仪器自动计算气象改正比例值$PPM=-1.8ppm$[图10-2(d)];按ESC键2次完成设置并退出星键菜单。

图 10-2　在星键菜单打开导向光,设置大气温度为18℃

(2) 设站:在全站仪坐标模式P2页功能菜单,按F3(设站)键命令,从已知坐标文件调用$K3$点坐标为测站点,调用$K2$点坐标为后视点,并对后视点$K2$进行坐标检核测量,操作方法如图4-26所示。

(3) 放样1号点:在坐标模式"放样1/2"菜单[图10-3(a)],按③(设置放样点)键,从工作文件和坐标调用文件调用1号点坐标,其放样操作过程如图10-3所示。

如图10-4所示,设棱镜对中杆的当前位置为$1'$点,应在$1'$点后、离开仪器方向大于

图 10-3 在坐标模式 P3 页功能菜单执行"放样/设置放样点"命令放样 1 号点

0.732 m 的 1″点竖立一个定向标志(如铅笔或短钢筋),测站观测员下俯望远镜,瞄准定向标志附近,用手势指挥,使定向标志移动到望远镜视线方向的 1″点;再用钢卷尺沿 1′1″直线方向量距,距离 1′点 0.732 m 的点即为放样点 1 的准确位置。将棱镜对中杆移至 1 点,整平棱镜对中杆,测站观测员上仰望远镜,瞄准棱镜中心,按 F1 (测量)键,当屏幕显示视线方向水平移距值=0 时[图 10-4(b)],棱镜对中杆中心即为放样点 1 的平面位置。

(4) 全站仪坐标放样测站与镜站的手势配合

全站仪放样时,测站与镜站应各配备一个步话机,步话机主要用于测站观测员报送望远镜视线方向的水平移距值,例如图 10-4(a) 中的 −0.732 m。测站观测员指挥棱镜横向移动到望远镜视线方向,司镜员完成棱镜安置后、示意测站观测员重新测距等都应通过手势确定。

仍以放样图 10-1 中的 1 号点为例,全站仪水平角差调零后[图 10-3(h)],照准部不应再有水平旋转操作,只能仰俯望远镜,指挥棱镜移动到望远镜视线方向,司镜员也可以观察全站仪发射的导向光,自主移动棱镜到望远镜视线方向。

当棱镜位于望远镜视场外时,使用望远镜光学粗瞄器指挥棱镜快速移动,测站手势如图 10-5(a)所示;当棱镜移动到望远镜视场内时,应上仰或下俯望远镜,使其基本瞄准棱镜,指挥棱镜缓慢移动,测站手势如图 10-5(b)所示;当棱镜接近望远镜视线时,应下俯望远镜,瞄准棱镜对中杆底部,指挥棱镜做微小移动,测站手势如图 10-5(c)所示。当棱镜对中杆底部已移动至望远镜视线方向时,测站手势如图 10-5(d)所示,司镜员应立即整平棱镜对中杆,完成操作后,应告知测站观测员,手势如图 10-5(e)所示。

测站观测员上仰望远镜,瞄准棱镜中心,按 F1 (测量)键,将屏幕显示的水平移距代数值通过步话机告知司镜员。当屏幕显示的水平移距=0 时,测站观测员应及时告诉司镜员钉点,手势如图 10-5(f)所示。

图 10-4 水平移距值与棱镜对中杆移动方向之间的关系

为了提高放样工作效率,一般应打印一份 A1 或 A0 尺寸的建筑基础施工大图,镜站专门安排一人看图,以便完成一个点的放样后,由看图员指挥司镜员尽快移动到下一个放样点附近,减少司镜员寻点时间。

(a) 棱镜位于望远镜视场外　(b) 棱镜位于望远镜视场内　(c) 下俯望远镜照准棱镜对中杆底部

(d) 棱镜对中杆准确移至视线方向后测站手势　(e) 完成棱镜整平后镜站手势　(f) "放样平距"为零时测站手势

图 10-5 使用全站仪放样点位平面位置时测站与镜站的手势配合

(5) 全站仪盘左放样点位误差分析

NTS-362R10G 全站仪的方向观测中误差为 $\pm 2''$,则放样点的水平角测量误差为 $m_\beta = \pm\sqrt{2} \times 2'' = \pm 2.83''$,测距误差为 $\pm 2$ mm,当放样平距 $D=100$ m 时,放样点相对于测站点的

误差为

$$m_P = \sqrt{\left(D\frac{m_\beta}{\rho''}\right)^2 + m_D^2} = \sqrt{\left(\frac{100\,000 \times 2.83}{206\,265}\right)^2 + 2^2} = 2.45 \text{ mm} \qquad (10\text{-}1)$$

由表 10-2 可知,除细部轴线要求放样偏差不大于±2 mm 外,其余点的放样偏差要求都大于±2 mm。因此,在建筑施工放样中,只要控制放样平距小于 100 m,用 NTS-362R10G 全站仪盘左放样,基本可以满足所有放样点位的精度要求。放样前,观测员应记得打开全站仪双轴补偿器。

**2. 高程测设**

**高程测设**(height location)是将设计高程测设到指定桩位上,主要在平整场地、开挖基坑、定路线坡度等场合使用。高程测设方法有水准测量法和全站仪三角高程测量法,水准测量法一般采用水准仪视线高程法进行。

(1) 水准仪视线高程法

如图 10-6 所示,设已知水准点 $A$ 的高程 $H_A = 2.345$ m,欲在 $B$ 点测设出建筑物室内地坪设计高程 $H_B = 3.016$ m。将水准仪安置在 $A$,$B$ 两点的中间位置,在 $A$ 点竖立水准尺,读取后视 $A$ 点水准尺的读数为 $a = 1.358$ m,则水准仪的视线高程为 $H_i = H_A + a = 2.345 + 1.358 = 3.703$ m;再前视 $B$ 点竖立水准尺,设瞄准 $B$ 点水准尺的读数为 $b$,则 $b$ 应满足方程 $H_B = H_i - b$,由此求出 $b = H_i - H_B = 3.703 - 3.016 = 0.687$ m。

用逐渐打入木桩或在木桩一侧画线的方法,使竖立在 $B$ 点桩位上的水准尺读数为 0.687 m。此时,$B$ 点标尺底部高程就等于设计高程 3.016 m。

在建筑设计图纸中,建筑物各构件的高程都是以其首层地坪为零高程面(一般简称±0)标注的,即建筑物内的高程系统是相对高程系统,其基准面为首层地坪面。

图 10-6 水准仪视线高程法测设点位设计高程

(2) 全站仪三角高程测量法

当欲测设的高程与已知水准点之间的高差较大时,可以在 NTS-362R10G 全站仪的距离模式下执行"放样/高差"命令测设。如图10-7所示,在基坑边缘设置一个水准点$A$,其已知高程$H_A=42.506$ m,基坑底部设计高程$H_B=35.728$ m,放样高差$h_{AB}=H_B-H_A=-6.778$ m。在$A$点安置全站仪,量取仪器高$i_A=1.55$ m;在$B$点安置棱镜,设置棱镜高$v_B=1.65$ m。下面介绍在距离模式下执行放样命令放样高差$h_{AB}=-6.778$ m的方法。

① 在距离模式下设置仪器高和目标高:按 (DIST) (F4) 键进入距离模式P2页功能菜单[图10-8(a)],按 (F1)(仪高)键,输入测站仪器高1.55 m,目标高1.65 m[图10-8(b)],按 (F4)(确认)键,返回距离模式P2页功能菜单[图10-8(a)]。

图10-7 在NTS-362R10G全站仪距离模式下执行"放样/高差"命令测设深基坑高程(单位:m)

图10-8 设置仪器高、目标高和放样高差

② 设置放样高差

按 (F4) 键翻页到P3页功能菜单[图10-8(c)],按 (F2)(放样)键,进入放样平距界面[图10-8(d)],按 (F2)(高差)键,输入放样高差−6.778 m[图10-8(e)],按 (F4)(确认)键,返回P3页功能菜单,按 (F4) 键翻页到P1页功能菜单;在$B$点木桩顶面安置棱镜对中杆,使望远镜瞄准$B$点棱镜中心,按 (F2)(测量)键启动全站仪测距,示例结果如图10-8(f)所示。屏幕显示的"dVD:0.023 m"是指$h_{实测}-h_{设计}=0.023$ m,用小钢尺在$B$点木桩顶面往下量2.3 cm即为$B$点的设计高程位置。

### 3. 坡度测设

在修筑道路、敷设上下水管道、开挖排水沟、平整场地等工程施工中,需要测设设计坡度线。如图 10-9 所示,需要以 $A$ 点为起点,平整 $AB$ 方向场地的设计坡度为 $-14.45\%$。

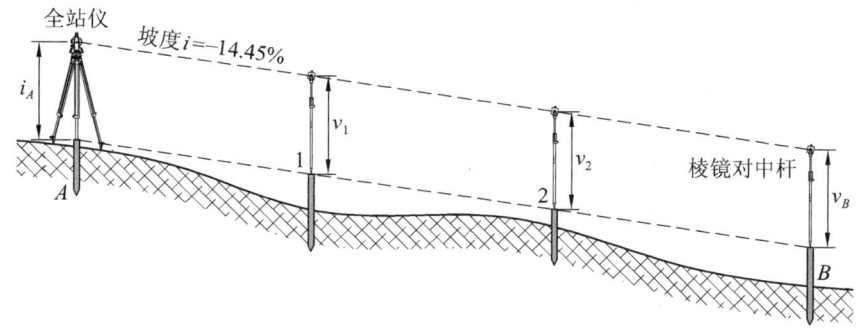

图 10-9　全站仪坡度测设原理

在 $A$ 点安置 NTS-362R10G 全站仪,量取仪器高 $i_A$,按 ANG F4 键进入角度模式 P2 页功能菜单[图 10-10(a)],按 F3(坡度)键切换竖盘读数为坡度显示[图 10-10(b)];制动望远镜,旋转望远镜微动螺旋,使屏幕显示的坡度值等于 $-14.45\%$[图 10-10(c)],此时,望远镜视线的坡度即为设计坡度 $-14.45\%$。

图 10-10　在 NTS-362R10G 全站仪角度模式 P2 页功能菜单测设坡度-14.15%

在 $B$ 点打入一根长木桩,在木桩顶面安置棱镜对中杆,使望远镜瞄准 $B$ 点棱镜方向(注意:不能旋转望远镜垂直微动螺旋),测站观测员指挥司镜员,调整棱镜高度,使棱镜中心位于望远镜十字丝中心,设此时棱镜高为 $v_B$,则 $B$ 点木桩应调整的高差为

$$\delta h_B = i_A - v_B \tag{10-2}$$

式中,当计算出的 $\delta h_B < 0$ 时,需要向下打入木桩 $\delta h_B$;$\delta h_B > 0$ 时,需要向上抬高木桩 $\delta h_B$。再次在 $B$ 点木桩顶面安置棱镜对中杆,重复上述操作,直至 $\delta h_B = 0$ 为止。为避免出现 $\delta h_B > 0$ 的情形,$B$ 点木桩应选择较长的木桩,且木桩首次打入的深度不宜过大。

同理,将棱镜移动到 1,2 点,重复上述操作,调整其木桩高度,直至 $\delta h_1 = 0$ 和 $\delta h_2 = 0$ 为止,此时,$A$,1,2,$B$ 点木桩顶面连线的坡度即为设计坡度 $-14.45\%$。

## 10.4　建筑物数字化放样设计点位平面坐标采集

使用全站仪进行坐标放样的关键是如何准确地获取设计点位的平面坐标。本节介绍用 AutoCAD 编辑建筑物基础施工图 dwg 格式图形文件,使用 SouthMap 采集设计点位平面坐

标的方法。由于设计单位一般只向施工单位提供有设计、审核人员签字并盖有出图章的设计蓝图,因此建议通过工程项目甲方向设计单位索取 dwg 格式设计文件。

**1. 校准建筑物基础平面图 dwg 格式图形文件**

校准建筑物基础平面图 dwg 格式图形文件的目的是使图纸的实际尺寸与标注尺寸完全一致,这一步很重要。施工单位应以建筑蓝图上标注的尺寸为依据进行放样,在 AutoCAD 中,即使对象的实际尺寸不等于其标注尺寸,根据蓝图放样也不会影响放样点位的正确性,但要在 AutoCAD 中直接采集放样点的坐标,就必须确保标注尺寸与实际尺寸完全一致,否则将酿成重大责任事故。

在 AutoCAD 中打开基础平面图,将其改名存盘,图纸校准方法如下。

(1) 检查轴线尺寸

执行文字编辑命令 ddedit,选择需要查看轴线尺寸的文字对象,若显示为"<>",则表明该尺寸文字是 AutoCAD 自动计算的,只要尺寸标注点位置正确,则该尺寸就没有问题。但有些设计图纸全部尺寸都是数字,这时建议新建一个图层(如 dimtest)并设为当前图层,执行相应的尺寸标注命令,对全部尺寸重新标注一次,每标注一个尺寸,立即查看新标注尺寸与原有尺寸的吻合情况。

(2) 检查构件尺寸

构件尺寸检查应参照大样详图进行。以"江门中心血站主楼基础平面图_原设计图.dwg"文件为例,该项目采用桩基础承台,图 10-11 所示为设计三桩和双桩承台详图尺寸与 dwg 图形文件尺寸的比较,差异如图中灰底色数字所示。显然,dwg 图形文件中双桩承台尺寸没有严格按详图尺寸绘制,必须重新绘制。

(a) 三桩承台详图标注尺寸　(b) 三桩承台设计图实际尺寸　(c) 双桩承台详图标注尺寸　(d) 双桩承台设计图实际尺寸

图 10-11　三桩和双桩承台设计图与详图的尺寸差异(单位:mm)

设计规范一般要求桩基础承台形心与柱中心重合,所以,柱尺寸的正确性也将影响承台位置的正确性,应仔细检查柱尺寸。如果修改了柱尺寸,则应注意同时修改承台形心位置。在图 10-11(d)中,dwg 图形文件双桩承台柱尺寸与详图尺寸不一致,因此,承台与柱子都应按详图尺寸重新绘制,并使桩基础承台形心与柱中心重合。

dwg 图形文件设计图的校准工作,根据 dwg 图形文件的绘图质量及操作者的 AutoCAD 熟练程度不同,可能需要花费大量的时间。例如,江门中心血站分主楼和副楼,结构设计由两人分别完成,其中主楼的桩基础承台尺寸与详图尺寸相差较大,而副楼的桩基础承台尺寸与详图尺寸基本一致,因此,主楼的校准工作量要比副楼的大很多。

## 2. 管桩编号与轴线控制桩命名

在 AutoCAD 中分别执行文字命令 text、复制命令 copy、文字编辑命令 ddedit,在各管桩处绘制、编辑桩号文字。

执行全站仪坐标放样命令时,按点号增加顺序依次设置放样点的速度是最快的。应先对管桩编号,再对轴线控制桩命名。管桩顺序号应按司镜员行走路线最短、最优为原则,这样可以使司镜员行走的路线最短,从而提高放样的速度与效率。

轴线控制桩的点位应根据施工场地的实际情况,确定轴线控制桩至建筑物外墙的偏距 $d$。执行构造线命令 xline 的"偏移(O)"选项,将外墙线或轴线向外偏移距离 $d$;执行延伸命令 extend,将需测设的轴线延伸到已绘制的构造线上;执行圆环命令 donut,内径设置为 0,外径设置为 0.35,在轴线与构造线的交点处绘制圆环,最后编辑绘制轴线控制桩名。

轴线控制桩的命名规则为:首位字符为轴线名,如 1,2,3,…或 A,B,C,…,后位字符为 E,S,W,N,分别表示东、南、西、北方向,具体应根据轴线控制桩位于待建建筑物的方位确定。

江门中心血站主楼 123 个管桩点的编号与 38 个轴线控制桩的命名如图 10-12 所示,需要采集的总桩位数为 123+38=161 个。

图 10-12 江门中心血站主楼基础平面图管桩编号与轴线控制桩命名

### 3. 变换设计图纸单位为米

建筑设计图是以"mm"为单位,而测量坐标是以"m"为单位。在 AutoCAD 执行比例命令 scale,将图纸尺寸缩小 1 000 倍,命令行操作与显示内容如下:

命令:scale

选择对象:all 找到 1 087 个

选择对象:Enter

指定基点:鼠标左键单击任意点

指定比例因子或[参照(R)]:0.001

(上述灰底部分表示用户输入的命令,下同。)

### 4. 变换设计图纸为测量坐标系

如图 10-12 所示,建筑总图标注了江门中心血站 J1 和 J2 两个基准点的设计平面坐标,其中,J1 点为Ⓑ轴与⑰轴的交点,J2 点为Ⓚ轴与⑪轴的交点。

在 AutoCAD 执行对齐命令 align,分别对象捕捉图 10-12 所示的 J1 和 J2 两个基准点,将设计图变换为测量坐标系,设置自动对象捕捉为圆心捕捉,命令行操作与显示内容如下:

命令:align

选择对象:all 找到 1 087 个

选择对象:Enter

指定第一个源点:左键点击 J1 点

指定第一个目标点:21820.796,45524.649

指定第二个源点:左键点击 J2 点

指定第二个目标点:21882.949,45521.268

指定第三个源点或<继续>:

是否基于对齐点缩放对象?[是(Y)/否(N)]<否>:Enter

需要特别说明的是,输入 J1,J2 点的测量坐标时,应按"$y,x$"格式输入。

### 5. 使用 SouthMap 采集管桩和轴线控制桩的测量坐标

用 SouthMap 打开校准后的建筑物基础平面图,设置自动对象捕捉为圆心捕捉,执行"工程应用/指定点生成数据文件"下拉菜单命令,在弹出的"输入数据文件名"对话框中输入文件名,例如,输入"WAL1220"响应后,命令行循环提示与输入如下:

指定点:左键点击 1 号管桩圆心点

地物代码:Enter

高程<0.000>:Enter

测量坐标系:X=45556.499 m　Y=21858.033 m　Z=0.000 m　Code:

请输入点号:<1>Enter

指定点:左键点击 2 号管桩圆心点

……

先按 1,2,3,…的编号顺序采集管桩圆心点坐标,采集每个管桩圆心点坐标时,可以使用命令自动生成的编号作为点号。完成 123 个管桩圆心点坐标采集后,再采集轴线控制桩圆心点坐标。由于命令要求输入的"点号"只能是数字,不能是其他字符,所以轴线控制桩名不能在"请输入点号:<124>"提示下输入,只能在"地物代码:"提示下输入。最后在"指定点:"

提示下,按 Enter 键空响应结束命令操作。

当因故中断命令执行时,可以重新执行该命令,选择相同的坐标文件,向该坐标文件末尾添加采集点的坐标。本例采集的 161 个桩位点的坐标数据文件为 WAL1220.dat,应用 Windows 记事本打开的内容如图 10-13 所示。

图 10-13　江门中心血站主楼 WAL1220.dat 坐标文件内容（123 个管桩点+38 个轴线控制桩点）

**6. 坐标文件的检核**

执行 SouthMap "绘图处理/展野外测点点号" 下拉菜单命令,在弹出的 "输入坐标文件名" 对话框中选择之前已创建的坐标文件 WAL1220.dat,SouthMap 将展绘的点位对象放置在 "ZDH" 图层,操作员应放大视图,仔细查看展绘点位与设计点位的吻合情况,发现错误应及时更正。

SouthMap 采集点位的($x$，$y$，$H$)坐标按四舍五入的原则,只保留 3 位小数,因此,执行 "绘图处理/展野外测点点号" 下拉菜单命令,展绘所采集的坐标文件时,展绘点位与设计点位可能存在不超过 5 mm 的差异。

**7. 导入坐标文件数据到南方 NTS-362R10G 全站仪内存文件**

将 WAL1220.dat 文件复制到 U 盘根目录,将 U 盘插入 NTS-362R10G 全站仪的 USB 接口。按 ⓜ ③（存储管理）①（文件维护）②（坐标文件）键,进入坐标文件列表界面 [图 10-14(d)]。按 F1（新建）F4（确认）键以 "当前日期＋序号" 新建一个坐标文件 240526_2,移动光标到该坐标文件名[图 10-14(f)],按 F2（导入）键,移动光标到 U 盘根目录坐标文件 WAL1220.dat[图 10-14(g)],按 ⓔ 键开始导入 U 盘根目录的 WAL1220.dat 文件数据到全站仪内存的 240526_2 坐标文件[图 10-14(h)]。

完成导入后返回仪器内存坐标文件列表界面,光标位于 240526_2 文件[图 10-14(f)],按 ⓔ 键,屏幕显示该文件的点名列表[图 10-14(i)],光标位于 1 号管桩点;按 F1（查阅）键,屏幕显示 1 号管桩点的坐标[图 10-14(j)],该点的编码位为空;按 ESC ▲ ▲ 键,移动光标

图 10-14 导入 WAL1220.dat 坐标文件数据到 NTS-362R10G 全站仪内存坐标文件

到 161 号轴线控制桩点[图 10-14(k)],按 F1 (查阅)键,屏幕显示该点的坐标[图 10-14(l)],该点的编码位字符为 A/16S,表示 A/16 号轴线南面点。

**8. MSMT 坐标传输 程序蓝牙发送坐标文件数据到全站仪内存坐标文件**

MSMT 坐标传输 程序是专为 NTS-362R10G 全站仪开发的手机与全站仪蓝牙互相传输坐标数据的程序,也适用于南方 NTS-552R10 全站仪。

(1) 从手机内置 SD 卡导入坐标文件数据到 坐标传输 程序文件坐标列表界面

假设已将 WAL1220.dat 坐标文件复制到手机内置 SD 卡根目录。在 MSMT 项目主菜单[图 1-10(d)],点击 坐标传输 图标,进入坐标传输文件列表界面;点击 新建文件 按钮,弹出"新建坐标传输文件"对话框,缺省设置文件名为"坐标传输+日期_序号",点击 确定 按钮,返回坐标传输文件列表界面;点击最近新建文件名,在弹出的快捷菜单点击"坐标列表"命令,进入文件坐标列表界面;点击 蓝牙读数 按钮,弹出"选择蓝牙连接设备"对话框,缺省设置为 ⊙ 全站仪 单选框,点击 确定 按钮,按提示完成手机与 NTS-362R10G 全站仪的蓝牙连接[图 10-15(b)]。

点击 导入文件坐标 按钮,弹出"导入文件坐标数据"对话框[图 10-15(c)],"坐标格式"缺省设置为 SouthMap 坐标格式:点号,编码,E,N,Z。点击"文件类型"列表框,选择扩展名为 dat 的文本文件;点击 选择 按钮,在手机内置 SD 卡根目录点击 WAL1220.dat 文件,点击屏幕标题栏右侧 ✓ 按钮,点击 确定 按钮,结果如图 10-15(d)所示,光标自动位于最后一个点,点击标题栏右侧 ∧ 按钮返回第 1 个点。

(2) 蓝牙发送坐标列表界面坐标数据到全站仪内存坐标文件

在 NTS-362R10G 全站仪按 MENU ③(存储管理)②(数据传输)键[图 10-16(a)],按 ②(接收数据)①(坐标数据)键[图 10-16(b),(c)],按 F4 (确认)键启动全站仪开始接收数据;在手机点击 发送全部 按钮,在弹出的"发送坐标数据到全站仪"对话框中点击 开 始 按钮,启动手机蓝牙

图 10-15　执行"导入文件坐标"命令导入手机内置 SD 卡根目录下的 WAL1220.dat 文件坐标数据

图 10-16　在 NTS-362R10G 全站仪执行"接收数据/坐标数据"命令，蓝牙接收手机发送的坐标文件数据

发送坐标列表数据[图 10-15(e)]，全站仪蓝牙接收坐标数据界面如图 10-16(d)所示。

使用 MSMT 坐标传输 程序通过蓝牙向全站仪发送坐标数据的好处是，如果采集的坐标数据有误，或者需要新增一些放样点位坐标时，可以电话告知内业人员使用 SouthMap 采集所需点位坐标，并将文件用微信或 QQ 发送到手机，再从手机内置 SD 卡导入坐标文件数据到手机坐标传输文件的坐标列表，最后用蓝牙发送到全站仪内存指定坐标文件。

注：在坐标传输文件的坐标列表界面，手机未与蓝牙设备连接、坐标列表没有坐标数据时，点击 蓝牙读数 按钮才会弹出"选择蓝牙连接设备"对话框[图 10-15(a)]。点选 ⦿ 全站仪 单选框，与全站仪蓝牙连接；或点选 ⦿ 南方GNSS RTK 单选框，与南方 GNSS RTK 蓝牙连接。若要在坐标传输文件中蓝牙提取 GNSS RTK 的坐标，建议先在 MSMT 项目主菜单点击 RTK设置 图标 ⊕ ，完成手机与 GNSS RTK 的蓝牙连接及参数设置，再进入坐标传输文件的坐标列表界面。

## 10.5　建筑施工测量

建筑施工测量的主要工作是建筑物的基础桩位、轴线控制桩测设，模板与构件安装测量等。

**1. 轴线测设**

基槽开挖前，应将轴线引测到基槽边线以外的位置。如图 10-17 所示，引测轴线的方法有设置轴线控制桩或龙门板。龙门板的施工成本较轴线控制桩高，当使用挖掘机开挖基槽时，极易妨碍挖掘机工作，现已很少使用，主要使用轴线控制桩。

图 10-17　轴线控制桩、龙门桩和龙门板

### 2. 基础施工测量

基础分墙基础和柱基础。基础施工测量的主要工作是放样基槽开挖边线、控制基础开挖深度、测设垫层施工高程和放样基础模板位置。

（1）放样基槽开挖边线和抄平

按照基础大样图的基槽宽度，加上放坡尺寸，算出基槽开挖边线的宽度，由桩中心向两边各量取基槽开挖边线宽度的一半，做出记号。在两个对应的记号点之间拉线，在拉线位置撒白灰，按白灰线位置开挖基槽。

如图 10-18(a)所示，为控制基槽开挖深度，当基槽开挖到一定深度时，应用水准测量方法在基槽壁、离坑底设计高程 0.3～0.5 m 处，每隔 2～3 m 和拐点位置设置一些水平桩。施工中，高程测设称为抄平。

图 10-18　基础施工测量

基槽开挖完成后，应用轴线控制桩复核基槽宽度和槽底标高，合格后，才能进行垫层施工。

**(2) 垫层和基础放样**

如图 10-18(b)所示，基槽开挖完成后，应在基坑底部设置垫层标高桩，使桩顶面高程等于垫层设计高程，作为垫层施工依据。

垫层施工完成后，根据轴线控制桩，用拉线方法，吊垂球将墙基轴线投设到垫层上，用墨斗弹出墨线，用红油漆画出标记。墙基轴线投设完成后，应按设计尺寸复核。

**3. 工业厂房柱基施工测量**

(1) 柱基测设

如图 10-18(c)所示，柱基测设是为每个柱子测设出四个柱基定位桩，作为放样柱基坑开挖边线、修坑和立模板的依据。柱基定位桩应设置在柱基坑开挖范围以外。

按基础大样图尺寸，用特制的角尺，在柱基定位桩上，放出基坑开挖线，撒白灰标出开挖范围。桩基测设时，应注意定位轴线不一定都是基础中心线，具体应仔细查看设计图纸确定。

(2) 基坑高程测设

如图 10-18(a)所示，当基坑开挖到一定深度时，应在坑壁四周离坑底设计高程 0.3～0.5 m 处设置若干水平桩，作为基坑修坡和清底的高程依据。

(3) 垫层和基础放样

在基坑底设置垫层标高桩，使桩顶面高程等于垫层设计高程，作为垫层施工依据。

(4) 基础模板定位

如图 10-18(c)所示，完成垫层施工后，根据基坑边的柱基定位桩，用拉线方法，吊垂球将柱基定位线投测到垫层上，用墨斗弹出墨线，用红油漆画出标记，作为柱基立模板和布置基础钢筋的依据。立模板时，将模板底线对准垫层上的定位线，吊垂球检查模板是否竖直，同时注意使杯内底部标高低于其设计标高 2～5 cm，作为抄平调整的余量。拆模后，在杯口面定出柱轴线，在杯口内壁定出设计标高。

**4. 工业厂房构件安装测量**

装配式单层工业厂房主要由柱子、吊车梁、屋架、天窗和屋面板等主要构件组成。在吊装每个构件时，有绑扎、起吊、就位、临时固定、校正和最后固定等几道工序。下面主要介绍柱子、吊车梁及吊车轨道等构件的安装和校正工作。

(1) 厂房柱子安装测量

柱子安装测量的允许偏差应不大于表 10-3 的规定。

① 柱子吊装前的准备工作

如图 10-18(c)所示，柱子吊装前，应根据轴线控制桩，将定位轴线投测到杯形基础顶面，并用红油漆画▼标明。在杯口内壁测出一条高程线，从该高程线起向下量取 10 cm 即为杯底设计高程。

如图 10-19 所示，在柱子的三个侧面弹出中心线，根据牛腿面设计标高，用钢尺量出柱下平线的标高线。

图 10-19　在预制的厂房柱子上弹墨线

② 柱长检查与杯底抄平

柱底到牛腿面的设计长度 $l$ 应等于牛腿面的高程 $H_2$ 减去杯底高程 $H_1$，即 $l=H_2-H_1$。

牛腿柱在预制过程中，受模板制作误差和变形的影响，其实际尺寸与设计尺寸很难一致，为了解决这个问题，通常在浇注杯形基础时，使杯内底部标高低于其设计标高 2~5 cm，用钢尺从牛腿顶面沿柱边量到柱底，根据各柱子的实际长度，用 1∶2 水泥砂浆找平杯底，使牛腿面的标高符合设计高程。

③ 柱子的竖直校正

将柱子吊入杯口后，应先使柱身基本竖直，再使其侧面所弹的中心线与基础轴线重合，用木楔初步固定后，即可进行竖直校正。

如图 10-20 所示，将两台全站仪分别安置在柱基纵、横轴线附近，离柱子的距离约为柱高的 1.5 倍。瞄准柱子中心线底部，固定照准部，上仰望远镜瞄准柱子中心线顶部。如重合，则柱子在这个方向上已经竖直；如不重合，应调整，直到柱子两侧面的中心线都竖直为止。

在纵轴方向上，柱距很小，可以将仪器安置在纵轴一侧，仪器偏离轴线的角度 $\beta$ 最好不超过 15°，这样，安置一次仪器可以校正多根柱子。

图 10-20 用两台全站仪进行柱子竖直校正

图 10-21 在吊车梁顶面和两个端面弹墨线

（2）吊车梁安装测量

如图 10-21 所示，吊车梁吊装前，应先在其顶面和两个端面弹出中心线。安装步骤如下。

① 如图 10-22(a)所示，利用厂房中心线 $A_1A_1$，根据设计轨道的半跨距 $d$，在地面测设出两条吊车轨道中心线 $A'A'$ 和 $B'B'$。

② 将全站仪安置在轨道中心线的一个端点 $A'$ 上，瞄准另一个端点 $A'$，上仰望远镜，将吊车轨道中心线投测到每根柱子的牛腿面上并弹出墨线。

图 10-22 吊车梁和吊车轨道的安装

③ 根据牛腿面的中心线和吊车梁端面的中心线，将吊车梁安装在牛腿面上。

④ 检查吊车梁顶面高程。在地面安置水准仪，在柱子侧面测设+50 cm 标高线（相对于厂房±0）；用钢尺沿柱子侧面量出该标高线至吊车梁顶面的高度 $h$，如果 $h+0.5$ m 不等于吊车梁顶面的设计高程，则需要在吊车梁下加减铁板进行调整，直至符合要求为止。

(3) 吊车轨道安装测量

① 吊车梁顶面中心线间距检查。如图 10-22(b)所示，在地面上分别从两条吊车轨道中心线量出距离 $a=1$ m，得到两条平行线 $A''A''$ 和 $B''B''$；将全站仪安置在平行线一端的 $A''$ 点上，瞄准另一端点 $A''$，固定照准部，上仰望远镜投测；另一人在吊车梁上左、右移动横置水平木尺，当视线对准 1 m 分划时，尺的零点应与吊车梁顶面的中心线重合，如不重合，应予以修正。可用撬杆移动吊车梁，直至吊车梁中心线至 $A''A''$（或 $B''B''$）的间距等于 1 m 为止。

② 吊车轨道检查。将吊车轨道吊装到吊车梁上安装后，应进行两项检查：将水准仪安置在吊车梁上，水准尺直接立在轨道顶面上，每隔 3 m 测一点高程，与设计高程比较，误差应不超过±2 mm；用钢尺丈量两吊车轨道间的跨距，与设计跨距比较，误差应不超过±3 mm。

**5. 高层建筑轴线竖向投测**

表 10-2 规定的竖向传递轴线点中误差与建筑物的结构及高度有关，例如，总高 $H \leqslant 30$ m 的建筑物，竖向传递轴线点的偏差不应超过 5 mm，每层竖向传递轴线点的偏差不应超过 3 mm。高层建筑轴线竖向投测主要采用**激光垂准仪**（laser plumb aligner）投测法。

（1）激光垂准仪原理与使用方法

图 10-23 所示为南方 ML401 激光垂准仪，它是在光学垂准系统的基础上添加了激光二极管，可以同时给出上下同轴的两束激光铅垂线，并与望远镜视准轴同心、同轴、同焦。当望远镜瞄准目标时，在目标处会出现一个红色光斑，可以通过目镜 5 观察到，激光器同时发射激光束，利用激光束照射到地面的光斑进行激光对中操作。

1—望远镜端激光束；2—物镜；3—手柄；4—物镜调焦螺旋；5—目镜；6—电池盒盖；7—管水准器；
8—管水准器校正螺丝；9—电源开关按钮；10—圆水准器；11—脚螺旋；12—轴套锁钮

图 10-23　南方 ML401 激光垂准仪

仪器操作方法如下：在设计投测点位上安置仪器，按电源开关按钮 9 打开电源；将仪器标配的网格激光靶放置在目标面上，转动物镜调焦螺旋 4，使激光光斑聚焦于目标面上一点，下对中激光不能调焦；移动网格激光靶，使靶心精确对准激光光斑，将投测轴线点标定在目标面上得 $S'$ 点；旋转照准部 180°，重复上述操作得 $S''$ 点，取 $S'$ 与 $S''$ 点连线的中点得最终投测点 $S$。

ML401 激光垂准仪是用圆水准器 10 和管水准器 7 来整平的。激光的有效射程白天为 150 m，夜间为 500 m；距离仪器 40 m 处的激光光斑直径小于 2 mm；向上投测一测回的垂直偏差为 1/4.5 万，等价于激光铅垂精度为 ±5″，当投测高度为 150 m 时，投测偏差为 3.3 mm，可以满足表 10-2 的限差要求。仪器使用两节 5 号碱性电池供电，发射的激光波长为 635 nm，激光等级为 ClassⅡ，功率为 0.95 mW，两节新碱性电池可供连续使用 2～3 h。

（2）激光垂准仪投测轴线点

如图 10-24(a)所示，先根据建筑物的轴线分布和结构情况设计好投测点位，投测点位至最近轴线的距离一般为 0.5～0.8 m。基础施工完成后，将设计投测点位准确测设到地坪层上，以后每层楼板施工时,都应在投测点位处预留 30 cm×30 cm 的垂准孔,如图 10-24(b)所示。

在首层投测点位上安置激光垂准仪,打开电源,在对径 180°两个盘位投测取中点的方法获取投测点位,在垂准孔旁的楼板面上弹出墨线标记。以后要使用投测点时,可用压铁拉两根细麻线恢复其中心位置。

根据设计投测点与建筑物轴线的关系[图 10-24(a)],就可以测设出投测楼层的建筑轴线。

(a) 投测点位设计图　　　　　　　(b) 激光垂准仪投测轴线点

图 10-24　激光垂准仪投测轴线点

### 6. 高层建筑的高程竖向传递

(1) 悬吊钢尺法

如图 10-25(a)所示,首层墙体砌筑到 1.5 m 标高后,用水准仪在内墙面上测设一条 +50 mm 标高线,作为首层地面施工及室内装修的标高依据。以后每砌一层,就通过吊钢尺从下层的 +50 mm 标高线处,向上量出设计层高,测设出上一楼层的 +50 mm 标高线。以第二层为例,图中各读数间存在方程 $(a_2-b_2)+(a_1-b_1)=l_1$,由此解出 $b_2$:

$$b_2=a_2-l_1+(a_1-b_1) \tag{10-3}$$

在第二层安置水准仪,上下移动水准尺,使其读数为 $b_2$,沿水准尺底部在墙面上画线,即可得到该层的 +50 mm 标高线。同理,第三层 $b_3$ 为

$$b_3=a_3-(l_1+l_2)+(a_1-b_1) \tag{10-4}$$

(2) 全站仪对天顶测距法

对于超高层建筑,吊钢尺有困难时,可以在投测点或电梯井安置全站仪,通过对天顶方向测距引测高程,如图 10-25(b)所示。

① 在投测点安置全站仪,盘左置平望远镜(屏幕显示竖盘读数 $V=90°$),读取竖立在首层 +50 mm 标高线上水准尺读数 $a_1$。$a_1$ 即全站仪横轴至首层 +50 mm 标高线的仪器高。

② 将望远镜指向天顶(盘左竖盘读数 $V=0°$),按 ★ F3 (指向)键打开 NTS-362R10G 全站仪的指向激光,将一块 40 cm×40 cm、中间开 $\phi$30 mm 圆孔的铁板,放置在需传递高程的第 $i$ 层楼面垂准孔上,使圆孔中心对准准直激光光斑,将棱镜扣在铁板上,在距离模式 P1 页功能菜单,按 F2 (测量)键测距,得距离 $d_i$。

③ 在第 $i$ 层安置水准仪,将一把水准尺竖立在铁板上,设其读数为 $a_i$,另一把水准尺竖立在第 $i$ 层+50 mm 标高线附近,设其读数为 $b_i$,则有下列方程式成立:

$$a_1+d_i-k+a_i-b_i=H_i \tag{10-5}$$

式中,$H_i$ 为第 $i$ 层楼面的设计标高(以建筑物的±0 起算);$k$ 为棱镜常数,可通过实验方法测出。

由式(10-5)解得

$$b_i=a_1+d_i-k+a_i-H_i \tag{10-6}$$

上下移动水准尺,使其读数为 $b_i$,沿水准尺底部在墙面上画线,即可得到第 $i$ 层的 +50 mm 标高线。

图 10-25 高程竖向传递原理

## 本 章 小 结

(1) 只要将建筑物设计点位的平面坐标文件上传到全站仪内存文件,就可以执行全站仪坐标放样命令快速放样点位。

(2) 全站仪批量放样坐标文件的点位时,为提高放样效率,在 NTS-362R10G 全站仪按 ★ ▼ ▶ ESC 键打开导向光,同时统一测站与镜站手势,尽量减少步话机通话。

(3) 从 dwg 格式基础施工图采集点位设计坐标的流程是:以设计蓝图为准,在 AutoCAD

中仔细检查图纸尺寸,拼绘结构施工总图并缩小 1 000 倍,将图纸单位变换为"m",变换图纸到工程项目的测量坐标系,绘制桩位和轴线控制桩编号;在 SouthMap 中批量采集需放样点位的平面坐标并生成坐标文件,展绘采集的坐标文件并检查。

(4) 一些大型建筑物的结构设计通常由多名结构设计人员分别完成,设计院通常只绘制 dwg 格式的建筑总图,很少给出结构施工总图,此时,参照建筑总图拼绘结构施工总图的内业绘图工作量将非常大,要求测量施工员熟练掌握 AutoCAD 操作,这是实施建筑物数字化放样的基础。

(5) 使用 MSMT **坐标传输**程序,可以将采集桩位点的设计坐标文件通过蓝牙传输,随时添加到 NTS-362R10G 全站仪指定内存坐标文件。

(6) 使用激光垂准仪法投测高层建筑物轴线的高度一般应小于 150 m,高程竖向传递有悬吊钢尺法和全站仪对天顶测距法。

## 思考题与练习题

[10-1] 施工测量的基本工作是什么?如何确定施工测量精度?

[10-2] 试叙述使用全站仪进行坡度测设的方法。

[10-3] 建筑轴线控制桩的作用是什么?距离建筑外墙的边距如何确定?龙门板的作用是什么?

[10-4] 校正工业厂房柱子时,应注意哪些事项?

[10-5] 高层建筑轴线竖向投测和高程竖向传递有哪些方法?

[10-6] 用 SouthMap 打开同济书房"10 章_33 栋学生公寓剪力墙角点_测量坐标.dwg"文件,采集图中标注的 340 个剪力墙角点的坐标,打印采集的坐标文件并粘贴到作业本上。

[10-7] 用 AutoCAD 打开同济书房"10 章_3#开关站基础施工图.dwg"文件,试进行以下操作:

(1) 新建"标注检查"图层并设置为当前图层,重新标注全部尺寸;

(2) 执行比例命令 scale,将桩基础平面图缩小 1 000 倍,删除未缩小的尺寸标注对象;

(3) 执行对齐命令 align,用图中基准点标注的测量坐标将桩基础平面图变换到测量坐标系;

(4) 在 SouthMap 中执行"工程应用/指定点生成数据文件"下拉菜单命令,采集管桩中心点的平面坐标并存入坐标文件,打印采集的坐标文件并粘贴到作业本上。

# 第 11 章 建筑变形测量与竣工总图编绘

## 本 章 导 读

**基本要求** 熟悉变形测量基准点、监测点的选设要求,增设工作基点的条件;熟悉变形观测周期确定原则,建筑物上部荷载与建筑物沉降的关系,水准测量精度等级的选择原则;了解建筑物位移观测内容,全站仪边角网测量的技术要求,平面控制网精度等级的选用方法,建筑物主体倾斜观测方法;了解工程项目竣工测量的内容与方法,在数字地形图上编绘三维竣工总图的方法。

**重点** 沉降观测方法,位移观测方法。

**难点** 沉降与位移观测成果资料整理;将地下管网等隐蔽工程测绘到竣工总图的方法。

**建筑变形**(construction deformation)包括沉降和位移。**沉降观测**(settlement observation)在高程控制网的基础上进行,**位移观测**(displacement observation)在平面控制网的基础上进行。建筑变形测量是每隔一段时间,对基准点和监测点进行重复测量,通过计算相邻两次测量的变形量及累计变形量来确定建筑物的变形值和分析变形规律。建筑变形测量应按《建筑变形测量规范》的规定进行。

## 11.1 建筑变形测量基本规定

**1. 变形测量总体要求**

(1) 建筑在施工期间的变形测量应符合下列规定:

① 对各类建筑,应进行沉降观测,宜进行场地沉降观测、地基土分层沉降观测和斜坡位移观测。

② 对基坑工程,应进行基坑及其支护结构变形观测和周边环境变形观测;对一级基坑,应进行基坑回弹观测。

③ 对高层和超高层建筑,应进行**倾斜**(inclination)观测。

④ 当建筑出现裂缝时,应进行**裂缝**(crack)观测。

(2) 建筑在使用期间的变形测量应符合下列规定:

① 对各类建筑,应进行沉降观测。

② 对高层、超高层建筑及高耸构筑物,应进行水平位移和倾斜观测。

③ 对超高层建筑,应进行**挠度**(deflection)观测、**日照**(sunshining)变形观测、**风振**(wind loading)变形观测。

④ 对市政桥梁、博览(展览)馆及体育场馆等大跨度建筑,应进行挠度观测、风振变形观测。

⑤ 对隧道、涵洞等,应进行**收敛**(convergence)变形观测。

⑥ 当建筑出现裂缝时,应进行裂缝观测。

(3) 建筑变形测量可采用独立平面坐标系及高程基准。对大型或有特殊要求的项目,宜采用 2000 国家大地坐标系及 1985 国家高程基准,或项目所在城市使用的平面坐标系及高程基准。

**2. 基准点布设与测量**

(1) 建筑变形测量的**基准点**(benchmark)应设置在变形影响范围以外且位置稳定、易于长期保存的地方,宜避开高压线。

(2) 基准点应埋设标石或标志,且应在标石或标志达到稳定后方可开始进行变形测量。稳定期应根据观测要求和地质条件确定,不宜少于 7 天。

(3) 基准点分为沉降基准点和位移基准点,当需要同时测定建筑物沉降和位移或三维变形时,宜设置同时满足沉降基准点和位移基准点布设要求的基准点。

(4) 当基准点与所测建筑距离较远导致变形测量作业不方便时,宜设置**工作基点**(working reference point)。工作基点应设在相对稳定且便于作业的地方,并设置相应标志;每期变形测量作业开始时,应先将工作基点与基准点联测,再利用工作基点对监测点进行观测;基准点测量及基准点与工作基点之间联测的精度等级,对四等变形测量,应采用三等沉降或位移观测精度,对其他等级的变形测量,不应低于所选沉降点或位移观测精度等级。

(5) 基准点应每期检测、定期复测。基准点复测周期应视其所在位置的稳定性情况确定,在建筑施工过程中宜 1~2 个月复测一次,施工结束后宜每季度或每半年复测一次。当某期检测发现基准点有变动时,应立即进行复测。

**3. 监测点布设与测量**

**监测点**(monitoring point)是布设在建筑场地、地基、基础、上部结构或周边环境的敏感位置上,能反映其变形特征的测量点。根据变形测量类型,监测点可分为沉降监测点和位移监测点。

**4. 建筑变形观测周期**

(1) 建筑变形**观测周期**(observation cycle)应以能系统反映建筑变形的变化过程且不遗漏其变化时刻为原则,根据单位时间内变形量大小及外界影响因素确定。当观测中发现变形异常时,应及时增加观测次数。

(2) 变形测量首次观测(即零周期)应适当增加观测量,以提高初始值的可靠性。

(3) 不同周期观测,宜采用相同的观测网形和观测方法,并使用相同类型的测量仪器。

**5. 建筑变形测量精度等级**

建筑变形测量等级划分及其精度要求列于表 11-1。

表 11-1　　　　　　　　　建筑变形测量等级、精度指标及适用范围

| 等级 | 沉降监测点测站高差中误差/mm | 位移监测点坐标中误差/mm | 主要适用范围 |
|---|---|---|---|
| 特等 | 0.05 | 0.3 | 特高精度要求的变形测量 |
| 一等 | 0.15 | 1.0 | 地基基础设计为甲级建筑的变形测量;重要古建筑、历史建筑的变形测量;重要的城市基础设施变形测量;等等 |
| 二等 | 0.5 | 3.0 | 地基基础设计为甲、乙级建筑的变形测量;重要场地边坡监测;重要的基坑监测;重要管线的变形测量;地下工程施工及运营中的变形测量;重要的城市基础设施变形测量;等等 |

(续表)

| 等级 | 沉降监测点测站高差中误差/mm | 位移监测点坐标中误差/mm | 主要适用范围 |
|---|---|---|---|
| 三等 | 1.5 | 10.0 | 地基基础设计为乙、丙级建筑的变形测量；一般场地边坡监测；一般的基坑监测；地表、道路及一般管线的变形测量；一般的城市基础设施的变形测量；日照变形测量；风振变形测量；等等 |
| 四等 | 3.0 | 20.0 | 精度要求低的变形测量 |

注：1. 沉降监测点测站高差中误差：对水准测量，为测站高差中误差；对静力水准测量、三角高程测量，为相邻沉降监测点间等价的高差中误差。
　　2. 位移监测点坐标中误差是指监测点相对于基准点或工作基点的坐标中误差、监测点相对于基准线的偏差中误差、建筑上某点相对于其底部对应点的水平位移分量中误差等。坐标中误差为其点位中误差的 $1/\sqrt{2}$。

## 11.2 沉降观测

在建筑施工过程中，随着上部结构逐步建成、地基荷载逐步增加，建筑物将产生下沉现象。建筑物下沉是逐渐产生的，并将延续到竣工交付使用后相当长一段时期。建筑物沉降观测应按沉降产生的规律进行。

在建筑物周围一定距离、基础稳固、便于观测的地方，布设一些基准水准点，在建筑物上能反映沉降情况的位置设置一些沉降监测点，根据上部荷载情况，每隔一段时间观测一次基准点与沉降监测点之间的高差，据此计算分析建筑物的沉降规律。

**1. 沉降基准点布设**

为了保证有足够数量的基准点可用于检测其稳定性，从而保证沉降观测成果的可靠性，特等和一等沉降观测的基准点不应少于 4 个，其他等级沉降观测的基准点不应少于 3 个，基准点之间应布设成闭合环。

沉降基准点应埋设标石或标志，图 11-1 为四种常用的沉降基准点标石及其埋设示意图，图 11-2 为工作基点标石形式之一。

(a) 基岩水准基点标石　　(b) 深埋双金属管水准基点标石

图 11-1 沉降基准点标石埋设示意图（单位：mm）

## 2. 沉降监测点布设

沉降监测点位布设对获取和分析建筑物的沉降特征有重要影响。沉降监测点标志可采用墙标志或柱标志、基础标志、隐蔽式标志等形式，图 11-3 为三种常用的沉降监测点标志及其埋设示意图。

布设沉降监测点时，要与基础设计、结构设计及岩土工程勘察专业人员进行必要的沟通。建筑物上布设的监测点应能全面反映建筑物地基变形特征，应结合地质情况及建筑物结构特点确定。

图 11-2 工作基点标石埋设示意图

图 11-3 沉降监测点标志埋设示意图（单位：mm）

沉降监测点位宜选在下列位置：
(1) 建筑物四角、大转角处及沿外墙每 10～15 m 处或每隔 2～3 根柱基上。
(2) 高层建筑物、新旧建筑物、纵横墙等交接处的两侧。
(3) 建筑物裂缝和沉降缝两侧、基础埋深相差悬殊处、人工地基与天然地基接壤处、不同结构的分界处及填挖方分界处。

(4) 宽度≥15 m 的建筑物或地质复杂以及膨胀土地区宽度<15 m 的建筑物,在承重内隔墙中部设内墙点,在室内地面中心及四周设地面点。

(5) 邻近堆置重物处、受振动影响显著的部位及基础下的暗浜(沟)处。

(6) 框架结构建筑物的每个或部分柱基上或纵横轴线上。

(7) 片筏基础、箱形基础底板或接近基础的结构部分的四角处及中部位置。

(8) 重型设备基础和动力设备基础的四角、基础型式或埋深改变处以及地质条件变化处两侧。

(9) 电视塔、烟囱、水塔、油罐、炼油塔、高炉等高耸建筑物,沿周边在与基础轴线相交的对称位置上布点,点数不少于4个。

各类沉降观测标志的立尺部位应加工成半球形或有明显的凸出点,并涂上防腐剂。标志埋设位置应避开如雨水管、窗台线、暖气片、暖水片、暖水管、电气开关等有碍竖立标尺和观测的障碍物,并应使立尺离开墙(柱)面和地面一定距离。

### 3. 高差观测

高差观测宜采用水准测量方法,相关要求如下。

(1) 水准网的布设

对于建筑物较少的测区,宜将水准基点连同监测点按单一层次布设;对于建筑物较多且分散的大测区,宜按两个层次布网,即由水准基点组成高程控制网,由监测点与所联测的工作基点组成扩展网。高程控制网应布设为闭合环、结点网或附合高程路线。

(2) 水准测量等级划分

水准测量划分为一~四等,各等水准测量观测要求列于表 11-2,观测限差列于表 11-3。

表 11-2　　　　　　　　　　　　数字水准仪观测要求

| 沉降观测等级 | 视线长度/m | 前后视距差/m | 前后视距差累积/m | 视线高度/m | 重复测量次数/次 |
|---|---|---|---|---|---|
| 一等 | ≥4 且≤30 | ≤1.0 | ≤3.0 | ≥0.65 | ≥3 |
| 二等 | ≥3 且≤50 | ≤1.5 | ≤5.0 | ≥0.55 | ≥2 |
| 三等 | ≥3 且≤75 | ≤2.0 | ≤6.0 | ≥0.43 | ≥2 |
| 四等 | ≥3 且≤100 | ≤3.0 | ≤10.0 | ≥0.35 | ≥2 |

表 11-3　　　　　　　　　　　　数字水准仪观测限差　　　　　　　　　　　(单位:mm)

| 沉降观测等级 | 两次读数所测高差之差限差 | 往返较差及附合或环线闭合差限差 | 单程双测站所测高差较差限差 | 检测已测测段高差之差限差 |
|---|---|---|---|---|
| 一等 | 0.5 | $0.3\sqrt{n}$ | $0.2\sqrt{n}$ | $0.45\sqrt{n}$ |
| 二等 | 0.7 | $1.0\sqrt{n}$ | $0.7\sqrt{n}$ | $1.5\sqrt{n}$ |
| 三等 | 3.0 | $3.0\sqrt{n}$ | $2.0\sqrt{n}$ | $4.5\sqrt{n}$ |
| 四等 | 5.0 | $6.0\sqrt{n}$ | $4.0\sqrt{n}$ | $8.5\sqrt{n}$ |

注:1. 表中 $n$ 为测站数;
　　2. 当采用光学水准仪时,基、辅分划或黑、红面读数较差应满足表中两次读数所测高差之差限差。

(3) 水准测量精度等级选择

水准测量精度等级是根据建筑物最终沉降量的观测中误差确定的。

建筑物的沉降量分绝对沉降量 $s$ 和相对沉降量 $\Delta s$。绝对沉降的观测中误差 $m_s$,按低、中、高压缩性地基土的类别,分别选±0.5 mm、±1.0 mm、±2.5 mm;相对沉降(如沉降差、基础倾斜、局部倾斜等)、局部地基沉降(如基础回弹、地基土分层沉降等)以及膨胀土地基变形等的观测中误差 $m_{\Delta s}$,均不应超过其变形允许值的 1/20。建筑物整体变形(如工程设施的整体垂直挠曲等)的观测中误差,不应超过其允许垂直偏差的 1/10;结构段变形(如平置构件挠度等)的观测中误差,不应超过其变形允许值的 1/6。

(4) 沉降观测成果处理

沉降观测成果处理的内容包括:对水准网进行严密平差计算,求出监测点每期观测高程的平差值,计算相邻两次观测之间的沉降量和累计沉降量,分析沉降量与增加荷载的关系。MSMT 水准网平差 程序具有任意水准网严密平差功能,平差方法及案例参见文献[28]。

表 11-4 列出了某建筑物上 6 个监测点的沉降观测结果,图 11-4 是根据表 11-4 的数据绘制的各监测点的沉降、荷载与时间关系曲线图。

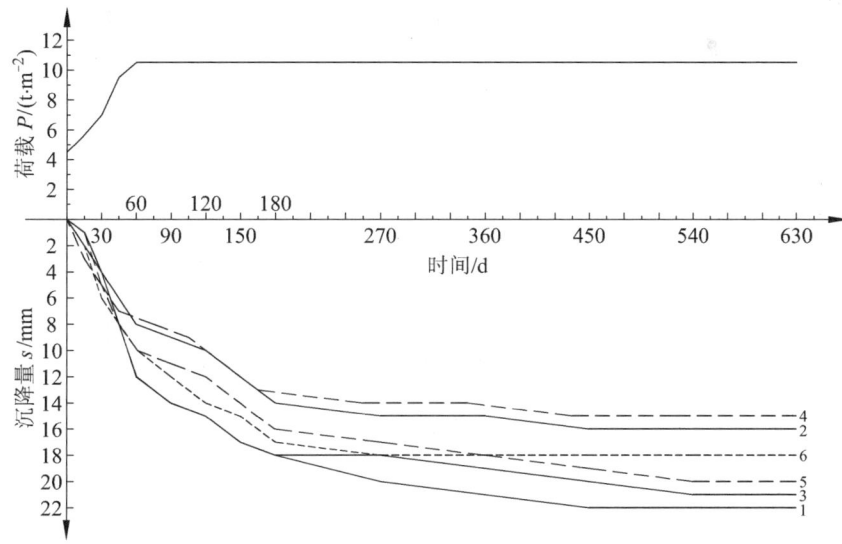

图 11-4 建筑物沉降、荷载与时间关系曲线图

## 11.3 位移观测

本节只介绍主体倾斜观测和水平位移观测方法。位移观测在平面控制网的基础上进行,其坐标计算应采用严密平差法,需要读者具备"测量平差"与"控制测量"的知识,这两门课属于测绘类专业的基础课,已超出了土木工程专业的学习范围。MSMT 平面网平差 程序能对任意测角网、测边网、边角网或导线网进行严密平差计算,平差方法及案例参见文献[28]。

### 11.3.1 位移基准点布设与测量

全站仪边角测量可用于位移基准点网观测及基准点与工作基点间的联测;全站仪小角法、极坐标法、前方交会法和自由设站法(后方交会)可用于监测点的位移观测;全站仪自动监测系统可用于日照、风振变形测量,以及监测点数量多、作业环境差、人员出入不便的建筑变形测量项目。

表 11-4　某建筑物 6 个监测点的沉降观测结果

| 观测日期 | 荷重/(t·m$^{-2}$) | 监测点 | | | | | | | | | | | | | | | | | |
|---|---|---|---|---|---|---|---|---|---|---|---|---|---|---|---|---|---|---|---|
| | | 1 | | | 2 | | | 3 | | | 4 | | | 5 | | | 6 | | |
| | | 高程/m | 本次下沉/mm | 累计下沉/mm | 高程/m | 本次下沉/mm | 累计下沉/mm | 高程/m | 本次下沉/mm | 累计下沉/mm | 高程/m | 本次下沉/mm | 累计下沉/mm | 高程/m | 本次下沉/mm | 累计下沉/mm | 高程/m | 本次下沉/mm | 累计下沉/mm |
| 1997-04-20 | 4.5 | 50.157 | ±0 | ±0 | 50.154 | ±0 | ±0 | 50.155 | ±0 | ±0 | 50.155 | ±0 | ±0 | 50.156 | ±0 | ±0 | 50.154 | ±0 | ±0 |
| 1997-05-05 | 5.5 | 50.155 | −2 | −2 | 50.153 | −1 | −1 | 50.153 | −2 | −2 | 50.154 | −1 | −1 | 50.155 | −1 | −1 | 50.152 | −2 | −2 |
| 1997-05-20 | 7.0 | 50.152 | −3 | −5 | 50.150 | −3 | −4 | 51.151 | −2 | −4 | 50.153 | −1 | −2 | 50.151 | −4 | −5 | 50.148 | −4 | −6 |
| 1997-06-05 | 9.5 | 50.148 | −4 | −9 | 50.148 | −2 | −6 | 50.147 | −4 | −8 | 50.150 | −3 | −5 | 50.148 | −3 | −8 | 50.146 | −2 | −8 |
| 1997-06-20 | 10.5 | 50.145 | −3 | −12 | 50.146 | −2 | −8 | 50.143 | −4 | −12 | 50.148 | −2 | −7 | 50.146 | −2 | −10 | 50.144 | −2 | −10 |
| 1997-07-20 | 10.5 | 50.143 | −2 | −14 | 50.145 | −1 | −9 | 50.141 | −2 | −14 | 50.147 | −1 | −8 | 50.145 | −1 | −11 | 50.142 | −2 | −12 |
| 1997-08-20 | 10.5 | 50.142 | −1 | −15 | 50.144 | −1 | −10 | 50.140 | −1 | −15 | 50.145 | −2 | −10 | 50.144 | −1 | −12 | 50.140 | −2 | −14 |
| 1997-09-20 | 10.5 | 50.140 | −2 | −17 | 50.142 | −2 | −12 | 50.138 | −2 | −17 | 50.143 | −2 | −12 | 50.142 | −2 | −14 | 50.139 | −1 | −15 |
| 1997-10-20 | 10.5 | 50.139 | −1 | −18 | 50.140 | −2 | −14 | 50.137 | −1 | −18 | 50.142 | −1 | −13 | 50.140 | −2 | −16 | 50.137 | −2 | −17 |
| 1998-01-20 | 10.5 | 50.137 | −2 | −20 | 50.139 | −1 | −15 | 50.137 | ±0 | −18 | 50.142 | ±0 | −13 | 50.139 | −1 | −17 | 50.136 | −1 | −18 |
| 1998-04-20 | 10.5 | 50.136 | −1 | −21 | 50.139 | ±0 | −15 | 50.136 | −1 | −19 | 50.141 | −1 | −14 | 50.138 | −1 | −18 | 50.136 | −1 | −18 |
| 1998-07-20 | 10.5 | 50.135 | ±0 | −22 | 50.138 | −1 | −16 | 50.135 | −1 | −20 | 50.140 | −1 | −15 | 50.137 | −1 | −19 | 50.136 | ±0 | −18 |
| 1998-10-20 | 10.5 | 50.135 | ±0 | −22 | 50.138 | ±0 | −16 | 50.134 | −1 | −21 | 50.140 | ±0 | −15 | 50.136 | −1 | −20 | 50.136 | ±0 | −18 |
| 1999-01-20 | 10.5 | 50.135 | ±0 | −22 | 50.138 | ±0 | −16 | 50.134 | ±0 | −21 | 50.140 | ±0 | −15 | 50.136 | ±0 | −20 | 50.136 | ±0 | −18 |

为减小全站仪对中误差对观测的影响,位移基准点和工作基点可设置为观测墩[图 11-5(a)]。为减小照准标志对中误差的影响,可采用重力平衡式照准标志[图 11-5(b)]。

图 11-5 观测墩与照准标志

当采用全站仪边角测量法进行位移基准点网观测及基准点与工作基点间联测时,多边形网的边长宜符合表 11-5 的规定;应在各基准点、工作基点上设站观测,并应边角同测;视线高度及离开障碍物的间距宜大于 1.3 m。

表 11-5　　　　　　　　　　　　　全站仪位移观测要求

| 位移观测等级 | 一测回水平方向标准差/(″) | 测距中误差/mm | 多边形网边长/m |
| --- | --- | --- | --- |
| 一等 | ≤0.5 | ≤(1 mm+1 ppm) | ≤300 |
| 二等 | ≤1.0 | ≤(1 mm+2 ppm) | ≤500 |
| 三等 | ≤2.0 | ≤(2 mm+2 ppm) | ≤800 |
| 四等 | ≤2.0 | ≤(2 mm+2 ppm) | ≤1 000 |

水平角观测应采用方向观测法,测回数应符合表 11-6 的规定,观测限差应符合表 11-7 的规定,距离测量应符合表 11-8 的规定,观测的距离长度应符合表 11-9 的规定。

表 11-6　　　　　　　　　　　　　全站仪水平角观测测回数

| 测角标称精度 | 位移观测等级 | | | |
| --- | --- | --- | --- | --- |
| | 一等 | 二等 | 三等 | 四等 |
| 0.5″ | 4 | 2 | 1 | 1 |
| 1″ | — | 4 | 2 | 1 |
| 2″ | — | — | 4 | 2 |

表 11-7　　　　　　　　　　　　　全站仪水平角观测限差

| 测角标称精度 | 半测回归零差限差/(″) | 一测回内 2C 互差限差/(″) | 同一方向值各测回互差限差/(″) |
| --- | --- | --- | --- |
| 0.5″ | 3 | 5 | 3 |
| 1″ | 6 | 9 | 6 |
| 2″ | 8 | 13 | 9 |

表 11-8　　　　　　　　　　　　　　全站仪距离观测技术要求

| 测距标称精度 | 一测回读数间较差限差/mm | 测回间较差限差/mm | 往返测较差限差/mm | 气象数据测定最小读数 | |
|---|---|---|---|---|---|
| | | | | 温度/℃ | 气压/mmHg |
| 1 mm+1 ppm | 3 | 4.0 | 6.0 | 0.2 | 0.5 |
| 1 mm+2 ppm | 4 | 5.5 | 8.0 | 0.2 | 0.5 |
| 2 mm+2 ppm | 5 | 7.0 | 10.0 | 0.2 | 0.5 |

表 11-9　　　　　　　　　　　　　　全站仪观测距离长度要求　　　　　　　　　　　　　　（单位:m）

| 测角/测距标称精度 | 位移观测等级 | | | |
|---|---|---|---|---|
| | 一等 | 二等 | 三等 | 四等 |
| 0.5″/1 mm+1 ppm | ≤300 | ≤500 | ≤800 | ≤1 200 |
| 1″/1 mm+2 ppm | — | ≤300 | ≤500 | ≤800 |
| 2″/2 mm+2 ppm | — | — | ≤300 | ≤500 |

## 11.3.2　建筑物主体倾斜观测

引起建筑物主体倾斜的主要原因是基础不均匀沉降,也称**差异沉降**(differential settlement)。主体倾斜观测是测定建筑物顶部相对于底部或各层间上层相对于下层的水平位移和高差,分别计算整体或分层倾斜度、倾斜方向以及倾斜速度。对于刚性建筑的整体倾斜,亦可通过测量顶面或基础的相对沉降间接确定。

**1. 建筑物主体倾斜监测点位布设要求**

(1) 监测点应沿对应测站点的某主体竖直线布设。对于整体倾斜,按顶部、底部上下对应布设;对于分层倾斜,按分层部位、底部上下对应布设。

(2) 当从建筑物外部观测时,测站点或工作基点应选设在与照准目标中心连线呈接近正交或等分角的方向线上,距照准目标 1.5~2.0 倍目标高度的固定位置处;当利用建筑物内竖向通道观测时,可将通道底部中心点作为测站点。

(3) 按纵横轴线或前方交会布设的测站点,每点应选设 1~2 个定向点。

**2. 监测点标志设置**

(1) 建筑物顶部和墙体上的监测点标志,可采用埋入式照准标志。有特殊要求时,应专门设计。

(2) 不便埋设标志的塔形、圆形建筑物以及竖直构件,可以照准视线所切同高边缘认定的位置或用高度角控制的位置作为监测点位。

(3) 位于地面的测站点和定向点,可根据不同观测要求,采用带有强制对中设备的观测墩[图 11-5(a)]或混凝土标石。

(4) 对于一次性倾斜观测项目,监测点标志可采用标记形式或直接利用符合位置及照准要求的建筑物特征部位;测站点可采用小标石或临时性标志。

**3. 观测方法**

根据观测条件的不同,主体倾斜观测可以选用下列方法进行。

(1) 测定基础沉降差法

如图 11-6 所示,在基础上选设沉降监测点 $A$,$B$,采用精密水准测量方法定期观测 $A$,$B$ 两点的沉降差 $\Delta h$,设 $A$,$B$ 两点间的距离为 $L$,则基础倾斜度为

$$i = \frac{\Delta h}{L} \tag{11-1}$$

例如,测得 $\Delta h = 0.023$ m,$L = 7.25$ m,则根据式(11-1)计算出倾斜度 $i = 0.003\,172 = 0.317\,2\%$。

图 11-6 测定基础沉降差法　　　　图 11-7 激光垂准仪法

(2) 激光垂准仪法

如图 11-7 所示,激光垂准仪法要求建筑物顶部与底部之间至少有一个竖向通道,它是在建筑物顶部适当位置安置接收靶,在其垂线下的地面或地板上埋设点位并安置激光垂准仪(图 10-23),激光垂准仪将通过地面点的铅垂激光束投射到顶部接收靶面,在接收靶上直接读取或用直尺量出顶部的两个位移量 $\Delta u$ 与 $\Delta v$,则倾斜度与倾斜方向角为

$$\left.\begin{array}{l} i = \dfrac{\sqrt{\Delta u^2 + \Delta v^2}}{h} \\ \alpha = \arctan \dfrac{\Delta v}{\Delta u} \end{array}\right\} \tag{11-2}$$

式中,$h$ 为地板点位到接收靶的垂直距离。

(3) 投点法

投点法适用于建筑物周围比较空旷的主体倾斜观测。如图 11-8 所示,设建筑物的高度为 $h$,选择建筑物上、下在同一条铅垂线上的墙角,分别在两墙面大致延长线方向、距离 $1.5h \sim 2.0h$ 处埋设工作基点 $A$,$B$,在两墙面墙角处分别横置直尺;在 $A$ 点安置全站仪,盘左向上准确瞄准房顶墙角,旋松望远镜制动螺旋,向下瞄准墙角横置直尺并读数 $L_A$,盘右重复前述操作,得直尺读数 $R_A$,取 $A$ 点两次直尺读数的平均值:

$$l_A = \frac{1}{2}(L_A + R_A) \tag{11-3}$$

在 $B$ 点安置全站仪，重复 $A$ 点的操作，得 $B$ 点两次直尺读数的平均值：

$$l_B = \frac{1}{2}(L_B + R_B) \tag{11-4}$$

设在 $A$，$B$ 两点初次观测的直尺读数为 $l'_A$，$l'_B$，则当前观测的位移分量为

图 11-8 投点法

$$\left. \begin{aligned} \Delta u &= l_A - l'_A \\ \Delta v &= l_B - l'_B \end{aligned} \right\} \tag{11-5}$$

倾斜度和倾斜方向角根据式(11-2)计算。

(4) 测水平角法

测水平角法适用于塔形、圆形建筑物主体倾斜观测。如图 11-9 所示，设圆形建筑物高度为 $h$，上部圆心点为 $O_T$，底部圆心点为 $O_B$，底座半径为 $R$，在纵横两轴线的延长线上、距离建筑物 $1.5h \sim 2.0h$ 处设置工作基点 $A$，$B$，分别测定其至圆形建筑物底座外墙的最短水平距离 $d_A$，$d_B$。在建筑物上标定 1，2，5，6 和 3，4，7，8 两组监测点，每组监测点应等高。选择通视良好的远处清晰目标 $C$，$D$ 作为定向点。

在 $A$ 点安置全站仪，以 $C$ 点为零方向，采用方向观测法依次观测 1，2，3，4 点 3～4 测回，计算出各方向的平均值分别为 $l'_1$，$l'_2$，$l'_3$，$l'_4$，则有

$$\angle O_B A O_T = \theta_A = \frac{l'_1 + l'_2 - l'_3 - l'_4}{2} \tag{11-6}$$

同理,在 $B$ 点安置全站仪,以 $D$ 点为零方向,采用方向观测法依次观测 5,6,7,8 点 3～4 测回,计算出各方向的平均值分别为 $l'_5, l'_6, l'_7, l'_8$,则有

$$\angle O_B B O_T = \theta_B = \frac{l'_5 + l'_6 - l'_7 - l'_8}{2} \quad (11\text{-}7)$$

$O_B \rightarrow O_T$ 的位移分量为

$$\left. \begin{array}{l} \Delta u = \dfrac{\theta''_A}{\rho''}(d_A + R) \\ \Delta v = \dfrac{\theta''_B}{\rho''}(d_B + R) \end{array} \right\} \quad (11\text{-}8)$$

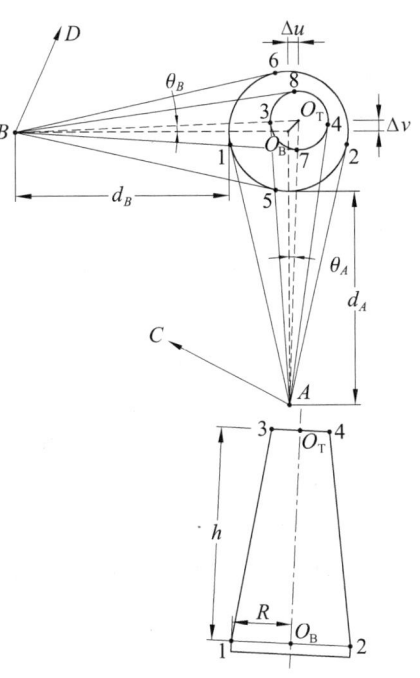

图 11-9 测水平角法

倾斜度和倾斜方向角根据式(11-2)计算。

(5) 测角前方交会法

如图 11-10 所示,测角前方交会法适用于不规则高耸建筑物主体倾斜观测,当建筑物顶部无适宜照准目标且不便于安置棱镜时,应在顶部便于观测和保护的位置埋设观测标志,如图中避雷针状照准标志。

图 11-10 测角前方交会法

前方交会所选基线 $AB$ 应与监测点组成最佳构形,交会角 $\gamma$ 宜在 $60°\sim120°$ 之间,基线距离应用全站仪精确测量。

分别在 $A$，$B$ 两点安置全站仪，使用测回法观测图中水平角 $\alpha$ 和 $\beta$ 3~4 测回，分别取各测回角度平均值，代入余切公式(6-17)计算 $P$ 点平面坐标。

设 $P$ 点初次测量的平面坐标为 $(x'_P, y'_P)$，当前测量的平面坐标为 $(x_P, y_P)$，则有

$$\left.\begin{aligned}\Delta u &= x_P - x'_P \\ \Delta v &= y_P - y'_P\end{aligned}\right\} \tag{11-9}$$

倾斜度和倾斜方向角根据式(11-2)计算，式中的 $h=H_P-(H_A+H_B)/2$，$H_p$ 可用三角高程测量方法测定。

#### 4. 观测周期的确定

可视倾斜速度每隔 1~3 个月观测一次。当遇基础附近因大量堆载或卸载、场地降雨长期积水等而倾斜速度加快时，应及时增加观测次数。施工期间的观测周期可根据要求参照沉降观测周期确定。倾斜观测应避开强日照和风荷载影响大的时间段。

#### 5. 成果提交

倾斜观测应提交倾斜工作基点布置图、观测成果表、成果图、主体倾斜曲线图和观测成果分析等资料。

## 11.4 竣工总图编绘

**竣工测量**(finish survey)是检验建筑物平面位置和高程是否符合设计要求，是工程验收及营运管理的基本依据。竣工测量成果是**竣工总图**(finish total plan)，其作用包括：①将设计变更的实际情况测绘到竣工总图；②将地下管网等隐蔽工程测绘到竣工总图，为日后检查和维修工作提供准确的定位；③为项目扩建提供原有各建筑物、构筑物、地上和地下各种管线及交通路线的坐标、高程等资料。

新建项目竣工总图编绘宜随着工程陆续竣工同步进行。一边竣工，一边利用竣工测量成果编绘竣工总图。如发现地下管线位置有问题，应及时到现场查对，使竣工总图能真实地反映实际情况。竣工总图编绘包括室外实测和室内资料编绘两方面内容。

#### 1. 竣工测量

每个单项工程完成后，应由施工单位进行竣工测量，提交工程竣工测量成果。

(1) 工业厂房及一般建筑物：包括房角坐标，各种管线进出口位置和高程，并附房屋编号、结构层数、面积和竣工时间等资料。

(2) 铁路和公路：包括起止点、转折点、交叉点坐标，曲线元素，桥涵等构筑物的位置和高程。

(3) 地下管网：窨井、转折点坐标，井盖、井底、沟槽和管顶等的高程，并附注管道及窨井的编号、名称、管径、管材、间距、坡度和流向。

(4) 架空管网：包括转折点、结点、交叉点坐标，支架间距，基础面高程。

(5) 其他：竣工测量完成后，应提交完整资料，包括工程名称、施工依据、施工成果，作为编绘竣工总图的依据。

#### 2. 竣工总图编绘

竣工总图上应包括施工控制点、建筑方格网点、主轴线点、矩形控制网点、水准点，厂房、

辅助设施、生活福利设施、架空及地下管线、铁路等建筑物或构筑物的坐标和高程,以及厂区内空地和本建区的地形。有关建筑物、构筑物的符号应与设计图例相同,有关地形图的图例应使用国家地形图图式符号。

厂区地上和地下所有建筑物、构筑物绘在一张竣工总图上时,如果线条过于密集而不醒目,则可采用分类编图的方式,如综合竣工总图、交通运输竣工总图和管线竣工总图等。比例尺一般采用1:1 000,工程密集部分可采用1:500 比例尺。

图纸编绘完毕,应附必要的说明及图表,连同原始地形图、地址资料、设计图纸、设计变更资料、验收记录等合编成册。

有条件的施工单位,建议采用数字测图软件 SouthMap 测制及编绘电子竣工总图。电子竣工总图是三维的,其建筑物和管网均可以按实际高程绘制;各种地物按规范要求分层存储,可以将单项工程的各类竣工图都测绘到一个 dwg 格式图形文件中,根据需要控制各图层的开关就可以输出各类竣工总图。

## 本 章 小 结

(1) 当基准点与所测建筑物距离较远导致变形测量作业不方便时,宜设置工作基点。工作基点应设在相对稳定且便于作业的地方并设置相应标志。基准点和工作基点应埋设标石或标志,且应在标石或标志达到稳定后方可开始进行变形测量。稳定期应根据观测要求和地质条件确定,不宜少于7天。

(2) 沉降观测在高程控制网的基础上进行,位移观测在平面控制网的基础上进行。在变形测量工作开始前,应根据变形类型、测量目的、任务要求以及测区条件进行施测方案设计。

(3) 沉降观测成果处理内容包括:对水准网进行严密平差计算,求出监测点每期观测高程的平差值,计算相邻两次观测之间的沉降量和累计沉降量,分析沉降量与荷载的关系。

(4) 全站仪边角测量可用于位移基准点网观测及基准点与工作基点间的联测。建筑主体倾斜观测方法主要有:测定基础沉降差法、激光垂准仪法、投点法、测水平角法和测角前方交会法。

(5) 用 SouthMap 数字测图软件将单项工程各类竣工图都测绘到一个 dwg 格式图形文件中,根据需要控制各图层的开关就可以输出各类竣工总图。

## 思考题与练习题

[11-1] 变形测量设置基准点有何要求?何时需要设置工作基点?

[11-2] 建筑在施工期间应进行哪些变形测量项目?

[11-3] 如何确定变形观测周期?

[11-4] 沉降监测点布设的基本要求是什么?

[11-5] 建筑物主体倾斜观测有哪些方法?各适用于什么场合?

[11-6] 编绘竣工总图的目的是什么?有何作用?

[11-7] 某桩基础公共建筑,设计地下1层,地上28层,表11-10列出了5号点的沉降观测数据,试绘图表示沉降量与时间的关系。

表 11-10　　某桩基础公共建筑 5 号点沉降观测数据

| 日期 | 2004-11-09 | 2004-12-24 | 2005-01-31 | 2005-04-06 | 2005-05-24 | 2005-07-03 | 2005-07-25 | 2005-12-15 | 2005-12-27 |
|---|---|---|---|---|---|---|---|---|---|
| 天数/d | 0 | 45 | 83 | 148 | 196 | 236 | 258 | 401 | 413 |
| 施工层 | 3 | 7 | 11 | 15 | 19 | 22 | 25 | 27 | 28 |
| 高程/m | 7.434 | 7.432 | 7.428 | 7.425 | 7.421 | 7.419 | 7.416 | 7.413 | 7.411 |
| 沉降量/mm | 0 | −2 | −6 | −9 | −13 | −15 | −18 | −21 | −23 |

[11-8]　在某建筑物上设置一变形监测点 $P_1$，通过三期观测计算得到该点的平面坐标列于表 11-11，试在 AutoCAD 中展绘该点的三期观测坐标，并量出每次观测的平均位移量与方位角，总位移量与方位角。

表 11-11　　某建筑物 $P_1$ 点三期观测计算坐标

| 观测周期 | $x$/m | $y$/m |
|---|---|---|
| 1 | 8 009.996 | 4 201.253 |
| 2 | 8 009.983 | 4 201.257 |
| 3 | 8 009.971 | 4 201.251 |

[11-9]　地基不均匀沉降导致建筑物发生倾斜，某建筑物高度 $h=29.5$ m，基础沉降监测点 $A$，$B$ 间的水平距离 $L=10.506$ m，用精密水准测量法观测得到 $A$，$B$ 两点的沉降差 $\Delta h=0.033$ m，试计算该建筑物的倾斜率与顶点位移量。

[11-10]　测得某圆形建筑物顶部中心点坐标为（$x_T=4$ 155.951 m，$y_T=2$ 011.933 m），底部中心点坐标为（$x_B=4$ 155.647 m，$y_B=2$ 012.069 m），试计算顶部相对于底部的倾斜位移量及方位角。

# 第 12 章 路线施工测量

## 本 章 导 读

☑ **基本要求** 掌握路线桩号、平竖曲线主点、加桩、断链的定义,交点法单圆平曲线、基本型平曲线和竖曲线计算原理与方法,路线三维坐标正、反算原理;了解桥梁墩台桩基坐标计算原理,隧道超欠挖计算原理;掌握使用 MSMT **Q2X8交点法** 程序进行路线三维坐标正、反算,桥梁墩台桩基坐标验算,隧道超欠挖测量计算方法。

☑ **重点** 缓和曲线参数 $A$,原点偏角 $\beta$,直线、圆曲线、缓和曲线线元坐标正、反算原理,竖曲线、路基超高横坡、边坡坡口位置、桥梁墩台桩基坐标验算和隧道超欠挖测量、计算原理。

☑ **难点** 交点法平曲线设计图纸直曲表的数据意义,缓和曲线线元坐标正、反算原理,隧道轮廓线右幅主点数据采集方法,洞身支护参数的作用。

## 12.1 路线控制测量概述

《公路勘测细则》规定,路线标段进入施工阶段时,设计院提供的勘测资料主要有控制点的三维坐标成果和带状地形图,设计资料主要有直线、曲线及转角表(简称直曲表)、20 m 间距的逐桩坐标表、纵坡及竖曲线表、路线纵断面图、路基横断面图、路基土石方数量估算表、桥位平面图、涵洞一览表、隧道地质纵断面图和隧道衬砌横断面图等。

**路线施工测量**(construction survey of highway)使用的控制点坐标是由设计院在初测与定测阶段布设的,施工单位进场后,应对标段内的控制点进行全面检测,检测成果与定测成果的较差在限差以内时,应采用原成果作为施工放样的依据。

**1. 路线平面控制测量**(horizontal control survey of highway)

(1)选择路线平面控制测量坐标系时,应使测区内投影长度变形值小于 2.5 cm/km;大型构造物平面坐标系,其投影长度变形值应小于 1 cm/km。

当投影长度变形值满足上述要求时,应采用高斯投影 3°带平面直角坐标系;当投影长度变形值不能满足上述要求时,可采用以下坐标系:

① 投影于抵偿高程面的高斯投影 3°带平面直角坐标系。

② 投影于 1954 北京坐标系或 1980 西安坐标系椭球面上的高斯投影任意带平面直角坐标系。

③ 抵偿高程面高斯投影任意带平面直角坐标系。

④ 当采用一个投影带不能满足要求时,可分为几个投影带,但投影分带位置不应选择在大型构造物处。

⑤ 假定坐标系。

当采用独立坐标系、抵偿坐标系时,应提供与国家坐标系的转换关系。

(2) 路线平面控制网宜全线贯通、统一平差,布设应采用 GNSS 静态定位测量、导线测量、三角测量或三边测量方法进行,其中,导线测量的主要技术要求应符合表 12-1 的规定。

表 12-1　　　　　　　　　　　　　　导线测量的主要技术要求

| 等级 | 附闭合导线长度/km | 边数 | 每边测距中误差/mm | 单位权中误差/(″) | 导线全长相对闭合差 | 方位角闭合差/(″) |
|---|---|---|---|---|---|---|
| 三等 | ≤18 | ≤9 | ≤±14 | ≤±1.8 | ≤1/52 000 | ≤$3.6\sqrt{n}$ |
| 四等 | ≤12 | ≤12 | ≤±10 | ≤±2.5 | ≤1/35 000 | ≤$5\sqrt{n}$ |
| 一级 | ≤6 | ≤12 | ≤±14 | ≤±5.0 | ≤1/17 000 | ≤$10\sqrt{n}$ |
| 二级 | ≤3.6 | ≤12 | ≤±11 | ≤±8.0 | ≤1/11 000 | ≤$16\sqrt{n}$ |

注:1. $n$ 为测站数。
2. 以测角中误差为单位权中误差。
3. 导线网结点间的长度不得大于表中长度的 0.7 倍。
4. 使用导线测量布设平面控制网的最高等级为三等,如要布设二等平面控制网,应采用 GNSS 静态定位测量、三角测量或三边测量,其主要技术要求参见《公路勘测规范》。

各级公路和桥梁、隧道平面控制测量的等级不得低于表 12-2 的规定。

表 12-2　　　　　　　　　　　　　　平面控制测量等级选用

| 高架桥、路线控制测量 | 多跨桥梁总长 $L$/m | 单跨桥梁 $L_K$/m | 隧道贯通长度 $L_G$/m | 测量等级 |
|---|---|---|---|---|
| — | $L \geq 3\,000$ | $L_K \geq 500$ | $L_G \geq 6\,000$ | 二等 |
| — | $2\,000 \leq L < 3\,000$ | $300 \leq L_K < 500$ | $3\,000 \leq L_G < 6\,000$ | 三等 |
| 高架桥 | $1\,000 \leq L < 2\,000$ | $150 \leq L_K < 300$ | $1\,000 \leq L_G < 3\,000$ | 四等 |
| 高速、一级公路 | $L < 1\,000$ | $L_K < 150$ | $L_G < 1\,000$ | 一级 |
| 二、三、四级公路 | — | — | — | 二级 |

(3) 各级平面控制测量,其最弱点点位中误差均不得大于±5 cm,最弱相邻点相对点位中误差均不得大于±3 cm。

(4) 一级及以上平面控制测量平差计算应采用严密平差法,二级可采用近似平差法。

**2. 路线高程控制测量**(vertical control survey of highway)

(1) 高程控制测量应采用水准测量或三角高程测量方法进行。

(2) 同一个公路项目应采用同一个高程系统,并应与相邻项目高程系统相衔接。

(3) 各等级公路高程控制网最弱点高程中误差不得大于±25 mm,用于跨越水域和深谷的大桥、特大桥的高程控制网最弱点高程中误差不得大于±10 mm,每千米观测高差中误差和附合(环线)水准路线长度应小于表 12-3 的规定,四等以上高程控制测量应采用严密平差法计算。

表 12-3　　　　　　　　　　　　　　高程控制测量的技术要求

| 等级 | 每千米高差中误差/mm | | 附合或环线水准路线长度/km | |
|---|---|---|---|---|
| | 偶然中误差 $M_\Delta$ | 全中误差 $M_W$ | 路线、隧道 | 桥梁 |
| 二等 | ±1 | ±2 | 600 | 100 |
| 三等 | ±3 | ±6 | 60 | 10 |
| 四等 | ±5 | ±10 | 25 | 4 |
| 五等 | ±8 | ±16 | 10 | 1.6 |

（4）各级公路及构造物的高程控制测量等级不得低于表 12-4 的规定。

表 12-4　　　　　　　　　　　　　　高程控制测量等级选用

| 高架桥、路线控制测量 | 多跨桥梁总长 $L$/m | 单跨桥梁 $L_K$/m | 隧道贯通长度 $L_G$/m | 等级 |
|---|---|---|---|---|
| — | $L \geqslant 3\,000$ | $L_K \geqslant 500$ | $L_G \geqslant 6\,000$ | 二等 |
| — | $1\,000 \leqslant L < 3\,000$ | $150 \leqslant L_K < 500$ | $3\,000 \leqslant L_G < 6\,000$ | 三等 |
| 高架桥、高速、一级公路 | $L < 1\,000$ | $L_K < 150$ | $L_G < 3\,000$ | 四等 |
| 二、三、四级公路 | — | — | — | 五等 |

## 12.2　路线三维设计图纸示例

**1. 路线中线平曲线与竖曲线设计图纸**

**路线中线**(route centerline)属于三维空间曲线,设计图纸是用**平曲线**(horizontal curve)设置中线的平面位置,**竖曲线**(vertical curve)设置中线的高程,平、竖曲线联系的纽带为中线桩号。桩号表示中线上某点距路线起点的水平距离,也称**里程数**(mileage)。图 12-1 为广西河池至都安高速公路 3-1 标段 $JD43$—$JD45$ 的平曲线设计图纸,图中的 $N$ 坐标为北坐标,它是高斯坐标的 $x$ 坐标,$E$ 坐标为东坐标,它是高斯坐标的 $y$ 坐标。竖曲线及纵坡设计数据列于表 12-5。

**2. 路基横断面、纵断面及超高设计图纸**

路面是以平曲线设计中线为基准设置的三维曲面,设计图纸是采用路基横断面设置路面,图 12-2 为广西河池至都安高速公路 3-1 标段整体式路基横断面设计图。《公路路线设计规范》规定,设计速度≥80 km/h 的高速公路,行车道宽度应为 3.75 m,两车道的宽度即为 3.75×2=7.5 m。

在图 12-2 所示路基横断面设计图中,"路缘带＋行车道＋路缘带＋硬路肩"的左横坡 $i_L$ 与右横坡 $i_R$ 是随横断面桩号的不同而变化的,变化规律由路线纵断面图底部的超高设计图决定。本例的超高设计图如图 12-3 所示,图中只给出了超高主点桩号及其左、右横坡设计数据,其余加桩的左、右横坡可用超高主点设计数据线性内插(或抛物线内插)计算得到。

广西河池至都安高速公路3-1标段直线、曲线及转角表(局部)
设计单位：广西交通规划勘察设计研究院
施工单位：北京路桥国际集团股份有限公司

| 交点号 | 交点桩号及交点坐标 | | 转角 | 曲线要素/m | | | | | | |
|---|---|---|---|---|---|---|---|---|---|---|
| | | | | 半径 | 缓和曲线参数 | 缓和曲线长 | 切线长 | 曲线长 | 外距 | 切曲差(校正值) |
| QD | 桩 | K51+779.792 | | | | | | | | |
| | N | 683 066.66 | | | | | | | | |
| | E | 505 123.728 | | | | | | | | |
| JD43 | 桩 | K52+375.069 | 67°08'47.3"(Z)* | 713.33 | 413.762 3 | 240 | 595.275 | 1 070.971 | 146.694 | 115.007 |
| | N | 682 562.738 | | | 405.050 5 | 230 | 590.702 | | | |
| | E | 504 806.844 | | | | | | | | |
| JD44 | 桩 | K53+225.534 | 29°59'48.7"(Y) | 1 092.843 | 424.64 | 165 | 374.770 | 719.652 | 39.414 | 13.865 |
| | N | 681 771.709 | | | 376.921 2 | 130 | 358.747 | | | |
| | E | 505 360.386 | | | | | | | | |
| JD45 | 桩 | K54+162.788 | 48°22'52.2"(Z) | 720 | 328.633 5 | 150 | 398.996 | 757.975 | 70.738 | 40.017 |
| | N | 680 817.277 | | | 328.633 5 | 150 | 398.996 | | | |
| | E | 505 443.661 | | | | | | | | |
| ZD | 桩 | K54+724.089 | 断链：K53+570.416=K53+563.478 | | | | | | | |
| | N | 680 458.485 | 断链值：(K53+570.416)−(K53+563.478)=6.938m(长链) | | | | | | | |
| | E | 505 926.205 | | | | | | | | |

注：转角括号内的Z表示为左转角，Y表示为右转角。

图12-1 广西河池至都安高速公路3-1标段平曲线设计图纸（局部）

表12-5　　　　　　　　　广西河池至都安高速公路3-1标段竖曲线及纵坡表

| 点名 | 设计桩号 | 高程 $H$/m | 竖曲线半径 $R$/m | 纵坡 $i$/% | 切线长 $T$/m | 外距 $E$/m |
|---|---|---|---|---|---|---|
| SQD | K51+350 | 287.867 | | −0.3 | | |
| SJD1 | K52+150 | 285.467 | 120 000 | 0.3 | 359.762 | 0.539 |
| SJD2 | K53+160 | 288.493 | 49 000 | −0.951 | 306.388 | 0.958 |
| SJD3 | K54+600 | 274.733 | 15 000 | 0.7 | 123.846 | 0.511 |
| SZD | K54+724.089 | 275.602 | | | | |

路线施工测量计算的主要内容有两项：一是根据给定的**加桩号**（mileage of additional stake）及左、右**边距**（margin），计算并测设加桩的中桩、边桩三维设计坐标，简称三维坐标**正算**（positive calculation）；二是根据全站仪或 GNSS RTK 测定的测点三维坐标，向路线中线作垂线，计算并测设垂点的桩号及其三维设计坐标，计算边桩点的挖填高差及其距离最近边坡平台的坡口坡距、坡口平距及其挖填高差，简称三维坐标**反算**（back calculation）。由此可见，路线施工测量中，需要在现场频繁地进行三维坐标正反算，这些计算的依据就是路线的平竖曲线设计图、路基横断面图及超高设计图，因此，现场使用 MSMT 进行路线施工测量计算具有非常重要的意义，也是提高测量质量和效率的重要手段。

图 12-2 广西河池至都安高速公路 3-1 标段整体式路基设计图纸（单位：m）

本章使用 MSMT **Q2X8交点法** 程序完成道路、桥梁和隧道施工测量的全部计算工作。

图 12-3 广西河池至都安高速公路 3-1 标段纵断面图底部的超高设计图纸

## 12.3 路线测量基本知识

**1. 路线测量符号**

路线平曲线一般使用交点法设计，匝道平曲线常使用线元法设计，本章只介绍交点法设计内容。如图 12-4 所示，路线中线的平面线型由直线和曲线组成，曲线又分圆曲线和缓和曲线,图中的 $JD$,$ZY$,$YZ$,$ZH$,$HY$,$YH$,$HZ$ 等为公路、铁路的测量符号。

图 12-4 路线中线的平面线型

《公路勘测细则》规定,公路测量符号可采用汉语拼音字母或英文字母。当工程为国内招标时,可采用汉语拼音字母符号;需要引进外资或为国际招标项目时,应采用英文字母符号。一条公路宜使用一种符号。常用符号应符合表 12-6 的规定。

表 12-6　　　　　　　　　　　　　　　公路测量符号

| 名称 | 中文简称 | 汉语拼音或我国习惯符号 | 英文符号 | 名称 | 中文简称 | 汉语拼音或我国习惯符号 | 英文符号 |
|---|---|---|---|---|---|---|---|
| 交点 | 交点 | $JD$ | $IP$ | 变坡点 | 竖交点 | $SJD$ | $PVI$ |
| 转点 | 转点 | $ZD$ | $TMP$ | 竖曲线起点 | 竖直圆 | $SZY$ | $BVC$ |
| GNSS 点 |  | $G$ | $GPS$ | 竖曲线终点 | 竖圆直 | $SYZ$ | $EVC$ |
| 导线点 |  | $D$ | $TP$ | 竖曲线公切点 | 竖公切 | $SGQ$ | $PCVC$ |
| 水准点 |  | $BM$ | $BM$ | 反向竖曲线点 | 反竖拐曲 | $FSGQ$ | $PRVC$ |
| 图根点 |  | $T$ | $RP$ | 公里标 |  | $K$ | $K$ |
| 圆曲线起点 | 直圆 | $ZY$ | $BC$ | 转角 |  | $\Delta$ |  |
| 圆曲线中点 | 曲中 | $QZ$ | $MC$ | 左转角 |  | $\Delta_L$ |  |
| 圆曲线终点 | 圆直 | $YZ$ | $EC$ | 右转角 |  | $\Delta_R$ |  |
| 路线起点 |  | $SP^*$ | $SP$ | 平竖曲线半径 |  | $R$ | $R$ |
| 路线终点 |  | $EP^*$ | $EP$ | 平竖曲线切线长 |  | $T$ | $T$ |
| 复曲线公切点 | 公切 | $GQ$ | $PCC$ | 平竖曲线外距 |  | $E$ | $E$ |
| 反向平曲线点 | 反拐点 | $FGQ$ | $RPC$ | 曲线长 |  | $L$ | $L$ |
| 第一缓和曲线起点 | 直缓 | $ZH$ | $TS$ | 圆曲线长 |  | $L_y$ | $L_C$ |
| 第一缓和曲线终点 | 缓圆 | $HY$ | $SC$ | 缓和曲线长 |  | $L_h$ | $L_S$ |
| 第二缓和曲线起点 | 圆缓 | $YH$ | $CS$ | 缓和曲线参数 |  | $A$ | $A$ |
| 第二缓和曲线终点 | 缓直 | $HZ$ | $ST$ | 缓和曲线偏角 |  | $\beta$ | $\beta$ |

注:1999 年版《公路勘测规范》用 $QD$ 表示起点,$ZD$ 表示终点,鉴于目前绝大多数设计院的图纸仍然沿用 1999 年版规范,本书也用 $QD$ 表示起点,$ZD$ 表示终点。

## 2. 交点转角定义

在路线转折点**交点**（intersection）处，为设计路线平曲线，需已知交点**转角**（turning angle）。转角是路线由一个方向偏转至另一个方向时，偏转后的方向与原方向之间的水平角。如图 12-5 所示，当偏转后的方向位于原方向右侧时，为右转角，用 $\Delta_R$ 表示，如 $JD1$；当偏转后的方向位于原方向左侧时，为左转角，用 $\Delta_L$ 表示，如 $JD2$。

图 12-5　路线转角 Δ 的定义

高速公路以及地形、地质条件比较复杂的二、三、四级公路，一般采用"图纸定线"法设计路线中线。设计院通常使用 AutoCAD 在路线带状数字地形图上选择并获取 $JD$ 的平面坐标和转角Δ。如图 12-6 所示，$JD44$ 的平面坐标及其转角仅用于设计路线平曲线，设计院一般不将其测设到实地。

图 12-6　广西河池至都安高速公路 3-1 标段 JD44 平曲线设计数据与带状数字地形图

20 世纪 90 年代以前，路线中边桩放样的仪器设备主要是经纬仪和钢尺（或测距仪），方法有偏角法和切线支距法，需要在 $ZY(YZ)$ 或 $ZH(HZ)$ 点安置经纬仪，以 $JD$ 为后视方向，使用极坐标法或切线支距法放样曲线中桩点。放样前，必须先将 $JD$ 测设到实地，再在 $JD$ 设站，将平曲线主点 $ZY(YZ)$ 或 $ZH(HZ)$ 测设到实地。现在，施工放样的主要设备已是全站仪或 GNSS RTK。使用全站仪放样时，是将全站仪安置在路线附近的任意控制测量桩上，以另一控制测量桩为后视方向，只要能计算出路线碎部点的中边桩三维设计坐标，使用全站仪的坐标放样功能,就能精确快速地测设其位置。全站仪坐标放样的前提是路线附近控制测量桩的坐标及路线碎部点的中边桩三维设计坐标,不需要预先测设出 $JD$ 及平曲线主点 $ZY$, $YZ$, $ZH$, $HY$, $YH$, $HZ$ 的位置。由于 $JD$ 不在路线中线上,所以,施工测量时一般也不将其测设到实地。

### 3. 公路测量标志及其用途

如图 12-7 所示,《公路勘测细则》将公路测量标志分为三类:控制测量桩、路线控制桩和标志桩,位于路线中线的控制桩或指示桩应书写桩号。

图 12-7 公路测量标志的种类与用途(单位:cm)

(1) 控制测量桩(stakes for control measure)

控制测量桩是指用于控制测量的 GNSS 点、三角点、导线点、水准点以及特大型桥梁、隧道的控制桩。该部分桩位需要保存较长时间,设计和施工阶段经常使用,它是恢复路线控制桩和标志桩的依据,一旦破坏,不但恢复困难,而且还会影响路线勘测与施工放样质量。因此,控制测量桩应采用可长期保存的材料,如混凝土、不易破碎的石质材料或其他具有高强度耐腐蚀的材料制成。路线平面控制测量精度等级分为二等、三等、四等、一级、二级,图 12-7(a) 所示为二级平面控制测量桩的规格。如图 12-6 所示,图中灰底色地形图反白显示的 77,78,80 点为一级导线点。

(2) 路线控制桩(stakes for control line)

路线控制桩主要用于"现场定线法"的初测、定测和"一次定测"的交点桩、转点桩、平曲线控制桩、路线起终点桩、断链桩及其他构造物控制桩等。路线控制桩的木质方桩顶面钉小铁钉表示点位,规格如图 12-7(b) 所示。当采用"图纸定线法"且具有控制测量桩时,路线控制桩亦可采用标志桩的规格。

(3) 标志桩(stakes for center line and indication)

标志桩主要用于路线中线上的整桩、加桩和主要控制桩,路线控制桩的指示桩,应钉设在控制桩外侧 25~30 cm 处,书写桩号面应面向被指示桩,规格如图 12-7(c) 所示。

路线控制桩和标志桩没有长期保存的必要,测设任务完成后一般不再使用,即使丢失,也可通过控制测量桩快速恢复。因此，当路线控制桩和标志桩位于坚硬地表路段时，可用油漆、记号笔等标注，位于柔性铺装地表路段时，可钉入铁钉代替。

**4. 路线中线敷设**

按一定的中桩间距测设中线逐桩点位。中桩间距是指路线相邻中桩之间的最大距离，桩距太大会影响纵坡设计质量和工程量计算，中桩间距不应大于表 12-7 的规定。

表 12-7　　　　　　　　　　　　中桩间距（R 为交点圆曲线半径）

| 直线/m | | 曲线/m | | | |
|---|---|---|---|---|---|
| 平原、微丘 | 重丘、山岭 | 不设超高的曲线 | $R>60$ | $30<R<60$ | $R<30$ |
| 50 | 25 | 25 | 20 | 10 | 5 |

例如，表 12-8 为广西河池至都安高速公路 3-1 标段设计图纸给出的 JD44 平曲线的逐桩坐标表，JD44 的圆曲线半径为 $R=1\,092.843$ m，设计图纸是按 20 m 中桩间距给出逐桩点坐标。为了计算路线土方工程量，设计院需要将这些逐桩坐标测设到实地，并测量逐桩桩位的横断面图。

表 12-8　　　　　　　　广西河池至都安高速公路 3-1 标段 JD44 平曲线逐桩坐标表

| 序号 | 桩号 | $x$/m | $y$/m | 序号 | 桩号 | $x$/m | $y$/m |
|---|---|---|---|---|---|---|---|
| 1 | K52+860 | 682 071.196 | 505 150.812 | 19 | K53+220 | 681 756.902 | 505 323.831 |
| 2 | K52+880 | 682 054.797 | 505 162.260 | 20 | K53+240 | 681 738.041 | 505 330.483 |
| 3 | K52+900 | 682 038.361 | 505 173.655 | 21 | K53+260 | 681 719.061 | 505 336.788 |
| 4 | K52+920 | 682 021.863 | 505 184.961 | 22 | K53+280 | 681 699.969 | 505 342.746 |
| 5 | K52+940 | 682 005.278 | 505 196.139 | 23 | K53+300 | 681 680.772 | 505 348.352 |
| 6 | K52+960 | 681 988.584 | 505 207.152 | 24 | K53+320 | 681 661.474 | 505 353.607 |
| 7 | K52+980 | 681 971.757 | 505 217.963 | 25 | K53+340 | 681 642.084 | 505 358.507 |
| 8 | K53+000 | 681 954.778 | 505 228.531 | 26 | K53+360 | 681 622.608 | 505 363.052 |
| 9 | K53+020 | 681 937.626 | 505 238.816 | 27 | K53+380 | 681 603.051 | 505 367.239 |
| 10 | K53+040 | 681 920.290 | 505 248.789 | 28 | K53+400 | 681 583.422 | 505 371.068 |
| 11 | K53+060 | 681 902.775 | 505 258.444 | 29 | K53+420 | 681 563.725 | 505 374.537 |
| 12 | K53+080 | 681 885.086 | 505 267.776 | 30 | K53+440 | 681 543.968 | 505 377.645 |
| 13 | K53+100 | 681 867.229 | 505 276.782 | 31 | K53+460 | 681 524.159 | 505 380.400 |
| 14 | K53+120 | 681 849.210 | 505 285.461 | 32 | K53+480 | 681 504.310 | 505 382.847 |
| 15 | K53+140 | 681 831.036 | 505 293.808 | 33 | K53+500 | 681 484.430 | 505 385.040 |
| 16 | K53+160 | 681 812.711 | 505 301.822 | 34 | K53+520 | 681 464.530 | 505 387.037 |
| 17 | K53+180 | 681 794.244 | 505 309.498 | 35 | K53+540 | 681 444.617 | 505 388.892 |
| 18 | K53+200 | 681 775.639 | 505 316.836 | 36 | K53+560 | 681 424.695 | 505 390.662 |

特殊地点应设置加桩，加桩是指路线纵、横向地形变化处，路线与其他线状物交叉处，拆迁建筑物处，桥梁、涵洞、隧道等构筑物处，等等。加桩中桩平面位置精度应符合表 12-9 的规定。

表 12-9　　　　　　　　　　　　　　加桩中桩的平面位置精度

| 公路等级 | 中桩位置中误差/cm | | 桩位检测之差/cm | |
|---|---|---|---|---|
|  | 平原、微丘 | 重丘、山岭 | 平原、微丘 | 重丘、山岭 |
| 高速公路,一、二级公路 | ≤±5 | ≤±10 | ≤10 | ≤20 |
| 三级及三级以下公路 | ≤±10 | ≤±15 | ≤20 | ≤30 |

## 12.4　交点法单圆平曲线计算原理

当路线由一个方向转向另一个方向时,应用曲线连接。曲线的形式较多,其中单圆曲线是最基本的平面线型之一,如图 12-8 所示。

(a) 单圆平曲线要素计算原理　　　(b) 单圆平曲线加桩 $j$ 中桩坐标计算原理

图 12-8　单圆平曲线要素与坐标计算原理

《公路路线设计规范》规定,各级公路的圆曲线最小半径按设计速度应符合表 12-10 的规定。

表 12-10　　　　　　　　　　　　　　圆曲线最小半径

| 设计速度/(km·h$^{-1}$) | | 120 | 100 | 80 | 60 | 40 | 30 | 20 |
|---|---|---|---|---|---|---|---|---|
| 圆曲线最小半径/m | 一般值 | 1 000 | 700 | 400 | 200 | 100 | 65 | 30 |
|  | 极限值 | 650 | 400 | 250 | 125 | 60 | 30 | 15 |

路线设计图纸的"直线、曲线及转角表"(简称直曲表)给出的交点 $JDn$ 的圆曲线设计数据为:交点设计桩号 $Z_{JDn}$、平面坐标 $z_{JDn}=x_{JDn}+y_{JDn}\mathrm{i}$、转角 $\Delta$、圆曲线半径 $R$、主点桩号及其中桩坐标、20 m 中桩间距的逐桩坐标,施工测量员的主要计算工作是验算设计数据的正确性以及根据施工需要进行坐标正、反算。

**1. 单圆平曲线坐标正算**

(1) 曲线要素计算

如图 12-8 所示,将切线长 $T$、曲线长 $L$、外距 $E$ 及切曲差 $J$ 称为交点曲线要素,计算公式为

$$\left.\begin{array}{l}\text{切线长：} T = R\tan\dfrac{|\Delta|}{2} \\ \text{曲线长：} L = \dfrac{\pi R |\Delta|}{180} \\ \text{外距：} E = R\left(\sec\dfrac{|\Delta|}{2} - 1\right) \\ \text{切曲差：} J = 2T - L \end{array}\right\} \quad (12\text{-}1)$$

式中，切曲差 $J$ 也称校正值，转角 $\Delta$ 以十进制"度"为单位。

(2) 主点桩号计算

设 $JDn$ 桩号为 $Z_{JDn}$，则曲线主点 $ZY, QZ, YZ$ 的桩号为

$$\left.\begin{array}{l} Z_{ZY} = Z_{JD} - T \\ Z_{QZ} = Z_{ZY} + \dfrac{L}{2} \\ Z_{YZ} = Z_{QZ} + \dfrac{L}{2} = Z_{JDn} + T - J \end{array}\right\} \quad (12\text{-}2)$$

(3) 主点中桩坐标计算

如图 12-8(b) 所示，设相邻后交点 $JDn-1$ 的坐标为 $z_{JDn-1} = x_{JDn-1} + y_{JDn-1}\mathrm{i}$（以路线走向为前进方向），先计算 $JDn-1 \to JDn$ 的辐角：

$$\theta_{(n-1)n} = \mathrm{Arg}(z_{JDn} - z_{JDn-1}) \quad (12\text{-}3)$$

当辐角 $\theta_{(n-1)n} > 0$ 时，$\alpha_{(n-1)n} = \theta_{(n-1)n}$；$\theta_{(n-1)n} < 0$ 时，$\alpha_{(n-1)n} = \theta_{(n-1)n} + 360°$。$ZY$ 点与 $YZ$ 点的中桩坐标为

$$\left.\begin{array}{l} z_{ZY} = z_{JDn} - T\angle\alpha_{(n-1)n} \\ z_{YZ} = z_{JDn} + T\angle(\alpha_{(n-1)n} + \Delta) \end{array}\right\} \quad (12\text{-}4)$$

式中，转角 $\Delta$ 为含"±"号的代数值，右转角 $\Delta > 0$，左转角 $\Delta < 0$，下同。

(4) 加桩中桩坐标计算

设圆曲线上任意点 $j$ 的桩号为 $Z_j$，则 $ZY$ 点至 $j$ 点的圆弧长为

$$l_j = Z_j - Z_{ZY} \quad (12\text{-}5)$$

弦切角 $\gamma_{ZY-j}$ 与弦长 $c_{ZY-j}$ 的计算公式为

$$\left.\begin{array}{l} \gamma_{ZY-j} = \dfrac{l_j}{R} \cdot \dfrac{90}{\pi} \\ c_{ZY-j} = 2R\sin\gamma_{ZY-j} \end{array}\right\} \quad (12\text{-}6)$$

弦长 $c_{ZY-j}$ 的方位角 $\alpha_{ZY-j}$ 及 $j$ 点的走向方位角 $\alpha_j$ 为

$$\left.\begin{array}{l} \alpha_{ZY-j} = \alpha_{(n-1)n} \pm \gamma_{ZY-j} \\ \alpha_j = \alpha_{(n-1)n} \pm 2\gamma_{ZY-j} \end{array}\right\} \quad (12\text{-}7)$$

$j$ 点的走向方位角是指 $j$ 点切线沿路线走向方向的方位角。式中的"±"号,交点转角 $\Delta$ 为右转角时取"+";交点转角 $\Delta$ 为左转角时取"-",下同。$j$ 点中桩坐标的计算公式为

$$z_j = z_{ZY} + c_{ZY-j} \angle \alpha_{ZY-j} \tag{12-8}$$

(5) 加桩边桩坐标计算

如图 12-9 所示,算出加桩 $j$ 的中桩坐标 $z_j$ 及其走向方位角 $\alpha_j$ 后,只需要指定边桩直线的偏角 $\theta$ 与边距 $d$,即可算出边桩点的平面坐标。

图 12-9 边桩直线偏角 $\theta$ 的定义

边桩直线偏角 $\theta$ 定义为边桩直线与加桩走向方向的水平夹角。如图 12-9 所示,设加桩 $j$ 的左边桩点为 $j_L$,右边桩点为 $j_R$,$j$ 点边桩直线定义为过 $j$ 点的任意直线,且 $j_L$、$j_R$ 两点一定位于边桩直线上。以 $j$ 点走向方向为零方向,顺时针到边桩直线的水平夹角定义为右偏角 $\theta_R$,$\theta_R > 0$;逆时针到边桩直线的水平夹角为左偏角 $\theta_L$,$\theta_L < 0$。二者的关系为

$$\theta_R - \theta_L = 180° \tag{12-9}$$

设右偏角 $\theta_R = 90°$,代入式(12-9),则边桩直线的左偏角为 $\theta_L = \theta_R - 180° = -90°$,即偏角 $\theta = \pm 90°$ 的几何意义是相同的,计算结果也相同,如图 12-9(a)所示。

偏角 $\theta < 0$ 时,中桩 $j \to$ 左边桩 $j_L$ 的方位角为 $\alpha_{j-j_L} = \alpha_j + \theta_L$,此时,中桩 $j \to$ 右边桩 $j_R$ 的方位角为 $\alpha_{j-j_R} = \alpha_{j-j_L} \pm 180°$。式中的"±",$\alpha_{j-j_L} \leqslant 180°$ 时,取"+";$\alpha_{j-j_L} > 180°$ 时,取"-",下同。

偏角 $\theta > 0$ 时,中桩 $j \to$ 右边桩 $j_R$ 的方位角为 $\alpha_{j-j_R} = \alpha_j + \theta_R$,此时,中桩 $j \to$ 左边桩 $j_L$ 的方位角为 $\alpha_{j-j_L} = \alpha_{j-j_R} \pm 180°$。统一边桩直线左、右边桩点的坐标计算公式为

$$\left. \begin{array}{l} z_{j_L} = z_j + d_L \angle \alpha_{j-j_L} \\ z_{j_R} = z_j + d_R \angle \alpha_{j-j_R} \end{array} \right\} \tag{12-10}$$

**2. 单圆平曲线坐标反算**

设用全站仪实测路线附近任意边桩点 $j$ 的坐标为 $z_j = x_j + y_j\mathrm{i}$,由 $j$ 点向单圆曲线作垂线时,垂点 $p$ 可能位于圆曲线元,也可能位于圆曲线外的夹直线线元。

(1) 直线线元坐标反算原理

如图 12-10(a)所示,设已知直线线元起点 $s$ 的桩号为 $Z_s$,中桩坐标为 $z_s = x_s + y_s\mathrm{i}$,走向方位角为 $\alpha_s$,终点为 $e$,设垂点 $p$ 的中桩坐标为 $z_p = x_p + y_p\mathrm{i}$,则直线 $se$ 的点斜式方程为

$$y - y_p = \tan \alpha_s (x - x_p) \tag{12-11}$$

将起点 $s$ 的中桩坐标代入式(12-11),解得

$$y_p = y_s - \tan \alpha_s (x_s - x_p) \tag{12-12}$$

因直线 $jp \perp se$,故 $p$ 点中桩坐标应满足垂线 $jp$ 的下列点斜式方程:

$$y_p - y_j = -\frac{x_p - x_j}{\tan \alpha_s} \tag{12-13}$$

图 12-10 直线线元与圆曲线元坐标反算原理

将式(12-12)代入式(12-13),解得

$$\left.\begin{aligned} y_s - \tan \alpha_s (x_s - x_p) - y_j &= -\frac{x_p - x_j}{\tan \alpha_s} \\ \tan \alpha_s (y_s - y_j) - \tan^2 \alpha_s x_s + \tan^2 \alpha_s x_p &= -x_p + x_j \end{aligned}\right\} \quad [12\text{-}14(a)]$$

解得

$$\left.\begin{aligned} x_p &= \frac{x_j + \tan^2 \alpha_s x_s - \tan \alpha_s (y_s - y_j)}{\tan^2 \alpha_s + 1} \\ y_p &= y_j - \frac{x_p - x_j}{\tan \alpha_s} \end{aligned}\right\} \quad [12\text{-}14(b)]$$

再由算出的 $p$ 点坐标与测量的 $j$ 点坐标反算出边距 $d_j$,$p$ 点桩号为

$$Z_p = Z_s + \mathrm{Abs}(z_p - z_s) \tag{12-15}$$

下面介绍边桩点位于直线线元左、右侧的判断方法。设由垂点 $p$ 的坐标与边桩点 $j$ 的坐标反算出 $p \to j$ 的方位角为 $\alpha_{pj}$,而 $p$ 点的走向方位角为 $\alpha_p = \alpha_s$,以 $\alpha_p$ 为零方向,将 $\alpha_{pj}$ 归零为

$$\alpha'_{pj} = \alpha_{pj} - \alpha_p \pm 360° \tag{12-16}$$

当 $\alpha'_{pj} > 180°$ 时,$j$ 点位于直线线元走向的左侧;当 $\alpha'_{pj} < 180°$ 时,$j$ 点位于直线线元走向的右侧。

(2) 圆曲线元坐标反算原理

如图 12-10(b)所示,设圆曲线元起点 $s$ 的桩号为 $Z_s$,中桩坐标为 $z_s = x_s + y_s i$,走向方位

角为 $α_s$,终点为 $e$,圆曲线半径为 $R$,则圆心点 $C$ 的坐标为

$$\left.\begin{aligned} z_C &= z_s + R\angle α_{sC} \\ α_{sC} &= α_s \pm 90° \end{aligned}\right\} \tag{12-17}$$

由圆心点 $C$ 与边桩点 $j$ 的坐标算出 $C→j$ 的方位角 $α_{Cj}$ 和距离 $d_{Cj}$,则 $j$ 点边距为 $d_j = R - d_{Cj}$,由圆心点坐标反算垂点 $p$ 的中桩坐标为

$$z_p = z_C + R\angle α_{Cj} \tag{12-18}$$

$sp$ 直线的弦长及弦切角为

$$\left.\begin{aligned} c_{sp} &= \text{Abs}(z_p - z_s) \\ γ_{sp} &= \arcsin\frac{c_{sp}}{2R} \end{aligned}\right\} \tag{12-19}$$

垂点 $p$ 的桩号及其走向方位角为

$$\left.\begin{aligned} Z_p &= Z_s + \frac{2γ_{sp}π}{180}R \\ α_p &= α_s \pm 2γ_{sp} \end{aligned}\right\} \tag{12-20}$$

边桩点位于圆曲线元左、右侧的判断方法是:当交点转角 $\Delta < 0$ 时,边距 $d_j > 0$,$j$ 点位于圆曲线元走向的左侧;边距 $d_j < 0$,$j$ 点位于圆曲线元走向的右侧。当交点转角 $\Delta > 0$ 时,边距 $d_j > 0$,$j$ 点位于圆曲线元走向的右侧;边距 $d_j < 0$,$j$ 点位于圆曲线元走向的左侧。

[**例 12-1**] 图 12-11 所示路线中 $JD3$ 为单圆平曲线,试用 fx-5800P 计算器手动计算 $JD3$ 的曲线要素,$ZY$ 与 $YZ$ 两个主点的桩号及其中桩坐标,$ZY$ 点的边桩坐标。已知边桩直线偏角 $θ=90°$,左边距 $d_L=2.75$ m,右边距 $d_R=4.25$ m。

**解** 按 [MODE][1] 键进入 **COMP** 模式,按 [SHIFT][SETUP][3] 键设置角度单位为 **Deg**,屏幕顶部状态栏显示 **D**,按 [SHIFT][SETUP][6][4] 键设置 4 位小数显示。

按 **41** [°'"] **23** [°'"] **52.7** [°'"] [SHIFT][STO][D] 键存储 $JD3$ 的右转角到 **D** 变量;按 **55** [SHIFT][STO][R] 键存储 $JD3$ 的圆曲线半径到 **R** 变量[图 12-12(a)]。

按 [ALPHA][R][tan][ALPHA][D][÷][2][)][STO][T] 键,使用式(12-1)的第一式计算切线长并存入 **T** 变量;按 [π][ALPHA][R][ALPHA][D][÷] **180** [STO][L][°'"] 键,使用式(12-1)的第二式计算曲线长并存入 **L** 变量[图 12-12(b)]。

按 [ALPHA][R][(][1][÷][cos][ALPHA][D][÷][2][)][-][1][)][STO][E] 键,使用式(12-1)的第三式计算外距并存入 **E** 变量[图 12-12(c)]。

按 **2** [ALPHA][T][-][ALPHA][L][STO][J] 键,使用式(12-1)的第四式计算切曲差并存入 **J** 变量;按 **847.108** [SHIFT][STO][Z] 键存储 $JD3$ 的桩号到 **Z** 变量[图 12-12(d)]。

按 [ALPHA][Z][-][ALPHA][T][EXE] 键,使用式(12-2)的第一式计算 $ZY$ 点桩号;按 [ALPHA][Z][+][ALPHA][T][-][J][EXE] 键,使用式(12-2)的第三式计算 $YZ$ 点桩号,结果如图 12-12(e)所示。

大庆至广州高速公路湖北黄石至通山段第10合同段
龙港互通式立交A匝道直线、曲线及转角表(局部)
设计单位：中铁第四勘察设计院集团有限公司
施工单位：核工业西南建设集团有限公司

| 交点号 | 交点桩号及交点坐标 | | 转角 | 曲线要素/m | | | | | | |
|---|---|---|---|---|---|---|---|---|---|---|
| | | | | 半径 | 缓和曲线参数 | 缓和曲线长 | 切线长 | 曲线长 | 外距 | 切曲差(校正值) |
| QD | 桩 | -AK0-001.37 | | | | | | | | |
| | N | 276 158.968 | | | | | | | | |
| | E | 493 969.384 | | | | | | | | |
| JD1 | 桩 | AK0+216.6 | 33°51′58.7″(Z) | 420 | 130 | 40.238 | 153.942 | 361.707 | 20.958 | 8.434 |
| | N | 276 291.075 | | | | | | | | |
| | E | 493 796.009 | | | 280 | 186.667 | 216.198 | | | |
| JD2 | 桩 | AK0+833.664 | 123°05′34″(Y) | 300 | 230 | 176.333 | 409.298 | 401.963 | 142.595 | 210.627 |
| | N | 276 328.608 | | | | | | | | |
| | E | 493 171.638 | | | 100 | 148.485 | 203.291 | | | |
| JD3 | 桩 | AK0+847.108 | 41°23′52.7″(Y) | 55 | 0 | 0 | 20.782 | 39.739 | 3.795 | 1.824 |
| | N | 276 508.654 | | | | | | | | |
| | E | 493 305.025 | | | 0 | 0 | 20.782 | | | |
| ZD | 桩 | AK0+866.065 | | | | | | | | |
| | N | 276 512.999 | | | | | | | | |
| | E | 493 325.346 | | | | | | | | |

图 12-11 大庆至广州高速公路湖北黄石至通山段第 10 合同段龙港互通式立交 A 匝道平曲线设计图纸

图 12-12 使用 fx-5800P 计算器手动计算 JD3 单圆曲线要素、ZY 与 YZ 主点桩号及其坐标、ZY 点边桩坐标

按 **276328.608** [+] **493171.638** [*i*] [STO] [A] 键存储 $JD2$ 的坐标复数到 **A** 变量[图 12-12(f)]；按 **276508.654** [+] **493305.025** [*i*] [STO] [B] 键存储 $JD3$ 的坐标复数到 **B** 变量[图 12-12(g)]。

按 [FUNCTION] [2] [2] [ALPHA] [B] [−] [ALPHA] [A] [)] [STO] [P] [⋯] 键,计算 JD2→JD3 的辐角并存入 **P** 变量[图 12-12(h)]。算出的辐角大于 0,它就等于 JD2→JD3 的方位角。

按 [ALPHA] [B] [−] [ALPHA] [T] [SHIFT] [∠] [ALPHA] [P] [STO] [X] 键,应用式(12-4)的第一式计算 ZY 点的坐标复数并存入 **X** 变量[图 12-12(i)]。

按 [ALPHA] [B] [+] [ALPHA] [T] [SHIFT] [∠] [(] [ALPHA] [P] [+] [ALPHA] [D] [)] [STO] [Y] [EXE] 键,应用式(12-4)的第二式计算 YZ 点的坐标复数并存入 **Y** 变量[图 12-12(j)]。

按 [ALPHA] [X] [+] **2.75** [SHIFT] [∠] [(] [ALPHA] [P] [−] **90** [EXE] 键,应用式(12-10)的第一式计算 ZY 点的左边桩坐标[图 12-12(k)];按 [▶] 键重演表达式,修改表达式为图 12-12(l)第一式所示,按 [EXE] 键计算 ZY 点的右边桩坐标,结果如图 12-12(l)所示。

## 12.5 交点法非对称基本型平曲线计算原理

可以将直线看作曲率半径为∞的圆曲线,在直线与半径为 $R$ 的圆曲线径相连接处,曲率半径有突变,由此带来离心力突变。当 $R$ 较大时,离心力突变一般不对行车安全构成不利影响;当 $R$ 较小时,离心力突变将使快速行驶的车辆在进入或离开圆曲线时偏离原车道,侵入邻近车道,从而影响行车安全。解决该问题的方法是在圆曲线段设置**超高**(superelevation)或在直线与圆曲线之间增设**缓和曲线**(spiral),或既设置超高,又增设缓和曲线。

《公路路线设计规范》规定,高速公路和一、二、三级公路的直线与半径小于表 12-11 不设超高的圆曲线最小半径的圆曲线径相连接处,应设置缓和曲线。

表 12-11　　　　　　　　　　　　不设超高的圆曲线最小半径

| 设计速度/(km·h$^{-1}$) | | 120 | 100 | 80 | 60 | 40 | 30 | 20 |
|---|---|---|---|---|---|---|---|---|
| 不设超高圆曲线最小半径/m | 路拱≤2% | 5 500 | 4 000 | 2 500 | 1 500 | 600 | 350 | 150 |
| | 路拱>2% | 7 550 | 5 250 | 3 350 | 1 900 | 800 | 450 | 200 |

由第一缓和曲线、圆曲线、第二缓和曲线组成的交点曲线称为基本型平曲线。

**1. 缓和曲线方程**

如图 12-13 所示,缓和曲线的几何意义是:曲线上任意点 $j$ 的曲率半径 $\rho$ 与曲线起点 ZH 至该点的曲线长 $l$(简称原点线长)成反比,曲线方程为

$$\rho = \frac{A^2}{l} \tag{12-21}$$

式中,$A$ 为缓和曲线参数。在缓和曲线终点 HY,缓和曲线长为 $L_h$,曲率半径为 $R$,代入式(12-21),求得缓和曲线参数为

$$A = \sqrt{RL_h} \tag{12-22}$$

将式(12-22)代入式(12-21),得

$$\rho = \frac{RL_h}{l} \tag{12-23}$$

在缓和曲线起点 $ZH$ 处,$l=0$,代入式(12-23),求得 $\rho \to \infty$,缓和曲线的曲率半径等于直线的曲率半径;在缓和曲线终点 $HY$ 处,$l=L_h$,代入式(12-23),求得 $\rho=R$,缓和曲线的曲率半径等于圆曲线的半径 $R$。因此,缓和曲线的作用是使路线曲率半径由 $\infty$ 逐渐变化到圆曲线半径 $R$。

设缓和曲线任意点 $j$ 的曲率半径为 $\rho$,其偏离纵轴 $y'$ 的角度为 $\beta$,称 $\beta$ 为 $j$ 点的原点偏角,设 $j$ 点的微分弧长为 $dl$,则缓和曲线的微分方程为

$$dl = \rho d\beta \tag{12-24}$$

图 12-13 缓和曲线的几何意义及其切线支距坐标计算原理

顾及式(12-21),得

$$d\beta = \frac{dl}{\rho} = \frac{l}{A^2}dl \tag{12-25}$$

对式(12-25)积分,得

$$\beta = \frac{l^2}{2A^2} = \frac{A^4/R^2}{2A^2} = \frac{A^2}{2R^2} \tag{12-26}$$

在 $ZH$ 点,$l=0$,代入式(12-26),得 $\beta_{ZH}=0$;在 $HY$ 点,$l=L_h$,代入式(12-26)并顾及式(12-22),得 $HY$ 点的原点偏角为

$$\beta_{HY} = \frac{L_h^2}{2RL_h} = \frac{L_h}{2R} = \beta_h \tag{12-27}$$

式中,$\beta_h$ 的单位为弧度。

**2. 缓和曲线切线支距坐标**

缓和曲线碎部点坐标计算一般在图 12-13 所示的切线支距坐标系 $x'ZHy'$ 中进行。设缓和曲线任意点 $j$ 的微分弧长 $dl$ 在切线支距坐标系的投影分别为 $dx'$, $dy'$,则有

$$\left.\begin{array}{l} dx' = \cos\beta dl \\ dy' = \sin\beta dl \end{array}\right\} \tag{12-28}$$

(1)切线支距坐标的积分公式

将式(12-26)代入式(12-28)并积分,得

$$\left.\begin{array}{l} x' = \int_0^l \cos\dfrac{l^2}{2A^2}dl \\ y' = \int_0^l \sin\dfrac{l^2}{2A^2}dl \end{array}\right\} \tag{12-29}$$

应用式(12-29)，使用 fx-5800P 计算器的积分函数 ∫ 计算图 12-11 所示 $JD1$ 第一缓和曲线终点 $HY$ 点的切线支距坐标$(x', y')$的方法如下。

按 [SHIFT][SETUP][4] 键设置角度单位为弧度 **Rad**，屏幕顶部的状态栏显示 ®。

按 **130** [SHIFT][STO][A] 键存储第一缓和曲线参数到变量 **A**，按 **40.238** [SHIFT][STO][L] 键存储第一缓和曲线长到变量 **L**[图 12-14(a)]。

| (a) | (b) | (c) | (d) |
| --- | --- | --- | --- |
| 130→A 130.0000 40.238→L 40.2380 | ∫(cos(X²÷(2A²)), 0,L)→U  40.2288 | ∫(sin(X²÷(2A²)), 0,L)→V  0.6424 | 420→R 420.0000 |

| (e) | (f) | (g) | (h) |
| --- | --- | --- | --- |
| L−L^(3)÷40÷R²+L^(5)÷3456÷R^(4)−L^(7)÷599040÷R^(6) | (5)÷3456÷R^(4)−L^(7)÷599040÷R^(6) 40.2288 | L²÷6÷R−L^(4)÷336÷R^(3)+L^(6)÷42240÷R^(5)−L^(8)÷9676800÷R^(7) | ÷R^(3)+L^(6)÷42240÷R^(5)−L^(8)÷9676800÷R^(7) 0.6424 |

图 12-14　分别使用积分公式（12-29）和级数公式（12-35）计算 $JD1$ 第一缓和曲线终点 $HY$ 的切线支距坐标

按 [FUNCTION][1][1][cos][ALPHA][X][x²][÷][(][2][ALPHA][A][x²][)][)][,][0][,][ALPHA][L][)][SHIFT][STO][U] 键计算 $HY$ 点的切线坐标并存入 **U** 变量[图 12-14(b)]。

按 ▶ 键重演表达式，光标自动位于上述表达式第一个字符位置，按 ▶ 键移动光标到 **cos**(函数位置，按 [SHIFT][INS] 键设置光标为覆盖模式，按 [sin] 键；移动光标到 **U** 变量位置，按 [ALPHA][V][EXE] 键计算 $HY$ 点的支距坐标并存入 **V** 变量[图 12-14(c)]。

注：fx-5800P 计算器的积分函数∫的自变量只能是字母变量 **X**，当积分表达式含有三角函数时，应将角度单位设置为弧度 **Rad**。

(2) 切线支距坐标的级数展开式

将式(12-24)代入式(12-28)，得

$$\left.\begin{aligned} dx' &= \rho \cos\beta d\beta \\ dy' &= \rho \sin\beta d\beta \end{aligned}\right\} \quad (12\text{-}30)$$

由式(12-26)，得 $l = A\sqrt{2\beta}$，代入式(12-21)，得

$$\rho = \frac{A^2}{A\sqrt{2\beta}} = \frac{A}{\sqrt{2\beta}} \quad (12\text{-}31)$$

将式(12-31)代入式(12-30)，得

$$\left.\begin{aligned} dx' &= \frac{A}{\sqrt{2\beta}} \cos\beta d\beta \\ dy' &= \frac{A}{\sqrt{2\beta}} \sin\beta d\beta \end{aligned}\right\} \quad (12\text{-}32)$$

$\cos\beta$，$\sin\beta$ 以幂级数表示为

$$\left.\begin{aligned}\cos\beta &= 1-\frac{\beta^2}{2!}+\frac{\beta^4}{4!}-\frac{\beta^6}{6!}+\cdots = 1-\frac{\beta^2}{2}+\frac{\beta^4}{24}-\frac{\beta^6}{720}+\cdots \\ \sin\beta &= \beta-\frac{\beta^3}{3!}+\frac{\beta^5}{5!}-\frac{\beta^7}{7!}+\cdots = \beta-\frac{\beta^3}{6}+\frac{\beta^5}{120}-\frac{\beta^7}{5\,040}+\cdots\end{aligned}\right\} \tag{12-33}$$

将式(12-33)代入式(12-32)并积分,顾及式(12-26),略去高次项,整理后得

$$\left.\begin{aligned}x' &= l-\frac{l^5}{40A^4}+\frac{l^9}{3\,456A^8}-\frac{l^{13}}{599\,040A^{12}}+\cdots \\ y' &= \frac{l^3}{6A^2}-\frac{l^7}{336A^6}+\frac{l^{11}}{42\,240A^{10}}-\frac{l^{15}}{9\,676\,800A^{14}}+\cdots\end{aligned}\right\} \tag{12-34}$$

将 $l=L_h$ 代入式(12-34)并顾及式(12-22),得 $HY$ 点的切线支距坐标计算公式为

$$\left.\begin{aligned}x'_{HY} &= L_h-\frac{L_h^3}{40R^2}+\frac{L_h^5}{3\,456R^4}-\frac{L_h^7}{599\,040R^6} \\ y'_{HY} &= \frac{L_h^2}{6R}-\frac{L_h^4}{336R^3}+\frac{L_h^6}{42\,240R^5}-\frac{L_h^8}{9\,676\,800R^7}\end{aligned}\right\} \tag{12-35}$$

式(12-34)、式(12-35)为省略了高次项的近似公式,文献[20]证明,设切线支距坐标的计算误差为 $\pm 1$ mm,使用式(12-34)第一式计算切线坐标 $x'$ 的最大允许原点偏角为 $50°$,即 $\beta\leqslant 50°$,使用式(12-34)第二式计算支距坐标 $y'$ 的最大允许原点偏角为 $65°$,即 $\beta\leqslant 65°$。对于起点(或终点)半径为 ∞ 的完整缓和曲线,其最大原点偏角一般均满足 $\beta<50°$ 的要求。

按 `420` `SHIFT` `STO` `R` 键存储 $JD3$ 的圆曲线半径到变量 **R**[图 12-14(d)],使用式(12-35)计算 $JD3$ 第一缓和曲线终点 $HY$ 的切线支距坐标的过程如图 12-14(e)—(h)所示,按 `x■` 键输入指数函数^(。

### 3. 曲线要素

(1) 圆曲线内移值与切线增量

如图 12-15 所示,当在直线与圆曲线之间插入缓和曲线时,在参数为 $A_1$ 的第一缓和曲线端,应将原有圆曲线向内移动距离 $p_1$,才能使圆曲线与第一缓和曲线衔接,这时,切线增长了 $q_1$,将 $p_1$ 称为**圆曲线内移值**(circular curve internal shift value),$q_1$ 称为**切线增量**(tangent increment)。此时,在参数为 $A_2$ 的第二缓和曲线端,圆曲线内移值为 $p_2$,切线增量为 $q_2$。

由图 12-15 可以写出圆曲线在第一缓和曲线端的内移值 $p_1$ 与切线增量 $q_1$ 的计算公式为

$$\left.\begin{aligned}p_1 &= y'_{HY}-R(1-\cos\beta_{h1}) \\ q_1 &= x'_{HY}-R\sin\beta_{h1}\end{aligned}\right\} \tag{12-36}$$

圆曲线在第二缓和曲线端的内移值 $p_2$ 与切线增量 $q_2$ 为

$$\left.\begin{aligned}p_2 &= y''_{YH}-R(1-\cos\beta_{h2}) \\ q_1 &= x''_{YH}-R\sin\beta_{h2}\end{aligned}\right\} \tag{12-37}$$

图 12-15 非对称基本型平曲线要素计算原理

(2) 切线长

由式(12-22),得第一、第二缓和曲线长为

$$\left. \begin{array}{l} L_{h1} = \dfrac{A_1^2}{R} \\ L_{h2} = \dfrac{A_2^2}{R} \end{array} \right\} \tag{12-38}$$

由式(12-27),得以弧度为单位的第一、第二缓和曲线的最大原点偏角为

$$\left. \begin{array}{l} \beta_{h1} = \dfrac{L_{h1}}{2R} \\ \beta_{h2} = \dfrac{L_{h2}}{2R} \end{array} \right\} \tag{12-39}$$

由图 12-15 可以列出切线方程：

$$\left. \begin{array}{l} T_1 = T' + q_1 = (R + p_1)\tan(\psi_1 + \beta_{h1}) + q_1 \\ T_2 = T'' + q_2 = (R + p_2)\tan(\psi_2 + \beta_{h2}) + q_2 \end{array} \right\} \tag{12-40}$$

角度方程：

$$\left. \begin{array}{l} \psi_1 + \beta_{h1} = \Delta - (\psi_2 + \beta_{h2}) \\ \dfrac{\cos(\psi_1 + \beta_{h1})}{\cos(\psi_2 + \beta_{h2})} = \dfrac{R + p_1}{R + p_2} \end{array} \right\} \tag{12-41}$$

将式(12-41)的第一式代入第二式,消去 $(\psi_1 + \beta_{h1})$ 项,展开并化简,得

$$\tan(\psi_2+\beta_{h2})=\frac{R+p_1}{R+p_2}\csc\Delta-\cot\Delta \tag{12-42}$$

将式(12-42)代入式(12-40)的第二式,得

$$T_2=(R+p_1)\csc\Delta-(R+p_2)\cot\Delta+q_2 \tag{12-43}$$

将式(12-41)变换为

$$\left.\begin{array}{l}\psi_2+\beta_{h2}=\Delta-(\psi_1+\beta_{h1})\\ \dfrac{\cos(\psi_2+\beta_{h2})}{\cos(\psi_1+\beta_{h1})}=\dfrac{R+p_2}{R+p_1}\end{array}\right\} \tag{12-44}$$

采用上述同样的方法化简,得

$$T_1=(R+p_2)\csc\Delta-(R+p_1)\cot\Delta+q_1 \tag{12-45}$$

fx-5800P 计算器没有 $\csc\Delta$ 和 $\cot\Delta$ 函数,应使用 $\csc\Delta=1\div\sin\Delta$,$\cot\Delta=1\div\tan\Delta$ 计算。

作为特例,当 $A_1=A_2$ 时,非对称基本型平曲线便退化为对称基本型平曲线,有 $p_1=p_2=p$,$q_1=q_2=q$ 成立,将其代入式(12-45),并顾及下列半角三角函数恒等式:

$$\tan\frac{\Delta}{2}=\frac{1-\cos\Delta}{\sin\Delta}=\csc\Delta-\cot\Delta \tag{12-46}$$

得

$$T_1=T_2=T=(R+p)\tan\frac{\Delta}{2}+q \tag{12-47}$$

下面介绍使用 fx-5800P 计算器手动计算图 12-11 所示 JD1 的第一、第二切线长的方法。为便于计算,将 JD1 的转角、第一和第二缓和曲线参数、线长、之前已算出的 HY 点与 YH 点切线支距坐标列于表 12-12 的 1~4 行,设 JD1 的转角已存入 **D** 变量,圆曲半径已存入 **R** 变量,按 [SHIFT][SETUP][3] 键设置角度单位为 **Deg**,屏幕顶部状态栏显示 **D**。

表 12-12　　　　湖北龙港互通式立交 A 匝道 JD1 第一、第二切线长计算数据

(JD1 的转角 $\Delta=33°51'58.7''$)　　　　　　　　　　　　(单位:m)

| 序号 | 第一缓和曲线 | | | 第二缓和曲线 | | |
|---|---|---|---|---|---|---|
| 1 | 缓曲参数 | $A_1$ | 130 | 缓曲参数 | $A_2$ | 280 |
| 2 | 缓曲线长 | $L_{h1}$ | 40.238 | 缓曲线长 | $L_{h2}$ | 186.667 |
| 3 | 切线坐标 | $x'_{HY}$ | 40.228 8 | 切线坐标 | $x''_{YH}$ | 185.747 3 |
| 4 | 支距坐标 | $y'_{HY}$ | 0.642 4 | 支距坐标 | $y''_{YH}$ | 13.778 5 |
| 5 | 偏角 | $\beta_{h1}$ | 2°44'40.58'' | 偏角 | $\beta_{h2}$ | 12°43'56.71'' |
| 6 | 内移值 | $p_1$ | 0.160 6 | 内移值 | $p_2$ | 3.450 7 |
| 7 | 切线增量 | $q_1$ | 20.117 5 | 切线增量 | $q_2$ | 93.180 1 |
| 8 | 第一切线长 | $T_1$ | 153.941 8 | 第二切线长 | $T_2$ | 216.197 8 |

应用式(12-27)计算第一缓和曲线偏角 $\beta_{h1}$ 并存入 **B** 变量,按 ⌘ 键以六十进制角度显示[图12-16(a)],计算第二缓和曲线偏角 $\beta_{h2}$ 并存入 **C** 变量,按 ⌘ 键以六十进制角度显示[图12-16(b)];应用式(12-36)的第一式计算圆曲线在第一缓和曲线端的内移值 $p_1$[图12-16(c)],第二式计算圆曲线在第一缓和曲线端的切线增量 $q_1$[图12-16(d)];应用式(12-37)的第一式计算圆曲线在第二缓和曲线端的内移值 $p_2$[图12-16(e)],第二式计算圆曲线在第二缓和曲线端的切线增量 $q_2$[图12-16(f)]。

应用式(12-45)计算 $JD1$ 的第一切线长 $T_1$[图12-16(g)],应用式(12-43)计算 $JD1$ 的第二切线长 $T_2$[图12-16(h)],全部计算结果列于表12-12的5~6列。$JD1$ 的第一、第二切线长的计算结果与图12-11的图纸值相符。

图 12-16　计算图 12-11 所示 JD1 的第一、第二切线长

### 4. 主点桩号

由图12-15可以列出交点 $JDn$ 的曲线长公式为

$$\left.\begin{array}{l} L_y = R(\Delta - \beta_{h1} - \beta_{h2}) \\ L = L_{h1} + L_{h2} + L_y \end{array}\right\} \tag{12-48}$$

式中,$L_y$ 为圆曲线长,切曲差为

$$J = T_1 + T_2 - L \tag{12-49}$$

4个主点桩号为

$$\left.\begin{array}{l} Z_{ZH} = Z_{JD} - T_1 \\ Z_{HY} = Z_{ZH} + L_{h1} \\ Z_{YH} = Z_{HY} + L_y \\ Z_{HZ} = Z_{YH} + L_{h2} = Z_{JD} + T_2 - J \end{array}\right\} \tag{12-50}$$

外距计算式为

$$E = \sqrt{(R+p_1)^2 + (T_1-q_1)^2} - R \tag{12-51}$$

### 5. 主点与加桩的中桩坐标

(1) $ZH$ 点与 $HZ$ 点的中桩坐标

设由 $JDn-1$ 和 $JDn$ 的坐标算出的 $JDn-1 \to JDn$ 的方位角为 $\alpha_{(n-1)n}$,则 $ZH$ 点的走

向方位角与中桩坐标为

$$\left.\begin{array}{l}\alpha_{ZH}=\alpha_{(n-1)n}\\ z_{ZH}=z_{JDn}-T_1\angle\alpha_{ZH}\end{array}\right\} \quad (12\text{-}52)$$

$HZ$ 点的走向方位角及中桩坐标为

$$\left.\begin{array}{l}\alpha_{HZ}=\alpha_{(n-1)n}+\Delta\\ z_{HZ}=z_{JDn}+T_2\angle\alpha_{HZ}\end{array}\right\} \quad (12\text{-}53)$$

式中,转角 $\Delta$ 为含"±"号的代数值,右转角 $\Delta>0$,左转角 $\Delta<0$。边桩坐标计算公式与式(12-10)相同。

(2) 加桩位于第一缓和曲线段的中桩坐标

设加桩 $j$ 的桩号为 $Z_j$,当 $j$ 点位于第一缓和曲线段时,以 $ZH$ 点为基准计算。设 $ZH$ 点至加桩 $j$ 的曲线长为

$$l_j=Z_j-Z_{ZH} \quad (12\text{-}54)$$

将 $l_j$ 代入式(12-29)或式(12-34)算出 $j$ 点的切线支距坐标 $z'_j=x'_j+y'_j\mathrm{i}$,则 $ZH$ 点→$j$ 点的弦长及弦切角即为 $z'_j$ 的模及辐角:

$$\left.\begin{array}{l}c_{ZH-j}=\mathrm{Abs}(z'_j)\\ \gamma_{ZH-j}=\mathrm{Arg}(z'_j)\end{array}\right\} \quad (12\text{-}55)$$

$ZH$ 点→$j$ 点弦长的方位角及 $j$ 点走向方位角为

$$\left.\begin{array}{l}\alpha_{ZH-j}=\alpha_{ZH}\pm\gamma_{ZH-j}\\ \alpha_j=\alpha_{ZH}\pm\beta_j\end{array}\right\} \quad (12\text{-}56)$$

式中,$\beta_j$ 为 $j$ 点的原点偏角,将 $A_1$ 和 $l_j$ 代入式(12-26)计算。$j$ 点中桩坐标为

$$z_j=z_{ZH}+c_{ZH-j}\angle\alpha_{ZH-j} \quad (12\text{-}57)$$

当 $l_j=L_\mathrm{h}$ 时,$j$ 点即为 $HY$ 点。

(3) 加桩位于圆曲线段的中桩坐标

以 $HY$ 点为基准计算,$HY$ 点→加桩 $j$ 的弧长为

$$l_j=Z_j-Z_{HY} \quad (12\text{-}58)$$

$HY$ 点→$j$ 点的弦切角及弦长为

$$\left.\begin{array}{l}\gamma_{HY-j}=\dfrac{l_j}{2R}\\ c_{HY-j}=2R\sin\gamma_{HY-j}\end{array}\right\} \quad (12\text{-}59)$$

$HY$ 点→$j$ 点弦长的方位角及 $j$ 点走向方位角为

$$\left.\begin{array}{l}\alpha_{HY-j}=\alpha_{HY}\pm\gamma_{HY-j}\\ \alpha_j=\alpha_{HY}\pm2\gamma_{HY-j}\end{array}\right\} \quad (12\text{-}60)$$

$j$ 点中桩坐标为

$$z_j = z_{HY} + c_{HY-j} \angle \alpha_{HY-j} \qquad (12-61)$$

当 $l_j = L_y$ 时，$j$ 点即为 YH 点。

(4) 加桩位于第二缓和曲线段的中桩坐标

如图 12-17 所示，有以 YH 点为基准计算和以 HZ 点为基准计算两种方法，本书采用前者，它需要在第二缓和曲线的切线支距坐标系 $x''HZy''$ 中算出 YH 点→$j$ 点的弦长 $c_{YH-j}$ 及弦切角 $\Delta\gamma_{YH-j}$。

将 $A = A_2$ 及 $l = L_{h2}$ 代入式(12-29)或式(12-34)和式(12-26)，分别算出 YH 点的切线支距坐标 $z''_{YH} = x''_{YH} + y''_{YH}\mathrm{i}$ 及原点偏角 $\beta_{h2}$，则 $j$ 点→HZ 点的曲线长为

$$l_j = Z_{HZ} - Z_j \qquad (12-62)$$

同理计算出 $j$ 点的切线支距坐标 $z''_j = x''_j + y''_j\mathrm{i}$ 及原点偏角 $\beta_j$，则有

$$\left.\begin{array}{l} c_{j-YH} = \mathrm{Abs}(z''_{YH} - z''_j) \\ \gamma_{j-YH} = \mathrm{Arg}(z''_{YH} - z''_j) \end{array}\right\} \qquad (12-63)$$

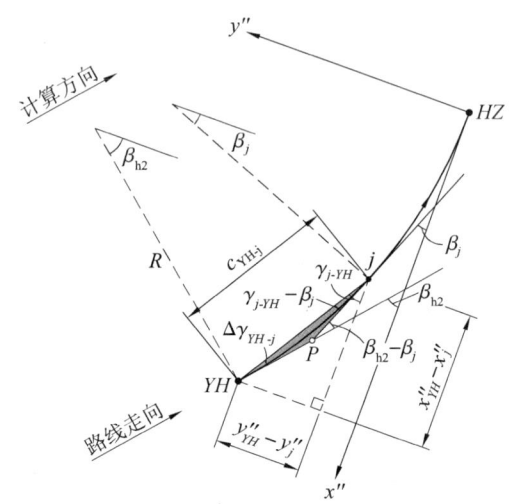

图 12-17  以 YH 点为基准计算加桩点 $j$ 的中桩坐标

在图 12-17 所示灰底色三角形 YH-P-$j$ 中，外角 $(\beta_{h2} - \beta_j)$ 等于不相邻的两个内角之和，则有

$$\beta_{h2} - \beta_j = \Delta\gamma_{YH-j} + (\gamma_{j-YH} - \beta_j)$$

解得

$$\Delta\gamma_{YH-j} = \beta_{h2} - \gamma_{j-YH} \qquad (12-64)$$

YH 点→$j$ 点弦长的方位角及 $j$ 点走向方位角为

$$\left.\begin{array}{l} \alpha_{YH-j} = \alpha_{YH} \pm \Delta\gamma_{YH-j} \\ \alpha_j = \alpha_{YH} \pm (\beta_{h2} - \beta_j) \end{array}\right\} \qquad (12-65)$$

式中的"±"，缓和曲线右偏取"+"，左偏取"−"，下同。$j$ 点中桩坐标为

$$z_j = z_{YH} + c_{j-YH} \angle \alpha_{YH-j} \qquad (12-66)$$

**6. 缓和曲线坐标反算原理**

缓和曲线是积分曲线，边桩点 $j$ 在缓和曲线垂点 $p$ 的桩号及中桩坐标无法通过方程解算出，只能迭代计算，本书介绍拟合圆弧法，取计算误差 $\varepsilon = 0.001 \mathrm{~m}$ 时，一般只需要计算 2 次即可。

(1) 拟合圆弧的曲率半径

设任意**非完整缓和曲线**(incomplete spiral)的起点半径为 $R_s$，原点线长为 $l_s$；终点半径为 $R_e$，原点线长为 $l_e$，$R_s > R_e$，则缓和曲线长 $L_h = l_e - l_s$，由式(12-21)得缓和曲线中点 $m$ 的曲率半径 $\rho_m$ 为

$$\rho_m = \frac{A^2}{l_s + \frac{L_h}{2}} = \frac{A^2}{\frac{2l_s + L_h}{2}} = \frac{2}{\frac{l_s}{A^2} + \frac{l_e}{A^2}} = \frac{2}{R_s^{-1} + R_e^{-1}} \quad (12\text{-}67)$$

对于正向完整缓和曲线,将 $R_s \to \infty$, $R_e = R$ ($R$ 为圆曲线的半径)代入式(12-67),得 $\rho_m = 2R$;同理,对于反向完整缓和曲线,将 $R_s = R$, $R_e \to \infty$ 代入式(12-67),也得 $\rho_m = 2R$。由此可知,完整缓和曲线中点的曲率半径 $\rho_m$ 为其小半径 $R$ 的 2 倍。设 $R' = 2R$,对于第一缓和曲线,以 $ZH$ 点和 $HY$ 点为端点,以 $R'$ 为半径作圆弧;对于第二缓和曲线,以 $YH$ 点和 $HZ$ 点为端点,以 $R'$ 为半径作圆弧,称该圆弧为缓和曲线拟合圆弧,简称**拟合圆弧**(fitting arc)。

(2) 拟合圆弧的圆心坐标

如图 12-18 所示,由 $ZH$ 点和 $HY$ 点的中桩坐标,可以算出弦长 $c_{ZH-HY}$ 及其方位角 $\alpha_{ZH-HY}$,则弦长中点 $m'$ 的坐标为

$$z_{m'} = \frac{z_{ZH} + z_{HY}}{2} \quad (12\text{-}68)$$

设拟合圆弧的圆心为 $O'$,则直线 $m'O'$ 的平距及方位角为

$$\left. \begin{array}{l} d_{m'O'} = \sqrt{R'^2 - c_{ZH-HY}^2/4} \\ \alpha_{m'O'} = \alpha_{ZH-HY} \pm 90° \end{array} \right\} \quad (12\text{-}69)$$

式中的"±",缓和曲线左偏取"-",右偏取"+"。

拟合圆曲圆心 $O'$ 点的坐标为

$$z_{O'} = z_{m'} + d_{m'O'} \angle \alpha_{m'O'} \quad (12\text{-}70)$$

图 12-18 拟合圆弧圆心坐标计算原理

(3) 垂点应满足的条件

设边桩点 $j$ 在缓和曲线垂点 $p$ 的坐标为 $z_p = x_p + y_p \mathrm{i}$,$p$ 点走向方位角为 $\alpha_p$,则垂线 $jp$ 的点斜式方程为

$$y - y_j = -\frac{x - x_j}{\tan \alpha_p} \quad (12\text{-}71)$$

将 $p$ 点坐标代入式(12-71),得

$$y_p - y_j = -\frac{x_p - x_j}{\tan \alpha_p} \quad (12\text{-}72)$$

化简后,得

$$\begin{aligned} f(l_p) &= \tan \alpha_p (y_p - y_j) + x_p - x_j \\ &= \tan \alpha_p \Delta y_{jp} + \Delta x_{jp} \\ &= \tan \alpha_p \operatorname{ImP}(z_p - z_j) + \operatorname{ReP}(z_p - z_j) \end{aligned} \quad (12\text{-}73)$$

式中,$\operatorname{ImP}(z_p - z_j)$ 为复数 $(z_p - z_j)$ 的虚部,$\operatorname{ReP}(z_p - z_j)$ 为复数 $(z_p - z_j)$ 的实部,$f(l_p)$ 为垂线方程残差。在式(12-73)中,$z_p$ 和 $\alpha_p$ 都是垂点桩号 $Z_p$ 的函数,而 $Z_p = Z_{ZH} +$

$l_p$,故 $Z_p$ 和 $\alpha_p$ 也是 ZH 点→$p$ 点曲线长 $l_p$ 的函数,故用 $f(l_p)$ 表示。

(4) 垂点的初始桩号及其改正数

如图 12-18 所示,由拟合圆弧圆心坐标 $z_{O'}$ 计算出直线 $O'j$ 的方位角 $\alpha_{O'j}$ 及平距 $d_{O'j}$,则边桩点 $j$ 在拟合圆弧垂点 $p'$ 的坐标为

$$z_{p'} = z_{O'} + R' \angle \alpha_{O'j} \tag{12-74}$$

在拟合圆弧上,ZH 点→$p'$ 点的弦切角为

$$\gamma_{ZH-p'} = \arcsin \frac{c_{ZH-p'}}{2R'} \tag{12-75}$$

ZH 点→$p'$ 点的拟合圆弧长为

$$l_{p'} = \frac{\pi \gamma_{ZH-p'} R'}{90} \tag{12-76}$$

缓和曲线垂点 $p$ 的初始桩号为

$$Z_p^{(0)} = Z_{ZH} + L_{p'} \tag{12-77}$$

与桩号 $Z_p^{(0)}$ 对应的点为 $p^{(0)}$,$L_{p'}$ 为 $p^{(0)}$ 点的缓曲线长,简称初始线长,由此可以计算出初始中桩坐标 $z_p^{(0)}$ 和初始走向方位角 $\alpha_p^{(0)}$,$p^{(0)}$ 点→边桩点 $j$ 的边距为 $d_{p^{(0)}j}$,方位角为 $\alpha_{p^{(0)}j}$,则边距直线 $p^{(0)}j$ 以 $p^{(0)}$ 点的走向方位角 $\alpha_p^{(0)}$ 为零方向的走向归零方位角为

$$\alpha'_{p^{(0)}j} = \alpha_{p^{(0)}j} - \alpha_p^{(0)} \tag{12-78}$$

走向归零方位角 $\alpha_{p^{(0)}j}$ 的标准值,右边桩点应为 $90°$,左边桩点应为 $270°$,由此得边距直线 $p^{(0)}j$ 的偏角改正数为

$$\left.\begin{array}{l} \delta_L = \alpha'_{p^{(0)}j} - 270° \\ \delta_R = 90° - \alpha'_{p^{(0)}j} \end{array}\right\} \tag{12-79}$$

如图 12-19 所示,偏角改正数 $\delta$($\delta_L$ 或 $\delta_R$)$>0$ 时,垂点初始线长 $l_p^{(0)}$ 的改正数 $dl>0$,反之,$dl<0$。下面讨论 $dl$ 的计算公式。如图 12-19(a)所示,线长改正数 $dl$ 对直线 $p^{(0)}j$ 方位角的影响值为

$$d\beta_1 = \frac{dl}{c_{p^{(0)}j}} \tag{12-80}$$

(a) 缓和曲线左偏　　(b) 缓和曲线右偏

图 12-19　缓和曲线垂点初始桩号改正数与角度改正数的关系

对式(12-26)取微分,得 $dl$ 对 $p^{(0)}$ 点走向方位角的影响值为

$$d\beta_2 = \frac{l}{A^2}dl \qquad (12-81)$$

式(12-80)与式(12-81)的代数和应等于式(12-79)的偏角改正数:

$$\delta = \frac{dl}{c_{p^{(0)}j}} \pm \frac{l}{A^2}dl \qquad (12-82)$$

式中的"±"号,与缓和曲线偏转方向(左偏或右偏)、边桩点的位置(在路线左侧或右侧)有关,规律如下:

左边桩:缓和曲线左偏取"-"号;缓和曲线右偏取"+"号。
右边桩:缓和曲线左偏取"+"号;缓和曲线右偏取"-"号。

解微分方程式(12-82),得缓和曲线初始线长改正数为

$$dl = \frac{\delta}{c_{p^{(0)}j}^{-1} \pm \frac{l}{A^2}} \qquad (12-83)$$

改正后的垂点桩号为 $Z_p = Z_p^{(0)} + dl$,由 $Z_p$ 计算出垂点中桩坐标 $z_p$ 及其走向方位角 $\alpha_p$,将其代入式(12-73)计算垂线方程残差值 $f(l_p)$,如果 $|f(l_p)| < 0.001$ m,则结束计算,否则还需再重复计算一次。

### 7. 使用 MSMT **Q2X8交点法** 程序进行坐标正反算

图 12-11 所示的线路有三个交点,其中,$JD1$ 和 $JD2$ 均为基本型平曲线,$JD3$ 为单圆曲线。使用 **Q2X8交点法** 计算之前,应先验算基本型平曲线的第一、第二缓和曲线是否为完整缓和曲线,如果不是,应求出第一缓和曲线起点半径 $R_{ZH}$ 与第二缓和曲线终点半径 $R_{HZ}$,因为直曲表一般不会给出 $R_{ZH}$ 和 $R_{HZ}$ 的值。

(1) 缓和曲线起讫半径验算

① $JD1$ 第一、第二缓和曲线起讫半径验算

由图 12-11 可知,$JD1$ 的圆曲线半径 $R=420$ m,第一缓和曲线参数 $A_1=130$,缓曲线长 $L_{h1}=40.238$ m,将其代入式(12-21),算出 $HY$ 点的曲率半径为

$$\rho_{HY} = \frac{A_1^2}{L_{h1}} = \frac{130^2}{40.238} = 420.0009941 \approx R = 420 \text{ m}$$

说明 $JD1$ 第一缓和曲线为完整缓和曲线。$JD1$ 第二缓和曲线参数 $A_2=280$,缓曲线长 $L_{h2}=186.667$ m,将其代入式(12-21),算出 $YH$ 点的曲率半径为

$$\rho_{YH} = \frac{A_2^2}{L_{h2}} = \frac{280^2}{186.667} = 419.99925 \approx R = 420 \text{ m}$$

说明 $JD1$ 第二缓和曲线也为完整缓和曲线。

② $JD2$ 第一、第二缓和曲线起讫半径验算

$JD2$ 圆曲线半径 $R=300$ m,第一缓和曲线参数 $A_1=230$,缓曲线长 $L_{h1}=176.333$ m,将

其代入式(12-21),算出 HY 点的曲率半径为

$$\rho_{HY} = \frac{A_1^2}{L_{h1}} = \frac{230^2}{176.333} = 300.0005671 \approx R = 300 \text{ m}$$

说明 JD2 第一缓和曲线为完整缓和曲线。JD2 第二缓和曲线参数 $A_2 = 100$,缓曲线长 $L_{h2} = 148.485$ m,将其代入式(12-21),算出 YH 点的曲率半径为

$$\rho_{YH} = \frac{A_2^2}{L_{h2}} = \frac{100^2}{148.485} = 67.34687005 \neq R = 300 \text{ m}$$

说明 JD2 第二缓和曲线为非完整缓和曲线,需要计算终点半径 $R_{HZ}$。

在 MSMT 项目主菜单[图 12-20(a)],点击 **缓曲半径计算** 图标●,进入"缓曲线元设计数据"界面[图 12-20(b)];输入 JD2 第二缓和曲线参数 100、缓曲线长 148.485 m、起点半径 $R_s = 300$ m,因 JD2 的第二缓和曲线是连接 JD3 半径为 55 m 的单圆曲线,可以确定 JD2 第二缓和曲线起讫半径满足 $R_s > R_e$;设置 ●**Rs>Re** 单选框[图 12-20(c)],点击 计算 按钮,结果如图 12-20(d)所示,JD2 第二缓和曲线终点半径 $R_e = 55$ m,正好等于 JD3 的单圆曲线半径。

图 12-20 在 MSMT 项目主菜单执行"缓曲半径计算"程序,计算 JD2 第二缓和曲线终点半径 $R_e$

(2) 新建 Q2X8 文件

在 MSMT 项目主菜单[图 12-21(a)],点击 **Q2X8交点法** 图标●,进入文件列表界面;点击 新建文件 按钮,输入文件名"湖北龙港互通式立交 A 匝道"[图 12-21(a)],点击 确定 按钮,返回文件列表界面。

(3) 输入平曲线设计数据并计算主点数据

点击最近新建的文件名,在弹出的快捷菜单点击"进入文件主菜单"命令[图 12-21(b)];点击 设计数据 按钮,点击 取消保护 按钮,输入图 12-11 所示三个交点平曲线设计数据,结果如图 12-21(d)—(f)所示。点击 计算 按钮,计算平曲线主点数据,结果如图 12-21(g)所示。点击 保护 按钮,进入设计数据保护模式,屏幕显示各交点的曲线要素及交点桩号[图 12-21(h)]。

图 12-21　"Q2X8 交点法"程序计算湖北龙港互通式立交 A 匝道平曲线

与图 12-11 所示设计图纸比较,程序算出的终点设计桩号与图纸的差值为:(AK0+866.0696)−(AK0+866.065)=3.6 mm。只要终点设计桩号与图纸相符,就说明用户输入的平曲线设计数据正确无误。

输入平曲线设计数据的规则如下:

① 新文件缺省设置的平曲线设计数据为起点设计桩号及其坐标、一个交点数据栏和终点坐标,在不保护模式下,点击交点栏右侧的 + 按钮可新增一个交点栏,点击 − 按钮可删除交点栏及已输入的设计数据,至少应有一个交点栏。

② 只有起点需要输入设计桩号,各交点与终点的设计桩号由程序自动计算。

③ 每个交点栏的设计数据包括交点平面坐标、第一缓和曲线参数 $A_1$、圆曲线半径 $R$、第二缓和曲线参数 $A_2$、第一缓和曲线起点半径 $R_{ZH}$ 和第二缓和曲线终点半径 $R_{HZ}$ 等 5 个设计数据,交点的设计桩号及转角由程序自动计算,用户无法输入。$R_{ZH}$ 与 $R_{HZ}$ 的缺省值为 $1×10^{30}$,表示∞,当交点第一、第二缓和曲线均为完整缓和曲线时,$R_{ZH}$ 与 $R_{HZ}$ 应维持缺省值。例如,$JD1$ 第一、第二缓和曲线均为完整缓和曲线,设计数据输入结果如图 12-21(d)所示;$JD2$ 第二缓和曲线为非完整缓和曲线,在 $R_{HZ}$ 栏输入 55 m[图 12-21(e)]。

④ 只有当交点第一、第二缓和曲线均为完整缓和曲线时,才能使用式(12-45)和式(12-43)计算切线长,例如,JD2第二缓和曲线为非完整缓和曲线,不能使用式(12-45)和式(12-43)计算该交点的切线长,其计算公式的推导过程比较复杂,详见参考文献[20]。

(4) 坐标正算示例

已知加桩桩号,计算加桩中边桩坐标称为**坐标正算**(coordinate positive calculation)。

在文件主菜单[图 12-21(c)],点击 <u>坐标正算</u> 按钮,输入加桩号 815 m 和左边距 2.75 m[图 12-22(a)],点击 <u>计算坐标</u> 按钮,结果如图 12-22(b)所示。该加桩位于 JD2 第二非完整缓和曲线段。

点击 <u>蓝牙发送</u> 按钮,蓝牙连接 NTS-362R10G 全站仪,此时,粉红底色 <u>蓝牙发送</u> 按钮变成了蓝底色 <u>蓝牙发送</u> 按钮[图 12-22(b)]。

在全站仪按 CORD F4 F4 键,进入坐标模式 P3 页功能菜单[图 12-23(a)],按 F2 (放样) F4 (确定) F4 (确定) ③ (设置放样点)键[图 12-23(b)],进入放样点坐标界面,屏幕显示最近一次设置的放样点坐标[图 12-23(c)]。

在手机点击加桩中桩坐标右侧的 <u>蓝牙发送</u> 按钮[图 12-22(c)],通过蓝牙发送加桩 AK0+815 的中桩坐标数据到全站仪放样点坐标界面[图 12-23(d)],点名"C1"表示 1 号中桩点,编码 AK0+815.000 为桩号,在全站仪按 ▼ 键移动光标到编码行,最多可以显示 21 位编码字符[图 12-23(e)]。

图 12-22 坐标正算计算加桩 AK0+815 的中边桩坐标

按 F4 (确认)键,输入目标高[图 12-23(f)],按 F4 (确认)键,屏幕显示测站→AK0+815 中桩点的方位角及平距[图 12-23(g)];按 F3 (指挥)键,转动照准部,使水平角差值等于零[图 12-23(h)],此时,AK0+815 中桩点位于望远镜视线方向。

图 12-23 在坐标模式下执行"放样/设置放样点"命令放样中桩坐标数据

本例有 8 个平曲线元,每个平曲线元计算一个加桩的中桩与左边桩坐标结果列于表 12-13,左边距统一为 2.75 m。

表 12-13　　　　　　　　　　　　湖北龙港互通式立交 A 匝道坐标正算示例

| 序号 | 设计桩号 | 点位置 | $x$/m | $y$/m | 走向方位角 $\alpha$ | $x_L$/m | $y_L$/m |
|---|---|---|---|---|---|---|---|
| 1 | AK0+020 | QD 与 JD1 夹直线 | 276 171.919 9 | 493 952.386 2 | 307°18′23.07″ | 276 169.732 5 | 493 950.719 5 |
| 2 | AK0+095 | JD1 第一缓曲线 | 276 217.108 5 | 493 892.531 | 305°32′0.12″ | 276 214.870 6 | 493 890.932 8 |
| 3 | AK0+180 | JD1 圆曲线 | 276 259.328 3 | 493 818.924 4 | 294°02′36.6″ | 276 256.816 9 | 493 817.804 |
| 4 | AK0+245 | JD1 第二缓曲线 | 276 281.122 3 | 493 757.755 7 | 285°11′44.82″ | 276 278.468 4 | 493 757.034 9 |
| 5 | AK0+555 | JD2 第一缓曲线 | 276 348.864 3 | 493 450.559 9 | 282°40′54.16″ | 276 316.181 4 | 493 449.956 2 |
| 6 | AK0+660 | JD2 圆曲线 | 276 357.573 8 | 493 353.488 9 | 301°36′15.26″ | 276 355.231 6 | 493 352.047 8 |
| 7 | AK0+815 | JD2 第二缓曲线 | 276 482.236 | 493 286.870 4 | 25°05′55.38″ | 276 483.402 5 | 493 284.380 0 |
| 8 | AK0+860 | JD3 单元曲线 | 276 511.406 | 493 319.495 1 | 71°36′33.49″ | 276 514.015 5 | 493 318.627 5 |

(5) 坐标反算示例

用全站仪或南方 GNSS RTK 实测路线标段平曲线范围内任意测点坐标,计算测点在中线的垂点桩号、中桩坐标及走向方位角称为**坐标反算**(coordinate back calculation)。

在该文件主菜单[图 12-21(c)],点击 坐标反算 按钮进入坐标反算界面,手工输入正算计算出的 AK0+815 加桩的左边桩坐标[12-24(a)],点击 计算坐标 按钮,结果如图 12-24(b)所示。若要放样算出的边桩垂点中桩坐标,使全站仪处于放样点坐标界面,点击 蓝牙发送 按钮,结果如图 12-24(c)所示。

也可以在边桩点竖立棱镜,使全站仪望远镜瞄准边桩点棱镜中心,点击 蓝牙读数 按钮,启动全站仪测距并提取边桩点实测三维坐标。

如要蓝牙提取南方 GNSS RTK 的三维坐标,建议先在项目主菜单点击 **RTK设置** 图标, 完成手机与 GNSS RTK 的蓝牙连接以及坐标系和 CORS 账号设置后(参考图 8-12),再执行该文件坐标反算命令,屏幕顶部实时显示 RTK 测点的三维坐标和解状态[图 12-24(d)],将南方 GSNN RTK 安置在边桩点,点击 RTK读数 按钮提取测点的三维坐标。

图 12-24 坐标反算计算左边桩点的垂点数据示例

## 12.6 断链计算

因局部改线或分段测量等原因造成桩号不相连接的现象称为**断链**(broken chain),桩号重叠的称为**长链**(long chain),桩号间断的称为**短链**(short chain)。桩号不相连接的中桩称为**断链桩**(broken chain stake),设计图纸应注明断链桩的后、前桩号和断链值(以路线走向为前进方向),格式为:后桩号=前桩号,断链值=后桩号-前桩号。长链的断链值大于 0,示例如图 12-1 所示;短链的断链值小于 0,示例如图 12-25 所示。

重庆涪陵至丰都高速公路A1标段直线、曲线及转角表(局部)
建设单位:路桥建设重庆丰涪高速公路发展有限公司
设计单位:中交公路规划设计院有限公司
施工单位:路桥集团国际建设股份有限公司

| 交点号 | 交点桩号及交点坐标 | | 转 角 | 半 径 | 曲线要素/m | | | | | |
|---|---|---|---|---|---|---|---|---|---|---|
| | | | | | 缓和曲线参数 | 缓和曲线长 | 切线长 | 曲线长 | 外 距 | 切曲差(校正值) |
| QD | 桩 | K24+918.423 | | | | | | | | |
| | N | 92 297.495 3 | | | | | | | | |
| | E | 85 249.646 9 | | | | | | | | |
| JD19 | 桩 | K26+046.883 | 26°57′23.1″(Y) | 1 000 | 387.298 3 | 150 | 314.889 | 620.481 | 29.286 | 9.297 |
| | N | 92 889.309 | | | | | | | | |
| | E | 86 210.469 | | | 387.298 3 | 150 | 314.889 | | | |
| JD20 | 桩 | K26+699.798 | 45°35′58.1″(Z) | 600 | 279.284 8 | 130 | 317.681 | 607.517 | 52.127 | 27.845 |
| | N | 92 940.857 | | | | | | | | |
| | E | 86 840.935 | | | 279.284 8 | 130 | 317.681 | | | |
| ZD | 桩 | K26+989.632 | 断链: K26+490.358=K26+520 | | | | | | | |
| | N | 93 185.188 5 | 断链值: K26+490.358−K26+520=−29.642 m(短链) | | | | | | | |
| | E | 87 043.972 6 | | | | | | | | |

图 12-25 重庆涪陵至丰都高速公路 A1 标段平曲线设计图纸(局部)

**1. 桩号处理**

(1) 坐标正算桩号处理方法

如图 12-26(a)所示,每个长链存在两个重桩区,分长链桩后重桩区和长链桩前重桩区,后、前重桩区的总宽度为 2 倍长链值。坐标正算时,如果用户输入的加桩号位于长链重桩区 K53+563.478—K53+570.416 内,应提示用户在长链桩后重桩区与前重桩区之间选择其一计算。

如图 12-26(b)所示,短链存在一个空桩区 K26+490.358—K26+520,区间宽度为短链值,空桩区内的桩号在实际路线中并不存在。坐标正算时,如果用户输入的加桩号位于短链空桩区 K26+490.358—K26+520 内,程序不能计算并提示用户重新输入加桩号。

不考虑断链的桩号称为**连续桩号**(continuous mileage),顾及断链的桩号称为**设计桩号**(designed mileage),完成平曲线主点数据计算后,文件内部数据库存储主点的连续桩号。执行坐标正算命令时,用户输入加桩的设计桩号,程序先将其变换为连续桩号,再从文件数据库调用主点数据计算加桩的中桩坐标。

图 12-26 长链与断链示例

(2) 坐标反算桩号处理方法

坐标反算求出的桩号为连续桩号,程序将其变换为设计桩号后才发送到屏幕显示。

**2. 长链示例**

(1) 输入平曲线和长链桩设计数据

在 **Q2X8交点法** 文件列表界面新建"广西河池至都安高速公路 3-1 标"文件,在文件主菜单点击 设计数据 按钮,输入图 12-1 所示三个交点的平曲线设计数据,结果如图 12-27(a)—(c)所示。点击设计数据列表框,在弹出的快捷菜单点击"断链桩"选项[图 12-27(d)],点击 编辑 按钮,输入一个长链桩设计数据[图 12-27(f)],点击 计算 按钮计算平曲线主点数据,结果如图 12-27(g)所示。与图 12-1 给出的终点设计桩号比较,差值为(K54+724.0866)−(K54+724.089)=−2.4 mm。

(2) 坐标正算计算长链重桩区加桩中桩坐标

在坐标正算界面,输入图 12-26(a)所示长链重桩区加桩号 K53+567,程序自动探测到加桩桩号位于长链重桩区,缺省设置为"后重桩区"[图 12-28(a)],点击 计算坐标 按钮,结果如图 12-28(b)所示;点击 返回 按钮,选择"前重桩区"[图 12-28(c)],点击 计算坐标 按钮,结果如图 12-28(d)所示。这两个点的设计桩号相同,但算出的中桩坐标不同,它们在实地是两个点。

（3）坐标反算计算长链桩重桩区测点的垂点数据

在坐标反算界面，输入图 12-28(b)所示中桩坐标[图 12-29(a)]，点击 计算坐标 按钮，结果如图 12-29(b)所示。点击 返回 按钮，输入图 12-28(d)所示中桩坐标[图 12-29(c)]，点击 计算坐标 按钮，结果如图 12-29(d)所示。两个测点的坐标不同，但算出的垂点设计桩号都是 K53+567，前者位于长链后重桩区，后者位于长链前重桩区。

### 3. 短链示例

（1）输入平曲线和短链桩设计数据

在 Q2X8交点法 文件列表界面新建"重庆涪陵至丰都高速公路 A1 标"文件，在文件主菜单点击 设计数据 按钮，输入图 12-25 所示两个交点的平曲线设计数据，结果如图 12-30(a),(b)所示，输入一个短链桩设计数据[图 12-30(c)]，点击 计算 按钮计算平曲线主点数据，结果如图 12-30(d)所示。与图 12-25 给出的终点设计桩号比较，差值为(K26+989.635 4)−(K26+986.632)=3.4 mm。

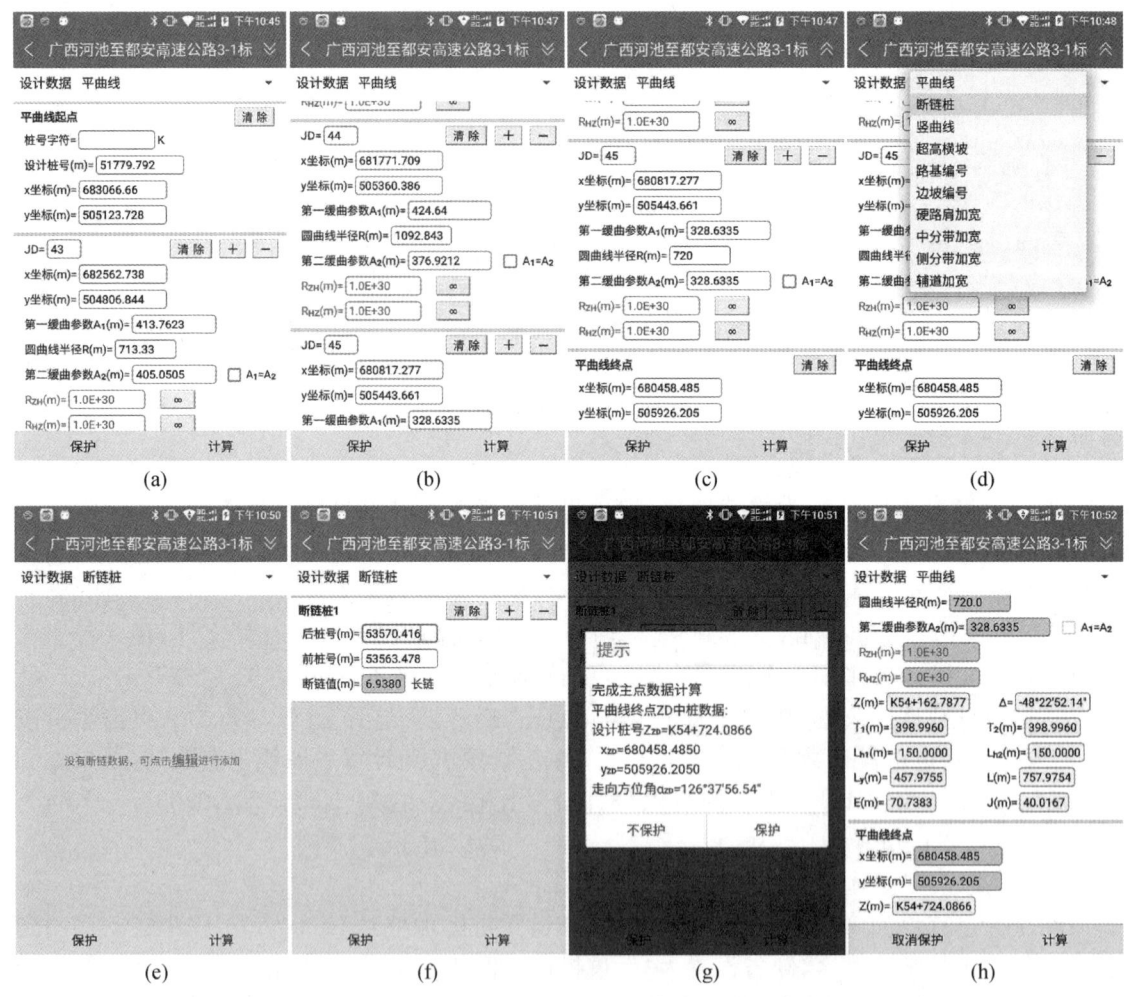

图 12-27　输入图 12-1 所示路线平曲线和长链桩设计数据并计算平曲线主点数据

图 12-28　坐标正算分别计算长链重桩区加桩 K53+568 的后、前重桩区两个中桩坐标

图 12-29　坐标反算分别计算长链后、前重桩区两个中桩坐标的设计桩号

图 12-30　输入图 12-25 所示平曲线与短链桩设计数据并计算平曲线主点数据

(2) 坐标正算计算短链空桩区加桩中桩坐标

在该文件坐标正算界面,输入短链空桩区加桩号 26 500 m[图 12-31(a)],点击 计算坐标 按钮,结果如图 12-31(b)所示;点击 返回 按钮,点击 清除全部 按钮,输入加桩号 26 490.357 9 m(比短链后桩号小 0.1 mm),点击 计算坐标 按钮,结果如图 12-31(c)所示;点击 返回 按钮,点击 清除全部 按钮,输入加桩号 26 520.000 1 m(比短链前桩号大 0.1 mm),点击 计算坐标 按钮,结果如图 12-31(d)所示。

图 12-31 坐标正算分别计算短链空桩区加桩 K26+500 的中桩坐标

上述两个加桩号之差=26 490.357 9-26 520.000 1=-29.642 2 m,而两点的中桩坐标差最大为 0.2 mm,这是因为这两个加桩号之间隔着一个长度为 29.642 m 的空桩区。

## 12.7 竖曲线计算原理

为了行车平稳和满足视距要求,路线纵坡变更处应以圆曲线相接,这种曲线称为**竖曲线**(vertical curve),纵坡变更处称为**变坡点**(grade change point),也称竖交点,用 $SJD$ 表示。竖曲线按其变坡点 $SJD$ 在曲线的上方或下方分别称为凸形或凹形竖曲线。如图 12-32 所示,路线上有三条相邻纵坡 $i_1(+)$,$i_2(-)$,$i_3(+)$,在 $i_1$ 和 $i_2$ 之间设置凸形竖曲线,在 $i_2$ 和 $i_3$ 之间设置凹形竖曲线。

图 12-32 竖曲线及其类型

《公路路线设计规范》规定,路线最大**纵坡**(longitudinal slope)应符合表 12-14 的规定。

表 12-14　最大纵坡

| 设计速度/(km·h⁻¹) | 120 | 100 | 80 | 60 | 40 | 30 | 20 |
|---|---|---|---|---|---|---|---|
| 最大纵坡/% | 3 | 4 | 5 | 6 | 7 | 8 | 9 |

竖曲线最小半径与竖曲线长度应符合表 12-15 的规定。

**1. 计算原理**

如图 12-33 所示，设 $SQD$ 为路线起点，其桩号与高程分别为 $Z_{SQD}$ 与 $H_{SQD}$，变坡点 $SJD1$ 的桩号与高程分别为 $Z_{SJD1}$ 与 $H_{SJD1}$，变坡点 $SJD2$ 的桩号与高程分别为 $Z_{SJD2}$ 与 $H_{SJD2}$。设 $SJD1$ 的竖曲线半径为 $R$，$SQD \rightarrow SJD1$ 的纵坡为 $i_1$，$SJD1 \rightarrow SJD2$ 的纵坡为 $i_2$。

表 12-15　竖曲线最小半径与竖曲线长度

| 设计速度/(km·h⁻¹) | | 120 | 100 | 80 | 60 | 40 | 30 | 20 |
|---|---|---|---|---|---|---|---|---|
| 凸形竖曲线半径/m | 一般值 | 17 000 | 10 000 | 4 500 | 2 000 | 700 | 400 | 200 |
| | 极限值 | 11 000 | 6 500 | 3 000 | 1 400 | 450 | 250 | 100 |
| 凹形竖曲线半径/m | 一般值 | 6 000 | 4 500 | 3 000 | 1 500 | 700 | 400 | 200 |
| | 极限值 | 4 000 | 3 000 | 2 000 | 1 000 | 450 | 250 | 100 |
| 竖曲线长度/m | 一般值 | 250 | 210 | 170 | 120 | 90 | 60 | 50 |
| | 最小值 | 100 | 85 | 70 | 50 | 35 | 25 | 20 |

$i_1 - i_2 > 0$ 时，为凸形竖曲线，有两种情形的凸形竖曲线：图 12-33(a)所示为 $i_1 > 0$ 的凸形竖曲线，图 12-33(b)所示为 $i_1 < 0$ 的凸形竖曲线。

$i_1 - i_2 < 0$ 时，为凹形竖曲线，有两种情形的凹形竖曲线：图 12-34(a)所示为 $i_1 < 0$ 的凹形竖曲线，图 12-34(b)所示为 $i_1 > 0$ 的凹形竖曲线。

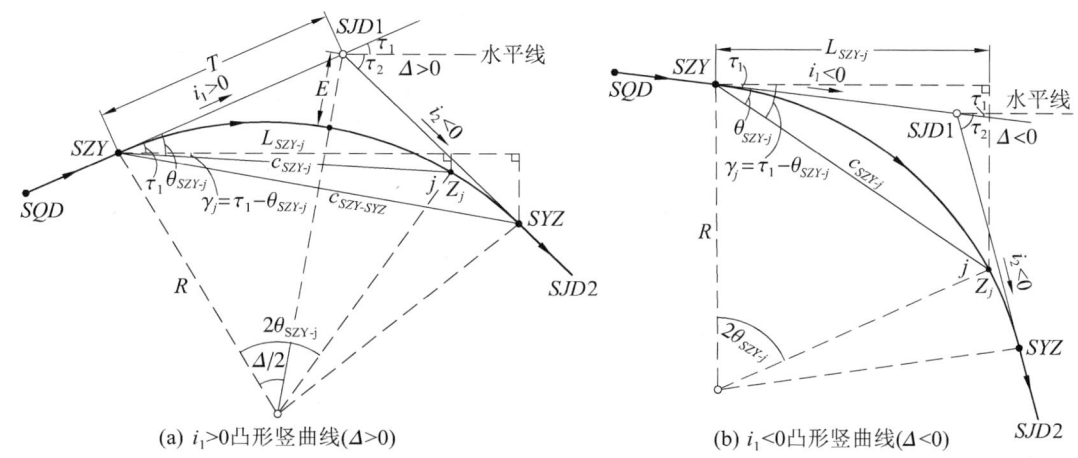

图 12-33　两种情形的凸形竖曲线的主点桩号与高程计算原理

（1）竖曲线要素计算

在竖曲线设计图纸中，虽然同时给出了 $Z_{SQD}$，$H_{SQD}$，$Z_{SJD1}$，$H_{SJD1}$，$Z_{SJD2}$，$H_{SJD2}$，$i_1$，

$i_2$ 等数据,使用 MSMT 程序计算时,纵坡 $i_1$ 和 $i_2$ 不需要输入,它们可以由程序根据式(12-84)反算求出:

$$\left.\begin{aligned} i_1 &= \frac{H_{SJD1} - H_{SQD}}{Z_{SJD1} - Z_{SQD}} \\ i_2 &= \frac{H_{SJD2} - H_{SJD1}}{Z_{SJD2} - Z_{SJD1}} \end{aligned}\right\} \tag{12-84}$$

变坡点 $SJD1$ 的竖曲线要素包括竖曲线长 $L$、切线长 $T$、外距 $E$ 及坡道转角 $\Delta$。由图 12-33 或图 12-34 所示的几何关系,得

$$\left.\begin{aligned} \Delta &= \tau_1 - \tau_2 \\ \tau_1 &= \arctan i_1 \\ \tau_2 &= \arctan i_2 \end{aligned}\right\} \tag{12-85}$$

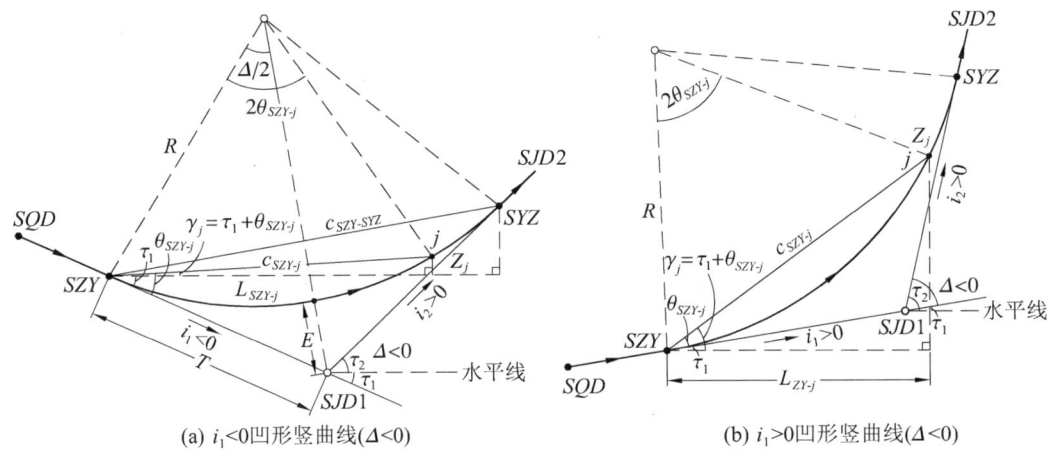

(a) $i_1<0$ 凹形竖曲线($\Delta<0$)  (b) $i_1>0$ 凹形竖曲线($\Delta<0$)

图 12-34 两种情形的凹形竖曲线的主点桩号与高程计算原理

式(12-85)中的坡道转角 $\Delta$,对于凸形竖曲线,$\Delta>0$;对于凹形竖曲线,$\Delta<0$。

竖曲线其余要素的计算公式为

$$\left.\begin{aligned} L &= \frac{\pi}{180°} |\Delta| R \\ T &= R \tan \frac{|\Delta|}{2} \\ E &= R \left(\sec \frac{|\Delta|}{2} - 1\right) \end{aligned}\right\} \tag{12-86}$$

(2) 竖曲线主点桩号及设计高程计算

在图 12-33 所示的凸形竖曲线或图 12-34 所示的凹形竖曲线中,$SJD1$ 竖曲线起点 $SZY$ 的桩号及设计高程为

$$\left.\begin{aligned} Z_{SZY} &= Z_{SJD1} - T \cos \tau_1 \\ H_{SZY} &= H_{SJD1} - T \sin \tau_1 \end{aligned}\right\} \tag{12-87}$$

$SJD1$ 竖曲线终点 $SYZ$ 的桩号及设计高程为

$$\left.\begin{array}{l}Z_{SYZ}=Z_{SJD1}+T\cos\tau_2\\H_{SYZ}=H_{SJD1}+T\sin\tau_2\end{array}\right\} \quad (12\text{-}88)$$

(3) 竖曲线圆曲线段加桩设计高程计算

设加桩 $j$ 的桩号为 $Z_j$，则 $L_{SZY-j}=Z_j-Z_{SZY}$ 即为 $SZY$ 点→$j$ 点的平距，设 $ZY$ 点→$j$ 点的弦长为 $c_{SZY-j}$，弦长与水平线的夹角为 $\gamma_j=\tau_1\mp\theta_{SZY-j}$，则加桩 $j$ 的设计高程为

$$H_j=H_{SZY}+L_{SZY-j}\tan(\tau_1\mp\theta_{SZY-j}) \quad (12\text{-}89)$$

式中，$\theta_{SZY-j}$ 为恒大于零的正角，其中的"$\mp$"号，对于凸形竖曲线，取"$-$"号；对于凹形竖曲线，取"$+$"号。$\theta_{SZY-j}$ 的公式推导过程如下：

$$\begin{aligned}L_{SZY-j}&=c_{SZY-j}\cos(\tau_1\mp\theta_{SZY-j})\\&=2R\sin\theta_{SZY-j}(\cos\tau_1\cos\theta_{SZY-j}\pm\sin\tau_1\sin\theta_{SZY-j})\\&=2R(\cos\tau_1\sin\theta_{SZY-j}\cos\theta_{SZY-j}\pm\sin\tau_1\sin^2\theta_{SZY-j})\\&=2R\cos^2\theta_{SZY-j}(\cos\tau_1\tan\theta_{SZY-j}\pm\sin\tau_1\tan^2\theta_{SZY-j})\end{aligned} \quad [12\text{-}90(a)]$$

将三角函数恒等式 $\cos^2\theta_{SZY-j}=\dfrac{1}{1+\tan^2\theta_{SZY-j}}$ 代入式 [12-90(a)]，得

$$L_{SZY-j}=\frac{2R}{1+\tan^2\theta_{SZY-j}}(\cos\tau_1\tan\theta_{SZY-j}\pm\sin\tau_1\tan^2\theta_{SZY-j}) \quad [12\text{-}90(b)]$$

解得

$$L_{SZY-j}+L_{SZY-j}\tan^2\theta_{SZY-j}=2R\cos\tau_1\tan\theta_{SZY-j}\pm2R\sin\tau_1\tan^2\theta_{SZY-j} \quad [12\text{-}90(c)]$$

$$(\pm2R\sin\tau_1-L_{SZY-j})\tan^2\theta_{SZY-j}+2R\cos\tau_1\tan\theta_{SZY-j}-L_{SZY-j}=0 \quad (12\text{-}91)$$

式 (12-91) 为一元二次方程，其中的"$\pm$"号，对于凸形竖曲线，取"$+$"号；对于凹形竖曲线，取"$-$"号。

设方程式的系数为

$$\left.\begin{array}{l}a=\pm2R\sin\tau_1-L_{SZY-j}\\b=2R\cos\tau_1\\c=-L_{SZY-j}\end{array}\right\} \quad (12\text{-}92)$$

则方程式 (12-91) 的两个解为

$$\tan\theta_{SZY-j}=\frac{-b\pm\sqrt{b^2-4ac}}{2a} \quad (12\text{-}93)$$

应取满足条件 $0<\theta_{SZY-j}\leqslant\dfrac{|\Delta|}{2}$ 的解为方程式 (12-91) 的解。

（4）竖曲线直线坡道加桩设计高程计算

当加桩位于 $SYZ$ 点前、纵坡为 $i_2$ 的直线坡道时（以路线走向为前进方向），其设计高程为

$$H_j = H_{SYZ} + (Z_j - Z_{SYZ})i_2 \tag{12-94}$$

**2. 竖曲线设计数据输入示例**

在 MSMT"广西河池至都安高速公路 3-1 标"文件设计数据界面，点击设计数据列表框，在弹出的快捷菜单点击"竖曲线"选项[图 12-35(a)]，点击 取消保护 按钮，点击 编辑 按钮，新建一个变坡点的竖曲线栏，点击变坡点栏右侧的 + 按钮两次，新增两个变坡点栏。

输入表 12-5 所列三个变坡点的设计数据，结果如图 12-35(b)所示，每个变坡点只需要输入设计桩号、高程和竖曲线半径三个设计数据。点击 计算 按钮，重新计算平竖曲线主点数据，结果如图 12-35(c)所示。点击 保护 按钮，屏幕以黄底色背景显示起点与每个变坡点的纵坡 $i$、切线长 $T$、外距 $E$ [图 12-35(d)]，将其与表 12-5 的设计值比较，可以检核竖曲线设计数据输入的正确性。

图 12-35(e)、(f)为计算长链重桩区加桩 K53+567 后重桩区中桩的三维设计坐标，图 12-35(g)、(h)为计算该加桩在前重桩区的中桩三维设计坐标。由于加桩位于竖曲线起、终点桩号范围内，所以屏幕显示中桩的设计高程。由图 12-35(f)、(h)可知，两个点的设计高程也不相等。

图 12-35　输入"广西河池至都安高速公路 3-1 标"三个变坡点设计数据并计算加桩 K53+567 后、前重桩区中桩坐标

## 12.8 路基超高与边桩设计高程计算

圆曲线半径小于表 12-11 规定的不设超高最小半径时,应在曲线段设置**超高**(superelevation)。路基由直线段的双向路拱横断面逐渐过渡到圆曲线段的全超高单向横断面,其间必须设置超高过渡段。

二、三、四级公路的圆曲线半径 $R \leqslant 250$ m 时,应设置**加宽**(curve widening)。圆曲线段的硬路肩加宽应设置在圆曲线的内侧。设置缓和曲线或超高过渡段时,加宽过渡段长度应采用与缓和曲线或超高过渡段长度相同的数值。

四级公路的直线和半径小于表 12-11 规定的不设超高最小半径的圆曲线径相连接处,与半径 $R \leqslant 250$ m 的圆曲线径相连接处,应设置超高、加宽过渡段。

《公路路线设计规范》将超高过渡方式分"无中间带公路"和"有中间带公路"两类。图 12-36 所示为"有中间带公路"超高过渡的三种方式。

(a) 绕中间带的中心线旋转　　　(b) 绕中央分隔带边缘旋转　　　(c) 绕各自行车道中线旋转

图 12-36　"有中间带公路"的三种超高过渡方式

(1) 绕中间带的中心线旋转:先将外侧行车道绕中间带的中心线旋转,待达到与内侧行车道构成单向横坡后[图 12-36(a)中虚线所示],整个断面一同绕中心线旋转,直至超高横坡值。此时,中央分隔带呈倾斜状。中间带宽度≤4.5 m 的公路可采用。

(2) 绕中央分隔带边缘旋转:将两侧行车道分别绕中央分隔带边缘旋转,使之各自成为独立的单向超高断面,此时,中央分隔带维持原水平状态。各种宽度中间带的公路均可采用。

(3) 绕各自行车道中线旋转:将两侧行车道分别绕各自行车道中线旋转,使之各自成为独立的单向超高断面,此时,中央分隔带两边缘分别升高与降低而成为倾斜断面。车道数大于 4 的公路可采用。

本节只讨论图 12-36(b)所示绕中央分隔带边缘旋转的超高过渡方式,这是我国高速公路和市政道路普遍采用的超高过渡方式,MSMT **Q2X8交点法** 程序就是按这种旋转方式设计的。

在路线设计图纸中,纵、横坡正负值的定义是相反的,即:纵坡>0 时为升坡,纵坡<0 时为降坡;横坡>0 时为降坡,横坡<0 时为升坡。

**1. 路基超高渐变方式**

设 $i_s$ 为路基超高过渡段的起点横坡,$i_e$ 为终点横坡,$L_C$ 为超高过渡段长,$l$ 为超高过渡段内任意点 $j$→起点 $s$ 的线长,$k=l/L_C$ 为 0~1 之间的系数。采用线性渐变方式内插计算 $j$ 点超高横坡的公式为

$$i_j = i_s + (i_e - i_s)k \tag{12-95}$$

采用三次抛物线渐变方式内插计算 $j$ 点超高横坡的公式为

$$i_j = i_s + (i_e - i_s)(3k^2 - 2k^3) = i_s + (i_e - i_s)k^2(3 - 2k) \qquad (12-96)$$

路基超高数据及其所用的渐变方式在路线纵断面图的最底行给出,在设计说明文件中也会给出相应的文字说明。图 12-3 中 $JD44$ 纵断面图底部的超高表,有以下四个超高过渡段:

(1) K52+850.764～K52+903.514,超高过渡段长 52.751 m;
(2) K52+903.514～K53+015.764,超高过渡段长 112.25 m;
(3) K53+015.764～K53+440.416,超高过渡段长 424.652 m;
(4) K53+440.416～K53+570.416,超高过渡段长 130 m。

图 12-3 中的超高线为折线,其超高渐变方式为线性渐变(曲线为三次抛物线渐变)。

为比较超高横坡线性渐变与三次抛物线渐变的差异,分别用式(12-95)和式(12-96)计算超高过渡段 K53+440.416—K53+570.416 左幅的超高横坡,结果如图 12-37 所示。

图 12-37　K53+440.416—K53+570.416 段左幅两种超高过渡方式比较

图 12-3 中共有 18 个超高横坡断面,根据该图整理出的超高横坡设计数据列于表 12-16。

表 12-16　"广西河池至都安高速公路 3-1 标"超高横坡设计数据

| 序号 | 设计桩号 | 左横坡 $i_L$/% | 右横坡 $i_R$/% | 序号 | 设计桩号 | 左横坡 $i_L$/% | 右横坡 $i_R$/% |
|---|---|---|---|---|---|---|---|
| 1 | K51+779.792 | 0 | 0 | 10 | K53+570.416 | 2 | 2 |
| 2 | K51+837.554 | 2 | −2 | 11 | K53+763.794 | 2 | 2 |
| 3 | K52+019.794 | 6 | −6 | 12 | K53+796.1 | 2 | 2 |
| 4 | K52+620.765 | 6 | −6 | 13 | K53+838.795 | 2 | −2 |
| 5 | K52+793.014 | 2 | −2 | 14 | K53+913.795 | 6 | −6 |
| 6 | K52+850.764 | 0 | 0 | 15 | K54+371.771 | 6 | −6 |
| 7 | K52+903.514 | −2 | 2 | 16 | K54+446.771 | 2 | −2 |
| 8 | K53+015.764 | −4 | 4 | 17 | K54+521.771 | 2 | 2 |
| 9 | K53+440.416 | −4 | 4 | 18 | K54+724.089 | 2 | 2 |

**2. 边坡**

(1) 边坡设计数据

边坡分填方边坡与挖方边坡两种,每级边坡有四个设计数据:坡率 $1:n$,坡高 $H$,平台宽 $d$,平台横坡 $i$。其几何意义如图 12-38 所示。

填方边坡从 1 开始以正整数顺序编号,挖方边坡从 −1 开始以负整数顺序编号,图纸给出的边坡设计参数列于表 12-17。

图 12-38 路基加桩 K52+930 横断面设计图（单位：m）

表 12-17　　　　　　　　　　"广西河池至都安高速公路 3-1 标"边坡设计数据

| 坡级 | 一级填方边坡 | | | | 二级填方边坡 | | | | 三级填方边坡 | | | |
|---|---|---|---|---|---|---|---|---|---|---|---|---|
| 参数 | $n_{T1}$ | $H_{T1}$ | $i_{T1}$ | $d_{T1}$ | $n_{T2}$ | $H_{T2}$ | $i_{T2}$ | $d_{T2}$ | $n_{T3}$ | $H_{T3}$ | $i_{T3}$ | $d_{T3}$ |
| 单位 | | m | % | m | | m | % | m | | m | % | m |
| 1号 | 1.1 | 8 | 3 | 1.5 | 1.3 | 8 | 3 | 1.5 | | | | |

| 坡级 | | 一级挖方边坡 | | | | 二级挖方边坡 | | | | 三级挖方边坡 | | | |
|---|---|---|---|---|---|---|---|---|---|---|---|---|---|
| 参数 | 边沟 | $n_{W1}$ | $H_{W1}$ | $i_{W1}$ | $d_{W1}$ | $n_{W2}$ | $H_{W2}$ | $i_{W2}$ | $d_{W2}$ | $n_{W3}$ | $H_{W3}$ | $i_{W3}$ | $d_{W3}$ |
| 单位 | m | | m | % | m | | m | % | m | | m | % | m |
| -1号 | 2.5 | 0.3 | 5 | 3 | 1.5 | | | | | | | | |
| -2号 | 2.5 | 1 | 10 | 3 | 1.5 | | | | | | | | |
| -3号 | 2.5 | 0.75 | 20 | 3 | 1.5 | | | | | | | | |
| -4号 | 2.5 | 0.3 | 15 | 3 | 1.5 | 0.5 | 10 | 3 | 1.5 | | | | |
| -5号 | 2.5 | 0.3 | 15 | 3 | 1.5 | 0.3 | 15 | 3 | 1.5 | 0.5 | 15 | 3 | 1.5 |
| -6号 | 2.5 | 0.5 | 10 | 3 | 1.5 | 0.5 | 10 | 3 | 1.5 | 0.75 | 15 | 3 | 1.5 |

图 12-38 为广西河池至都安高速公路 3-1 标段加桩 K52+930 路基横断面设计图,其中,左侧边坡为-3 号挖方边坡,右侧边坡为 1 号填方边坡,设计标高 287.744 4 m 为竖曲线算出的加桩 K52+930 中桩设计高程,在挖方边坡一侧应设置"碎落台+边沟"。

(2) 断面边坡号

根据图纸给出的路基横断面图编写的断面边坡号数据列于表 12-18。

表 12-18　　　　"广西河池至都安高速公路 3-1 标"边坡编号设计数据

| 序号 | 设计桩号 | 左边坡号 | 右边坡号 | 序号 | 设计桩号 | 左边坡号 | 右边坡号 |
|---|---|---|---|---|---|---|---|
| 1 | K51+779.792 | -1 | 1 | 7 | K53+416.885 | 1 | -4 |
| 2 | K52+100.527 | 1 | 1 | 8 | K53+476.934 | -4 | -4 |
| 3 | K52+583.882 | 1 | -2 | 9 | K53+537.937 | -5 | -4 |
| 4 | K52+603.957 | 1 | 1 | 10 | K53+650 | -5 | 1 |
| 5 | K52+925 | -3 | 1 | 11 | K53+690 | 1 | 1 |
| 6 | K53+130 | 1 | 1 | 12 | K54+440 | 1 | -6 |

### 3. 加桩边桩设计高程计算原理

如图 12-38 所示,MSMT **Q2X8交点法** 程序先计算加桩中桩设计高程,应用加桩号,根据超高横坡数据内插计算加桩路基横断面的左、右幅超高横坡 $i_L$ 与 $i_R$;在断面路基号数据库提取路基号,计算左幅或右幅路基横断面主点①,②,③,④边距及其设计高程;在断面边坡号数据库提取左幅或右幅边坡号,根据边坡设计数据计算左幅或右幅边坡平台主点边距及其设计高程,一级挖方边坡平台主点编号为-1.1,-1.2,二级挖方边坡平台主点编号为-2.1,-2.2,依次类推;一级填方边坡平台主点编号为 1.1,1.2,二级填方边坡平台主点编号为 2.1,2.2,依次类推。最后,应用边距值,使用线性内插法计算边桩设计高程。

《公路路线设计规范》规定:土路肩横坡为 4%,当路基横坡 $i_L$(或 $i_R$)<4%时,土路肩横坡取 4%;当 $i_L$(或 $i_R$)≥4%时,土路肩横坡应取路基横坡 $i_L$ 或 $i_R$,以防止在硬路肩与土路肩衔接处形成积水,满足路面排水需要。

### 4. 输入路基和边坡等设计数据

完成竖曲线数据输入后,还应输入路基横断面、边坡、超高横坡、路基编号和边坡编号等五种设计数据才能计算边桩设计高程。其中,路基横断面和边坡属于项目共享数据,可以被项目下的 **Q2X8交点法** 和 **Q2X9线元法** 的所有文件调用。而超高横坡、路基编号和边坡编号等三种设计数据应在 **Q2X8交点法** 或 **Q2X9线元法** 文件中输入。

(1) 输入项目共享设计数据——路基

在 MSMT 项目主菜单[图 12-39(a)],点击 **路基横断面** 图标●,进入路基横断面界面,点击 + 按钮,缺省设置为 ◉ **高速公路** 单选框[图 12-39(b)],点击 **确定** 按钮新建 1 号路基横断面;输入图 12-38 所示路基横断面及其结构层设计数据,结果如图 12-39(c),(d)所示。点击屏幕标题栏左侧的 ◁ 按钮,返回项目主菜单。

图 12-39　输入图 12-38 所示路基横断面设计数据

每个路基最多可以输入 5 层路面结构层,每个结构层有厚度 $\Delta h$ 和松铺系数 $\lambda$,$\lambda$ 的缺省值为 1。

(2) 输入项目共享设计数据——边坡

在 MSMT 项目主菜单[图 12-39(a)],点击 边坡 图标，进入填方边坡设计数据界面[图 12-40(a)],输入表 12-17 中 1 号填方边坡设计数据[图 12-40(b)]。

点击边坡类型列表框,选择"挖方边坡",进入挖方边坡设计数据界面,输入表 12-17 中－1 号挖方边坡设计数据[图 12-40(c)],点击 + 按钮新建－2 号挖方边坡,输入表 12-17 中－2 号挖方边坡设计数据[图 12-40(d)]。同理,输入表 12-17 中－3,－4,－5,－6 号挖方边坡设计数据,结果如图 12-40(e)—(h)所示。点击屏幕标题栏左侧的 按钮,返回项目主菜单。

每个边坡最多可以输入 4 层边坡结构层,每个结构层有厚度 $\Delta h$ 和松铺系数 $\lambda$,$\lambda$ 的缺省值为 1。

(3) 输入文件设计数据——超高横坡

在 Q2X8交点法 文件"广西河池至都安高速公路 3-1 标"主菜单界面,点击 设计数据 按钮,点击"设计数据"类型列表框,在弹出的快捷菜单点击"超高横坡"选项[图 12-41(a)]。输入表 12-16 中 17 个横断面的超高横坡数据,结果如图 12-41(b)—(d)所示。

(4) 输入文件设计数据——路基编号

在文件设计数据界面,点击"设计数据"类型列表框,在弹出的快捷菜单点击"路基编号"选项[图 12-42(a)],输入一个路基编号,结果如图 12-42(b)所示。

(5) 输入文件设计数据——边坡编号

点击"设计数据"类型列表框,在弹出的快捷菜单点击"边坡编号"选项[图 12-42(c)],输入表 12-18 中 12 个边坡编号设计数据,结果如图 12-42(d)—(g)所示。完成文件全部设计数据输入后,应点击 计算 按钮,重新计算平竖曲线主点数据,其目的是将当前文件新输入的超高横坡、路基编号、边坡编号的设计桩号全部变换为连续桩号并存入文件数据库,结果如图 12-42(h)所示。

图 12-40　输入表 12-17 中 1 个填方边坡、6 个挖方边坡设计数据

图 12-41　输入表 12-16 中 17 个断面的超高横坡设计数据

图 12-42 输入路基编号与表 12-18 中 12 个边坡编号设计数据并重新计算主点数据

## 5. 坐标正算

在 **Q2X8交点法** 文件"广西河池至都安高速公路 3-1 标"主菜单界面,点击 坐标正算 按钮,输入加桩号 52 930 m,设置施工层号为 4,点击 计算断面 按钮,计算加桩 K52+930 左幅路基及边坡断面的主点数据,自动设置"①左设计高程点"的边距[图 12-43(a)],它是图 12-38(a)所示的左幅①号路基主点。

点击断面主点列表框,点击"-1.1 左 1 级挖方平台内缘点"选项[图 12-43(b)],自动设置左边距为 -1.1 的主点,其左边距为 29.716 2 m[图 12-43(c)],点击 计算坐标 按钮,结果如图 12-43(d)所示。程序算出的 -1.1 主点的坡面设计高程与图 12-38 注记的设计值相符,边坡施工层设计高程 $H_C$=307.545 5 m。下面介绍边坡施工层设计高程的计算原理。

如图 12-44 所示,设边坡点 $P$ 的坡面设计高程为 $H_D$,坡率为 $n$,则施工层设计高程 $H_C$ 为

$$H_C = H_D - h'_C \tag{12-97}$$

图 12-43　坐标正算计算加桩 K52+930 左幅一级挖方边坡平台内缘点三维设计坐标

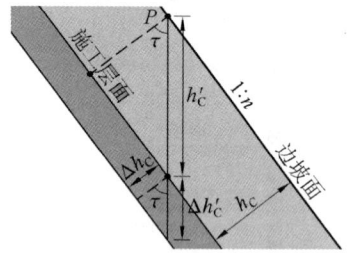

$n$—坡率；$\tau$—坡角；$\Delta h_C$—施工层厚度；
$h_C$—施工层→边坡面高度；
$h'_C$—施工层→边坡面高差

图 12-44　边坡施工层设计高程 $H_C$ 的计算原理

式中，$h'_C$ 的计算公式可根据图 12-44 的几何关系得到：

$$\left.\begin{aligned} h'_C &= \frac{h_C}{\cos\tau} \\ \Delta h'_C &= \frac{\Delta h_C}{\cos\tau} \end{aligned}\right\} \quad (12\text{-}98)$$

由图 12-44 可知，$\tan\tau = 1 : n$，则

$$\tau = \arctan\frac{1}{n} \quad (12\text{-}99)$$

由图 12-38 可知，边坡施工层"4—基层"的 $h_C=0.08+0.05+0.1=0.23$ m，$\Delta h_C=0.1$ m，$P$ 点位于一级挖方边坡坡面，坡率 $n_W=0.75$，将坡率代入式(12-99)，得

$$\tau = \arctan\frac{1}{0.75} = 53°07'48.37''$$

将 $h_C$ 和 $\tau$ 代入式(12-98)的第一式，得

$$h'_C = \frac{h_C}{\cos\tau} = \frac{0.23}{\cos 53°07'48.37''} = 0.383\ 3\ \text{m}$$

$P$ 点的施工层设计高程为：$H_C = H_D - h'_C = 307.928\ 9 - 0.383\ 3 = 307.545\ 6$ m，与图 12-43(d)的计算结果相差 0.1 mm。加桩 K52+930 左幅横断面路基主点与边坡主点三维设计坐标计算结果列于表 12-19，请读者自行验算。

表 12-19　坐标正算计算加桩 K52+930 左幅横断面路基主点与边坡主点三维设计坐标结果

(施工层号=4,中桩坐标 $x=682\ 013.582\ 4$ m,$y=505\ 190.567\ 9$ m,$H=287.744\ 4$ m,$\alpha=146°00'50.92''$)

| 点名 | $d_L$/m | $x_L$/m | $y_L$/m | $H_{LD}$/m | $H_{LC}$/m | $h_C$/m | 备注 |
|---|---|---|---|---|---|---|---|
| ① | 1 | 682 014.141 4 | 505 191.397 1 | 287.744 4 | 287.198 4 | 0.546 | 左设计高程点 |
| ② | 11.5 | 682 020.010 8 | 505 200.103 4 | 288.003 9 | 287.457 9 | 0.546 | 左硬路肩外缘点 |
| ③ | 12.25 | 682 020.430 | 505 200.725 3 | 287.973 9 | 287.427 9 | 0.546 | 左土路肩外缘点 |
| ④ | 14.75 | 682 021.827 5 | 505 202.798 2 | | | | 左边沟外缘点 |
| −1.1 | 29.716 2 | 682 030.193 4 | 505 215.207 8 | 307.928 9 | 307.545 5 | 0.383 3 | 一级挖方平台内缘点 |
| −1.2 | 31.216 2 | 682 031.031 9 | 505 216.451 6 | 307.973 9 | 307.743 9 | 0.23 | 一级挖方平台外缘点 |

图 12-45 为计算加桩 K52+930 右幅二级填方边坡平台内缘点(2.1 点)三维设计坐标的操作过程,边坡主点 2.1 点的边距及其设计高程值与图 12-38 注记的设计值相符。

图 12-45　坐标正算计算加桩 K52+930 右幅二级填方边坡平台内缘点三维设计坐标

**6. 坐标反算**

在 **Q2X8交点法** 文件"广西河池至都安高速公路 3-1 标"主菜单界面,点击 坐标反算 按钮,输入图 12-38 所注 $P$ 点的三维坐标[图 12-46(a)],点击 计算坐标 按钮,结果如图 12-46(b)—(d)所示。

如图 12-38 所示,测点 $P$ 位于左幅一级挖方边坡,程序计算出 $P$ 点距离坡口主点−1.1 点的坡口坡距、平距及挖填高差,以方便用户快速确定离测点最近的坡口位置。

## 12.9　桥梁墩台桩基坐标验算

《公路工程技术标准》对公路桥梁的分类规定列于表 12-20。

为便于叙述,本节将桥梁墩台的桩基点和盖梁角点统称为墩台碎部点。

**1. 计算原理**

(1) 墩台中心斜交坐标变换为墩台中心直角坐标

如图 12-47(a)所示,设+$X$ 轴为桥梁墩台桩基轴线方向(+$X$ 轴应位于路线走向右侧),盖梁边线 10 点→7 点方向与+$X$ 轴的水平夹角为 $\theta_{j\#}$,过墩台中心点 $O_{j\#}$ 且平行于盖梁边线

图 12-46 坐标反算计算加桩 K52+930 右幅二级填方边坡平台内缘点三维设计坐标

表 12-20 公路桥梁分类

| 分类 | 多孔跨径总长 $L$/m | 单孔跨径 $L_K$/m |
| --- | --- | --- |
| 特大桥 | $L>1\,000$ | $L_K>150$ |
| 大桥 | $100 \leqslant L \leqslant 1\,000$ | $40 \leqslant L_K \leqslant 150$ |
| 中桥 | $30 \leqslant L \leqslant 100$ | $20 \leqslant L_K < 40$ |
| 小桥 | $8 \leqslant L \leqslant 30$ | $5 \leqslant L_K < 20$ |

图 12-47 墩台中心斜交坐标系、墩台中心直角坐标系与测量坐标系的关系

10 点→7 点方向为 $+Y$ 轴，$XO_{j\#}Y$ 坐标系称为墩台中心斜交坐标系，$+X$ 轴与 $+Y$ 轴的水平夹角为 $\theta_{j\#}$，简称墩台斜交坐标系夹角，即有 $\angle XO_{j\#}Y = \theta_{j\#}$。

墩台大样图尺寸一般在墩台中心斜交坐标系标注，建立墩台中心斜交坐标系的目的是从设计图纸直接获取墩台碎部点的墩台中心斜交坐标，不需要在 AutoCAD 按 1∶1 的比例重新绘制墩台桩基与盖梁的大样图，减少了在 AutoCAD 中绘制大样图的工作量。下面

先讨论墩台中心斜交坐标系 $XO_{j\#}Y$ 转换为墩台中心直角坐标系 $X'O'_{j\#}Y'$ 的公式。

如图 12-47(a)所示，设 $\alpha_{j\#}$ 为应用 $j\#$ 墩台桩号计算出的墩台走向方位角，$\alpha_{j\#}$ 方向顺时针到 $+X$ 轴的水平角 $\beta_{j\#}$ 为 $X$ 轴偏角。$j\#$ 墩台中心直角坐标系 $X'O_{j\#}Y'$ 的 $X'$ 轴与墩台中心斜交坐标系 $XO_{j\#}Y$ 的 $X$ 轴重合。由图 12-47(b)的几何关系可知，任意点 $p$ 的 $j\#$ 墩台中心斜交坐标$(X_p,Y_p)$ 变换为墩台中心直角坐标$(X'_p,Y'_p)$ 的公式为

$$\left. \begin{array}{l} X'_p = X_p + Y_p \cos\theta_{j\#} \\ Y'_p = Y_p \sin\theta_{j\#} \end{array} \right\} \tag{12-100}$$

将墩台中心 $O_{j\#}$ 沿 $+X$ 轴方向移动至 $j\#$ 墩台中桩点 $O_{Zj\#}$，等价于将 $p$ 点的 $X'_p$ 坐标加上墩台中心 $X$ 轴偏距 $d_{j\#}$，结果为 $X'_p + d_{j\#}$。墩台中心 $X$ 轴偏距 $d_{j\#}$ 的定义为：墩台中心 $O_{j\#}$ 位于路线左侧为负值，墩台中心 $O_{j\#}$ 位于路线右侧为正值。由此可得 $p$ 点墩台中心直角坐标为

$$z'_p = Y'_p + (X'_p + d_{j\#})\mathrm{i} \tag{12-101}$$

(2) 墩台中心直角坐标变换为测量坐标

如图 12-47(a)所示，$+X$ 轴的测量方位角为 $\alpha_{+X} = \alpha_{j\#} + \beta_{j\#}$，故 $+Y'$ 轴的测量方位角为

$$\alpha_{+Y'} = \alpha_{j\#} + \beta_{j\#} - 90° \tag{12-102}$$

$p$ 点墩台中心直角坐标复数 $z'_p$ 变换为测量坐标复数 $z_p$ 的公式为

$$z_p = z_{Oj\#} + z'_p \times 1\angle \alpha_{+Y'} = z_{Oj\#} + z'_p \times 1\angle(\alpha_{j\#} + \beta_{j\#} - 90°) \tag{12-103}$$

### 2. 计算示例

三干渠中桥有 0#—3# 四个墩台，图 12-48 为三干渠中桥平曲线设计图纸，竖曲线设计数据列于表 12-21，墩台中心设计参数列于表 12-22。

| 205国道江苏淮安西绕城段淮涟三干渠中桥直线、曲线及转角表(局部) | | | | | | | | | | G205 |
|---|---|---|---|---|---|---|---|---|---|---|
| 设计单位：江苏淮安交通勘察设计研究院 | | | | | | | | | | |
| 施工单位：泛华建设集团有限公司 | | | | | | | 平面坐标系：淮安市独立坐标系 | | | |
| 交点号 | 交点桩号及交点坐标 | | 转角 | 曲线要素/m | | | | | | |
| | | | | 半径 | 缓和曲线参数 | 缓和曲线长 | 切线长 | 曲线长 | 外距 | 切曲差(校正值) |
| QD | 桩 | K0+000 | | | | | | | | |
| | N | 3 727 798.360 | | | | | | | | |
| | E | 498 238.765 | | | | | | | | |
| JD1 | 桩 | K0+541.027 | 10°21'22.02"(Y) | 2 300 | 634.428 9 | 175 | 295.974 | 590.721 | 9.982 | 1.228 |
| | N | 3 727 270.063 | | | 634.428 9 | 175 | 295.974 | | | |
| | E | 498 355.437 | | | | | | | | |
| ZD | 桩 | K0+835.774 | | | | | | | | |
| | N | 3 726 974.287 | | | | | | | | |
| | E | 498 366.269 7 | | | | | | | | |

图 12-48 205 国道江苏淮安西绕城段淮涟三干渠中桥平竖曲线与墩台中心设计图纸

表 12-21　　　　　　　　205 国道江苏淮安西绕城段淮涟三干渠中桥竖曲线及纵坡表

| 点名 | 设计桩号 | 高程 $H/m$ | 竖曲半径 $R/m$ | 纵坡 $i/\%$ | 切线长 $T/m$ | 外距 $E/m$ |
|---|---|---|---|---|---|---|
| SQD | K0+000 | 14.559 |  | 0.3 |  |  |
| SJD1 | K0+250 | 15.309 | 60 000 | −0.17 | 140.972 | 0.166 |
| SJD2 | K0+785 | 14.4 | 80 000 | 0.012 | 72.723 | 0.033 |
| SZD | K1+600 | 14.497 |  |  |  |  |

表 12-22　　　　　　　205 国道江苏淮安西绕城段淮涟三干渠中桥墩台中心设计参数

| 墩台号 | 墩类号 | 设计桩号 | X 轴偏距 $d/m$ | X 轴偏角 $\beta$ | ∠XOY 夹角 $\theta$ |
|---|---|---|---|---|---|
| 0# | 1 | K0+186.346 | 0.25 | 45° | 45° |
| 1# | 2 | K0+215.780 | 0.25 | 45° | 45° |
| 2# | 2 | K0+245.780 | 0.25 | 45° | 45° |
| 3# | 3 | K0+275.214 | 0.25 | 45° | 45° |

图 12-49 为三干渠中桥墩台大样图,图中尺寸是在墩台斜交坐标系标注的。表 12-23 为图纸给出的四个墩台 24 根桩基的设计坐标,图纸未给出各墩台盖梁角点的设计坐标,只需验算墩台桩基设计坐标的正确性。

图 12-49　墩台桩基与盖梁角点设计尺寸（单位:m）

在 MS-Excel 文件新建"墩台桩基斜交坐标"选项卡,参照图 12-49 的标注尺寸,累加墩台碎部点的墩台中心斜交坐标,结果如图 12-50 所示。

（1）输入平竖曲线设计数据

在 **Q2X8交点法** 程序文件列表界面,新建"205 国道江苏淮涟三干渠中桥"文件,输入图 12-48 所示 JD1 的平曲线设计数据,结果如图 12-51(a),(b)所示,输入两个变坡点的竖曲线设计数据,结果如图 12-51(c)所示。点击 **计算** 按钮计算平竖曲线主点数据,结果如图

12-51(d)所示。与设计图纸(图 12-48)比较,程序计算的终点设计桩号与图纸的差值为 (K0+835.7736)−(K0+835.774)=−0.4 mm。点击屏幕标题栏左侧的 ◁ 按钮三次,返回项目主菜单。

表 12-23　　　　　　　205 国道江苏淮安西绕城段淮涟三干渠中桥墩台桩基坐标设计表

| 墩号 | 桩基 | $x$/m | $y$/m | 墩号 | 桩基 | $x$/m | $y$/m |
| --- | --- | --- | --- | --- | --- | --- | --- |
| 0# | 1 | 3 727 603.028 | 498 270.417 | 2# | 1 | 3 727 545.216 | 498 283.377 |
| | 2 | 3 727 608.254 | 498 273.752 | | 2 | 3 727 550.105 | 498 286.497 |
| | 3 | 3 727 613.480 | 498 277.088 | | 3 | 3 727 554.995 | 498 289.618 |
| | 4 | 3 727 618.895 | 498 280.544 | | 4 | 3 727 561.310 | 498 293.648 |
| | 5 | 3 727 624.122 | 498 283.879 | | 5 | 3 727 566.199 | 498 296.769 |
| | 6 | 3 727 629.348 | 498 287.215 | | 6 | 3 727 571.088 | 498 299.889 |
| 1# | 1 | 3 727 574.510 | 498 276.907 | 3# | 1 | 3 727 516.270 | 498 289.563 |
| | 2 | 3 727 579.399 | 498 280.028 | | 2 | 3 727 521.492 | 498 292.904 |
| | 3 | 3 727 584.289 | 498 283.148 | | 3 | 3 727 526.715 | 498 296.245 |
| | 4 | 3 727 590.604 | 498 287.179 | | 4 | 3 727 532.102 | 498 299.692 |
| | 5 | 3 727 595.493 | 498 290.299 | | 5 | 3 727 537.325 | 498 303.034 |
| | 6 | 3 727 600.382 | 498 293.419 | | 6 | 3 727 542.548 | 498 306.375 |

|   | A | B | C | D | E | F |
| --- | --- | --- | --- | --- | --- | --- |
| 1 | 15.612 | 0 | 15.346 | 0 | 15.598 | 0 |
| 2 | 9.412 | 0 | 9.546 | 0 | 9.398 | 0 |
| 3 | 3.212 | 0 | 3.746 | 0 | 3.198 | 0 |
| 4 | -3.212 | 0 | -3.746 | 0 | -3.198 | 0 |
| 5 | -9.412 | 0 | -9.546 | 0 | -9.398 | 0 |
| 6 | -15.612 | 0 | -15.346 | 0 | -15.598 | 0 |
| 7 | 18.81 | 1.1314 | 17.324 | 2.4042 | 18.809 | 4.0659 |
| 8 | -18.9 | 1.1314 | 1.768 | 2.4042 | -18.809 | 4.0659 |
| 9 | -18.9 | -4.0659 | 1.768 | -2.4042 | -18.809 | -1.1314 |
| 10 | 18.81 | -4.0659 | 17.324 | -2.4042 | 18.809 | -1.1314 |
| 11 |  |  | -1.768 | 2.4042 |  |  |
| 12 |  |  | -17.324 | 2.4042 |  |  |
| 13 |  |  | -17.324 | -2.4042 |  |  |
| 14 |  |  | -1.768 | -2.4042 |  |  |

图 12-50　在 MS-Excel 中累加桩基墩台中心斜交坐标

(2) 输入墩台中心参数与墩台碎部点斜交坐标

在 MSMT 项目主菜单[图 12-52(a)],点击 **桥梁墩台桩基** 图标,点击 **新建文件** 按钮,输入"三干渠中桥"文件名,在平竖曲线文件列表框选择"Q2X8-205 国道江苏淮涟三干渠中桥"[图 12-52(b)],点击 **确定** 按钮,返回桥梁墩台桩基文件列表界面[图 12-52(c)]。点击最近新建的文件名,在弹出的快捷菜单点击"进入文件主菜单"命令[图 12-52(d)],进入三干渠中桥文件主菜单[图 12-52(e)]。

图 12-51　输入三干渠中桥平竖曲线设计数据并计算主点数据

点击 桥梁墩台桩基 按钮,输入表 12-22 所示 0#—3# 墩台的中心设计参数,结果如图 12-52(f)—(h)所示。点击数据类型列表框,在弹出的快捷菜单点击"墩台中心斜交坐标",输入图 12-49 所示 1,2,3 类墩的墩台碎部点斜交坐标,结果如图 12-52(i)—(l)所示。点击屏幕标题栏左侧的 〈 按钮,返回文件主菜单[图 12-52(e)]。

点击 坐标计算 按钮,计算四个墩台中心的中桩坐标、设计高程、走向方位角及全部墩台碎部点的测量坐标,结果如图 12-53 所示。

完成手机与 NTS-362R10G 全站仪蓝牙连接后,在全站仪按 CORD 键进入坐标模式,按 F4 F4 键翻页到 P3 页功能菜单,按 F2 (放样) ③ (设置放样点)键进入放样点坐标界面;在手机点击桩基坐标右侧的 蓝牙发送 按钮,通过蓝牙发送该桩基点的测量坐标到全站仪放样点坐标界面,或点击 导出全部坐标 按钮,导出 SouthMap 展点坐标文件。

在 MS-Excel 的"桩基测量坐标比较"选项卡比较 24 根桩基设计坐标与程序计算值的差值,结果如图 12-54 所示。

## 12.10　隧道超欠挖测量计算

**隧道**(tunnel)属于路线的重要构造物之一,其平面位置由平曲线设置,高程由竖曲线设置,开挖断面由隧道衬砌断面图与隧道地质纵断面图设置。按开挖方式,隧道施工分为**矿山法**(mine tunneling method)和**盾构法**(shield tunneling method)两种,只有矿山法需要进行超欠挖测量计算,盾构法进洞、出洞洞门安装定位也需要进行超欠挖测量计算。

在无棱镜测距全站仪出现以前,隧道施工测量的主要工作内容是放样隧道的中线和腰线,中线控制隧道的平面位置,腰线控制隧道的高程,但断面开挖形状控制就比较麻烦。无棱镜测距全站仪出现以后,测量隧道掌子面上任意点的三维坐标得以实现,只要能算出掌子面测点距离隧道轮廓线的垂距,就同时控制了隧道的平面、高程及断面形状。本节以八亩隧道右洞为例,介绍使用 MSMT 进行隧道超欠挖测量计算的方法。

图 12-52 输入三干渠中桥 0# —3# 墩台中心设计参数和 1~3 类墩台中心斜交坐标

图 12-53 计算三干渠中桥 0#—3# 墩台中桩坐标、设计高程、走向方位角与全部桩基点的测量坐标

图 12-54 在 MS-Excel 中比较 24 根桩基设计坐标与程序计算结果的差值

图 12-55 为八亩隧道平曲线设计图纸,表 12-24 为隧道竖曲线及纵坡表。

国家高速公路珠江三角洲环线广东中山沙溪至月环段右线
八亩隧道右洞直线、曲线及转角表(局部)
设计单位:中交公路规划设计院有限公司
施工单位:中铁十局第三工程有限公司

| 交点号 | 交点桩号及交点坐标 | | 转 角 | 曲线要素/m | | | | | | |
|---|---|---|---|---|---|---|---|---|---|---|
| | | | | 半 径 | 缓和曲线参数 | 缓和曲线长 | 切线长 | 曲线长 | 外 距 | 切曲差(校正值) |
| QD | 桩 | K88+950.177 | | | | | | | | |
| | N | 2 472 251.779 | | | | | | | | |
| | E | 501 243.827 | | | | | | | | |
| JD16 | 桩 | K90+299.96 | 43°36′53.8″(Z) | 1 500 | 600 | 240 | 720.799 | 1 381.836 | 117.341 | 59.761 |
| | N | 2 471 428.776 | | | | | | | | |
| | E | 502 223.883 | | | 600 | 240 | 720.799 | | | |
| ZD | 桩 | K90+890.998 | | | | | | | | |
| | N | 2 471 473.948 | | | | | | | | |
| | E | 502 943.265 | | | | | | | | |

图 12-55　广东中山市沙溪至月环段八亩隧道右洞平曲线设计图纸

表 12-24　　　　广东中山市沙溪至月环段右线八亩隧道竖曲线及纵坡表

| 点名 | 设计桩号 | 高程 $H$/m | 竖曲半径 $R$/m | 纵坡 $i$/% | 切线长 $T$/m | 外距 $E$/m |
|---|---|---|---|---|---|---|
| SQD | K88+650 | 17.405 | | 3 | | |
| SJD1 | K89+130 | 31.805 | 36 004.2 | 2 | 179.909 | 0.45 |
| SJD2 | K90+160 | 52.405 | 35 000 | −1.21 | 561.741 | 4.508 |
| SZD | K92+040 | 29.657 | | | | |

由图 12-56 右图可知,隧道断面由 C25 钢拱架喷射混凝土(简称喷射层)与 C30 钢筋混凝土衬砌(简称二衬)构成,SVq 级围岩的喷射层厚 28 cm,二衬厚 60 cm,喷射层与二衬之间的预留变形量为 12 cm。隧道的喷射层厚、二衬厚和预留变形量为洞身支护参数。围岩级别不同,其洞身支护参数也不相同。

由图 12-57 隧道纵断面图灰底色背景的衬砌类型数据可知,八亩隧道右洞的衬砌类型有 SVq,SV,SⅣq,SⅣ,SⅢ,SⅡ 等六种,其洞身支护参数列于表 12-25,其中,SVq 型衬砌的洞身支护参数如图 12-56 右图所示,表中其余五种衬砌的洞身支护参数直接从设计图纸获取。

**1. 输入平竖曲线设计数据**

在 **Q2X8交点法** 程序文件列表界面,新建"广东中山八亩隧道右线"文件,输入图 12-55 所示 JD16 的平曲线设计数据[图 12-58(a)],输入表 12-24 两个变坡点的竖曲线设计数据[图 12-58(b)]。点击 计算 按钮计算平竖曲线主点数据,结果如图 12-58(c)所示;点击 保护 按钮,进入设计数据保护模式[图 12-58(d)]。与设计图纸(图 12-55)比较,程序计算的终点设计桩号与图纸的差值为(K90+890.998)-(K90+890.998)=0。点击屏幕标题栏左侧的◁按钮三次,返回项目主菜单。

图 12-56 广东中山八亩隧道二衬线主点数据与 SVq 型衬砌断面设计图

**2. 输入八亩隧道二衬线右幅主点数据**

在 MSMT 项目主菜单界面[图 12-52(a)],点击 隧道轮廓线 图标⬤,进入"隧道轮廓线右幅主点数据"界面,缺省设置的 1 号轮廓线只有两个右幅线元,点击 + 按钮两次,新增两个右幅线元数据栏。输入图 12-56 所示 Mat **Z** 矩阵 4 行×5 列二衬线右幅主点数据,结果如图 12-59(a),(b)所示;点击屏幕右侧的 轮廓线图形 按钮,显示 1 号轮廓线图形[图 12-59(c)];点击屏幕标题栏左侧◁按钮,返回 1 号轮廓线右幅主点数据编辑界面;点击 计算 按钮,输入图 12-56 内表所列模拟测点 $P_1$ 的隧中坐标,点击 计算 按钮,点击 保存测点 按钮[12-59(d)],再点击 查看图形 按钮查看 $P_1$ 测点在轮廓线的位置[12-59(e)]。$P_1$ 测点超欠挖值 $\delta_r$=-0.281 3 m<0,为欠挖($\delta_r$>0 为超挖),请读者自行计算 $P_2$ 测点的超欠挖值。

用户可以在 AutoCAD 执行 dist 命令测量模拟测点 $P_1$ 的超欠挖值 $\delta_r$、水平移距 $\delta_h$ 和垂直移距 $\delta_v$,并与图 12-59(d)所示计算结果比较。点击标题栏左侧的◁按钮,返回项目主菜单。

图 12-57 国家高速公路珠江三角洲环线广东中山市沙溪至月环段右线八亩隧道右洞地质纵断面设计图

表 12-25　　广东中山八亩隧道右洞（550 m）衬砌洞身支护参数

| 行号 | 衬砌类型 | 设计桩号 | 内部计算连续桩号 | 二衬线号 | 初支线号 | 开挖线号 | 二衬厚+预留变形量 $\delta_1/m$ | 喷射层厚 $\delta_2/m$ | 隧中偏距 $\delta_3/m$ |
|---|---|---|---|---|---|---|---|---|---|
|  | 明洞 | K89+407 | K89+407 |  |  |  |  |  |  |
| 1 | SVq | K89+412 | K89+412 | 1 | 0 | 0 | 0.72 | 0.28 | 7.725 |
| 2 | SV | K89+456 | K89+456 | 1 | 0 | 0 | 0.72 | 0.26 | 7.725 |
| 3 | SIVq | K89+466 | K89+466 | 1 | 0 | 0 | 0.63 | 0.26 | 7.725 |
| 4 | SIV | K89+480 | K89+480 | 1 | 0 | 0 | 0.58 | 0.24 | 7.725 |
| 5 | SIII | K89+506 | K89+506 | 1 | 0 | 0 | 0.51 | 0.18 | 7.725 |
| 6 | SII | K89+586 | K89+586 | 1 | 0 | 0 | 0.45 | 0.10 | 7.725 |
| 7 | SIII | K89+686 | K89+686 | 1 | 0 | 0 | 0.51 | 0.18 | 7.725 |
| 8 | SIV | K89+730 | K89+730 | 1 | 0 | 0 | 0.58 | 0.24 | 7.725 |
| 9 | SIII | K89+770 | K89+770 | 1 | 0 | 0 | 0.51 | 0.18 | 7.725 |
| 10 | SIV | K89+842 | K89+842 | 1 | 0 | 0 | 0.58 | 0.24 | 7.725 |
| 11 | SIVq | K89+862 | K89+862 | 1 | 0 | 0 | 0.63 | 0.26 | 7.725 |
| 12 | SV | K89+894 | K89+894 | 1 | 0 | 0 | 0.72 | 0.26 | 7.725 |
| 13 | SVq | K89+899 | K89+899 | 1 | 0 | 0 | 0.72 | 0.28 | 7.725 |
|  | 明洞 | K89+942 | K89+942 |  |  |  |  |  |  |
|  | 终点 | K89+957 | K89+957 |  |  |  |  |  |  |

注：表中第 4 列的连续桩号，是程序自动计算并存储在文件数据库中，它们不属于洞身支护参数数据，因本例没有断链桩，所以，断面的设计桩号与其连续桩号相同。

图 12-58　输入八亩隧道平竖曲线设计数据并计算主点数据

图 12-59　输入广东中山八亩隧道二衬线右幅主点数据并显示二衬线图形，计算模拟测点的超欠挖值并显示测点图形

### 3. 隧道超欠挖测量计算

（1）新建隧道超欠挖文件

在 MSMT 项目主菜单点击 **隧道超欠挖** 图标[图 12-60(a)]，点击 **新建文件** 按钮，输入文件名"八亩隧道"，平竖曲线文件选择"Q2X8-广东中山八亩隧道右线"[图 12-60(c)]，点击 **确定** 按钮，返回隧道超欠挖文件列表界面[图 12-60(d)]。

图 12-60　执行隧道超欠挖程序，新建八亩隧道文件

（2）输入洞身支护参数

点击最近新建的文件名，在弹出的快捷菜单点击"进入文件主菜单"命令，进入八亩隧道文件主菜单[图 12-61(a)]；点击 **洞身支护参数** 按钮，输入表 12-25 中 13 行洞身支护参数，结果如图 12-61(b)—(d)所示。点击标题栏左侧的 **<** 按钮，返回文件主菜单[图 12-60(a)]。

（3）选择二衬线为施工线，计算 K89+540 断面 2 个模拟测点的超欠挖值

点击 **超欠挖测量** 按钮，施工线选择"二衬线"，输入图 12-56 内表 $P_1$ 测点的三维测量坐标[图 12-62(a)]，点击 **计算** 按钮，再依次点击 **保存至选项卡** 和 **保存图形** 按钮，结果如图 12-62(b)所示；点击 **查看图形** 按钮，屏幕显示 $P_1$ 测点在断面轮廓线的几何位置[图 12-62(c)]。

图 12-61　输入八亩隧道洞身支护参数

$P_1$ 测点位于 1 号拱顶线元,屏幕显示超欠挖值 $\delta_r$ 及其线元号 $n_r$、水平移距 $\delta_h$ 及其线元号 $n_h$、垂直移距 $\delta_v$ 及其线元号 $n_v$,计算结果与图 12-56 所示 $P_1$ 测点灰底色圆内的标注值相符。

点击标题栏左侧的 ⟨ 按钮,点击 返回 按钮,点击 清除全部 按钮,输入图 12-56 内表 $P_2$ 测点的三维测量坐标[图 12-62(d)],点击 计算 按钮,再依次点击 保存至选项卡 和 保存至图形 按钮,结果如图 12-62(e)所示。

$P_2$ 测点位于 2 号线元,屏幕显示超欠挖值 $\delta_r$ 及其线元号 $n_r$、水平移距 $\delta_h$ 及其线元号 $n_h$,计算结果与图 12-56 所示 $P_2$ 测点灰底色圆内的标注值相符。

图 12-62　设置施工线为二衬线,计算 $P_1$,$P_2$ 两个模拟测点的超欠挖值

在隧道掌子面附近的导线点安置全站仪,完成手机与全站仪的蓝牙连接,使望远镜瞄准隧道掌子面边缘测点,全站仪反射器设置为无棱镜,点击 蓝牙读数 按钮启动全站仪测距,自动读取测点三维测量坐标到隧道超欠挖测量界面。

(4) 选择初支线为施工线,计算 K89+540 断面 9 个测点的超欠挖值

用户可以存储测点的超欠挖测量数据及计算数据到成果文件选项卡。在隧道超欠挖测量界面[图 12-62(a)],点击 新建选项卡 按钮,新建以当前日期+序号命名的选项卡名,点击 确定 按钮,新建"240506_1"选项卡。新建选项卡自动设置为当前选项卡,用于存储掌子面测点数据。

表 12-26 第 2—4 列列出了掌子面 9 个测点的三维坐标观测数据，在该文件的"隧道超欠挖测量"界面，设置施工线为"初支线"，依次输入这 9 个测点的三维坐标进行计算，每计算完 1 个测点的超欠挖值，都应依次点击 保存至选项卡 和 保存至图形 按钮保存，全部 9 个测点的计算成果列于表 12-26。

表 12-26　　　　　　　　　八亩隧道 K89+540 断面初支线 9 个测点的超欠挖值计算结果

| 测点名 | 全站仪实测隧道掌子面测点三维坐标 | | | 测点超欠挖值及其轮廓线线元号 | | | | | |
|---|---|---|---|---|---|---|---|---|---|
| | $x$/m | $y$/m | $H$/m | $\delta_r$/m | $n_r$ | $\delta_h$/m | $n_h$ | $\delta_v$/m | $n_v$ |
| 1 | 2 471 866.311 | 501 690.350 | 48.566 | −0.042 8 | 1 | −0.598 5 | 1 | −0.042 8 | 1 |
| 2 | 2 471 861.418 | 501 686.252 | 45.458 | −0.034 8 | 1 | −0.045 4 | 2 | −0.053 9 | 1 |
| 3 | 2 471 860.586 | 501 685.555 | 39.649 | −0.077 0 | 3 | −0.081 0 | 2 | | |
| 4 | 2 471 861.341 | 501 686.188 | 38.521 | 0.028 6 | 3 | 0.093 4 | 4 | | |
| 5 | 2 471 868.395 | 501 692.095 | 37.670 | −0.047 6 | 4 | −0.412 7 | 4 | −0.047 9 | 4 |
| 6 | 2 471 871.696 | 501 694.860 | 38.566 | −0.050 0 | 4 | −0.157 7 | 5 | −0.052 4 | 4 |
| 7 | 2 471 872.527 | 501 695.556 | 39.643 | −0.092 5 | 5 | −0.097 5 | 6 | | |
| 8 | 2 471 872.832 | 501 695.812 | 42.052 | 0.020 0 | 6 | 0.020 1 | 6 | | |
| 9 | 2 471 871.699 | 501 694.862 | 45.446 | −0.052 8 | 1 | −0.068 8 | 6 | −0.081 6 | 1 |

点击屏幕标题栏左侧的 ◁ 按钮两次，返回隧道超欠挖文件列表界面，点击"八亩隧道"文件名，在弹出的快捷菜单点击"导出 Excel 成果文件"命令，导出"八亩隧道.xls"文件到手机内置 SD 卡的工作目录。图 12-63 为用户在隧道超欠挖测量界面点击 新建选项卡 按钮新建的 "240506_1"选项卡内容。

图 12-63　"八亩隧道左洞.xls"文件"240506_1"选项卡的内容

#### 4. 隧道超欠挖测量计算原理简介

手机蓝牙提取测点 $j$ 的三维坐标 $(x_j, y_j, H_j)$ 后,程序应用其平面坐标 $(x_j, y_j)$ 反算该点在路线中线的垂点连续桩号 $Z'_p$ 及其中桩坐标 $(x_p, y_p)$、设计高程 $H_p$、边距代数值 $d_j$（负数为左边距,正数为右边距）;应用 $Z'_p$ 的值,在表 12-25 所列的洞身支护参数第 4 列搜索该点所在的衬砌起始连续桩号所在的行号,根据行号从第 10 列提取该点的隧道中线偏距 $\delta_3$,并以此计算测点 $j$ 的隧中坐标:

$$\left.\begin{aligned}Y_j &= H_j - H_p \\ X_j &= d_j - \delta_3\end{aligned}\right\} \tag{12-104}$$

由测点隧中坐标 $(X_j, Y_j)$ 和施工轮廓线的全幅主点数据,计算测点的超欠挖值 $\delta_r$、水平移距 $\delta_h$ 和垂直移距 $\delta_v$。

隧道轮廓线至少应输入各类型衬砌的二衬线右幅主点数据,初支线与开挖线是否与二衬线图形相似有下列三种情形。

(1) 衬砌二衬线、初支线、开挖线图形相似

只输入二衬线右幅主点数据。施工线设置为二衬线时,计算测点相对于二衬线的超欠挖值;施工线设置为初支线时,先计算测点相对于二衬线的超欠挖值,再用 $\delta_1$ 改正为初支线的超欠挖值;施工线设置为开挖线时,先计算测点相对于二衬线的超欠挖值,再用 $(\delta_1 + \delta_2)$ 改正为开挖线的超欠挖值。

(2) 衬砌二衬线图形与初支线图形不相似,初支线图形与开挖线图形相似

分别输入衬砌二衬线和初支线的右幅主点数据。施工线设置为二衬线时,计算测点相对于二衬线的超欠挖值;施工线设置为初支线时,计算测点相对于初支线的超欠挖值;施工线设置为开挖线时,先计算测点相对于初支线的超欠挖值,再用 $\delta_2$ 改正为开挖线的超欠挖值。

(3) 衬砌二衬线、初支线、开挖线图形均不相似

分别输入衬砌二衬线、初支线和开挖线的右幅主点数据。施工线设置为二衬线时,计算测点相对于二衬线的超欠挖值;施工线设置为初支线时,计算测点相对于初支线的超欠挖值;施工线设置为开挖线时,计算测点相对于开挖线的超欠挖值。

由表 12-25 可知,八亩隧道的所有衬砌类型都属于上述情形 (1),因此,全部衬砌的初支线号和开挖线号均为零。

# 本 章 小 结

(1) 路线中线是三维空间曲线,中线投影到水平面构成平曲线,投影到竖直面并按桩号展开构成竖曲线,平、竖曲线联系的纽带为桩号,桩号为中线上某点距路线起点的水平距离,也称里程数。

(2) 路线平曲线由直线、圆曲线、缓和曲线三种线元按设计需要径相连接组合而成。其中缓和曲线为半径连续渐变的积分曲线,称一端半径为 $\infty$ 的缓和曲线为完整缓和曲线,半径为 $\infty$ 的端点为切线支距坐标系的原点,两端半径 $\neq \infty$ 的缓和曲线为非完整缓和曲线。

(3) 缓和曲线参数定义为

$$A = \sqrt{RL_h}$$

缓和曲线上任意点 $j$ 的原点偏角为

$$\beta_j = \frac{l_j^2}{2A^2}$$

式中，$l_j$ 为缓和曲线原点至 $j$ 点的线长。

缓和曲线 $j$ 点的切线支距坐标公式(12-34)的第一式适用于原点偏角 $\beta_j < 50°$ 的切线坐标计算，式(12-34)的第二式适用于原点偏角 $\beta_j < 65°$ 的支距坐标计算，否则应使用积分公式(12-29)计算。

(4) 计算给定桩号的中、边桩三维设计坐标称为坐标正算。公路路线设计图纸一般只给出 20 m 中桩间距的逐桩平面坐标，不能满足路线平曲线详细测设的需求，需要使用 MSMT Q2X8交点法 程序频繁地计算加桩的中、边桩三维设计坐标。根据全站仪或 GNSS RTK 测定的边桩三维坐标反求垂点桩号、走向方位角、中桩坐标及其设计高程、边距、挖填高差、坡口平距称为三维坐标反算。坐标正、反算是路线施工测量中使用频率最高的计算工作。坐标正算计算出的中、边桩坐标，坐标反算计算出的测点垂点坐标，可以通过蓝牙发送到 NTS-362R10G 全站仪的放样点坐标界面，用于坐标放样。

(5) 根据桥梁墩台桩基大样图、墩台中心设计参数计算桥梁墩台桩基与盖梁角点的测量坐标称为桥梁墩台桩基坐标验算。MSMT 计算出的墩台桩基坐标可以用蓝牙单个发送到 NTS-362R10G 全站仪的放样点坐标界面，也可以全部发送到 NTS-362R10G 全站仪的内存坐标文件。

(6) 隧道超欠挖计算时，应先在开挖线、初支线与二衬线中选择其一作为计算的基准线，也称施工线，测点距离施工线的垂直距离 $\delta_r$ 称为超欠挖值，$\delta_r > 0$ 为超挖，$\delta_r < 0$ 为欠挖。超欠挖测量时，可以点击 蓝牙读数 按钮通过蓝牙启动全站仪测距并自动读取掌子面测点三维坐标。

## 思考题与练习题

[12-1] 什么是转角？其正负是如何定义的？
[12-2] 路线平曲线在什么情况下需要设置缓和曲线？
[12-3] 什么情况下圆曲线需要设置加宽？高速公路的圆曲线是否需要设置加宽？
[12-4] 什么情况下圆曲线需要设置超高？如何设置超高过渡段？超高过渡方式有哪些？
[12-5] 什么情况下需要设置超高、加宽过渡段？
[12-6] 图 12-64 为项目平曲线设计图纸，表 12-27 为竖曲线及纵坡表，试完成下列计算内容：

(1) 验算 $JD1$ 第二缓和曲线、$JD3$ 第一、第二缓和曲线的起讫半径。
(2) 坐标正算计算表 12-28 所列 1~4 号加桩中桩的三维设计坐标，结果填入表 12-28。
(3) 坐标反算计算表 12-28 所列 5 号、6 号测点的垂点数据，结果填入表 12-28。

云南都匀至香格里拉高速公路守望(滇黔界)至红山(滇川界)段
A1标段直线、曲线及转角表(局部)
设计单位：中国公路工程咨询集团有限公司
施工单位：中交第四公路工程局有限公司

| 交点号 | 交点桩号及交点坐标 | | 转角 | 半径 | 曲线要素/m | | | | | |
|---|---|---|---|---|---|---|---|---|---|---|
| | | | | | 缓和曲线参数 | 缓和曲线长 | 切线长 | 曲线长 | 外距 | 切曲差(校正值) |
| QD | 桩 | -K0-095.95 | | | | | | | | |
| | N | 3 013 869.772 | | | | | | | | |
| | E | 543 959.391 | | | | | | | | |
| JD1 | 桩 | K0+010.502 | 8°32′11.3″(Z) | 1 250 | 0 | 0 | 106.451 | 256.598 | 4.525 | 0.444 |
| | N | 3 013 919.006 | | | 625 | 209.704 | 150.591 | | | |
| | E | 543 865.009 | | | | | | | | |
| JD2 | 桩 | K0+216.64 | 1°41′17.9″(Z) | 3 800 | 0 | 0 | 55.99 | 111.972 | 0.413 | 0.008 |
| | N | 3 013 986.304 | | | 0 | 0 | 55.99 | | | |
| | E | 543 669.696 | | | | | | | | |
| JD3 | 桩 | K0+696.885 | 49°51′26.3″(Z) | 780 | 390 | 154.974 | 424.261 | 815.317 | 81.706 | 47.6 |
| | N | 3 014 129.310 | | | 342.052 6 | 150 | 438.655 | | | |
| | E | 543 211.229 | | | | | | | | |
| ZD | 桩 | K1+290.387 | | | | | | | | |
| | N | 3 013 784.531 | | | | | | | | |
| | E | 542 670.730 | | | | | | | | |

平面坐标系：2000国家大地坐标系，中央子午线经度E103°20′，投影面高程1 480 m。

图 12-64　云南都香高速公路守望（滇黔界）至红山（滇川界）段 A1 标段平曲线设计图纸

表 12-27　云南都香高速公路守望（滇黔界）至红山（滇川界）段 A1 标段竖曲线及纵坡表

| 点名 | 设计桩号 | 高程 $H$/m | 竖曲半径 $R$/m | 纵坡 $i$/% | 切线长 $T$/m | 外距 $E$/m |
|---|---|---|---|---|---|---|
| SQD | K0+004.051 | 1 883.703 | | 1.6 | | |
| SJD1 | K0+470 | 1 891.158 | 30 000 | 2.637 | 155.518 | 0.403 |
| SJD2 | K0+900 | 1 902.498 | 20 000 | 4 | 136.098 | 0.463 |
| SJD3 | K1+540 | 1 928.096 | 15 000 | 2.2 | 134.847 | 0.606 |
| SZD | K2+330 | 1 945.476 | | | | |

表 12-28　云南都香高速公路守望（滇黔界）至红山（滇川界）段 A1 标段坐标正反算数据

| 点号 | $Z$ | $x$/m | $y$/m | $H_D$/m | $\alpha$ | 加桩点位说明 |
|---|---|---|---|---|---|---|
| 1 | K0+060 | | | | | JD1 第二缓和曲线 |
| 2 | K0+360 | | | | | JD3 第一缓和曲线 |
| 3 | K0+680 | | | | | JD3 圆曲线 |
| 4 | K1+180 | | | | | JD3-ZD 夹直线 |

(续表)

| 点号 | $x_j$/m | $y_j$/m | $Z_p$ | $x_p$/m | $y_p$/m | $d$/m |
|---|---|---|---|---|---|---|
| 5 | 3 014 007.566 9 | 543 568.248 4 | | | | |
| 6 | 3 014 062.100 1 | 543 233.576 9 | | | | |
| 7 | 3 013 929.981 7 | 542 921.922 3 | | | | |

[12-7] 图 12-65 为项目平曲线设计图纸,试完成下列计算内容:

(1) 验算 $JD1$ 第二缓和曲线、$JD2$ 第一、第二缓和曲线的起讫半径。

(2) 使用 fx-5800P 计算器,分别应用积分公式(12-29)与级数展开公式(12-34),计算 $JD2$ 第二缓和曲线起讫点的原点偏角与切线支距坐标,结果填入表 12-29。

(3) 坐标正算计算表 12-30 所列 1 号、2 号加桩中桩的三维设计坐标,结果填入表 12-30。

(4) 坐标反算计算表 12-30 所列 3 号、4 号测点的垂点数据,结果填入表 12-30。

山西平定至阳曲高速公路第12标段
盂县南互通式立交B匝道直线、曲线及转角表(局部)
设计单位：山西省交通规划勘察设计院
施工单位：山西华通路桥集团有限公司

| 交点号 | 交点桩号及交点坐标 | | 转角 | 曲线要素/m | | | | | | |
|---|---|---|---|---|---|---|---|---|---|---|
| | | | | 半径 | 缓和曲线参数 | 缓和曲线长 | 切线长 | 曲线长 | 外距 | 切曲差(校正值) |
| QD | 桩 | BK0+000 | | | | | | | | |
| | $N$ | 4 214 873.977 | | | | | | | | |
| | $E$ | 445 546.054 | | | | | | | | |
| JD1 | 桩 | BK0+027.663 | 2°36′28.5″(Z) | 911.448 | 0 | 0 | 27.662 | 82.972 | 0.42 | 0.012 |
| | $N$ | 4 214 896.629 | | | 275 | 82.972 | 55.320 | | | |
| | $E$ | 445 530.174 | | | | | | | | |
| JD2 | 桩 | BK0+649.807 | 148°42′37.6″(Y) | 140 | 105 | 78.75 | 566.839 | 433.62 | 406.302 | 683.897 |
| | $N$ | 4 215 389.292 | | | 360 | 239.092 | 550.678 | | | |
| | $E$ | 445 150.226 | | | | | | | | |
| ZD | 桩 | BK0+516.592 | | | | | | | | |
| | $N$ | 4 215 191.315 | | | | | | | | |
| | $E$ | 445 664.080 | | | | | | | | |

图 12-65 山西盂县南互通式立交 B 匝道平曲线设计图纸

表 12-29 山西盂县南互通式立交 B 匝道 JD2 第二缓和曲线起讫点切线支距坐标

| 点名 | $R$/m | 原点偏角 $\beta$ | 积分公式(12-29) | | 级数公式(12-34) | | 坐标差 | |
|---|---|---|---|---|---|---|---|---|
| | | | $x'$/m | $y'$/m | $x'$/m | $y'$/m | $\Delta x'$/m | $\delta y'$/m |
| YH | | | | | | | | |
| HZ | | | | | | | | |

表 12-30　山西盂县南互通式立交 B 匝道坐标正反算数据

| 点号 | $Z$ | $x/m$ | $y/m$ | $\alpha$ | 加桩点位说明 | |
|---|---|---|---|---|---|---|
| 1 | BK0+280 | | | | JD2 第二缓和曲线 | |
| 2 | BK0+515 | | | | JD2 第二缓和曲线 | |

| 点号 | $x_j/m$ | $y_j/m$ | $Z_p$ | $x_p/m$ | $y_p/m$ | $d/m$ |
|---|---|---|---|---|---|---|
| 3 | 4 215 169.375 | 445 511.561 2 | | | | |
| 4 | 4 215 210.292 6 | 445 591.705 2 | | | | |

[12-8]　图 12-66 所示项目的 JD21 和 JD22 均为对称基本型平曲线，两个交点的第一、第二缓和曲线均为完整缓和曲线。表 12-31 所列为竖曲线设计数据，表 12-32 所列为路基超高横坡设计数据，超高渐变方式为线性渐变；边坡设计数据列于表 12-33，边坡编号设计数据列于表 12-34，整体式路基横断面图与图 12-2 相同，路基结构层数据如图 12-38(a)所示，超高横坡设计数据列于表 12-32，边坡设计数据列于表 13-31，边坡结构层数据如图 12-38(b)，(c)所示，边坡编号设计数据列于表 12-34，试完成下列计算：

（1）坐标正算计算加桩 K175+900 左幅断面 7 个主点的三维设计坐标，施工层号选择 3，结果填入表 12-35。

（2）坐标正算计算加桩 K175+900 右幅断面 8 个主点的三维设计坐标，施工层号选择 3，结果填入表 12-36。

（3）坐标反算计算加桩 K175+900 断面的 4 个测点的垂点数据，结果填入表 12-37。

贵州道真至新寨高速公路
流河渡至陆家寨段TJ18标直线、曲线及转角表(局部)
设计单位：中交第二公路勘察设计研究院有限公司
施工单位：中交第一航务工程局有限公司

| 交点号 | 交点桩号及交点坐标 | | 转角 | 曲线要素/m | | | | | | |
|---|---|---|---|---|---|---|---|---|---|---|
| | | | | 半径 | 缓和曲线参数 | 缓和曲线长 | 切线长 | 曲线长 | 外距 | 切曲差（校正值） |
| QD | 桩 | K174+298.97 | | | | | | | | |
| | N | 3 064 740.778 6 | | | | | | | | |
| | E | 503 170.695 4 | | | | | | | | |
| JD21 | 桩 | K174+766.612 | 39°28′19.6″(Z) | 1 100 | 400 | 145.455 | 467.642 | 903.264 | 69.5 | 32.02 |
| | N | 3 064 281.554 | | | 400 | 145.455 | 467.642 | | | |
| | E | 503 082.369 | | | | | | | | |
| JD22 | 桩 | K176+088.165 | 25°23′34″(Y) | 1 100 | 400 | 145.455 | 320.72 | 632.961 | 28.392 | 8.479 |
| | N | 3 063 092.969 | | | 400 | 145.455 | 320.72 | | | |
| | E | 503 730.000 | | | | | | | | |
| ZD | 桩 | K176+400.406 | | | | | | | | |
| | N | 3 062 772.746 3 | | | | | | | | |
| | E | 503 747.859 | | | | | | | | |

图 12-66　贵州道真至新寨高速公路流河渡至陆家寨段 TJ18 标平曲线设计图纸

表 12-31　贵州道真至新寨高速公路流河渡至陆家寨段 TJ18 标竖曲线及纵坡表

| 点名 | 设计桩号 | 高程 $H$/m | 竖曲半径 $R$/m | 纵坡 $i$/% | 切线长 $T$/m | 外距 $E$/m |
|---|---|---|---|---|---|---|
| SQD | K174+050 | 884.078 | | −1.4 | | |
| SJD1 | K174+900 | 872.178 | 10 000 | 2.1 | 174.998 | 1.531 |
| SJD2 | K175+455 | 883.833 | 13 000 | −0.5 | 168.989 | 1.098 |
| SJD3 | K176+000 | 881.108 | 18 000 | 1.3 | 161.997 | 0.729 |
| SJD4 | K176+630 | 889.298 | 12 000 | −2.3 | 215.995 | 1.944 |
| SZD | K177+100 | 878.488 | | | | |

表 12-32　贵州道真至新寨高速公路流河渡至陆家寨段 TJ18 标超高横坡设计数据

| 序 | 设计桩号 | 左横坡 $i_L$/% | 右横坡 $i_R$/% | 序 | 设计桩号 | 左横坡 $i_L$/% | 右横坡 $i_R$/% |
|---|---|---|---|---|---|---|---|
| 1 | K174+250 | −2 | 2 | 7 | K175+770 | 2 | 2 |
| 2 | K174+350 | 2 | −2 | 8 | K175+865 | −2 | 2 |
| 3 | K174+405 | 4 | −4 | 9 | K175+915 | −4 | 4 |
| 4 | K175+055 | 4 | −4 | 10 | K176+295 | −4 | 4 |
| 5 | K175+105 | 2 | −2 | 11 | K176+350 | −2 | 2 |
| 6 | K175+200 | 2 | 2 | 12 | K176+450 | 2 | −2 |

表 12-33　贵州道真至新寨高速公路流河渡至陆家寨段 TJ18 标边坡设计数据

| 坡级 参数 | | 一级填方边坡 | | | | 二级填方边坡 | | |
|---|---|---|---|---|---|---|---|---|
| | | $n_{T1}$ | $H_{T1}$ | $i_{T1}$ | $d_{T1}$ | $n_{T2}$ | $H_{T2}$ | $i_{T2}$ | $d_{T2}$ |
| 单位 | | | m | % | m | | m | % | m |
| 1 号 | | 1.5 | 8 | 3 | 2 | 1.75 | 12 | 3 | 2 |
| 坡级 参数 | 边沟 | 一级挖方边坡 | | | | 二级挖方边坡 | | |
| | | $n_{W1}$ | $H_{W1}$ | $i_{W1}$ | $d_{W1}$ | $n_{W2}$ | $H_{W2}$ | $i_{W2}$ | $d_{W2}$ |
| 单位 | m | | m | % | m | | m | % | m |
| −1 号 | 2 | 1 | 10 | 3 | 2 | | | | |
| −2 号 | 2 | 0.75 | 10 | 3 | 2 | 1 | 10 | 3 | 2 |
| −3 号 | 2 | 0.5 | 10 | 3 | 2 | 0.75 | 10 | 3 | 2 |

表 12-34　贵州道真至新寨高速公路流河渡至陆家寨段 TJ18 标边坡编号设计数据

| 序号 | 设计桩号 | 左边坡号 | 右边坡号 | 序号 | 设计桩号 | 左边坡号 | 右边坡号 |
|---|---|---|---|---|---|---|---|
| 1 | K174+298.97 | −1 | −1 | 6 | K174+725 | −1 | −1 |
| 2 | K174+413 | −1 | 1 | 7 | K174+856 | 1 | 1 |
| 3 | K174+430 | 1 | 1 | 8 | K175+020 | −1 | 0 |
| 4 | K174+458 | 1 | −1 | 9 | K175+100 | −1 | −1 |
| 5 | K174+540 | 1 | 1 | 10 | K175+160 | −1 | 1 |

(续表)

| 序号 | 设计桩号 | 左边坡号 | 右边坡号 | 序号 | 设计桩号 | 左边坡号 | 右边坡号 |
|---|---|---|---|---|---|---|---|
| 11 | K175+179.2 | 1 | 1 | 22 | K175+942 | 1 | −2 |
| 12 | K175+230 | 1 | −1 | 23 | K175+960 | 1 | −1 |
| 13 | K175+253.5 | −1 | −1 | 24 | K176+020 | 1 | 1 |
| 14 | K175+339 | 1 | −1 | 25 | K176+062 | −1 | 1 |
| 15 | K175+355 | −1 | −1 | 26 | K176+078 | −2 | 1 |
| 16 | K175+560.5 | 1 | 1 | 27 | K176+100 | −2 | −3 |
| 17 | K175+738 | −1 | −1 | 28 | K176+235 | 1 | −3 |
| 18 | K175+857 | 1 | −1 | 29 | K176+258 | 1 | 1 |
| 19 | K175+880 | −2 | −2 | 30 | K176+300 | −3 | 0 |
| 20 | K175+900 | 1 | −2 | 31 | K176+360 | −3 | −3 |
| 21 | K175+920 | −2 | −2 | | | | |

表 12-35　贵州道新高速 TJ18 标加桩 K175+900 左幅断面路基与边坡主点三维设计坐标

（施工层号=3，中桩坐标 $x=3\,063\,257.072\,9$ m，$y=503\,637.821\,4$ m，$H=881.714\,8$ m，$\alpha=154°33'40.18''$）

| 序号 | 点名 | $d_L$/m | $i_L$/% | $x_L$/m | $y_L$/m | $H_{LD}$/m | $H_{LC}$/m | $h_C$/m |
|---|---|---|---|---|---|---|---|---|
| 1 | ① | 1 | | | | | | |
| 2 | ② | 11.5 | | | | | | |
| 3 | ③ | 12.25 | | | | | | |
| 4 | −1.1 | 24.16 | | | | | | |
| 5 | −1.2 | 26.16 | | | | | | |
| 6 | −2.1 | 47.055 | | | | | | |
| 7 | −2.2 | 49.055 | | | | | | |

表 12-36　贵州道新高速 TJ18 标加桩 K175+900 右幅断面路基与边坡主点三维设计坐标

（施工层号=3，中桩坐标 $x=3\,063\,257.072\,9$ m，$y=503\,637.821\,4$ m，$H=881.714\,8$ m，$\alpha=154°33'40.18''$）

| 序号 | 点名 | $d_R$/m | $i_R$/% | $x_R$/m | $y_R$/m | $H_{RD}$/m | $H_{RC}$/m | $h_C$/m |
|---|---|---|---|---|---|---|---|---|
| 1 | ① | 1 | | | | | | |
| 2 | ② | 11.5 | | | | | | |
| 3 | ③ | 12.25 | | | | | | |
| 4 | ④ | 14.25 | | | | | | |
| 5 | −1.1 | 21.705 | | | | | | |
| 6 | −1.2 | 23.705 | | | | | | |
| 7 | −2.1 | 33.645 | | | | | | |
| 8 | −2.2 | 35.645 | | | | | | |

表 12-37　贵州道新高速 TJ18 标加桩 K175+900 断面测点坐标反算数据

(施工层号=3,垂点中桩坐标 $x_p=3\ 063\ 257.072\ 9$ m, $y_p=503\ 637.821\ 4$ m, $H_p=881.714\ 8$ m, $\alpha_p=154°33'40.18''$)

| 点名 | $x$/m | $y$/m | $H$/m | $d$/m | $H_C$/m | $\delta h_C$/m | $\delta d$/m | $\delta S$/m | $\delta h$/m |
|---|---|---|---|---|---|---|---|---|---|
| P1 | 3 063 261.564 9 | 503 647.265 1 | 881.916 8 | | | | | | |
| P2 | 3 063 265.676 7 | 503 655.909 4 | 876.365 1 | | | | | | |
| P3 | 3 063 252.041 | 503 627.241 8 | 881.474 8 | | | | | | |
| P4 | 3 063 243.955 3 | 503 610.243 1 | 898.920 6 | | | | | | |

[12-9]　贵州道真至新寨高速 TJ18 标河坝田大桥平曲线设计数据如图 12-66 所示，1～3 类墩台大样图分别如图 12-67(a)、(b)、(c)所示，8 个墩台中心设计参数列于表 12-38，40 个桩基的设计测量坐标列于表 12-39，试验算这 40 个桩基的设计坐标，并在 MS-Excel 中比较计算值与设计值的差值。

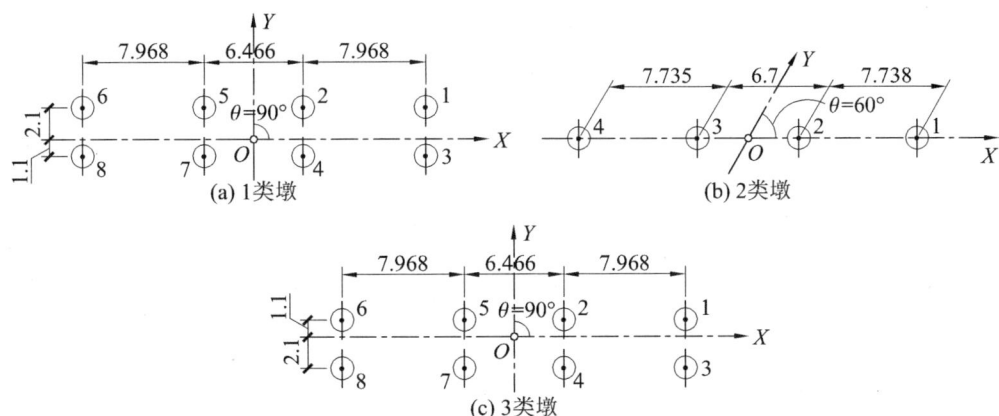

图 12-67　贵州道新高速公路流河渡至陆家寨段 TJ18 标河坝田大桥墩台桩基图

表 12-38　河坝田大桥墩台中心设计参数

| 墩台号 | 墩类号 | 设计桩号 | X 轴偏距 $d$/m | X 轴偏角 $\beta$ | ∠XOY 夹角 $\theta$ |
|---|---|---|---|---|---|
| 0# | 1 | K174+859.96 | 0 | 60° | 90° |
| 1# | 2 | K174+880 | 0 | 60° | 60° |
| 2# | 2 | K174+900 | 0 | 60° | 60° |
| 3# | 2 | K174+920 | 0 | 60° | 60° |
| 4# | 2 | K174+940 | 0 | 60° | 60° |
| 5# | 2 | K174+960 | 0 | 60° | 60° |
| 6# | 2 | K174+980 | 0 | 60° | 60° |
| 7# | 3 | K175+000.04 | 0 | 60° | 90° |

表 12-39　　　　　　　　　　　河田坝大桥墩台桩基设计坐标表

| 墩号 | 桩基 | $x/\text{m}$ | $y/\text{m}$ | 墩号 | 桩基 | $x/\text{m}$ | $y/\text{m}$ |
|---|---|---|---|---|---|---|---|
| 0# | 1 | 3 064 175.848 | 503 166.693 | 4# | 1 | 3 064 100.197 | 503 188.790 |
| | 2 | 3 064 181.437 | 503 172.372 | | 2 | 3 064 106.011 | 503 193.895 |
| | 3 | 3 064 178.129 | 503 164.448 | | 3 | 3 064 111.044 | 503 198.314 |
| | 4 | 3 064 183.718 | 503 170.127 | | 4 | 3 064 116.856 | 503 203.418 |
| | 5 | 3 064 185.973 | 503 176.980 | 5# | 1 | 3 064 081.182 | 503 195.531 |
| | 6 | 3 064 191.562 | 503 182.659 | | 2 | 3 064 087.088 | 503 200.530 |
| | 7 | 3 064 188.254 | 503 174.736 | | 3 | 3 064 092.200 | 503 204.857 |
| | 8 | 3 064 193.843 | 503 180.414 | | 4 | 3 064 098.104 | 503 209.854 |
| 1# | 1 | 3 064 157.933 | 503 170.655 | 6# | 1 | 3 064 062.293 | 503 202.617 |
| | 2 | 3 062 163.460 | 503 176.070 | | 2 | 3 064 068.289 | 503 207.508 |
| | 3 | 3 064 168.244 | 503 180.757 | | 3 | 3 064 073.479 | 503 211.741 |
| | 4 | 3 064 173.769 | 503 186.170 | | 4 | 3 064 079.473 | 503 216.630 |
| 2# | 1 | 3 064 138.578 | 503 176.350 | 7# | 1 | 3 064 042.727 | 503 210.854 |
| | 2 | 3 064 144.203 | 503 181.663 | | 2 | 3 064 048.993 | 503 215.777 |
| | 3 | 3 064 149.072 | 503 186.262 | | 3 | 3 064 044.705 | 503 208.338 |
| | 4 | 3 064 154.695 | 503 191.574 | | 4 | 3 064 050.970 | 503 213.261 |
| 3# | 1 | 3 064 119.331 | 503 182.395 | | 5 | 3 064 054.077 | 503 219.772 |
| | 2 | 3 064 125.052 | 503 187.606 | | 6 | 3 064 060.342 | 503 224.695 |
| | 3 | 3 064 130.003 | 503 192.116 | | 7 | 3 064 056.054 | 503 217.256 |
| | 4 | 3 064 135.722 | 503 197.324 | | 8 | 3 064 062.319 | 503 222.179 |

[12-10]　上寨隧道长 1 100 m,图 12-68 为平曲线设计图纸,竖曲线设计数据列于表 12-40,洞身支护参数列于表 12-41,图 12-69 为其Ⅲ型衬砌二衬线与开挖线设计图,试完成下列计算内容:

(1) 设置施工线为开挖线,计算表 12-42 所列 1~5 号测点的超欠挖值,结果填入表 12-42。

(2) 设置施工线为初支线,计算表 12-43 所列 1~5 号测点的超欠挖值,结果填入表 12-43。

(3) 设置施工线为二衬线,计算表 12-44 所列 1~5 号测点的超欠挖值,结果填入表 12-44。

贵广铁路贵阳段3标上寨隧道直线、曲线及转角表(局部)
设计单位：中铁二院工程集团有限责任公司
施工单位：中铁二局第三工程有限公司

| 交点号 | 交点桩号及交点坐标 | | 转 角 | 曲线要素/m | | | | | | |
|---|---|---|---|---|---|---|---|---|---|---|
| | | | | 半径 | 缓和曲线参数 | 缓和曲线长 | 切线长 | 曲线长 | 外距 | 切曲差(校正值) |
| QD | 桩 | DK71+477 | | | | | | | | |
| | N | 2915517.683 | | | | | | | | |
| | E | 469620.974 | | | | | | | | |
| JD19 | 桩 | DK73+146.674 | 27°09′27.3″(Z) | 6 000 | 1 624.807 7 | 440 | 1 669.517 | 3 283.936 | 173.918 | 55.098 |
| | N | 2914236.336 | | | 1 624.807 7 | 440 | 1 669.517 | | | |
| | E | 470691.4693 | | | | | | | | |
| ZD | 桩 | DK76+217.422 | | | | | | | | |
| | N | 2913016.703 | | | | | | | | |
| | E | 473569.5609 | | | | | | | | |

图 12-68　贵阳至广州铁路贵阳段 3 标上寨隧道平曲线设计图纸

表 12-40　　　　　贵阳至广州铁路贵阳段 3 标上寨隧道竖曲线及纵坡表

| 点名 | 设计桩号 | 高程 $H$/m | 竖曲半径 $R$/m | 纵坡 $i$/% | 切线长 $T$/m | 外距 $E$/m |
|---|---|---|---|---|---|---|
| SQD | DK71+050 | 1 040.549 | | −0.3 | | |
| SJD1 | DK72+250 | 1 036.949 | 25 000 | 0.5 | 100 | 0.2 |
| SJD2 | DK73+500 | 1 043.199 | 25 000 | 0.3 | 25.004 6 | 0.012 5 |
| SJD3 | DK76+000 | 1 050.698 | 25 000 | −0.52 | 102.488 7 | 0.210 1 |
| SZD | DK77+218 | 1 044.365 | | | | |

表 12-41　　　　　贵阳至广州铁路贵阳段 3 标上寨隧道（1 100 m）洞身支护参数

| 名称 | 衬砌类型 | 设计桩号 | 二衬线号 | 初支线号 | 开挖线号 | 二衬厚+预留变形量 $\delta_1$/m | 喷射层厚 $\delta_2$/m | 隧中偏距 $\delta_3$/m |
|---|---|---|---|---|---|---|---|---|
| 1 | Ⅲ | DK73+400 | 1 | 0 | 2 | 0.55 | 0.12 | 2.4 |
| 2 | Ⅲ | DK74+500 | | | | | | |

(a) Ⅲ型衬砌二衬轮廓线(1号)

(b) Ⅲ型衬砌开挖轮廓线(2号)

图 12-69　贵广铁路贵阳段 3 标上寨隧道Ⅲ型衬砌二衬线与开挖线断面设计图（单位：m）

表 12-42　　贵广铁路贵阳段 3 标上寨隧道 K74+000 断面开挖线 5 个测点超欠挖值计算结果

| 测点名 | 全站仪实测隧道掌子面测点三维坐标 | | | 测点超欠挖值及其轮廓线线元号 | | | | | |
|---|---|---|---|---|---|---|---|---|---|
| | $x/m$ | $y/m$ | $H/m$ | $\delta_r/m$ | $n_r$ | $\delta_h/m$ | $n_h$ | $\delta_v/m$ | $n_v$ |
| 1 | 2 913 897.541 9 | 471 534.472 8 | 1 049.348 7 | | | | | | |
| 2 | 2 913 897.215 3 | 471 534.298 2 | 1 046.043 3 | | | | | | |
| 3 | 2 913 897.420 8 | 471 534.408 1 | 1 044.135 2 | | | | | | |
| 4 | 2 913 897.943 4 | 471 534.687 5 | 1 043.681 3 | | | | | | |
| 5 | 2 913 899.053 9 | 471 535.281 3 | 1 043.171 4 | | | | | | |

表 12-43　　贵广铁路贵阳段 3 标上寨隧道 K74+000 断面初支线 5 个测点超欠挖值计算结果

| 测点名 | 全站仪实测隧道掌子面测点三维坐标 | | | 测点超欠挖值及其轮廓线线元号 | | | | | |
|---|---|---|---|---|---|---|---|---|---|
| | $x/m$ | $y/m$ | $H/m$ | $\delta_r/m$ | $n_r$ | $\delta_h/m$ | $n_h$ | $\delta_v/m$ | $n_v$ |
| 1 | 2 913 899.347 9 | 471 535.438 5 | 1 052.295 5 | | | | | | |
| 2 | 2 913 896.996 7 | 471 534.181 4 | 1 047.555 9 | | | | | | |
| 3 | 2 913 897.440 7 | 471 534.418 8 | 1 044.839 8 | | | | | | |
| 4 | 2 913 908.907 4 | 471 540.549 7 | 1 044.841 1 | | | | | | |
| 5 | 2 913 908.799 6 | 471 540.492 1 | 1 049.567 6 | | | | | | |

贵广铁路贵阳段3标上寨隧道直线、曲线及转角表(局部)
设计单位：中铁二院工程集团有限责任公司
施工单位：中铁二局第三工程有限公司

| 交点号 | 交点桩号及交点坐标 | | 转角 | 曲线要素/m | | | | | | |
|---|---|---|---|---|---|---|---|---|---|---|
| | | | | 半径 | 缓和曲线参数 | 缓和曲线长 | 切线长 | 曲线长 | 外距 | 切曲差(校正值) |
| QD | 桩 | DK71+477 | | | | | | | | |
| | N | 2915517.683 | | | | | | | | |
| | E | 469620.974 | | | | | | | | |
| JD19 | 桩 | DK73+146.674 | 27°09′27.3″(Z) | 6 000 | 1 624.807 7 | 440 | 1 669.517 | 3 283.936 | 173.918 | 55.098 |
| | N | 2914236.336 | | | 1 624.807 7 | 440 | 1 669.517 | | | |
| | E | 470691.4693 | | | | | | | | |
| ZD | 桩 | DK76+217.422 | | | | | | | | |
| | N | 2913016.703 | | | | | | | | |
| | E | 473569.5609 | | | | | | | | |

图 12-68　贵阳至广州铁路贵阳段 3 标上寨隧道平曲线设计图纸

表 12-40　　　　　　贵阳至广州铁路贵阳段 3 标上寨隧道竖曲线及纵坡表

| 点名 | 设计桩号 | 高程 $H$/m | 竖曲半径 $R$/m | 纵坡 $i$/% | 切线长 $T$/m | 外距 $E$/m |
|---|---|---|---|---|---|---|
| SQD | DK71+050 | 1 040.549 | | −0.3 | | |
| SJD1 | DK72+250 | 1 036.949 | 25 000 | 0.5 | 100 | 0.2 |
| SJD2 | DK73+500 | 1 043.199 | 25 000 | 0.3 | 25.004 6 | 0.012 5 |
| SJD3 | DK76+000 | 1 050.698 | 25 000 | −0.52 | 102.488 7 | 0.210 1 |
| SZD | DK77+218 | 1 044.365 | | | | |

表 12-41　　　　　贵阳至广州铁路贵阳段 3 标上寨隧道（1 100 m）洞身支护参数

| 名称 | 衬砌类型 | 设计桩号 | 二衬线号 | 初支线号 | 开挖线号 | 二衬厚+预留变形量 $\delta_1$/m | 喷射层厚 $\delta_2$/m | 隧中偏距 $\delta_3$/m |
|---|---|---|---|---|---|---|---|---|
| 1 | Ⅲ | DK73+400 | 1 | 0 | 2 | 0.55 | 0.12 | 2.4 |
| 2 | Ⅲ | DK74+500 | | | | | | |

(a) Ⅲ型衬砌二衬轮廓线(1号)

(b) Ⅲ型衬砌开挖轮廓线(2号)

图 12-69 贵广铁路贵阳段 3 标上寨隧道Ⅲ型衬砌二衬线与开挖线断面设计图（单位：m）

表 12-42 贵广铁路贵阳段 3 标上寨隧道 K74+000 断面开挖线 5 个测点超欠挖值计算结果

| 测点名 | 全站仪实测隧道掌子面测点三维坐标 | | | 测点超欠挖值及其轮廓线线元号 | | | | | |
|---|---|---|---|---|---|---|---|---|---|
| | $x/m$ | $y/m$ | $H/m$ | $\delta_r/m$ | $n_r$ | $\delta_h/m$ | $n_h$ | $\delta_v/m$ | $n_v$ |
| 1 | 2 913 897.541 9 | 471 534.472 8 | 1 049.348 7 | | | | | | |
| 2 | 2 913 897.215 3 | 471 534.298 2 | 1 046.043 3 | | | | | | |
| 3 | 2 913 897.420 8 | 471 534.408 1 | 1 044.135 2 | | | | | | |
| 4 | 2 913 897.943 4 | 471 534.687 5 | 1 043.681 3 | | | | | | |
| 5 | 2 913 899.053 9 | 471 535.281 3 | 1 043.171 4 | | | | | | |

表 12-43 贵广铁路贵阳段 3 标上寨隧道 K74+000 断面初支线 5 个测点超欠挖值计算结果

| 测点名 | 全站仪实测隧道掌子面测点三维坐标 | | | 测点超欠挖值及其轮廓线线元号 | | | | | |
|---|---|---|---|---|---|---|---|---|---|
| | $x/m$ | $y/m$ | $H/m$ | $\delta_r/m$ | $n_r$ | $\delta_h/m$ | $n_h$ | $\delta_v/m$ | $n_v$ |
| 1 | 2 913 899.347 9 | 471 535.438 5 | 1 052.295 5 | | | | | | |
| 2 | 2 913 896.996 7 | 471 534.181 4 | 1 047.555 9 | | | | | | |
| 3 | 2 913 897.440 7 | 471 534.418 8 | 1 044.839 8 | | | | | | |
| 4 | 2 913 908.907 4 | 471 540.549 7 | 1 044.841 1 | | | | | | |
| 5 | 2 913 908.799 6 | 471 540.492 1 | 1 049.567 6 | | | | | | |

表 12-44　贵广铁路贵阳段 3 标上寨隧道 K74+000 断面二衬线 5 个测点超欠挖值计算结果

| 测点名 | 全站仪实测隧道掌子面测点三维坐标 | | | 测点超欠挖值及其轮廓线线元号 | | | | | |
|---|---|---|---|---|---|---|---|---|---|
| | $x$/m | $y$/m | $H$/m | $\delta_r$/m | $n_r$ | $\delta_h$/m | $n_h$ | $\delta_v$/m | $n_v$ |
| 1 | 2 913 900.621 3 | 471 536.119 3 | 1 052.821 9 | | | | | | |
| 2 | 2 913 897.911 9 | 471 534.670 7 | 1 045.160 3 | | | | | | |
| 3 | 2 913 899.216 4 | 471 535.368 2 | 1 043.666 8 | | | | | | |
| 4 | 2 913 907.082 5 | 471 539.574 | 1 043.738 7 | | | | | | |
| 5 | 2 913 908.375 6 | 471 540.265 4 | 1 045.222 3 | | | | | | |

# 附 录[*]

## 附录 A  测量实验指导书

实验 1  图根水准测量
实验 2  全站仪测回法测量水平角
实验 3  全站仪竖直角与三角高程测量
实验 4  全站仪采集碎部点坐标源码识别数字测图
实验 5  全站仪放样建筑物轴线交点

## 附录 B  CASIO fx-5800P 编程计算器简介

---

[*] 附录内容可至同济大学出版社网站同济书房获取。

# 参考文献

[1] 高等学校土木工程专业学科指导委员会.高等学校土木工程本科指导性专业规范[S].北京:中国建筑工业出版社,2011.

[2] 中华人民共和国住房和城乡建设部.城市测量规范:CJJ/T 8—2011[S].北京:中国建筑工业出版社,2012.

[3] 中华人民共和国住房和城乡建设部,国家市场监督管理总局.工程测量通用规范:GB 55018—2021[S].北京:中国建筑工业出版社,2021.

[4] 中华人民共和国国家质量监督检验检疫总局,中国国家标准化管理委员会.国家一、二等水准测量规范:GB/T 12897—2006[S].北京:中国标准出版社,2006.

[5] 中华人民共和国国家质量监督检验检疫总局,中国国家标准化管理委员会.国家三、四等水准测量规范:GB/T 12898—2009[S].北京:中国标准出版社,2009.

[6] 国家质量技术监督局.国家三角测量规范:GB/T 17942—2000[S].北京:中国标准出版社,2000.

[7] 国家市场监督管理总局,国家标准化管理委员会.全球导航卫星系统(GNSS)测量规范:GB/T 18314—2024[S].北京:中国标准出版社,2024.

[8] 中华人民共和国城乡建设部.建筑变形测量规范:JGJ 8—2016[S].北京:中国建筑工业出版社,2016.

[9] 中华人民共和国国家质量监督检验检疫总局,中国国家标准化管理委员会.国家基本比例尺地图图式 第1部分:1∶500 1∶1 000 1∶2 000 地形图图式:GB/T 20257.1—2017[S].北京:中国标准出版社,2017.

[10] 中华人民共和国国家质量监督检验检疫总局,中国国家标准化管理委员会.国家基本比例尺地图图式 第2部分:1∶5 000 1∶10 000 地形图图式:GB/T 20257.2—2017[S].北京:中国标准出版社,2017.

[11] 中华人民共和国国家质量监督检验检疫总局,中国国家标准化管理委员会.国家基本比例尺地形图分幅和编号:GB/T 13989—2012[S].北京:中国标准出版社,2012.

[12] 中华人民共和国国家质量监督检验检疫总局,中国国家标准化管理委员会.国家基本比例尺地图测绘基本技术规定:GB 35650—2017[S].北京:中国标准出版社,2018.

[13] 中华人民共和国国家质量监督检验检疫总局,中国国家标准化管理委员会.数字地形图产品基本要求:GB/T 17278—2009[S].北京:中国标准出版社,2009.

[14] 中华人民共和国国家计划委员会.道路工程术语标准:GBJ 124—88[S].北京:中国计划出版社,1989.

[15] 中华人民共和国交通部.公路勘测细则:JTG/T C10—2007[S].北京:人民交通出版社,2007.

[16] 中华人民共和国交通部.公路勘测规范:JTG C10—2007[S].北京:人民交通出版社,2007.

[17] 中华人民共和国交通运输部.公路路线设计规范:JTG D20—2017[S].北京:人民交通出版社,2017.

[18] 中华人民共和国交通运输部.公路工程技术标准:JTG B01—2014[S].北京:人民交通出版社,2015.

[19] 中华人民共和国交通运输部.公路隧道施工技术规范:JTG/T 3660—2020[S].北京:人民交通出版社,2020.

[20] 覃辉.CASIO fx-5800P 编程计算器公路与铁路施工测量程序[M].上海:同济大学出版社,2009.

[21] 覃辉.CASIO fx-5800P 编程计算器公路与铁路施工测量程序[M].2版.上海:同济大学出版社,2011.

[22] 覃辉,段长虹,覃楠.CASIO fx-CG20 中文图形编程计算器电子手簿与隧道超欠挖程序[M].上海:同济大学出版社,2011.

[23] 覃辉,段长虹.CASIO fx-9750GⅡ图形机编程原理与路线施工测量程序[M].郑州:黄河水利出版社,2012.

[24] 覃辉,段长虹,覃楠.CASIO fx-9860GⅡ图形机原理与道路桥梁隧道测量工程案例[M].广州:华南理工大学出版社,2013.

[25] 覃辉,段长虹,魏加训.CASIO fx-FD10Pro 中文图形机道路桥梁隧道测量程序与案例[M].广州:华南理工大学出版社,2014.

[26] 覃辉.CASIO fx-5800P 工程编程机道路桥梁隧道测量程序与案例[M].上海:同济大学出版社,2015.

[27] 覃辉,马超,朱茂栋.MSMT 道路桥梁隧道施工测量[M].上海:同济大学出版社,2018.

[28] 覃辉,马超,郭宝宇,等.控制网平差与工程测量[M].上海:同济大学出版社,2021.